建筑制品厂工艺设计与生产

刘华章 著

中国建筑工业出版社

图书在版编目（CIP）数据

建筑制品厂工艺设计与生产/刘华章著. —北京：中
国建筑工业出版社，2006
ISBN 7-112-08727-9

Ⅰ.建... Ⅱ.刘... Ⅲ.建筑材料-生产工艺
Ⅳ.TU5

中国版本图书馆 CIP 数据核字（2006）第 121053 号

建筑制品厂工艺设计与生产
刘华章 著

*

中国建筑工业出版社出版、发行（北京西郊百万庄）
新 华 书 店 经 销
北京密云红光制版公司制版
北京建筑工业印刷厂印刷

*

开本：787×1092毫米 1/16 印张：20 字数：484千字
2006 年 11 月第一版 2006 年 11 月第一次印刷
印数：1—3000 册 定价：**35.00** 元
_____
ISBN 7-112-08727-9
（15391）

本社网址：http://www.cabp.com.cn
网上书店：http://www.china-building.com.cn

根据作者40多年的工作经验，总结了硅酸盐建筑制品（粉煤灰加气混凝土砌块、灰砂砖等）、水泥混凝土制品（混凝土小型空心砌块、地面砖、预应力水泥电杆、混凝土压力管、预制构件、预应力混凝土桥梁等）、纤维增强水泥制品（纤维增强硅酸钙防火隔热板、纤维增强硅酸钙建筑用板等）的工艺设计计算、施工、生产。并对总平面设计、配合比设计、过渡设施设计、辅助生产车间工艺设计、成型车间工艺设计、养护工段的工艺设计和施工图施工注意事项、地面砖及墙体的施工注意事项、提高主机生产率的途径、提高制品质量的措施、生产线的设备改进、保证产品质量的规章制度、原材料及成品的质量检验等作了较详细的论述。可供建筑材料制品厂、设备制造厂、设计科研单位、施工单位、学校师生参考。

＊　＊　＊

责任编辑：刘瑞霞
责任设计：赵明霞
责任校对：张树梅　王金珠

作 者 简 介

　　刘华章，高级工程师，男，汉族，1940年生，武汉市人。1965年毕业于原重庆建筑工程学院土木工程系混凝土与建材制品工艺专业。同年9月被分配到中国人民解放军铁道兵总字523部队，从事调度、基建、混凝土预应力桥梁和配件的生产工作。总结了台座生产率的计算公式和台座周转方法，提出了后张式预应力混凝土弹性压缩损失的计算方法。1971年调到中国人民解放军铁道兵2672工程指挥部，负责预制构件厂的工作，搞建厂设计、试验、计划、调度、生产和政治思想工作。1972年底调到中国人民解放军铁道兵2668工程筹建处，担任技术组组长兼管实验室的工作，制定规章制度，设计钢结构搅拌站，改变临时张拉方法的计算并使张拉操作简化，减轻了工人的劳动强度。

　　1976年底调到武汉建筑材料工业设计研究院，搞科研设计、全面质量管理、审核、开发粉煤灰综合利用等工作。先后参加了水泥厂、石棉水泥制品厂、新型墙体制品厂、水泥混凝土制品厂的30多个工程设计研究工作。其中担任8个工程项目总设计师和3个科研工作。在各级建材期刊上发表了50多篇论文及译文，其中有10多篇论文被学术团体和出版社编辑文献和文库收录。解决了过热蒸汽应用于建材制品蒸压养护的难题，并获院QC小组二等奖；主持的西安623所新型建筑材料厂硅钙芯板生产线设计，获院优秀设计二等奖；苏州航海仪器厂船用硅钙芯板生产线研究和设计获航海总局科技进步二等奖。1991年4月到拉萨现场编制"拉萨市水泥制品厂扩建工程"项目建议书，并担任项目负责人。1995年12月至1996年1月到德国考察建材工艺及设备。2001年后主要从事本书的编著工作。2002年获得中国加气混凝土协会授予的"技术专家"荣誉称号。

前　言

改革开放以来，在市场经济的带动下，建筑材料制品也得到了蓬勃的发展。在建筑材料科学技术方面也取得了可喜的进步。出现了许多新理论、新技术、新产品、新工艺，为建筑材料制品的设计、科研、技术改造，提供了丰富的科学技术理论支持。

作者在40多年的设计、科研、施工和生产实践中，积累了较丰富的经验，总结出了一些科研成果、设计经验、节能利废、技术改造、提高生产率、提高产品质量的成果。为建厂设计、科研、施工和生产提供较为系统的设计计算、科研方法、生产技术和施工经验。

本书分二篇，共十八章。第一篇为建筑材料制品厂工艺设计。对纤维增强硅酸钙板、粉煤灰加气混凝土砌块、混凝土小型空心砌块的工艺设计作了较系统的介绍。内容包括了工艺平剖面设计概论；原材料质量要求、产品方案及生产规模；基本工艺流程及工艺设备；混凝土配合比及物料平衡表计算；过渡设施的工艺设计计算；辅助生产车间设计计算；成型工段工艺设计计算；蒸汽养护和蒸压养护工段的工艺设计计算及各专业设计计算资料。第二篇为建筑材料制品厂的施工与生产。对纤维增强硅酸钙板、粉煤灰加气混凝土砌块、混凝土小型空心砌块的施工和生产作了较为系统的介绍。内容包括了建筑制品的施工与设备安装；提高主机生产能力的途径；制品质量的生产工艺控制；成型参数选择和养护工段的工艺控制及节能；生产线的工艺设备改进；中央控制室的操作；有关质量控制的规章制度；成品的物理力学性能和外观尺寸检验以及墙体和路面砖的施工等。还简要介绍了灰砂砖、混凝土预应力电杆、混凝土预应力桥梁等。对灰砂砖的质量控制，对预应力混凝土电杆生产车间设计及预应力控制，对混凝土预应力桥梁的预应力控制以及台座法的台座周转等作了介绍，这对有关设计单位和生产厂家，在设计和生产中都有一些帮助，起到抛砖引玉的作用。

在设计方面，提出了主机生产能力的计算通式、台座个数计算通式以及养护窑或蒸压釜个数的计算通式。并提出了建材制品工艺设计理论的通用原理。对建材制品工艺设计计算理论的充实和提高起到重要的作用。

在科研方面，新的墙体材料、地面铺设材料不断涌现。如混凝土透水砖、混凝土发光砖和新型硅酸钙装饰板等，它不但丰富了产品品种，而且对城市美化、亮化、生态环境的保护、房屋装饰等方面起着极为重要的作用。

在制品养护节能方面，给制品养护增添了一种新的能源。利用过热蒸汽蒸养或蒸压建筑制品，对节能降耗、热电联产、联网集中供热、保护环境等，起着积极的推动作用。

在利废特别是利用粉煤灰方面，出现了利用工业废料的许多产品。如粉煤灰加气混凝土砌块、灰砂砖、粉煤灰煤渣小型空心砌块、粉煤灰纤维增强硅酸钙板等。这对利用工业废料，保护环境、保护耕地，为子孙后代造福，做出了宝贵的贡献。

在生产方面，不但重视产品的产量，而且要重视产品的质量。在产品的生产产量上，主要提出提高生产率的途径，减少生产中出现的事故，改进设备，提高生产率。在产品的生产质量上，主要提出产品质量出现弊病的防治方法，提高产品质量的措施。这对百年大计，质量第一和推动经济的发展起到积极作用。

在施工方面，不但提出建厂施工的一些经验，而且还提出了产品施工及应用过程中应注意的一些问题和施工技术，可供施工单位借鉴。

不管是在设计方面，还是施工、生产方面，都涉及到国家标准和行业标准，应该执行现行的国家新标准。加强各工序的质量检测点，加强原材料和半成品、成品的检验，加强施工质量的检验，提高设计和施工的技术水平。

作者在担任总设计师时，得到同事们的支持和信赖；作者在工厂工作中，得到同行们的配合和帮助，在此一并感谢。特别感谢中国建筑工业出版社副总编辑胡永旭对本书出版的支持和责任编辑刘瑞霞博士的辛勤工作。

由于作者经历、水平有限，书中难免有欠缺和不妥之处，诚恳地希望广大读者批评指正。

作者
2006 年 5 月

目　录

第一篇　建筑材料制品厂工艺设计

第一篇

建筑材料制品厂工艺设计

第一章 工艺平剖面设计概论

设计建筑材料制品厂，一般可按可行性研究、初步设计和施工图设计三个步骤进行。开展可行性研究，应具备经批准的立项报告、选址报告及原材料、燃料、水、电、运输等方面的协议。开展初步设计，应具备经批准的可行性研究文件和满足初步设计的地质勘察资料。开展施工图设计，应具备经批准的初步设计文件、能满足施工图设计的地质勘察资料和已经定货的主要设备的外形尺寸、基础尺寸及技术性能等资料。还要收集工艺平面设计的原始资料以及各工种所需的基础资料。

第一节 工艺总平面设计的原始资料及步骤

工艺总平剖面设计必须具备一定的原始资料，才能着手考虑工艺总平面的设计，不然就是无米之炊。其原始资料有：

一、工艺总平面设计的原始资料

1. 工厂的组成

一般一座工厂建设的各个子项，根据工程项目情况和内容可划分为六类。

第一类是主要生产工程：它包括原料贮存设施（骨料堆场、石膏堆场、原料贮库）、石灰窑、主要生产车间（原料处理、钢筋车间、混合物搅拌、成型养护工段）、成品堆场等。

第二类是辅助生产工程：它包括机修车间、化验室、材料仓库、木模车间等。

第三类是动力系统工程：它包括锅炉房、水泵房、变配电所、压缩空气站以及动力输送管道等。

第四类是交通及通信工程：它包括公路、铁路、码头、汽车库、油库和电话、广播等。

第五类是公用及生产生活福利设施：它包括办公室、收发室、车库、单身宿舍、食堂、浴室、厕所、地磅房等。

第六类是其他工程：它包括围墙、大门、绿化、景点等。

确定工厂组成子项时，应本着保证生产、生活方便的原则，根据当地具体条件进行选定。这些是由建设单位确定的，设计院可协助选定。

2. 收集掌握工艺流程图

注意收集先进工艺、设备的技术资料。并熟练掌握所收集的先进工艺、设备的工作原理及其作用。

3. 收集同类工厂平剖面图

收集同类工厂的总平面图和各车间工艺布置平剖面图，收集治理三废的措施，收集设备的技术性能，外形尺寸，基础安装尺寸等资料。深入了解掌握各工段加工原理，生产方法和作用。切记不要生搬硬套。

4. 收集各车间相互生产联系

收集各车间相互平面位置的联系，相互设备之间的联系，用什么中间运送器，输送水平距离、高度以及输送物料的性质等。

5. 收集其他资料

收集工程地质、水文地质、气象资料。收集区域位置地形图和厂址地形图。收集原材料来源以及交通运输情况。收集给排水资料以及供电、供热等情况。

收集建筑区域内可能与本厂有联系的生活区的情况，附近的工业企业的情况以及其他线路网、构筑物和桥梁等资料。

二、工艺总平面设计步骤和内容

1. 工艺总平面设计步骤

(1) 首先确定企业建设子项。根据企业现有设施的利用程度来确定企业建设子项，了解哪些是现有的，哪些是外协的等等。

(2) 确定工艺流程图。根据类似工厂的工艺流程系统图，按照新技术、新工艺、新设备、新设施进行修改、补充。

(3) 确定各车间工艺布置大致平面尺寸、高度、层数，并进行工艺设计计算。提出产生三废的污染源的治理措施。

(4) 结合当地建厂地点的地形、地物，初步确定各车间的联系方式和联系方向，联系的水平距离和高度，确定中间运送器和采用的过渡设施。

(5) 设计工艺总平面，确定各车间的位置。在确定各车间的位置时，可能要对车间之间的联系方向进行调整。

2. 工艺总平面设计内容

(1) 厂区平面布置：涉及厂区划分，建筑物和构筑物的平面布置及其间距确定等问题；

(2) 厂内外运输系统的合理面积：涉及厂内外运输方式的选择，厂内运输系统的布置以及人流和货流组织等问题；

(3) 厂区竖向布置：涉及场地平整，厂区防洪、排水等问题；

(4) 厂区工程管线综合：涉及地上、地下工程管线的综合敷设和埋置间距、深度等问题；

(5) 厂区绿化、美化：涉及厂区面貌和环境卫生等问题。

三、工艺总平面设计的原则

1. 工艺总平面设计应做到功能分区

在较大型工厂，其子项较全的话，应考虑适当地划分厂区，按功能进行分区布置。一般分生产区、厂前区、生活区等。生产区包括原材料堆放区、辅助生产车间区、主生产车间区、成品堆场区、养护区等。厂前区包括福利设施、办公楼等。生活区为宿舍等。应以主生产车间区为全厂中心，把各功能区有机地组织起来。

2. 各区位置布置的要求

厂前区宜布置在厂房区前，远离粉尘、噪声、污水的污染，且面向工业区的主干道，并放在工厂主导风向的上风方向。

厂房出入口的位置应尽量避免人行道与货运专用道、铁路专用线交叉，并方便职工上下班。

水源和给水管网的入口，应尽量靠近用水量大的车间。

原材料处理车间应尽量靠近原材料堆场，原材料堆场应尽量靠近厂外来料方向。

原材料堆场、成品堆场、材料库应尽量靠近铁路专用线、公路专用线或专用码头。

变、配电所应靠近动力线进厂方向，并且靠近功率大的车间。如磨机、空气压缩机站等。

材料库、机修车间、车间办公室都应布置在与各车间联系方便的地方。

压缩空气站靠近用气量大的车间或者工段。

锅炉房应尽量靠近用汽量大的蒸养工段的养护窑或蒸压工段的蒸压釜。

油库一般布置在工厂边缘，远离生活区、厂前区及火源。

3. 车间的合并组合

车间的合并是把生产性质类似的、生产技术上有密切联系的或管理职能相同的车间合并，且注意满足防火、卫生和采光的要求。这样就缩短了工艺流程线，缩短了运输距离，易于组织流水生产，易于实现机械化、自动化。

4. 生产线路要合理走向

所采用的生产线路与厂址地形、面积形状、周边环境有关。一般采用线路有"一"形、"Z"形、"F"形、"T"形、"U"形、"L"形、"I"形、"山"形或它们的两两组合。其中，"Z"形、"T"形、"U"形适应方形地段和长方形地段；"L"形、"F"形、"I"形适应长方形地段；"一"形适应狭长形地段；"山"形适应方形地段。

四、工艺总平面设计的要求

1. 贯彻国家的技术经济政策，切实注意节约用地，少占或不占农田，少拆或不拆房屋，减少投资，降低造价。

2. 符合生产工艺要求，使生产作业流畅、连续和短捷，避免主要生产作业线交叉作业或往返作业。

3. 考虑工厂的生产安全、卫生，场内建、构筑物的间距必须满足防火、卫生等要求。工艺总平面设计应注意主导风向的影响，把扬尘较大的车间或露天堆场，放在工厂的下风方向。建筑物应尽量座北朝南、防止日光直接照射，利用天然采光和通风。

4. 因地制宜，结合厂址、地形、地质、水文、气象等条件进行总图布置。

5. 满足厂内外交通运输的要求，避免人流和货流路线的交叉。

6. 满足地上、地下工程管线敷设的要求。

7. 工艺流程要合理，尽量避免倒流水作业的布置。充分利用厂区地形，合理利用高差，布置力求紧凑，提高建筑系数；合理确定面积，留有一定的余地；合理利用工程地质较好的地段，并尽量布置重大的构筑物场地和大型设备基础。

8. 要考虑到扩建和改建时的可能，以便利用原有建、构筑物，尽量不影响或少影响原有布置条件下，达到改扩建的目的。

分期建设时，应考虑到公用设施及运输系统配合的合理性，力求使后期建设不影响先期建设的生产，先期建设应为后期建设预留投资。

9. 建筑风格要适合当地风格，尽量注意厂房形式，色调美观，统一协调。道路应避免迂回曲折。注意环境的美化与绿化。

五、其他布置要求

1. 竖向布置要求

(1) 重点式平整法：道路纵坡不超过 4%，局部不超过 6%；平坡法：整平坡度一般不大于 3%，以避免冲刷。

(2) 场地排水采用明沟、暗沟或混合系统，要结合地形、地质，按竖向布置方式考虑。

(3) 明沟一般适用于：场地较小，地面坡度经整平后，沟底纵坡与地形坡度相接近，沟不太深时；重点式场地竖向布置场地；土质较硬或岩石地区，不宜深埋管道；土壤冲刷较大，管道易被泥沙堵塞，采用明沟较易疏通；路面高于厂房场地时，路边宜用明沟排水；厂区边缘与截水沟。

(4) 暗沟一般适用于：场地较大，平坦的厂区，当采用明沟排水，会出现沟底过深时；厂房采用内排水系统时；场地采用路面雨水井排水时。

2. 工艺管线布置要求

(1) 布置原则：管线宜直线敷设，并与道路、建筑物的轴线以及相邻管线相平行，干管宜布置在靠近主要用户及支管较多的一边；尽量减少管线之间以及管线与铁路、道路的交叉。当交叉时，一般宜成直角交叉；布置管线应尽量避开填土较深和土质不良地段；管线敷设应避开露天堆场及建、构筑物扩展用地；可能共架布置的架空管线跨越铁路、公路时，应离路面有足够的垂直净距，不影响交通、运输和人行，引于厂区高压线路的架空，应尽可能沿厂区边缘布置，尽量减少长度；易燃、可燃液体、气体管道不得穿越可燃性材料结构和堆场；地下管道不宜重叠敷设；管径小的让管径大的，可以弯曲的让不可弯曲的，压力管道让自流管道。

(2) 敷设方式：照明、蒸汽管道、压缩空气输送管道、煤气管道架空，其他埋设；铺设次序是：从建筑边缘开始向路边铺设弱电、电力、热力、压缩空气、煤气、上水道、下水道、污水、照明、通信电杆等。

(3) 树干距车行道边缘不小于 0.75m，管线离树干大于 1.5m 或 3m。地下综合管道为二层的：通行的深为 1.8~2m，半通行的深为 1.2~1.4m，不通行的深为 0.7~1m。

3. 厂区绿化要求

(1) 绿化对象：厂区和生活区防护地带，厂区道路、厂区主要出入口、生活区、食堂、保健站、职工室外活动场地，车间四周、工厂围墙等。

(2) 厂区小景设置的地方：围墙、厂大门、宣传栏、转弯处等。

4. 交通运输布置要求

(1) 厂内线路布置要求：设计最大纵坡，电力内燃机车不陡于 3%，长度不小于 50m；

与建筑物、道路最小距离：厂房为 3 ~ 6m（出入口），围墙为 5m，道路为 3.75m，站台边为 1.75m，仓库大于等于 3m。

(2) 专用线用地可按单线每公里为 1hm²，平均 10m 宽，厂内铁路占地单线按 5m 宽计，双线按两股轨道中心线距离加 5m 计，半径为 200m。

(3) 道路运输：混凝土路面纵坡为 10%，半径为 9 ~ 10m，双车道为 7m，其他为 3.0 ~ 3.5m。混凝土路面横坡为 1.5%，其他为 2.5% ~ 3%。有汽车出入的厂房道路与主干道距离：单车道长为 8m，双车道长为 6m。厂房内排水做明沟，距人行道 0.5m，厂房外排水做散水坡，距人行道 1.0m。人行道横坡 2%，纵坡不宜大于 6%。

六、工艺平面布置图示例

这里，选择了一些不同的生产规模和不同的生产产品、不同的原材料和不同的加工设备的生产线的车间工艺布置图的设计示例，并对个别地方作了局部的修改。例如：

1. 年产 10 万 m³ 粉煤灰加气混凝土砌块生产线车间工艺平面布置图

本生产线设计的主要特点是：原材料贮存、原材料处理工段布置灵活，占地面积小，工艺布置流畅。引进部分的工艺布置也进行了局部修改，把蒸压釜布置在成型车间侧面，这样生产车间就成为长方形的工艺布置。见图 1-1-1。

2. 年产 100 万 m² 粉煤灰纤维增强硅酸钙芯板生产线车间工艺平面布置图

本生产线是由三个子项构成的，其一为石棉轮碾及储存工段，建于约 200m² 的库房内；其二为纸浆制备工段，建于约 70m² 的库房内；其三，在长 67m、宽 25m 的空地内建主车间。工艺布置从东到西，厂房靠河沟围墙，由于场地较紧，蒸压釜前后停车处取消，且过渡小车改为过渡桥。由于投资较紧，暂时不考虑脱模、堆垛工序以及蒸压釜的抽真空。清回水罐采用钢筋混凝土结构。厂房南面有一条通道，是原材料和成品的进出通道。见图 1-1-2。

3. 混凝土小型空心砌块和路面砖生产线车间工艺平面布置图

混凝土小型空心砌块生产线设计的主要特点是：该生产线的工艺布置比较固定，只有局部的变化，例如：上料的料仓方向的变化和干、湿产品生产线左右布置的变化，这个变化就引起了原材料上料工段和养护窑的布置方向的左右变化。见图 1-1-3。

4. 混凝土电杆和排水管成型及钢筋加工车间工艺平面布置图

混凝土电杆和排水管成型及钢筋加工车间工艺平面布置集中在一个车间的两跨内，一跨布置混凝土电杆和排水管成型工段，另一跨布置钢筋和骨架的加工。混凝土电杆成型工艺布置是直线布置，和排水管成型呈并排布置。钢筋和骨架加工的一跨是按钢筋加工顺序进行工艺布置的。见图 1-1-4。

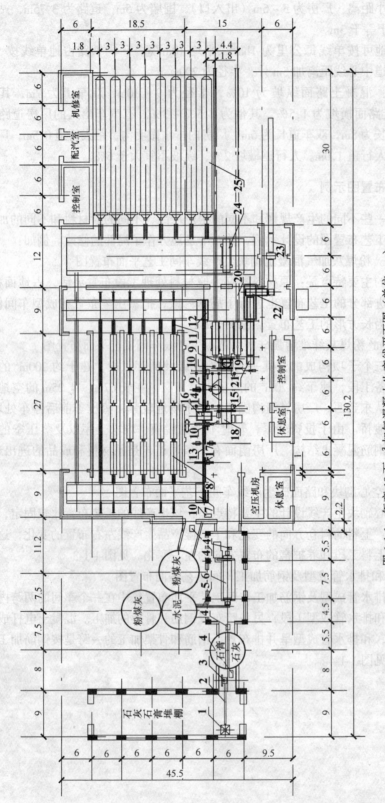

图 1-1-1　年产 10 万 m³ 加气混凝土生产线平面图（单位：m）

1—受料斗；2—皮带输送机；3—破碎机；4—斗式提升机；5—螺旋输送机；6—球磨机；7—浇注搅拌车；8—膜具车；
9—料浆罐；10—泥浆罐；11—推杆小车输送机；12—切割摆渡车；13—链式输送机；14—合膜机；
15—工位夹具吊车；16—涂油机；17—开膜机；18—横切机；19—纵切机；20—拉链机；
21—成品输送机；22—翻转夹具；23—辊式输送机；24—蒸养夹具小车；25—蒸压釜

8

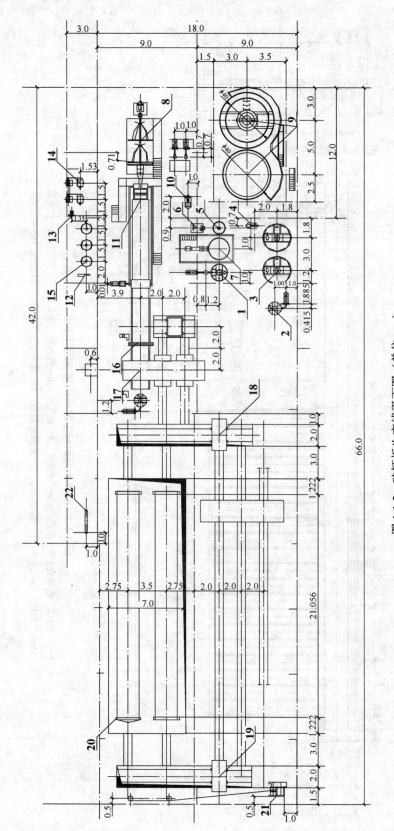

图 1-1-2 硅钙板生产线平面图（单位：m）

1—叶轮松解机；2—回料搅拌机；3—石灰浆贮罐；4—污水泵；5—石灰浆计量斗；6—袋式除尘器；7—泵式打浆机；8—斗式储浆池；9—清回水泵；10—离水罐；11—疏浆制板机；12—移动式空压机；13—离心式通风机；14—罗茨真空泵；15—汽水分离器；16—切割接坯机；17—三工位堆坯机；18—横移小车；19—蒸养小车；20—蒸压釜；21—卷扬机；22—分汽缸

9

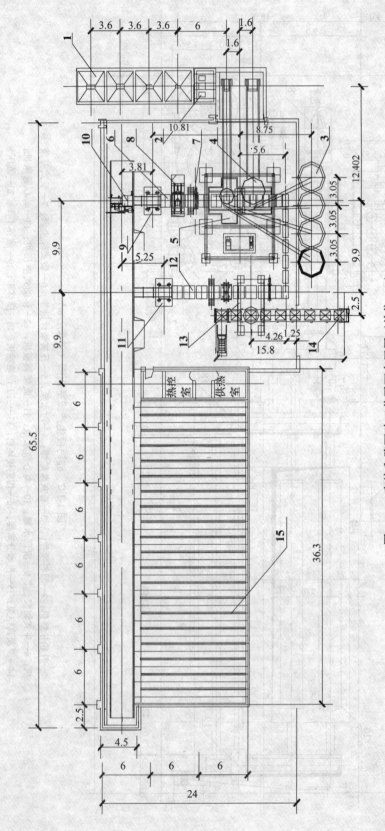

图 1-1-3 砌块和路面砖工艺平面布置图（单位：m）

1—料仓；2—色料仓；3—水泥仓；4—搅拌机；5—成型机；6—湿板输送机；7—清扫装置；8—洗石机；
9—升板机；10—窑车；11—降板机；12—干板输送机；13—堆坯机；14—链式输送机；15—养护窑

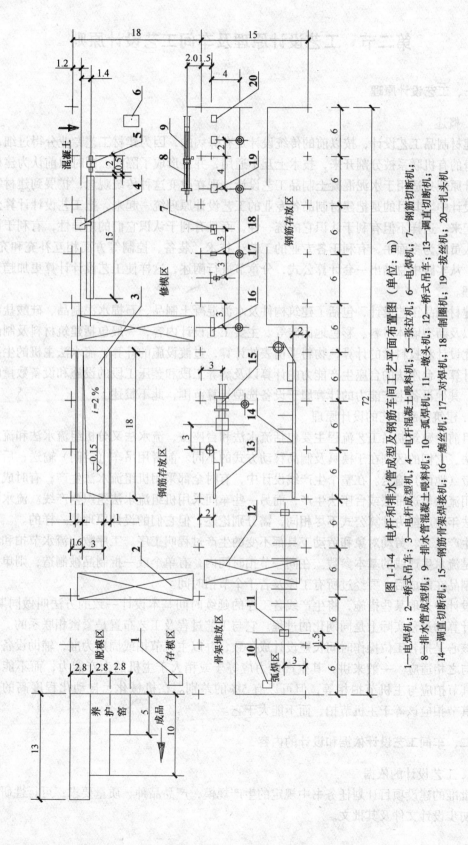

图 1-1-4 电杆和排水管成型及钢筋车间工艺平面布置图（单位：m）

1—电焊机；2—桥式吊车；3—电杆成型机；4—电杆混凝土喂料机；5—张拉机；6—电焊混凝土喂料机；7—钢筋切断机；
8—排水管成型机；9—排水管混凝土喂料机；10—弧焊机；11—墩头机；12—桥式吊车；13—调直切断机；
14—调直切断机；15—钢筋骨架焊接机；16—钢筋混凝土喂料机；17—对焊机；18—制圈机；19—拔丝机；20—扎头机

第二节　工艺设计原理及车间工艺设计原则

一、工艺设计原理

1. 概述

建材制品工艺设计，按以前的传统设计是有弊病的，因为建材工艺专业分得过细，它们本身的有机联系被分割开来，技术上互不通用，并且形成了隔阂。同时以前认为建材工艺设计原理只适用于水泥混凝土制品工艺设计，现在改变这种传统观念，扩展到建材制品工艺设计中。其目的是把建材制品各专业的工艺设计原理统一起来，把工艺设计计算公式统一起来。这样不但有利于认识它的统一性，而且有利于认识它们的差异性，有利于设计专业人员成为多面手，有利于各专业的工艺、技术、装备、控制等方面相互补充和充实。在此，从实践中总结出一套计算公式，分章节进行阐述，这样使工艺设计计算更加趋于完善合理。

建材制品工艺设计，包括了建筑构件及水泥混凝土制品、石棉水泥制品、硅酸盐建筑制品以及新型墙体材料、彩色地面砖等。主要工艺设计内容，一般包括建筑材料及制品的配合比设计和投料量的计算，物料平衡表的计算，过渡设施的计算，流水法主机的生产能力的计算，台座法的台座生产能力的计算以及蒸养工段和蒸压工段的设施和设备数量的计算等。其他设备生产能力的计算属于设备选型计算范围，此不赘述。

2. 建筑制品工艺的设计原理

目前，建筑制品工艺流程主要包括流水法和台座法，流水法又分机组流水法和流水送带法。它们的区别在于模具及制品移动方式的不同。前者用吊车（空间）输送；后者靠传送带（地面）输送。在整个生产线设计中，有时全部采用机组流水法生产；有时成型车间采用流水传送带法或台座法生产，而另一些车间采用机组流水法组织生产线。流水法和台座法年生产能力计算公式不尽相同，需分别论述，但它们的设计原理是一样的。

生产工人、劳动对象和劳动工具都不变的生产过程叫工序。工序数、流水节拍和制品数量是流水生产线的基本参数。在同一节拍时间内，有单个或一批制品被制造，则单个或一批制品在制成后，要经过所有工序及若干个节拍时间。

设计中采取某些措施，将生产线各工序的延续时间基本设计一致的方法叫做同期化。设计计算的过程实际上是同期化的过程。它与工艺过程及工艺布置是紧密相联系的。同期化的核心是把各工位操作时间长短设计成一致，并以主机节拍或周期为准，辅助设备和设施都与之相适应。一般来讲，其生产能力应等于或稍大于主机的生产能力，而不能小于它；其节拍应与主机节拍相等，但可以有5%的差别。在机械化、自动化程度高的生产线，其节拍应该等于主机节拍，而不能大于它。

二、车间工艺设计依据和设计的内容

1. 工艺设计的依据

批准的建设项目计划任务书中规定的生产规模，产品品种、质量要求；可行性研究报告或初步设计文件及其批文。

2. 设计内容

车间工艺设计内容：初步设计包括了车间工艺流程选定、工艺设计计算、设备选型计算等，即工艺布置平剖面图、工艺设备表以及设计说明书等。施工图还包括了非标设备设计、设备安装图以及工艺管线系统图和材料表等。

三、设计需要掌握的基本知识

1. 掌握建材制品的几种生产方法和成型工艺

建材制品的生产方法，常用的有台座法和流水法。流水法又分机组流水法和流水传送带法。它们的区别在于模具及制品移动方式的不同。前者用吊车空间输送，后者靠传送带地面输送。在整个生产线设计中，有时全部采用机组流水法生产，有时成型车间采用流水传送带法或台座法生产，而另一些车间则采用机组流水法组成生产线。

成型工艺有振动加压成型、浇注成型、压制成型、流浆（抄取）成型、喷射成型、模压成型、挤压成型和离心（悬辊）成型等。应根据原材料的特点及制品的性能和结构要求，选择相适应的生产方法进行制品的成型。

2. 熟悉建材制品在制造过程中需经哪些工段及其作用

其加工工段有原材料的破碎、筛洗、粉磨、消化、碾压、钢筋加工、混合物搅拌、制品的成型和养护等工段。破碎工段是把较粗的原料加工成下道工序要求的粒径；筛洗工段分为筛分和筛洗，筛分是把不合格的原材料，筛分成符合颗粒级配要求的原材料，而筛洗是把含泥多的原材料，筛洗成含泥量达到标准要求和符合颗粒级配要求的原材料；粉磨工段是把原材料加工成达到一定细度粉状原材料；消化工段是把生石灰消化成石灰膏，以免在制成的砖制品中膨胀，破坏制品；碾压工段是把多种工业废料经碾压带搅拌混合均匀，利于成型；钢筋加工工段的作用是把钢材加工成所需要的规格以及加工成骨架；混合物搅拌是把几种材料搅拌混合均匀，随着搅拌混合物的性质不同，所选用的搅拌机也不同；制品的成型工段是把混合物加工成一定形状、一定强度的工段，它根据原材料的特点及制品的性能和结构要求，选用成型方式也不同；养护工段是根据制品要求的强度和原材料性质的不同，选用的养护方式也不同，有时选用养护窑进行蒸汽养护，有时选用蒸压釜进行蒸压养护。随着生产制品和生产方式的不同，其生产线采用上述工段也不尽相同。

3. 收集和掌握各种制品的生产工艺流程及适用条件

收集各种工艺流程系统图是工艺设计的基础资料，不然就无从下手设计。选定的工艺流程图应符合所采用的原材料的特性，制品的性能和结构，且经济适用，节能高效。并以新工艺、新技术、新设备加以修改。掌握最近在技术、工艺、设计方面的新成果。

4. 掌握各工段局部工艺流程和技经分析方法

在同一性质的加工工段，有几种不同的工艺流程可供选用。掌握加工工段对物料性质的要求，加工数量和质量要求，车间布置场地限制的要求，供热供汽的要求等。采用技经分析方法，做出各工艺流程的优缺点，再进行比较，选定最优方案。

对各种工艺流程方案进行比较的内容有：技术特性、设备性能、动力燃料、材料消耗、建筑面积和体积、设备购置和设备维护费、劳动生产率、产品成本和环保等方面，进行技术经济比较，决定取舍。

四、车间工艺设计原则

1. 一般生产车间工艺设计原则

（1）选择技术先进、经济合理、维修方便、节能和来源有保障、生产合格产品的工艺流程和设备。

（2）解决好厂内外物料运输和各种物料的储存，保证生产线连续生产。

（3）考虑工厂建成后生产挖掘潜力的可能，并留有再发展的余地。

（4）工艺布置要考虑简捷、紧凑、顺畅、合理，使之能实现机械化、自动化。

（5）要对产生污染环境的工段，采用可行的技术措施来治理，减少对环境的污染；考虑对工业废渣的综合利用；考虑对生产线自身产生的废渣、废水的利用。

（6）工艺布置应考虑施工、安装、操作、维修、通行的方便。

（7）主车间的工艺流程及设备必须首先进行选定。

2. 成型工段工艺布置的原则

（1）应根据工艺特点，确定成型车间流水形式，一般选择直线流水，但根据总平面布置需要，结合成型车间布置可能，也可布置成"L"形、"U"形、"Z"形和"T"形等形式的车间。

（2）成型车间可以设计在一个单独厂房内，也可以和其他主要生产车间在一起，设计成一个联合车间或多跨联合车间。

（3）车间布置应考虑工艺流程的合理，力求简单、紧凑、占地面积小、运输方便。留有半成品、原材料的贮存地及检修、操作、通道和扩建的余地。柱网和长度分别符合建筑模数的要求和工艺设备布置的要求。

3. 蒸压或养护工段工艺设计原则

（1）养护窑或蒸压釜的布置要紧凑，离成型工段尽量近，并留有打开门和检修的位置。

（2）养护窑或蒸压釜的数量选择要尽量少，并能满足生产要求，完成日产量。即成型工段所完成规定的日产量，养护工段也要完成相应的日产量。

（3）养护工段班次应与成型工段班次相同或多，但不能少。

（4）蒸压或养护工段，每班连续八小时工作制度，且连续班生产。

第三节 各工种收集资料的提纲

一、总论收集资料的内容

1. 企业现状资料收集的内容

工厂的地理位置，工厂隶属于谁，厂名始于哪年，生产品种及年产量，职工人数，企业发展概况，占地面积，固定资产数额，固定资产净值，年税额等资料的收集。

2. 企业建设的必要性

企业为什么建新厂，是否填补空白或者利用工业废渣，城市建设态势，是否有销售市场，是否增加企业活力，为国家创造产值，技术是否成熟，需不需要引进等资料的收集。

3. 可行性研究依据、范围和主要原则

甲方对设计要求想法，研究范围的确定，提供研究的依据，上级批准的立项报告，确定研究的原则等资料的收集。

4. 技术方案及项目构成

生产工艺方案确定，产品方案确定，设备来源研究，工厂由哪些子项构成等资料的收集。

5. 结论及建议

在技术上和经济上是否可行，存在问题有哪些，有什么建议等资料的收集。

二、市场预测及建设规模资料的收集

1. 本市市场预测的资料

每年该市或县需要该产品多少，缺口有多少，能否建一条线规模。与其他厂的竞争能力，每单位产品的售价等资料的收集。

2. 建设规模及原有资产利用情况的资料收集

建设规模，销售半径，销售产品数量及规格。原有资产利用情况等资料的收集。

三、建厂条件资料的收集

1. 建厂场地及交通条件的资料收集

当地对拟建工程地区的总体规划，公路、水路、铁路专用线接轨的协议书，城市规划方面有关要求，当地环保部门的要求，当地消防部门的有关要求，场地占地多少公顷，采用什么交通，通往何地。

2. 原材料来源资料的收集

原、燃材料供货协议书，运距，运输方式，供应量及供应次数，价格，原材料的物理化学性能及化学分析。贮存要求：包括贮存方式及贮存期。

3. 供水供电资料的收集

水电供应协议书，供水量，价格，水质要求，变压器负荷，装机容量，是否增容及增容协议书，电价等。

4. 劳动力来源及资金筹措资料的收集

劳动力现有多少，是否富裕，是否招聘；资金来源，贷款意向书，贷款利率，投资控制数等。

5. 气象及水文资料的收集

年平均气温，年平均最高和最低气温，最热日、月平均最高气温，最冷日、月平均最低气温，平均月相对湿度，全年晴天数，多年平均风向玫瑰图，海拔标高。

历史上最高洪水位，水源、地下水位的高低，水质分析（温度、pH 值、混浊度、悬浮固体量，Ca^{2+}、Mg^{2+}、CO_3^{2-}、SO_4^{2-}）等。

四、各工种资料收集内容

1. 总平面及运输资料的收集

拟建厂区的地理位置，拟建工程区域位置地形图（1/10000 或 1/50000），厂区地形图

（1/1000 或 1/2000），建设场地的情况及交通情况，进厂方式，绿化要求，景点要求，排水方向。

2. 生产工艺资料的收集

工厂组成，生产规模和产品规格，工作制度，原材料的配方，原材料贮存期，工艺方案选择，运输方式，对建厂的生产水平和机械化、自动化程度的要求，设计内容和范围，可供设备选型资料，工艺布置设想，现有车间平剖面图，可利用建筑物、构筑物和设备。

3. 建筑结构资料的收集

收集气象资料、水文资料、地质资料（风荷、雪荷、地震烈度、冻结深度、地基承载力等），预制构件来源，当地预制厂生产能力，产品品种、规格，对建筑物和构筑物做法的设想，当地对建筑特点和风格的要求。

4. 电气自动化资料的收集

电源地点，离厂距离，接线位置，电压等级，供电时间，谷、峰期不同电价，负荷等级，总装机容量，供电方式，变电所的变压器的型号，开关柜的设置，供电线路的参数，中继线的对数，电讯是否考虑，供电、邮电部门的批文，对生产自动化的要求等。

5. 给排水资料的收集

供水协议书，工厂现有取水方式，供水能力，水源、水贮量，水压及用水量，接点标高、坐标；当地环保部门对排放污水的要求，污水处理方式，排水方向，接点标高、坐标；对消防设施的要求，当地环保部门对地区的环境评价及要求。

6. 供热工程资料的收集

原、燃材料供应的协议书，工厂现有锅炉的型号、规格、台数、压力，用汽量，热负荷，供热点，蒸压养护或蒸汽养护设施的台数，机修和化验室的装备及能力等。

五、投资估算资料的收集

1. 税收政策：固定资产投资方向调节税的税率，涨价预备金百分率，借款利率，基本预备费费率，增容费，集资费，征用土地费，环保费收费标准及文件，供电贴费等。

2. 投资来源有哪几块，各出资多少。

3. 当地每平方米土建造价。

4. 培训费，建设单位管理费，试运转费，工器具收费标准，备品备件收费标准。

六、技术经济专业资料的收集

1. 基础数据

原材料、辅助材料、燃料、水电到厂价格，职工年平均工资及福利费用，生产年限为多少年，计算期为多少年，建设年限，资金来源，借款率及流动资金贷款率，产品销售价格，还款期企业留利，摊销年限，折旧年限等。

2. 税收政策

增值税税率，教育附加税和城市建设税税率，增值税和所得税的减免文件，土地使用税和房产税税率的收集。

第四节 车间工艺布置的要求

一、厂房布置内容

厂房布置包括平面布置和立面布置，主要决定于生产流程和设备布局。但必须满足工艺的要求，同时也应符合国家的防火、卫生标准。在可能条件下，应尽量做到柱网布置和层高符合建筑模数的要求。

厂房布置应考虑生产规模、工艺流程、原料、水源、电源、热源、交通、气象、地质等条件；应处理好生产车间和辅助生产车间的关系。防止排水沟、电缆沟、工艺设备管道沟及地坑与建筑物基础相碰。

车间出入大门，应考虑设备进出方便；大门高度不低于 2m；工艺力求布置整齐；留有扩建余地，以扩建时不拆除已建建筑、生产正常进行为目的。

二、厂房布置要求

1. 厂房平面布置要求

（1）确定厂房面积和柱网尺寸以及分隔间。厂房面积应考虑设备本身和生产操作所需面积，应考虑设备安装和检修面积，应考虑工艺贮存的位置及所需面积。

（2）考虑其他设施用分隔室所需面积：如变配电所、操作控制室、机电修理室、收尘所需面积。生产管理及生活设施所占的面积：如车间办公室、化验室、材料室、更衣室、浴室、厕所以及人行道通道、楼梯、吊物孔、出入口、运输通道所占面积以及它们位置的确定。它们的位置应与工艺流程相吻合。

2. 厂房立面布置要求

（1）立面布置就是空间布置，首先根据工艺流程确定单层或多层厂房。多层厂房要确定层数和各层高度。根据工艺流程和设备最大高度，再结合检修位置和梁高来确定层高。最低的层高不得低于 2.5m。跨越公路和铁路的空中走廊，其高度为：公路不低于 4.5m，铁路不低于 5.5m。单层厂房若是高温车间可适当增加层高，并考虑开天窗以利于通风散热。例如锅炉房。厂房中个别地方需要较高时，可以局部提高厂房高度。

（2）有吊车的厂房的高度应根据以下条件计算：地面设备最大高度加以被吊物与地面最高设备间的距离，即 0.5m，加以被吊物最大高度，再加以吊钩中心至被吊物顶之间距离，又加以吊钩中心到起重机轨顶最小距离，还加以起重机轨顶至起重机顶点的最大距离，最后再加以起重机顶点至屋架下弦的距离就是单层吊车厂房的净高。

三、设备布置的要求

设备布置就是要满足工艺流程要求的前提下，在纵横坐标和安装高度上定位。其定位要与厂房发生关系，设备之间也要相对定位。

1. 设备布置的要求

在布置设备时，设备之间若需考虑用非标件联接设备进出料口的，其溜管或溜槽的空间倾角应大于物料的自然堆积角的 5°～15°；第二，设备基础与柱、墙基础不能相碰，设备外形与墙的净空应考虑检修的方便和操作的方便；第三，设备有管道的应取直线，应尽量避免弯管及水平管道，且注意不与其他管道交错以及相碰。

2. 设备安装检修的要求

在设备安装时，其大型设备的安装，应在没有封墙时吊入最好；其设备需要检修时，可以设置单轨吊车和固定的检修钩，这样就要求此楼层的高度应满足吊装所需高度。层高应参考单层厂房的层高的确定方法。

第二章 原材料质量要求、
产品方案及生产规模

　　制品的质量要从原材料抓起，原材料要从矿山抓起。这样从起点抓起，制品的质量就有了好的基础。在生产过程中，只有抓好产品的生产质量，制品的质量才能得到保证。产品的质量要求应根据国家新近颁布的标准为准。本书根据生产实际对部分指标提高了要求。

　　生产规模即工厂的生产能力，一般以工厂全年生产的产品体积表示如万立方米；或以工厂全年生产的制品总长度表示如公里；或以全年生产的制品块数表示如万块；或以工厂全年生产的制品面积表示如万平方米；或以工厂全年生产的制品根数表示如万根等。工厂的生产规模直接反映了建厂目的和国家基本建设的投资效果，是工厂设计的主要根据。生产规模一般是由主管部门根据国家的全面规划或当地基本建设总规划提出的，在确定生产规模时，要认真贯彻执行国家的技术政策，并考虑以下因素：当地对该建筑制品的需要量及远景规划；产品供应范围（供应半径）及运输条件；原材料的来源，经常供应量、储量（供应年限）及运输条件；厂址地形条件，可使用的土地面积范围，工程地质及水文地质条件等。

　　产品方案是指工厂生产的产品的品种、规格、数量，它是确定生产工艺等问题的主要依据。产品方案的确定，主要取决于当地对该产品的实际需要。在确定产品方案时，应考虑原材料资源的合理利用和工业废料的综合利用。制品的规格应尽量做到标准化、定型化，且按照国家标准规定制订。

　　工厂的工作制度一般包括年工作制度和生产班制两部分。工厂的工作制度决定了工厂的有效生产时间，它直接影响到生产设备的利用率、工厂的劳动定员的配备、基本建设投资以及固定资产折旧率等重要技术经济指标，所以在设计初期应明确规定。

第一节 纤维增强硅酸钙板的原材料、
产品方案及生产规模

　　纤维增强硅酸钙板是由硅质材料（如粉煤灰等）和钙质材料（如生石灰等），加水和适当纤维，经制浆、成型、蒸压养护等工序制成硅酸钙芯板；再进行深加工、烘干、砂光、切割等工序，制成新型建筑板材。它具有强度高、重量轻、隔热隔声、不燃、防蛀、防霉、能钻、能锯、能钉、能刨等特点。因而可广泛应用于建筑物的内墙、吊顶、剧场、会议室、宾馆的吸声板。可与其配套的轻钢龙骨组成各种防火、隔热、隔声、节能的复合墙板。也可用于船用壁板、顶棚、防火门等。船用硅酸钙板的厚度一般在10mm以上，采用模压法生产；建筑用硅酸钙板的厚度一般在10mm以下，采用抄取法或流浆法生产。其原材料质量要求如下：

一、纤维增强硅酸钙板原材料质量要求

1. 粉煤灰的质量要求

粉煤灰的质量要求应符合《用于水泥和混凝土中的粉煤灰》（GB 1596—2005）的要求。

细度（0.045μm方孔筛筛余量）：Ⅰ级不大于12.0%；Ⅱ级不大于25.0%；Ⅲ级不大于45.0%；

烧失量：Ⅰ级不大于5.0%；Ⅱ级不大于8.0%；Ⅲ级不大于15.0%；

含水量：不大于1.0%；

三氧化二硫含量：不大于3.0%；

游离氧化钙的含量：F类粉煤灰不大于1.0%；C类粉煤灰不大于4.0%；

安定性：雷氏夹沸煮后增加的距离：C类粉煤灰不大于5.0mm；

二氧化硅含量：不小于40.0%；

三氧化硫含量：不大于2.0%；

苛性碱的含量：不大于2.0%；

Ⅲ级粉煤灰不能用于硅酸钙板制品；

粉煤灰的放射性要求应符合GB 6763的规定。

2. 石灰膏的质量要求

石灰膏的质量要求应符合国标的一等品要求；

细度要求：100目全通过；

氧化钙含量为60%～80%；不含有杂质。

3. 温石棉的质量要求

温石棉是纤维状含水硅酸镁，分子式为$3MgO$、$2SiO_2$、$2H_2O$；理论成分为：MgO—43.46%；SiO_2—43.50%；H_2O—13.04%。

应符合国标3～5级温石棉的质量要求。

含砂量：　　　0.3%～1%。

夹杂物含量：　不大于0.02%。

4. 水泥的质量要求

应符合国标GB 175—1999普通硅酸盐水泥的质量要求。

二、生产规模

年产100万m²粉煤灰纤维增强硅酸钙板。

也可以建两条线，年产200万m²粉煤灰纤维增强硅酸钙板。

其他产量可以依此类推。

三、产品品种规格

长度：1800mm、2400mm、2440mm、3000mm；宽度：800mm、900mm、1000mm、1200mm、1220mm；厚度：5mm、6mm、8mm、10mm、12mm、15mm、20mm、25mm、30mm、35mm。

密度：D0.8、D1.0、D1.3三类。

也可以根据实际要求，生产其他规格的产品。

四、工作制度

纤维增强硅酸钙板生产线是采用三班制不连续周生产，每班生产 7.5 小时，全年星期六、日为 104 天，法定假日 10 天，大、中修为 21 天。全年生产天数为 230 天。不同的工段或车间因工作的内容不同，每天生产班数也不同。纸浆制备系统为一班制，石棉松解及贮存系统为二班制；成品堆场为二班制。

第二节 粉煤灰加气混凝土砌块的 原材料、产品方案及生产规模

加气混凝土砌块是以硅质材料（如粉煤灰）和钙质材料（如生石灰）按一定重量比配合，再加外加剂和发气剂进行搅拌、浇注、发气后进行切割并在一定温度和压力下水热合成的人造石。它是节能利废的产品，具有轻质、保温隔热性能，产品本身可锯可钉，装修方便，是城市高层框架结构用得较多的理想的围护墙体材料。原材料有粉煤灰、生石灰、水泥、石膏、铝粉膏和稳泡剂等。原材料的质量要求如下：

一、原材料的质量要求

1. 粉煤灰的质量要求

粉煤灰的质量应符合《硅酸盐建筑制品用粉煤灰》（JC/T 409—2001）的要求。

细度（0.045μm 方孔筛筛余量）：Ⅰ级不大于 30.0%；Ⅱ级不大于 45.0%；Ⅲ级不大于 55.0%；

标准稠度用水量：Ⅰ级不大于 50.0%；Ⅱ级不大于 58.0%；Ⅲ级不大于 60.0%；

烧失量：Ⅰ级不大于 7.0%；Ⅱ级不大于 12.0%；Ⅲ级不大于 15.0%；

二氧化硅含量：不小于 40.0%；

三氧化硫含量：不大于 2.0%；

苛性碱的含量：不大于 2.0%；

铁矿物的含量：不大于 15.0%；

Ⅲ级粉煤灰不适用于蒸压加气混凝土砌块；

粉煤灰的放射性要求应符合国家标准 GB 6763 的规定。

2. 生石灰的质量要求

活性氧化钙的含量：	不小于 80%；
细度（0.08mm 筛筛余量）：	小于 10%；
氧化镁的含量：	不大于 2%；
消化温度为：	53℃；
消化速度为：	10 ~ 15min；
过烧石灰含量：	不大于 2%。

3. 水泥的质量要求

其水泥的质量要求应符合国家标准 GB 175—1999 的要求。

4. 石膏的质量要求

采用二水石膏，其质量要求应符合国家标准。

CaSO$_4$·2H$_2$O 含量：　　　　　　不小于 85%；

五氧化二磷含量：　　　　　　　不大于 3%；

初凝时间：　　　　　　　　　　不小于 6min；

终凝时间：　　　　　　　　　　不大于 30min。

5. 铝粉膏的质量要求

加气混凝土用铝粉膏应符合 JC/T 407—2000 的规定。

油剂型铝粉膏要求：其固体份 GLY75≥75% 或 GLY65≥65%，固体中活性铝≥90%；
水剂型铝粉膏要求：其固体份 GLS70≥70% 或 GLS65≥65%，固体中活性铝≥85%。
0.075mm 筛筛余量≤3.0%。

油剂型铝粉膏发气量要求达到：4min 为 50%～80%；16min≥90%；30min≥99%。
水剂型铝粉膏发气量要求达到：4min 为 40%～60%；16min≥90%；30min≥99%。

二、各种原材料的作用

1. 石灰：提供有效氧化钙与硅质材料中的 SiO$_2$、Al$_2$O$_3$ 反应，生成水化产物，形成制品的强度。石灰还提供碱度，使之与铝粉膏发气。石灰水化时放热，促使坯体硬化。

2. 粉煤灰：提供硅质材料与钙质材料中的 CaO 反应，生成水化产物，贡献制品的强度。粉煤灰还可作骨架，减少混凝土制品的收缩性。

3. 水泥：提供钙质材料，贡献加气混凝土的强度。水泥主要作用是保证浇注的稳定性、加速坯体的硬化和切割时的坯体塑性强度。

4. 石膏：贡献坯体的强度。由于在静停过程中，生成水化硫铝酸盐（钙）和 C-S-H 凝胶，使坯体在蒸压过程中出现温度差应力和湿度差应力的承受能力增强。还提高制品的强度和降低收缩性，提高抗冻性。促使水化反应过程，促进托贝莫来石转化，形成强度，且抑制水石榴子石生成，使收缩值小。还延缓料浆稠化速度，延缓水泥凝结速度，抑制石灰消解，降低石灰溶解度，消解温度也降低。

用于加气混凝土的石膏品种有：二水石膏、半水石膏和硬石膏。但在生产实践中，国内外未见用半水石膏的，因它脱水造成假凝，使浇注不稳定。在混磨工艺中，要防止二水石膏脱水，则要求混合料出磨温度＜70℃；若混合料出磨温度＞70℃时，则要求中间仓贮存时间为 2～3 小时，边磨边用边浇注。可以用工业废石膏代替天然二水石膏，直接加入搅拌机中，不参加混磨。若用天然硬石膏代替天然二水石膏时，可参加混磨，此时出磨温度不受限制。

5. 水：加水目的是保证料浆各组成材料能搅拌均匀，保证料浆能顺利浇注入模，并能正常进行发气和初凝。用水量用得是否最佳，能影响料浆发气和凝结过程，最终影响材料气孔结构。加水过多，使料浆过稀，铝粉和氢氧化钙反应加速，同时使加气混凝土料浆凝结时间延续，导致发气和凝结时间不能同步，造成料浆沉陷和沸腾现象，致使加气混凝土气孔结构破坏，影响制品质量。用水量过少，除了搅拌和浇注受影响外，将使料浆在发气过程未结束前，过早凝结，严重时使料浆发气不足，引起制品开裂。

6. 稳泡剂：是表面活性物质，降低表面张力。稳泡剂浓度增加，表面张力降低多，达到一定浓度时，表面张力不再变化了。表面活性剂具有发泡能力和稳泡性能。

三、生产规模

年产 5 万 m³ 粉煤灰加气混凝土砌块；年产 10 万 m³ 粉煤灰加气混凝土砌块；也可以建年产 20 万 m³ 粉煤灰加气混凝土砌块。

其他产量可以依此类推。

四、产品品种规格

产品的尺寸规格：长度：600mm；宽度：100mm、125mm、150mm、200mm、250mm、300mm/120mm、180mm、240mm；高度：200mm、250mm、300mm。

强度级别：A1.0、A2.0、A2.5、A3.5、A5.0、A7.5、A10 七个级别。

密度级别：B03、B04、B05、B06、B07、B08 六个级别。

也可以根据实际要求生产其他规格的产品。

五、工作制度

采用三班制连续周生产，法定假日 10 天，大、中修为 55 天。全年生产天数为300 天。

第三节 混凝土小型空心砌块的
原材料、产品方案及生产规模

一、原材料的质量要求

1. 总则

(1) 原材料质量控制应执行防检结合，以预防为主，先检验后使用的原则。

(2) 地磅应定期校验，至少每年一次。

(3) 制定原材料进厂的等级、数量、时间记录表，水泥贮存一般不超过一个月。

2. 碎石的质量要求：按 GB/T 14685—2001 建筑用卵石、碎石的要求。

(1) 骨料最大粒径不允许超过 10mm，生产路面砖时，允许大于 10mm 的颗粒不超过 2%。

(2) 碎石的颗粒级配要求（企业标准）（表 1-2-1）

碎石的颗粒级配   表 1-2-1

筛 网 号	3/8	4	8	16	30	50	100
筛孔尺寸（mm）	9.5	4.75	2.36	1.2	0.6	0.3	0.15
累计筛余（%）	0	25～80	95～100				

允许上、下波动 ±5%。

(3) 针片状颗粒含量的要求：混凝土强度等级 ≥C30 的，按重量计不大于 8%。

(4) 含泥量的要求：混凝土强度等级 ≥C30 的，按重量计不大于 1%。

(5) 有害物质含量的要求：硫化物及硫酸盐含量折算 SO_3，重量计不宜大于 1%。

（6）石子的强度要求：在水饱和状态下，其抗压强度火成岩应不小于 80MPa，变质岩应不小于 60MPa，水成岩应不小于 30MPa。并根据制品的强度，选用石子的强度。

（7）石子中粉尘的含量：其粉尘含量不超过 5%。

3. 砂子的质量要求：按 GB/T 14684—2001 建筑用砂的质量要求。

（1）砂子的颗粒级配要求（表 1-2-2）

砂子的颗粒级配   表 1-2-2

筛孔尺寸（mm）	9.5	4.75	2.36	1.18	0.600	0.300	0.150
累计筛余（%）1 区	0	10～0	35～5	65～35	85～71	95～80	100～90
累计筛余（%）2 区	0	10～0	25～0	50～10	70～41	92～70	100～90
累计筛余（%）3 区	0	10～0	15～0	25～0	40～16	85～55	100～90

（2）砂子含泥量的要求：混凝土强度等级 ≥C30 的，按重量计不大于 2%。

（3）砂中有害物质含量的要求：云母的含量，按重量计不宜大于 1%；轻物质的含量（煤、褐煤等），按重量计不宜大于 1%；硫化物及硫酸盐的含量，按重量计（折算 SO_3）不宜大于 0.5%；有机物的含量（比色法），颜色不宜深入标准色。

（4）砂的坚固性要求：用硫酸溶液法检验，试样经 5 次循环后，其重量损失不应大于 8%。

（5）砂中应无定形二氧化硅含量；当使用海砂时，其氯盐含量不应大于 0.1%。

4. 水泥的质量要求

水泥的质量要求应符合 GB 175 硅酸盐水泥及普通硅酸盐水泥、GB 12958 复合硅酸盐水泥中的规定及 GB 1344 粉煤灰硅酸盐水泥中的规定。白色硅酸盐水泥的质量要求应符合 GB/T 2015 的规定。

5. 外加剂的质量要求

外加剂的质量要求应符合《混凝土外加剂》（GB 8076—1997）中的规定。

6. 硬质工业废渣骨料、石粉、石屑的质量要求

烧失量不大于 8%，不含有影响混凝土性能的有害成分及其他夹杂物。

7. 粉煤灰的质量要求

粉煤灰的质量要求应符合国标《用于水泥和混凝土中的粉煤灰》（GB 1596—2005）中的规定。

细度（0.045μm 方孔筛筛余）Ⅰ级不大于 12%；Ⅱ级不大于 25%；Ⅲ级不大于 45%；

需水量比　　　　　　　　　Ⅰ级不大于 95%；Ⅱ级不大于 105%；Ⅲ级不大于 115%；

烧失量　　　　　　　　　　Ⅰ级不大于 5%；Ⅱ级不大于 8%；Ⅲ级不大于 15%；

含水量　　　　　　　　　　不大于 1.0%；

三氧化硫含量　　　　　　　不大于 3.0%；

游离氧化钙含量　　　　　　F 类粉煤灰不大于 1.0%，C 类粉煤灰不大于 4.0%；

安定性：雷氏夹沸煮后增加距离　C 类粉煤灰不大于 5.0mm；

Ⅲ级粉煤灰不适用于混凝土小型空心砌块；

粉煤灰的放射性要求应符合国家 GB 6763 的规定。

8. 颜料的质量要求

颜料的质量要求应符合 JC/T 539 中的规定，采用无机盐颜料。

9. 水的质量要求

水的质量要求应符合 JGJ 63 中的规定。

一般饮用水及天然水、清洁水都可用。水中不得含有影响水泥正常凝结与硬化的有害杂质、油脂和糖类。污水、工业废水及 pH 值小于 4 的酸性水，含硫酸盐（折算 SO_3）超过水重 1% 的水不得使用。

二、生产规模

年产 2 万 m^3 小型空心砌块或 24 万 m^2 地面砖；年产 6 万 m^3 小型空心砌块或 28 万 m^2 地面砖；年产 8 万 m^3 小型空心砌块或 53 万 m^2 地面砖；年产 13 万 m^3 小型空心砌块或 95 万 m^2 地面砖；年产 24 万 m^3 小型空心砌块或 143 万 m^2 地面砖；年产 48 万 m^3 小型空心砌块或 190 万 m^2 地面砖。

也可以根据实际需要确定年产量。

三、产品品种规格

混凝土小型空心砌块和路面砖按尺寸偏差、外观质量分为优等品（A）、一等品（B）及合格品（C）。

1. 混凝土小型空心砌块的品种规格

按强度等级分为：MU3.5、MU5.0、MU7.5、MU10.0、MU15.0、MU20.0。

主砌块：390mm × 190mm × 190mm；

辅助砌块：590mm × 190mm × 190mm；290mm × 190mm × 190mm；190mm × 190mm × 190mm；90mm × 190mm × 190mm；390mm × 190mm × 90mm；90mm × 90mm × 190mm；390mm × 90mm × 90mm；390mm × 190mm × 190mm。

它们可以分为普通砌块、机纹砌块、沟槽砌块、磨光砌块、彩面砌块等。

圈梁块：190mm × 190mm × 190mm；

劈裂砌块：390mm × 190mm × 190mm；半劈裂挡土墙砖：240mm × 134mm × 122mm；劈裂挡土墙砖：240mm × 134mm × 247mm；

保温砌块：390mm × 190mm × 190mm。

2. 地面砖的品种规格

按抗压强度分为 Cc30、Cc35、Cc40、Cc50、Cc60。

按抗折强度分为 Cf3.5、Cf4.0、Cf5.0、Cf6.0。

互锁砖：工业重载砖 229mm × 116mm × 100mm；车型互锁砖 250mm × 140mm × 60mm。

路面砖：200 荷兰砖 200mm × 100mm × 60mm；230 荷兰砖 230mm × 115mm × 60mm；250 荷兰砖 250mm × 125mm × 60mm；400 荷兰砖 400mm × 200mm × 80mm；480 荷兰砖 480mm × 240mm × 80mm。100 方形砖 100mm × 100mm × 60mm；200 方形砖 200mm × 200mm × 60mm；250 方形砖 250mm × 250mm × 60mm；400 方形砖 400mm × 400mm × 80mm。梯形砖 250mm × 125mm × 107mm × 60mm；菱形砖 200mm × 200mm × 60mm；缺角砖 200mm × 200mm × 60mm；箭头砖 280mm × 20mm × 200mm × 60mm。

盲道砖：200 止步砖 200mm × 200mm × 60mm；200 前行砖 200mm × 200mm × 60mm；200

转向砖 200mm×200mm×60mm；250 止步砖 200mm×250mm×60mm；250 前行砖 250mm×250mm×60mm；250 转向砖 250mm×250mm×60mm。

植草砖：18 孔植草砖 400mm×300mm×100mm；9 孔植草砖 250mm×190mm×65mm；方形花盆砖 402mm×402mm×200mm；鼓形花盆砖 620mm×439mm×250mm。

路缘石：1m 圆角侧石 1000mm×120mm×320mm；1m 斜面侧石 1000mm×120mm×320mm；0.5m 斜面侧石 500mm×150mm×320mm；中缘石 500mm×70mm×200mm；树穴石 500mm×190mm×190mm。

透水砖：250mm×250mm×60mm；200mm×200mm×60mm；200mm×100mm×60mm。

水洗砖：250mm×250mm×60mm；200mm×200mm×60mm；200mm×100mm×60mm。

根据实际需要可以生产其他规格的产品。

四、工作制度

采用三班制不连续周生产，全年星期六、日为 104 天，法定假日 10 天，大、中修为 21 天。全年生产天数为 230 天。

第三章　基本工艺流程及工艺设备

本章主要内容是纤维增强硅酸钙板、粉煤灰加气混凝土砌块、混凝土小型空心砌块三条生产线的基本工艺流程及工艺设备。工艺流程以工艺流程图示意，主要工艺设备以表格形式列出。并简要叙述了三条生产线的基本工艺流程，以便系统地了解工艺设计内容。

第一节　纤维增强硅酸钙板基本工艺流程及工艺设备

一、纤维增强硅酸钙板工艺流程图

1. 回水系统工艺流程图（图 1-3-1）

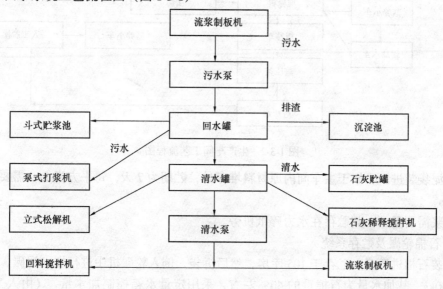

图 1-3-1　回水系统工艺流程图

2. 生产车间工艺流程图（图 1-3-2）

二、工艺流程概述

1. 原材料输送及贮存

粉煤灰和石灰膏袋装进厂，卸至原料库中贮存。粉煤灰袋装堆高为 2m，贮存期为 7 天，需要堆存面积为 69m²；石灰膏贮存期为 7 天，堆高为 2m，堆存面积为 36m²。

石棉袋装进厂，卸至 105 库房石棉库，堆高 1.28 米，贮期为 15 天，需要堆存面积为 150m²。

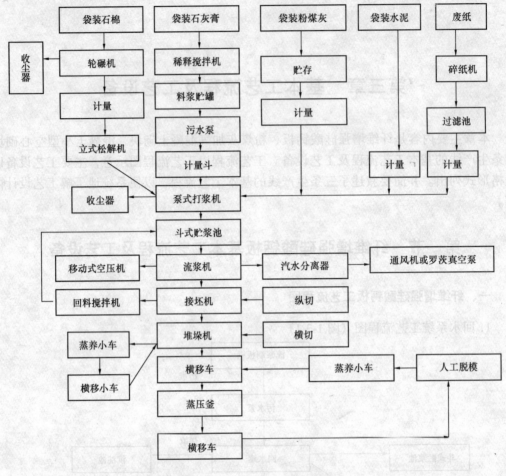

图 1-3-2　生产车间工艺流程图

水泥袋装进厂，卸于主车间内原材料堆存处，贮期为 7 天，每平方米 2t，需要堆存面积为 5m²。

纸浆需要量少，其贮存在水力碎纸机旁。

2. 石棉轮碾及贮存系统

袋装石棉进厂后，贮存于 105 库房，然后拆袋，倒入轮碾机中进行加水湿碾，每次加石棉 100kg，其加水量为石棉重的 40% 左右，采用定量水箱控制加水量，（由人工放水、加水）碾压周期为 12 分钟左右。根据棉种不同，在碾压后按配料要求分包装袋待用。同时轮碾机配一台袋式除尘机进行收尘，以防倒袋碾压处扬尘，使操作环境的空气得到净化。

3. 纸浆制备系统

纸浆用得很少，采用一台水力碎纸机（1m³），进行纸浆制备，制备后进入过滤池，过滤水分，然后计量装袋待用。

4. 料浆的制备

石灰浆的制备：袋装石灰膏按一个班的需要量，先运到主车间内的贮存地，按浓度要求，用计量秤称量，然后倒入石灰浆稀释搅拌机内（即回料搅拌机）搅拌，加水稀释，浓

28

度为 30% 左右。打入石灰浆贮罐中再进行稀释，贮罐二台，每个贮量 10m³，可供泵式打浆机用 6h 左右。加水稀释到浓度为 25% 左右，快速搅拌，贮存备用时，慢速搅拌。贮罐底部设有一排渣阀，排出渣用袋装运走。

石棉等纤维浆的制备：石棉经轮碾机初步松解后，袋装运进主车间内的贮存地，按一班需要量贮存，然后倒入立式叶轮松解机，按配比掺玻纤、纸浆进行松解，浓度为 5% ~ 6%，松解周期为 15min 左右。

料浆的制备：石灰浆从贮罐中用污水泵打入石灰浆计量斗中，按配比计量，然后放入泵式打浆机中，袋装粉煤灰和袋装水泥按配比计量，也倒入泵式打浆机中，立式叶轮松解机松解好的纤维浆也打入泵式打浆机中，打浆机浓度控制在 15% 左右，打浆周期为 10 ~ 15min。

在操作中，应注意石灰膏计量斗称好后立即放浆，尽量避免石灰浆在计量斗中长时间放置，以防计量斗内石灰浆沉淀堵塞。

输送石灰浆的污水泵，由人工启动泵，送浆到石灰浆计量斗，计量完毕，自动停泵，停泵后不要马上关闭阀门应让其管道中石灰浆自动倒流，以防石灰浆在阀门上部管道中沉积，堵塞管道。

泵式打浆机打好料浆后，再打入斗式贮浆池待用。

5. 回水系统

真空系统、流浆机、贮罐等排出的水，经水沟汇集到污水泵前积水坑，由二台污水泵打到回水罐，经中心管，进行沉淀，罐容积为 50m³，然后溢流到清水罐，容积为 50m³，清回水罐每周放水清洗一次。

清水罐之水和清水泵用管道相连，清水用清水泵打至流浆机作清洗毛布之用以及作回料搅拌机搅拌切边废料之用。

回水罐之水，用管道连接，自流到斗式贮浆池或溢流槽或泵式打浆机。

石灰膏稀释及立式叶轮松解机用水，采用清水罐中之水，自流到石灰膏稀释搅拌机或石灰膏贮罐，或自流到立式叶轮松解机。

沉淀池中污水沉淀后，清水排至排洪沟中，沉淀物掏出，运出厂外。

6. 成型、堆垛

抽真空系统：1 号真空箱接管口用软管与汽水分离器进口相接，其出口与高压风机进口相接进行抽真空；2 号、3 号、4 号真空箱接口用软管与另一汽水分离器进口相接，出口与罗茨真空泵进口相接，进行抽真空；5 号真空箱接口用软管与第三个汽水分离器进口相接，出口与另一台罗茨真空泵进口相接，进行抽真空。其目的是使毛布上的料坯脱水。

成型：主机采用 ZBL-135aⅡ型流浆制板机，生产 2400mm × 1000mm × （5 ~ 10）mm 和 2700mm × 1200mm × （5 ~ 10）mm 两种规格的板，故成型筒选用两种规格，一是 ϕ810mm 的成型筒，成型 2400mm 板，一是 ϕ923mm 的成型筒，成型 2700mm 的板。成型板坯厚度由测厚仪控制。

斗式贮浆池的浆，经过送浆溜槽，流到流浆制板机的流浆口，经流浆箱流到毛布上，毛布上的料坯经 1 号 ~ 5 号真空箱脱水，经成型筒成型需要的板厚，其厚度范围为 5 ~ 10mm。成型好后，断坯，然后经刀切接坯机。刀切接坯机开始一段是加速段，速度为 77m/min，当到慢速段时，速度变到 25m/min，当经过定位皮带时，进行纵切，定位皮带速度为 25m/min，板坯到定位皮带定位位置时，定位皮带停止，然后进行横切、堆垛。

堆垛：堆垛机采用 DD-2 三工位堆垛机，中间工位是堆放板坯带垫板的蒸养小车，其中一边工位是刀切接坯机定位皮带，堆垛机的板坯吸盘横移到刀切接坯机定位皮带工位时，进行横切，然后吸盘下降，吸起板坯（其中另一边工位是垫板吸盘，吸起空心垫板，放于中间工位的蒸压小车上，放下垫板后上升）后，上升，横移至中间工位，这时中间工位的垫板吸盘移至另一边工位（装有空心垫板的蒸养小车）。一般来讲，生产 6mm 板堆高约 100~150mm 时，放一块空心垫板把板坯隔开，目的是使板坯蒸透。板垛最上面必须再加一块空心垫板压住，以防板垛上面部分板坯在蒸压过程中发生翘曲现象。考虑蒸压釜的高度净空，蒸养小车上每垛板坯的高度不应大于 1100mm。

在板坯与板坯之间，板坯与垫板之间须人工均匀喷洒脱模剂，以防制品相互粘连。

装有空心垫板的蒸养小车，垫板用完后，（一般装 6 块）经过三工位堆垛机的横行小车，倒到中间工位；中间工位蒸养小车装满板坯后，推出，经过横移小车进入蒸压釜。在设计时考虑了二个蒸养小车停放位置，一个是三工位堆垛机前，一个是蒸压釜前的轨道上。

7. 蒸压工段

由于主车间场地限制，蒸压釜两端无法考虑停放 6 辆蒸养小车进行静停养护的余地，按蒸压制度和主机生产能力核算，蒸压釜采用边进边出方案；进蒸压釜前需要有二个停放蒸养小车的工位，出釜时，蒸养小车拉到脱模工段进行脱模。进出蒸压釜都用慢动转速的卷扬机拉。横移时，用电动横移小车进行横移；在地面轨道上，采用人工推移。

蒸压釜热力控制操作程序简述：按蒸压釜制造厂《蒸压釜的使用说明书》、劳动部发布《压力容器安全监察规程》以及原国家建筑材料工业局颁布的《硅酸盐建筑制品蒸压釜安全生产规程》执行。

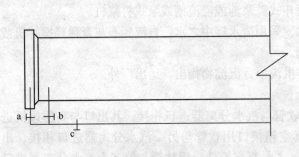

图 1-3-3　蒸压釜阀门示意图

当 1 号蒸压釜蒸压制品时：将装有制品的蒸养小车，由卷扬机一车车拉入釜内；装完 6 辆带制品的蒸养小车后，关闭两端釜门，关闭余汽排出口及除污口的阀门（具体操作详见《蒸压釜使用说明书》以及原国家建材局颁布的《硅酸盐建筑制品蒸压釜安全生产规程》）；然后密封釜盖槽，如图 1-3-3 所示：打开 a、c 阀门，关闭 b 阀门，进行充汽，从密封蒸汽口通入比釜内最高工作压力略高 0.05MPa 的蒸汽，并保压。两端釜盖同时进行。

升压、恒压：打开分汽缸通向 1 号蒸压釜的管道阀门，分汽缸上总进汽管阀门可呈常开状态，按制品蒸压制度进行升压、恒压。一般操作为：开始进汽时，打开余汽排放阀门，经 10min 后关闭。完成蒸压后，关闭分汽缸上通向 1 号蒸压釜的阀门。

转换及排空：当 1 号蒸压釜制品经 16~32 小时蒸压养护后需降温时，打开分汽缸上的 2 号蒸压釜的阀门（这时关闭总进汽阀），将 1 号蒸压釜的余汽通过分汽缸转换到 2 号蒸压釜内重复使用。若此部分余汽得不到利用或两釜转换达到压力平衡时，则打开蒸压釜上余汽排放阀门，进行放空，使 1 号蒸压釜内压力下降到零。

2 号蒸压釜操作，以此类推。

制品经蒸压后，稍待冷却，即可打开釜门，载制品的小车由卷扬机一车车出釜，同时需将蒸压制品一车车的进入蒸压釜。出蒸压釜时的开门操作，详见《蒸压釜使用说明书》。

几点说明：（1）使用蒸压釜的单位，必须对蒸压釜的管理人员和操作维修人员进行培训，经过安全技术培训和考试合格发证的操作工，才能独立操作；（2）出现釜内压力、温度超过许用值，采用各种措施仍不能使之下降的，釜盖、釜体、蒸汽管道发生裂纹、鼓泡、变形、泄漏等缺陷的以及危及安全的，安全附件失效的，釜盖关闭不正、紧固件损坏至难以保证安全运行的，应立即停釜，排汽降压；（3）特别注意蒸压釜运行中冷凝水排放，冷凝水排放必须畅通，如发生阻塞，采用各种手段不能解决的，应立即停釜；（4）时常检查安全阀、压力表、温度计是否失灵，及时更换维修。

8. 脱模、堆垛、贮存

采用人工脱模。考虑了 9m 跨度，长约 30m 的人工脱模区，板垛堆高 1m，下面放有垫板，用叉车叉到成品库贮存。成品库约 400m²，贮存期为一个月，堆高 2.5m，人工脱模时，硅酸钙板应竖拿，以免折断。

三、主要工艺设备（表 1-3-1）

主要工艺设备表　　　　　　　　　　　　　　　表 1-3-1

序号	名称型号及规格	数量	序号	名称型号及规格	数量
1	φ1800 轮碾机	1 台	16	ZV-0.4/12 移动式空压机	1 台
2	HD8948 袋式除尘机	1 台	17	9-19-11 离心通风机	1 台
3	ZDSB-I-O（Z）水力碎纸机	1 台	18	ZBK13A 罗茨真空泵	1 台
4	φ1600 立式叶轮松解机	1 台	19	ZBK15B 罗茨真空泵	1 台
5	0.8m³ 叶轮回料搅拌机	2 台	20	Ⅲ型气水分离器	3 台
6	10m³ 石灰浆贮罐	2 台	21	刀切割接坯机	1 台
7	80WG 污水泵	4 台	22	DD-2 三工位堆垛机	1 台
8	0.8m³ 石灰浆计量斗	1 台	23	HY-3 横行小车	3 台
9	HD8948 单机除尘器	1 台	24	蒸养小车	25 台
10	φ2000 泵式打浆机	1 台	25	轨道过渡桥	2 个
11	斗式贮浆池	1 台	26	XSφ2×21m 蒸压釜	2 台
12	φ4000 清回水罐	1 套	27	JJM5 建筑卷扬机	1 台
13	污水泵小水箱	3 台	28	分汽缸	1 台
14	IS100-65-200 离心清水泵	1 台	29	导向滑轮	2 个
15	ZBL-135Ⅱ流浆制板机	1 台	30	空心垫板	150 个

第二节 粉煤灰加气混凝土砌块
基本工艺流程及工艺设备

一、粉煤灰加气混凝土砌块工艺流程图（图 1-3-4）

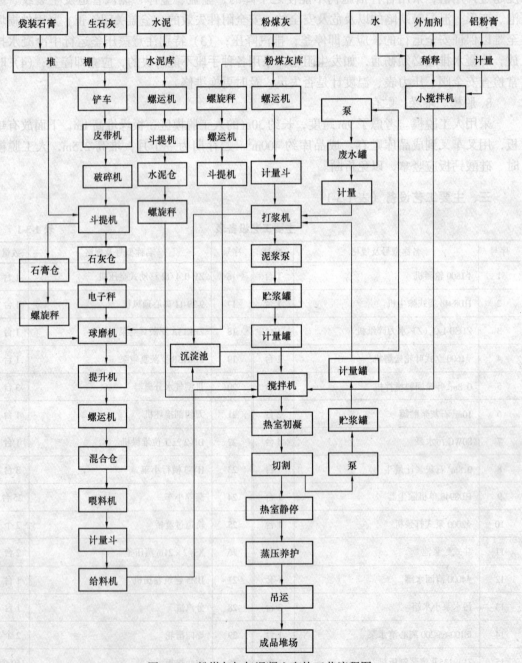

图 1-3-4 粉煤灰加气混凝土砌块工艺流程图

二、工艺流程概述

1. 生石灰、石膏

块状生石灰和袋装石膏粉进厂后，分别堆放于原料堆棚内。

生产用料时，将块状生石灰用铲车送入受料斗，经皮带输送机送入破碎机中破碎，再经斗式提升机至磨头仓待用。破碎机设一台收尘器，磨头仓设一台收尘器。

2. 水泥、粉煤灰

散装水泥采用水泥散装罐车运入，由车上自备气力输送系统将其送入水泥库。粉煤灰由电厂干粉煤灰排灰管道，接至厂内的粉煤灰库，用气力输送至粉煤灰库。

生产用料时，粉煤灰经螺旋秤按配比计量，再经螺旋输送机和斗式提升机送入球磨机。用作骨料的粉煤灰直接由库底称量输送至打浆机，此时废浆贮罐中料浆经计量后，加入打浆机中打浆，再泵送至料浆贮罐待用。

进入各自磨头仓的物料，即生石灰、石膏分别经给料机均匀给料至皮带电子秤和螺旋电子秤，粉煤灰直接由贮库计量，最后按一定配比计量的原材料送至球磨机磨细。采用的是混合胶结料工艺，它是将石灰、石膏及部分粉煤灰（其用量为粉煤灰总用量的 20% ~ 25%）的混合料在球磨机中进行混合干磨而得。胶结料的比表面积要求达到 4000 ~ 6000cm^2/g。水泥和未经磨细的骨料粉煤灰直接使用。

3. 铝粉膏、外加剂

铝粉膏、外加剂均由汽车运入厂内，分别存放于原料库中。用料时用小车推至配料楼，提升至配料楼铝粉搅拌机旁，按确定配比加水一起搅拌成浆备用。

4. 配料浇注

水泥、混合胶结料经电子秤称量，粉煤灰浆经计量罐计量，按比例配入搅拌机中，铝粉膏、外加剂混合料浆经铝粉膏搅拌机搅拌后直接输入搅拌机中，各组成材料按水、废浆及粉煤灰混合浆、混合胶结料、水泥、铝粉膏及外加剂混合料浆顺序投入固定式搅拌机中进行规定时间的搅拌。搅拌时同时送入蒸汽，以提高料温。

搅拌好的料浆随后浇注入模，采用定点浇注工艺。此工艺方法便于与热室初凝相结合，实现流水作业生产，避免了移动浇注工艺在车间温度较低时，其生产受到气温影响的缺点。

5. 热室初凝

浇注好的模具经电动摆渡车顶推机械送入热室初凝养护室内，料浆的初凝过程在初凝养护室内完成。

6. 坯体切割

达到切割强度的坯体连同模框，由行车采用负压吊具，吊到已装好蒸压底板的切割机上，吊具升起的同时即卸去模框，然后切割机即按照预先设定的尺寸规格进行坯体的纵、横、水平方向的切割。

坯体切割完毕后，切割下来的部分料及废料，经加工成废料浆，泵送至配料楼顶层的废浆贮罐加入粉煤灰送至打浆机中重复使用。

7. 热室静停

切割后的坯体经吊车吊至蒸养小车，每个小车上叠放两模坯体，叠放坯体的小车，再由摆渡车过渡至养护区，由卷扬机拉至热静停室，进行编组预养，每五辆小车编为一组。

8. 蒸压养护

预养后，带坯体的蒸养小车由卷扬机一次拉入 $\phi 2 \times 21m$ 蒸压釜（每釜五车）内，釜内已养护好的五车制品同时被拉出。然后关闭釜门，抽真空后送入蒸汽，进行预定制度的升温升压、恒温恒压、降温降压的蒸压养护，养护周期为 12 小时。

9. 成品吊运

蒸压养护结束后，带制品的小车由卷扬机拉出，并在成品吊运车间中停放一定时间（冷却）后，由普通吊具将成品吊至平板托车上，由电瓶车拖至成品堆场，经人工检查分等级后分别堆放，底板经人工清理涂油后，连同蒸养小车经横移车运到回车道，再返回至切割车间备用。

三、主要工艺设备（表 1-3-2）

主要工艺设备表

表 1-3-2

序　号	设备名称及规格	单　位	数　量
一	原材料贮存及处理工段		
1	GX400 螺旋输送机	台	4
2	HL300 斗式提升机	台	4
3	GX250 螺旋输送机	台	1
4	刚性叶轮给料机 $\phi 300 \times 300$	台	3
5	B500 胶带输送机	台	1
6	PEF150 × 250 复摆颚式破碎机	台	1
7	GI3 型电磁振动给料机	台	1
8	球磨机 $\phi 1.83 \times 6.4$	台	1
9	CLT/A 旋风除尘器 2 × 700	台	1
10	静电除尘器	台	1
11	袋式除尘器	台	4
12	螺旋电子秤	台	3
13	皮带电子秤	台	1
二	料浆制备工段		
1	2PN 立式泥浆泵	台	1
2	WG 污水泵	台	1
3	废浆贮罐	台	1
4	铝粉膏搅拌机	台	1
5	浇注搅拌机	台	1
6	混合料螺旋电子秤	台	1
7	料浆计量罐	台	2
三	浇注切割工段		
1	摆渡车	台	2
2	模具车	台	24
3	卷扬机	台	1
4	$Q = 10t$ 桥式吊车	台	2
5	JHQ3.9 型切割机组	套	2
6	负压吊具	套	2
7	普通夹具	套	2
四	蒸养工段		
1	摆渡车	台	1
2	蒸养小车	辆	55
3	$\phi 2 \times 21m$ 蒸压釜	台	7
4	SI-2 水环式真空泵	台	2
5	分汽缸	台	5
6	运坯板	块	110
7	釜前过渡车	台	2

序　号	设备名称及规格	单　位	数　量
五	成品吊运及堆场		
1	$Q=10t$ 桥式吊车	台	1
2	普通夹具	套	1
3	大夹具	套	1
4	平板托车	辆	2
5	电瓶车	辆	2
6	$Q=10t$ 门式吊车	台	2

第三节　混凝土小型空心砌块基本工艺流程及工艺设备

一、混凝土小型空心砌块工艺流程图（图 1-3-5）

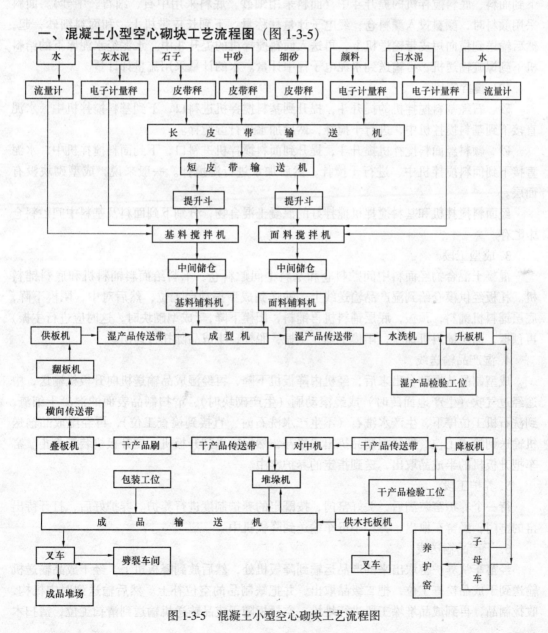

图 1-3-5　混凝土小型空心砌块工艺流程图

二、工艺流程概述

1. 原材料储存工段

原材料进厂后，先进行质量检验，然后经地磅计量后，水泥按强度等级、灰、白水泥入水泥库，粉煤灰入粉煤灰库；砂、石料，按中、细分别堆放在原材料堆棚。

2. 配料称量搅拌工段

（1）配料称量工段

原材料堆棚里的砂、石用斗式铲车铲运到中石、细石、中砂、细砂仓中，再经皮带秤计量，计量好后下到长皮带机上，然后由长皮带输送机输送到横向短皮带输送机上，分别下到面料、底料搅拌机的提升斗中（面料采用细砂，底料采用中石、细石、中砂）。面料采用颜料时，颜料投入颜料仓，经电子计量秤称量，下到长皮带机上，和面料细砂一起，然后输送到横向短皮带输送机上，再送入面料搅拌机的提升斗中。水泥经水泥库下的给料机下到螺旋输送机，再输送到水泥电子秤中计量。水的计量采用流量计计量。

（2）搅拌工段

砂、石经基料搅拌机的提升斗，提升到基料搅拌机进料口，下到基料搅拌机中，水泥直接下到基料搅拌机中，进行干搅拌，然后加水进行湿搅拌。

砂、颜料经面料搅拌机提升斗，提升到面料搅拌机进料口，下到面料搅拌机中，水泥直接下到面料搅拌机中，进行干搅拌，然后加水进行湿搅拌。一般来说，成型砌块没有面层。

经面料搅拌机和基料搅拌机搅拌好的混凝土混合物，分别下到面料及基料中间贮料仓中贮存。

3. 成型工段

混凝土混合物经面料中间贮料仓和基料中间贮料仓，下料给面料铺料机和底料铺料机。托板经供模仓给到湿产品输送线上，输送到成型振动台工位，然后对中，阴模下降，底层铺料机铺料，预振，底层铺料机再铺料，阳模下降，（成型砌块时，这时应进行主振）再预振，面层铺料机铺料，阳模下降，主振，脱模，半成品随托板运出。

4. 湿产品输送线

成型制品从振动台出来后，经机内降板机下降，再经湿成品输送机向升板机输送，中途经过气吹（生产地面砖时）或经滚动刷（生产砌块时），清扫制品表面的混凝土细渣，到洗石机工位停下，生产水洗石（不生产水洗石时，直接到检查工位），再经湿成品输送机输送到检查工位，把缺损制品拣出或修补，然后输送到升板机，使升板机装满为止。窑车把升板机的半成品取出，送到指定的养护窑中。

5. 养护工段

待一个养护窑装满后，关好窑门，按既定的养护制度进行养护。养护好后，打开待出窑的窑门，经窑车取出，再经子母车输送到降板机中。

6. 干产品输送线

经窑车从养护窑取出来的产品运输到降板机处，然后放到降板机上，经干成品输送机输送到干成品检查工位，把二级品取出，并把缺制品的空位补上。然后输送到对中机构，收拢制品，再到成品堆垛工段进行堆垛。空托板随干成品输送机输送到清扫工位，清扫木托扳上的混凝土渣。经清扫的木托板，输送到横向输送机端，进行二块叠放，然后经横向输送机输送到翻板机进行翻板，随后堆到供模仓，一般供模仓装五块托板，供成型用。

7. 成品堆垛包装贮存工段

叉车从木托板堆放地把木托板叉到供木托板机中，链式输送机把木托板输送到成品输送机的包装工位，堆垛机从干成品输送线取出制品，堆垛到成品包装工段的木托板上，堆垛好后，堆垛包装线移动一个工位，进行罩塑料袋打包捆扎，堆垛包装线的链式输送机再把一垛垛制品移动到车间外，用叉车叉到成品堆场贮存。

在成品堆场，应按制品的种类、标号分开堆放。堆垛层数多的成品垛应堆在离主车间远些的成品堆场。而木托板堆放地应离主车间近些。

三、砌块生产线工艺设备表（表 1-3-3）

主要工艺设备表　　　　　　　　　　　　　　　　　　　　表 1-3-3

序号	设备名称规格性能	数量	序号	设备名称规格性能	数量
1	骨料料仓	4	18	水泥计量秤	1
	3.5m×3.5m　倾角：53°　$V=30m^3$/个			300kg，0.4m³	
2	骨料仓闸门	4	19	底料搅拌机 HM1500/2250	1
	300mm×600mm			电动机功率：　　　　26kW	1
3	骨料配料皮带机	4		15kW	1
	长 1200mm×400mm　　2.2kW/台			15kW	1
4	骨料集料皮带输送机	1		出料门功率：　　　　1.5kW	1
	长 18000mm×650mm　　7.5kW			提升机功率：　　　11/9kW	1
5	骨料分配皮带输送机	1	20	面料搅拌机 HM333/500	1
	长 3500mm×600mm　　4.0kW			电动机功率：　　　　11kW	1
6	颜料自动配料机	2		1.5kW	1
	可同时配两种颜料　　1.5kW			3.7/3kW	1
7	料斗振动电机	4		出料门功率：　　　　1.1kW	1
	1.5kW			提升机功率：　　　　3.7kW	1
8	水泥螺旋输送机	2	21	液压站	1
	φ193mm×12m　　5.5kW			主电机：　　　　　　45kW	1
9	水泥螺旋输送机	2		辅电机：　　　　　　22kW	1
	φ245mm×10m　　4.0kW			15kW	1
10	水泥库	4		7.5kW	1
	$V=70\sim100t$			4.8kW	2
11	搅拌机平台	1		4.0kW	1
12	搅拌机增压泵	1		主泵电机：　　　　　22kW	1
	11kW			供油机油泵：　　　0.55kW	1
13	计算机底料配水系统	1	22	成型机	1
14	计算机面料配水系统	1		振动电机：　　　　13.2kW	4
15	底料上料车钢轨 11m	1		通风电机：　　　　　1.5kW	2
16	面料上料车钢轨 11m	1		上振动电机：　　　　2kW	2
17	水泥计量秤	1		振幅为：2.3~2.5mm；频率：6~60Hz	
	800kg，0.9m³			激振力：5~12.5t；上加压力：9t	

序号	设备名称规格性能		数量	序号	设备名称规格性能		数量
23	底料（基料）铺料机	1.5kW	1	32	降板机		1
	料仓、料位计、卸料闸门		各1		电机：	15kW	1
	提升电机：	1.1kW	2	33	干产品输送机		1
24	面料铺料机：	1.5kW	1		电机：	11kW	1
	料仓、料位计、卸料闸门		各1	34	对中机		1
	提升电机：	1.1kW	1		电机：	1kW	1
25	成型时底板输送机		1	35	底板清扫机		1
		4kW	1			0.55kW	1
26	湿产品输送机		1	36	横向底板输送机		1
		11kW	1			11kW	1
27	机内降板机		1	37	翻板机		1
		1.5kW	1			0.37kW	1
28	电动砌块刷		1	38	码垛机		1
		0.55kW	1		电机：	4kW	1
29	水洗机		1			0.75kW	1
	水泵电机：	5.5kW	1	39	供木托板机液压站		1
		0.75kW	1		电机：	4.8kW	1
		0.25kW	1	40	链板输送机		1
		1.2kW	1		电机：	11kW	1
		2.2kW	1	41	空压机		1
30	升板机		1		电机：	7.5kW	1
		15kW	1	42	模具		4
31	子母车		1		标准砌块模具		1
	电机：	5.5kW	2		60地面砖模具		1
		0.37kW	2		路牙石模具		1
		4/4.8kW	1		花墙砖模具		1
		3.6kW	1				

第四章　混凝土配合比及物料平衡表的计算

本章内容为纤维增强硅酸钙板、粉煤灰加气混凝土砌块、混凝土小型空心砌块的配合比计算。干硬性混凝土配合比的绝对体积计算方法和假定密度计算方法，以及透水砖和发光砖配合比的计算，物料平衡表的计算等。

第一节　纤维增强硅酸钙板的配合比和投料量的计算

一、配合比的确定

1. 由于各地原材料品质的差异，配比略有不同。硅钙板由两组材料组成：一是硅钙质材料及助剂；一是纤维增强材料。硅钙质材料及附加材料占总含量的比例按下式计算：

$$W = 1 - Y_1 \tag{1-4-1}$$

式中　Y_1——纤维增强材料占总含量的百分比，一般取20%左右；

　　　W——硅钙质材料及助剂占总含量的百分比。

2. 硅钙质材料占总含量的百分比按下式计算：

$$X_1 = W - Z \tag{1-4-2}$$

式中　X_1——硅钙质材料占总含量的百分比；

　　　Z——助剂占总含量的百分比。

助剂一般是指石膏、水玻璃等，石膏的掺量一般为3%。

可以根据原材料的品质和硅钙比，算出钙质材料和硅质材料各占硅钙质材料中的比例。钙质材料在硅钙质材料中的掺量按下式计算：

$$X_i = \frac{\frac{C}{S} f_{SiO_2}}{\frac{C}{S} f_{SiO_2} + 1.071 f_{CaO}} \tag{1-4-3}$$

式中　X_i——钙质材料在硅钙质材料中的掺量；

　　C/S——钙硅比，一般取0.35左右；

　　f_{SiO_2}——硅质材料中有效二氧化硅的含量；

　　f_{CaO}——钙质材料中有效氧化钙的含量；

　　1.071——硅钙分子量比。

硅质材料在硅钙质材料中的含量计算如下：

$$Y_i = 1 - X_i \tag{1-4-4}$$

式中　Y_i——硅质材料在硅钙质材料中的含量。

3. 计算硅质材料及钙质材料分别占总含量的百分比：

硅质材料占总含量的百分比按下式计算：

$$Y = X_1 \cdot Y_i \qquad (1\text{-}4\text{-}5)$$

钙质材料占总含量的百分比按下式计算：

$$X = X_1 \cdot X_i \qquad (1\text{-}4\text{-}6)$$

式中　Y——硅质材料占总含量的百分比；

　　　X——钙质材料占总含量的百分比。

4. 纤维材料目前一般用石棉纤维，代用纤维的含量不超过纤维总含量的 30%。若采用玻璃纤维代用，针状棉可适当降低其用量。中长棉占石棉的 25%～50%。使用高强度水泥，可以减少中长棉的用量。短纤维石棉占石棉的 50%～75%，针状棉占石棉的 20%～40%，绒状石棉占石棉的 60%～80%。玻璃纤维占总量的 1.5%～2%，纸浆纤维占总量的 2%～3%，使用纸浆纤维，可以降低板材脆性，提高柔软性，防止板材脆裂。

二、投料量的计算

一般根据泵式打浆机中的有效容量和要求打浆的浓度，计算泵式打浆机中的要求各物料投料量。计算步骤如下：

1. 硅钙板干料相对密度的计算

$$d_干 = \sum_{i=1}^{i} d_i P_i \qquad (1\text{-}4\text{-}7)$$

式中　d_i——各种物料的相对密度；

　　　P_i——各种物料的掺加百分比；

　　　$d_干$——硅钙板干料的相对密度。

2. 计算料浆的相对密度

按单位重量 1g 的料浆中，水的体积为：

$$V_H = 1 - C \qquad (1\text{-}4\text{-}8)$$

式中　V_H——1g 重的料浆中水的体积（cm^3）；

　　　C——料浆浓度，一般取 15% 左右。

1g 料浆中，混合干料的体积为：

$$V_干 = \frac{C}{d_干} \qquad (1\text{-}4\text{-}9)$$

式中　$V_干$——混合干料的体积。

计算料浆的相对密度：

$$d_浆 = \frac{1}{V_H + V_干} \qquad (1\text{-}4\text{-}10)$$

式中　$d_浆$——料浆的相对密度。

3. 按泵式打浆机有效容量可装料浆重及干料重

$$Q_料 = V \cdot d_浆 \qquad (1\text{-}4\text{-}11)$$

$$Q_干 = Q_料 \cdot C \qquad (1\text{-}4\text{-}12)$$

式中　$Q_料$——泵式打浆机可装料浆重（t）；

　　　$Q_干$——料浆中混合干料重（t）；

V——泵式打浆机有效容量（m³）。

其余的字母意义同前。

4. 按配合比求出各种物料的投料量

$$Q_i = Q_{\mp} \cdot P_i \qquad (1-4-13)$$

式中　Q_i——按各种物料的配比计算的各种物料的投料量。

其余的字母意义同前。

计算出来的物料，只有硅质材料（如粉煤灰、磨细砂）和水泥是直接加入泵式打浆机中的，其他物料则需要制备成石棉浆、石灰浆等，再加入泵式打浆机中。

第二节　粉煤灰加气混凝土砌块
的配合比和投料量的计算

一、配合比的确定

1. 钙硅比的确定

加气混凝土钙硅比就是各组成材料的氧化钙和二氧化硅含量的摩尔比，是保证加气混凝土经蒸压养护后具有较高强度的先决条件，并且跟原材料的质量和化学成分有关。一般粉煤灰加气混凝土的钙硅比在0.8左右。钙硅比的计算式如下：

$$\frac{C}{S} = 1.0714 \frac{\Sigma Q_i P_c}{\Sigma Q_i P_s} \qquad (1-4-14)$$

式中　1.0714——钙与硅的分子量比；

Q_i——各组成材料的重量；

P_c——各组成材料的氧化钙百分含量；

P_s——各组成材料的二氧化硅百分含量。

2. 石灰和水泥用量的确定

石灰用量是由石灰中有效氧化钙含量、消化温度以及消化速度所确定的。一般采用中速石灰，消化温度在70℃左右。在混合料中控制石灰有效氧化钙含量为14%～17%范围内调整生石灰的掺量。

水泥用量由运坯切割方式来决定。本工艺采用裸体夹坯工艺，要求塑性强度 6×10^4 ～ 8×10^4Pa。为了保证预养发气时间在1.5～2.5小时之间，每模水泥用量为290～300kg。

3. 总用水量的确定

混合料加水为的是便于进行发气反应和水热合成反应，是满足化学反应和浇注成型、发气膨胀的需要。在生产中控制水料比在一定范围内变化，以适应物料质量和工艺参数的变化，从而达到稳定浇注的目的。本工艺适宜水料比在0.60左右。总用水量按下式计算：

$$W_z = r_0 \alpha V \qquad (1-4-15)$$

式中　W_z——总用水量；

r_0——制品设计密度；

α——水料比；

V——每模坯体体积。

4. 制品设计密度的确定

加气混凝土设计密度是计算投料量的重要依据之一，是生产相应级别密度产品的依据。设计密度决定着发气剂的理论用量。加气混凝土设计密度是单位体积的理论干燥质量，因而它包括了各组成材料干物料的质量和加气混凝土中化学结合水的质量。在计算各组成材料的干物料总质量时，其采用设计密度应减去结合水的质量。在以托贝莫来石和CSH（β）凝胶为主要水化合物的加气混凝土中，根据密度的不同，结合水为干物料质量的 6% ~ 10%。若密度为 500kg/m^3，其结合水为 30kg 左右；若密度为 700 ~ 800kg/m^3，其结合水为 75kg 左右。

5. 配合比的确定

生产配合比为：粉煤灰:生石灰:水泥:石膏 = 62 ~ 67:17 ~ 20:14 ~ 15:2 ~ 3。发气剂采用铝粉膏，其用量为总干物料量的万分之八左右。

二、投料量的计算

1. 各种物料每模投料量

$$G_x = MVP_i \qquad (1-4-16)$$

式中　G_x——各组成材料每模掺加量；

　　　M——扣除结晶水的制品密度；

　　　V——每模坯体体积；

　　　P_i——各组成材料的掺加百分比。

2. 混合胶结料的投料量

$$G_h = r_0 \cdot V/(1 + \alpha_1) \qquad (1-4-17)$$

式中　G_h——每模混合胶结料的投料量；

　　　r_0——制品的设计密度；

　　　V——每模坯体体积；

　　　α_1——骨料比。

3. 废浆掺加量的计算

在工艺流程中，由切割面包头和周边得到的边料称为废料。在浇注每模时需要掺加一定量的废料，此废料先制成浆，称为废浆。一方面可以利用生产过程中产生的废料，另一方面可以使浇注稳定性提高。

$$Q_f = \frac{r_0 d_f (d_g - 1)}{d_g (d_f - 1)} P_f V \qquad (1-4-18)$$

式中　Q_f——废浆掺加量；

　　　r_0——制品设计密度；

　　　V——每模坯体体积；

　　　d_f——废料浆的相对密度；

　　　d_g——废浆中固体物料的相对密度；

　　　P_f——废浆掺加百分比，取 5% ~ 8%。

4. 骨料粉煤灰的计量

$$G_g = G_h \cdot \alpha_1 - r_0 \cdot V \cdot P_f \tag{1-4-19}$$

式中　G_g——每模骨料粉煤灰的计量值；

　　　G_h——每模混合胶结料的投料量；

　　　α_1——骨料的比值；

　　　r_0——制品的设计密度；

　　　V——每模坯体体积；

　　　P_f——废浆掺加百分比。

掺加的废浆，其中的固体物料作为骨料掺入，代替部分骨料粉煤灰，故骨料粉煤灰要减去废浆中固体物料量。

本工艺利用蒸压釜的冷凝水为配料的外加水，此水称为废水。外加水的计量应是总用水量减去废浆中含水和铝粉膏搅拌时的加水量。

5. 混合胶结料各组成成分的投料量的计算

采用混合胶结料工艺，即全部水泥、石灰、石膏与部分粉煤灰进行干法混磨，其各种物料称量计算如下：

（1）混合胶结料中各组分掺加百分比的计算

$$P'_i = G_x / G_h \tag{1-4-20}$$

式中　G_x——每模混合胶结料各组成物料重量；

　　　G_h——每模混合胶结料的投料量；

　　　P'_i——各组成材料在胶结料中的重量百分比。

（2）磨机计量秤的称量计算

$$g_i = g_磨 P'_i / 3.6 \tag{1-4-21}$$

式中　g_i——胶结料中各组成物料的称量值（kg/s）；

　　　$g_磨$——磨机小时生产能力（t/h）。

第三节　混凝土小型空心砌块的
配合比和投料量的计算

一、设计计算的配合比

只论述干硬性混凝土的配合比的计算，并采用绝对体积法进行计算。

1. 设计计算配合比参数的选择

（1）混凝土的强度、试配混凝土的强度、砌块的强度、水泥强度的选择

砌块强度的选择应根据市场的需求而定，目前规范中有以下几种强度：Cc5.0、Cc7.5、Cc10、Cc15、Cc20 等；砌块的强度应为混凝土强度的三分之一左右；混凝土试配的强度应为混凝土强度的 1.1~1.15 倍；水泥强度为混凝土强度的同级或高一级选取。

（2）干硬性混凝土水灰比的选择

一般在 0.30~0.40 之间选用。如表 1-4-1 所示。

干硬性混凝土水灰比的选择表 表 1-4-1

水 灰 比	R_{28}（以水泥强度的%表示）	灰水比
0.30	110	3.33
0.35	100	2.86
0.40	80	2.50

（3）每立方米混凝土水泥用量的选择

一般在 250～350kg 之间选用。如表 1-4-2 所示。

每立方米混凝土水泥用量表 表 1-4-2

砌块强度（MPa）	混凝土的强度（MPa）	水泥用量（kg）	水泥强度（MPa）
7.5	22.5	268	32.5
10.0	30.0	288	32.5
15.0	45.0	308	42.5
20.0	60.0	348	42.5

（4）拨开系数的选择

干硬性混凝土的拨开系数 α 取 1.05～1.10。拨开系数的选择视材料及生产条件而定。当砂粒较细、粗骨料的颗粒较大、级配较好、表面光滑、水灰比较小、水泥浆较稠、并采用机械振捣时，选取 1.05，反之选取 1.10。

（5）干硬性混凝土的干硬度的选择

一般小型混凝土空心砌块的干硬度选用为 60～70s。

2. 确定计算配合比

（1）确定每立方米混凝土的用水量

选择了每立方米混凝土的水泥用量和水灰比之后，则用下式计算水的用量：

$$W = C\frac{W}{C} \tag{1-4-22}$$

式中　C——每立方米混凝土中水泥的用量；

　　　W/C——水灰比；

　　　W——每立方米混凝土中水的用量。

（2）确定砂率

确定砂率前，先要计算石子的空隙率：

$$\phi_B = \left(1 - \frac{r_{OB}}{r_B}\right) \times 100\% \tag{1-4-23}$$

式中　ϕ_B——石子的空隙率（%）；

　　　r_{OB}——石子的密度（kg/m³）；

　　　r_B——石子的相对密度。

计算砂率：

$$S_P = \alpha \frac{\phi_B r_{OS}}{\varphi_B r_{OS} + r_{OB}} \times 100\% \tag{1-4-24}$$

44

式中 S_P——砂率（%）；

$\quad\quad r_{0S}$——砂子的密度（kg/m³）；

$\quad\quad \alpha$——拨开系数，$\alpha = 1.05 \sim 1.1$。

其余符号的意义同前。

（3）确定砂、石的用量

一般按如下联立方程求得砂、石的用量：

$$
\begin{cases}
\dfrac{G_S}{r_S} + \dfrac{G_B}{r_B} + \dfrac{W}{r_W} + \dfrac{C}{r_C} = 10000 \\[2mm]
\dfrac{G_S}{G_S + G_B} = S_P
\end{cases}
\tag{1-4-25}
$$

式中 C、W、G_B、G_S——每立方米混凝土中水泥、水、石子、砂的用量；

$\quad\quad r_C$、r_W、r_S——水泥、水、砂的相对密度。

其余符号的意义同前。

（4）确定计算配合比

$$
1 : \frac{G_S}{C} : \frac{G_B}{C} : \frac{W}{C}
\tag{1-4-26}
$$

二、确定试验配合比

1. 试拌校正

（1）试拌校正的原因和目的

其原因是由于在计算配合比的过程中，有许多假定的因素。如：由于用水量选择的差异和砂率选择的差异，使其干硬性不一定符合产品成型时的工作度以及成型产品的强度，所以，需要进行试拌校正。

（2）试拌校正的方法

一般采用 12L 混凝土的混合物进行试拌，试拌校正时，有些材料需要增减，其校正的方法如下：

若干硬度偏低，则可增加砂、石的用量，保证砂率不变或稍加改变；若认为砂量过多，则稍增加石子的用量，砂率稍加改变。若干硬度偏高，则增加水泥浆量，保持水灰比不变；若认为砂过少，则稍增加砂子来调节，砂率稍加改变。

2. 试配混凝土的强度检验

由于水灰比的选择是否适应原材料吸水率变化的要求，应根据试配混凝土的强度检验来确定水灰比是否是最佳值。并根据成型困难程度，调整砂率，再做试验，选定成型好，且强度高的砂率、水灰比。

3. 确定试验配合比

由于试拌校正后，材料增减进行了调整，则需要重新测定其混凝土的密度。

（1）测定混凝土混合物的密度

测定了数据后，采用下式计算其密度：

$$
r_{cm} = \frac{P_1 - P_2}{V_0}
\tag{1-4-27}
$$

式中　r_{cm}——混凝土混合物的密度（kg/L）；

　　　P_1——三个带模的混凝土混合物的总重量（kg）；

　　　P_2——三个空模的总重（kg）；

　　　V_0——三个模子的总容积（L）。

（2）求每立方米混凝土所需各种材料的数量

知道了混凝土混合物的测定密度后，将其单位转换为 kg/m³，再根据调整后的各种材料的用量，求出每立方米混凝土的各种材料的用量：

$$C' = \frac{C_1}{\sum P}G_r \tag{1-4-28}$$

$$G'_B = \frac{G_{B1}}{\sum P}G_r \tag{1-4-29}$$

$$G'_S = \frac{G_{S1}}{\sum P}G_r \tag{1-4-30}$$

$$W' = \frac{W_1}{\sum P}G_r \tag{1-4-31}$$

式中　C_1、G_{B1}、G_{S1}、W_1——分别为制模时调整后的水泥、石子、砂子、水的用量；

　　　$\sum P$——试拌调整后的材料总重；

　　　G_r——测定的密度（kg/m³）。

（3）确定试验配合比

$$1 : \frac{G'_B}{C'} : \frac{G'_S}{C'} : \frac{W'}{C'} = 1 : P_B : P_S : P_W \tag{1-4-32}$$

三、投料量的计算

计算投料量之前，必须先了解搅拌机每次搅拌的进料容积，计算的每立方米水泥用量以及测定的砂、石含水率，然后才对投料量进行计算。

1. 计算每立方米混凝土的水泥用量

根据测定的密度计算每立方米混凝土的水泥用量，一般按下式计算：

$$G_C = \frac{G_r}{1 + P_B + P_S + P_W} \tag{1-4-33}$$

式中　G_C——每立方米混凝土水泥用量；

　　　P_B——石子重量配合比；

　　　P_S——砂子重量配合比；

　　　P_W——水灰比；

　　　G_r——测定混凝土的密度。

2. 计算物料的投料量

$$G_i = G_C V_m P_i (1 + K_i) \tag{1-4-34}$$

式中　G_i——各种原材料的投料量；

　　　V_m——搅拌机出料容积；

　　　P_i——各种原材料重量配合比；

G_C——每立方米混凝土的水泥用量；

K_i——各种原材料的含水率（%）。

3. 每次搅拌实际用水量的计算

$$G'_W = G_W - G_B K_B - G_S K_S \qquad (1\text{-}4\text{-}35)$$

式中　G'_W——每次搅拌实际加水量；

G_W——每次搅拌用水量；

G_B——每次搅拌干石子的投料量；

G_S——每次搅拌干砂子的投料量；

K_B——石子的含水率；

K_S——砂子的含水率。

第四节　物料平衡表的计算通式

一、计算物料平衡表的目的

其一是总图的需要，总图用它来计算总图物料运输组织，从而确定道路及运输车辆；其二是技经专业的需要，技经专业用它来计算成品的成本、销售收入等一系列的技术经济指标；其三是工艺专业的需要，工艺专业用它来计算原材料的堆场面积、圆库容积以及成品堆场的面积；进行工艺设备的选型计算以及计算贮仓容积、贮存地面积的依据。

二、所需的原始资料

计算物料平衡表的原始资料有：工厂规模、产品纲领以及工作制度；确定原材料配合比；确定材料密度和混凝土、硅酸盐制品的密度；确定原材料损耗系数、含水率及成品率等。

三、各种原材料单位用量的计算通式

硅酸盐制品按下式计算：

$$W_i = \frac{Q_g P_i}{1 - K_i} \qquad (1\text{-}4\text{-}36)$$

混凝土制品按下式计算：

$$W_i = \frac{G_C P_i}{(1 + P_S + P_B + P_W)(1 - K_i)} \qquad (1\text{-}4\text{-}37)$$

式中　W_i——各种原材料的单位消耗量；

G_C——水泥单位用量；

Q_g——制品单位重量；

P_i——各种原材料的重量比例；

K_i——各种原材料的损失率；

P_S——细骨料的重量配合比；

P_B——粗骨料的重量配合比；

P_W——水的重量配合比。

四、物料平衡表的计算

制品的年、日、班、时计算生产量为：制品的年生产量为年生产规模；制品的日生产量为年生产量除以全年工作日；制品的班生产量为日生产量除以每日班次；制品的时生产量为制品的班生产量除以每班工作小时数。

各种原材料年、日、时消耗量的计算：年各种原材料的消耗量为制品的年产量除以成品率再乘以单位制品的原材料消耗量；日原材料的消耗量为年的原材料消耗量除以全年工作日；班的原材料消耗量为日原材料的消耗量除以每日生产班次；时的原材料消耗量为班的原材料消耗量除以每班工作小时数。

各种原材料湿消耗量的计算：上述年、日、时的各种原材料消耗量分别除以（1 − b_i），即为年、日、时各种湿原材料的消耗量，b_i 为各种原材料的含水率。当式（1-4-36）采用湿坯重量时，乘以（1 − p_e）换算成干坯重量，再代入式（1-4-36）计算，p_e 为成型水分。若计算出来的是水的用量，还要减去各种物料的含水量，才是实际的消耗水量。

钢材消耗量的计算：年的钢材消耗量为单位制品耗钢量乘以年产量再乘以（1 + p），p 为钢材的损失率。日、时钢材消耗量的计算方法同上。且要分钢的品种而分别计算。

在计算材料消耗量时，要考虑蒸养废品率，不考虑成坯废品率。因坯坯可以回收利用，而废品原则上不能回收利用到生产线上。计算原材料消耗量时，若制品有空心的应除去空心率部分的体积，因为年产量的体积包括了空心率的体积。

第五节　混凝土小型空心砌块
及路面砖的配合比设计

混凝土小型空心砌块及路面砖一般是采用全自动化或半自动生产线进行生产的。成型机成型后立即脱模，所以必须采用干硬性混凝土。那么采用什么样的干硬性混凝土的配合比，才能使其制品达到设计强度并满足生产要求呢？按照保罗米公式计算配合比，存在一定误差，因为它是塑性混凝土的经验统计公式，不适合干硬性混凝土配合比的计算；参考其他单位的配合比做，也不一定是正确的、最佳的；凭经验，试来试去，也难以找到合理配合比，浪费了不少人力物力。强度不够，就盲目增加水泥，表面不光就增加砂率，采用小石子等，这些做法都是不科学的。在此，论述干硬性混凝土配合比计算步骤和影响干硬性混凝土配合比及混凝土强度的因素，提出路面砖配合比和混凝土小型空心砌块的承重砌块及填充砌块的配合比选择的方法。

一、影响干硬性混凝土配合比及混凝土强度的因素

1. 影响干硬性混凝土配合比的因素

（1）制品的结构和成型性能的影响

制品的结构和成型性能直接与水灰比有关。薄壁结构的制品会影响浇注的密实性，要浇注密实，则必须使混凝土具有一定的流动度，这样就要选择水灰比大一些的，但混凝土

强度相应要降低一些。成型性能好坏又影响浇注后的密实性，成型性能好的，则水灰比就可取得小一些，混凝土也易密实，混凝土强度也高。

（2）原材料质量的影响

粗细骨料的级配和最大粒径直接影响石子的空隙率和砂率。尽量选用粒径大一些的粗骨料以及中砂，砂石级配良好的，则空隙率就小，混凝土就振得密实一些，混凝土强度就高一些，否则就低一些。砂石的含泥量和杂质也会影响其配比，含泥量多，混凝土强度就低，于是要保持原有混凝土设计强度必须增加水泥用量，这样就影响了计算配方，同时也增加了产品成本，所以要求砂石质量符合国标有关规定要求。

2. 影响干硬性混凝土强度的因素

（1）称量和搅拌的影响

一般来说，配方的实现主要靠称量，称量的误差不超过 ±1%，只有精确称量，配方才能正确实现，混凝土强度才能得到保证。搅拌制度的正确控制，也能保证混凝土强度的实现。若投料顺序改变，则搅拌不均匀，若搅拌时间不够，则搅拌也不均匀，因而要时刻检查搅拌参数的正确性和执行情况。

（2）养护方法的影响

养护温度很重要，它直接影响混凝土的强度。温度高时，混凝土早期强度发展快，但温度高到一定值时，混凝土的后期强度发展就慢了。所以选用哪种养护方法，要考虑混凝土的最终强度，从而选择最佳养护温度，既能满足早期脱模强度或抗冻强度，又能满足混凝土的最终强度亦无显著的降低。一般自然养护时，平均气温达 15℃ 时，一天的混凝土强度就能达到 25% ~ 30% 的设计强度，即脱模强度，28 天能达到混凝土设计强度。为了抗冻，混凝土的强度要达到混凝土设计强度的 65%，则可采用蒸汽养护，养护温度为65℃。在标准养护下，其 28 天龄期强度可以达到混凝土设计强度。

二、配合比的计算步骤

配合比的计算一般分三个步骤进行。

1. 确定和计算一些参数

首先根据用户要求确定制品的强度，再根据砌块空心率确定混凝土的配制强度，一般来说，砌块的强度应是混凝土强度的三分之一左右，而设计混凝土强度提高到 110% ~ 115%。其次根据制品结构和成型能力选择水灰比及水泥用量。由于成型能力强，水灰比选得较小些，一般路面砖的水灰比要比砌块的小些。再根据经验和制品强度选择水泥用量，然后根据干硬性混凝土拨开系数及石子空隙率和所用材料实测的砂石密度，计算砂率。

2. 计算初步配合比

首先根据水灰比及水泥用量，计算每立方米用水量，其计算用水量要根据石子吸水率、砂的细度、水泥品种进行调节：当石子吸水率大于 1.5% 时，则用水量要增加，要做粗集料的吸水率试验、再根据粗集料的用量及其吸水率，计算增加的水量；粉尘含量多，用水量也增加；采用细砂时，每立方米混凝土增加 10kg 水；最后根据绝对体积法等式和砂率公式，解联立方程，计算砂石用量，得出每立方米混凝土各种原材料用量。

3. 试拌校正

首先试拌 12L 混凝土，做干硬性试验，看是否符合设计混凝土的干硬度要求。混凝土的干硬度过大，则需要保持水灰比不变，增加水泥和水的用量；若混凝土干硬度过小，则需要稍增加砂石用量，保持砂率不变；若认为砂量过多或不足时，可改变砂率，稍增加砂或石的用量来调整。然后求最佳水灰比、最佳砂率，再做试验，从中取出强度符合要求的一组水灰比和砂率作为生产水灰比和砂率。最后求出试拌调整后的各种原材料的用量，测定混凝土混合物的密度，计算每立方米混凝土各种原材料的用量。

三、路面砖配合比的设计

根据路面砖国家标准规定，路面砖的强度等级有 Cc30、Cc35、Cc40、Cc50 和 Cc60 等 5 种。路面砖的配合比分面料和底料两种，底料按干硬性混凝土配合比计算，面料按干硬性砂浆配合比计算。

1. 面料配合比设计

根据实践经验和计算理论，砂浆强度为 40MPa 以下时，采用 42.5 级水泥，40MPa 及以上时，采用 52.5 级水泥，每立方米砂浆水泥用量见表 1-4-3。

每立方米砂浆水泥用量表　　　　　　　　　　　表 1-4-3

砂浆强度（MPa）	水泥用量（kg）	水泥强度（MPa）
30	350	42.5
35	400	42.5
40	400	42.5
50	450	52.5
60	500	52.5

采用表中数据时，砂子级配良好，含泥量小于 2%，否则相应增加 5~10kg/m³ 左右水泥用量。选用水灰比为 0.22~0.28；水泥和砂之比为 1:3~1:5。水泥砂浆密度一般取 2000kg/m³，高强度水泥砂浆用水泥多些，一般取 1:3；低强度水泥砂浆用水泥少些，一般取 1:5。一般面料水泥砂浆强度比底料混凝土强度取得高一些。其细砂中掺加一半比细砂粗一些的筛砂。

2. 底料配合比设计

根据实践经验和计算理论，路面砖混凝土的强度为 30MPa 及以上时，采用 42.5 级水泥。每立方米混凝土水泥用量见表 1-4-4。

每立方米混凝土水泥用量表　　　　　　　　　　表 1-4-4

混凝土强度（MPa）	水泥用量（kg）	水泥强度（MPa）
30	288	42.5
35	298	42.5
40	318	42.5
50	338	42.5
60	348	42.5

采用表中数据时，要求砂石级配良好，含泥量小于 1%，砂子采用中砂，石子尽量采

用较大的粒径，否则相应增加 5~10kg/m³ 左右水泥用量。水灰比与混凝土强度关系见表 1-4-5。

水灰比与混凝土强度关系表 表 1-4-5

水 灰 比	水 泥 用 量 (kg)	用 水 量 (kg)	混凝土强度 (MPa)
0.30	288	86.4	$1.1R_C$
	298	89.4	$1.1R_C$
	318	95.4	$1.1R_C$
	338	101.4	$1.1R_C$
0.35	288	100.8	$1.0R_C$
	298	104.3	$1.0R_C$
	318	111.3	$1.0R_C$
	338	118.3	$1.0R_C$
0.40	288	115.2	$0.8R_C$
	298	119.2	$0.8R_C$
	318	127.2	$0.8R_C$
	338	135.2	$0.8R_C$

注：R_C 表示水泥强度。

底料水灰比取 0.3~0.35。应严格控制加水量，因水分多，混凝土空隙率增加，每增加 1%空隙率，混凝土强度降低 2%~3%。砂率的选择：首先根据公式计算砂率，再根据下列情况进行调整。水泥用量越多，砂率选用较小；采用粗砂时，砂率选用较大的；采用细砂时，砂率选用较小的；一般选用砂率在 35%~45%之间。

四、混凝土小型空心砌块配合比的设计

1. 承重砌块的配合比

承重砌块一般强度等级为 MU7.5、MU10、MU15、MU20 等几种。采用干硬性混凝土配方计算方法。根据实践经验和计算理论。砌块采用 42.5 级水泥。每立方米混凝土水泥用量见表 1-4-6。

每立方米混凝土水泥用量表 表 1-4-6

砌 块 强 度 (MPa)	混 凝 土 强 度 (MPa)	水 泥 用 量 (kg)	水 泥 强 度 (MPa)
7.5	22.5	268	42.5
10.0	30.0	288	42.5
15.0	45.0	328	42.5
20.0	60.0	348	42.5

表中数据是在标准条件下的水泥用量，即成型性能好，原材料质量好，砂石级配良好，含泥量小于 1%，石子采用间断级配。否则采用增加水泥用量的办法，保证设计计算

强度。增加多少水泥，通过试拌混凝土强度决定。一般每立方米混凝土增加 5～10kg 左右水泥用量。根据水灰比不变，则用水量相应增加，此时用水量要根据石子吸水率和石子含粉尘多少给予校正。一般水灰比取 0.3～0.4 之间。用水量增加后，反过来不再调整水泥的用量。水灰比与混凝土强度关系见表 1-4-7。

水灰比与混凝土强度关系表   表 1-4-7

水 灰 比	水 泥 用 量 (kg)	用 水 量 (kg)	混 凝 土 强 度 (MPa)
0.30	268	80.4	$1.1R_C$
	288	86.4	$1.1R_C$
	328	98.4	$1.1R_C$
	348	104.4	$1.1R_C$
0.35	268	93.8	$1.0R_C$
	288	100.8	$1.0R_C$
	328	114.3	$1.0R_C$
	348	121.8	$1.0R_c$
0.40	268	107.2	$0.8R_C$
	288	115.2	$0.8R_C$
	328	131.2	$0.8R_C$
	348	139.2	$0.8R_C$

注：R_C 表示水泥强度。

一般要求石子的空隙率不大于 45%，砂子的空隙率不大于 40%，不合格的原材料尽量不用，以免增加成本，降低产品的质量。其砂率选择范围为 30%～40% 之间；应做不同砂率的对比试验，确定较佳砂率。

2. 填充砌块的配方选择

水泥煤渣填充砌块适用于框架结构的填充墙，也可以做平房的承重墙。填充砌块的强度等级一般为 MU2.5、MU3.5 和 MU5.0 等几种。填充砌块的质量轻，一般制品的密度为 900kg/m³，混合物的密度小于 1800kg/m³。采用工业废渣来制造填充砌块，如粉煤灰、煤渣等，根据实践经验和计算理论。2.5～5.0MPa 的填充砌块均采用 42.5 级水泥，每立方米混凝土的水泥用量见表 1-4-8。

每立方米混凝土水泥用量表   表 1-4-8

砌块强度 (MPa)	混 凝 土 强 度 (MPa)	水 泥 用 量 (kg)	水 泥 强 度 (MPa)
2.5	7.5	120	42.5
3.5	10.5	180	42.5
5.0	15.0	240	42.5

表中数据是在标准条件下的水泥用量，若粉煤灰的活性不好，煤渣含粉尘多时，增加 5～10kg/m³ 水泥不等。根据粉煤灰吸水大小和煤渣含水大小，其水灰比在 0.4～0.5 之间

选用。粉煤灰采用干排粉煤灰，活性要高。胶骨比采用 3∶7，三份水泥和粉煤灰，七份煤渣。粗煤渣 5~12mm 占 60%，细煤渣 3~5mm 占 40%。

第六节　干硬性混凝土地面砖配合比设计与试验

干硬性混凝土的配合比设计方法，目前还没有一整套的设计计算和试验方法，本节将介绍此方法。由于干硬性混凝土的特殊性，一般是采用选择水灰比而不是塑性混凝土采用保罗米公式来计算水灰比。从试验得知，干硬性混凝土有一个加水量的范围，这个范围是：既能满足水泥水化所需的水，又不使混凝土塌落的用水量。在此，主要论述选择水灰比的范围以及试验干硬性混凝土配合比的方法和步骤。

一、干硬性混凝土地面砖配合比设计步骤

首先，确定一些设计干硬性混凝土地面砖配合比的参数。测定原材料砂、石的物理性能；测定砂、石的密度和石子的相对密度；根据测定数据，计算石子的空隙率；选择干硬性混凝土的拨开系数，从而计算砂率；选择水灰比；确定单位体积水泥用量范围；并假定混凝土混合物的密度。

第二，采用优选法，确定单位体积水泥最佳用量。根据以前生产情况，确定每立方米水泥用量范围。然后用优选法确定一些单位体积水泥用量点。再根据假定混凝土混合物的密度、砂率、水灰比，确定试验配合比，然后做试验。根据各点不同水泥用量的 28 天抗压强度，选择水泥用量少而强度达到设计制品强度要求的点，作为初步选定的达到某个制品强度的水泥用量的许多点。

第三，再根据最佳水泥用量点对成型困难，表面麻面多的，调整其砂率和水灰比，再进行第二次试件制作试验，根据其 28d 抗压强度，确定其最佳砂率和水灰比，根据实测的混凝土的密度，确定理论配合比。

第四，根据实测的混凝土的密度和理论配合比，再根据原材料含水量及每锅料搅拌混凝土量，计算各种原材料的投料量。

二、确定设计干硬性地面砖配合比的一些参数

地面砖是由面料层和基料层组成的。其面料层和基料层所采用的原材料是不同的。面料层所采用的原材料有细砂、水、颜料和白水泥或灰水泥等。基料层所采用的原材料有中砂、石子、灰水泥和水等。在试验中，分别对面层和基层的强度进行设计和试验。

首先，试验基层，确定设计干硬性混凝土地面砖基层配合比的一些参数。选择砂率，砂率是用所采用的中砂取样做试验得出砂和石子的密度以及石子的相对密度，再根据公式，计算石子的空隙率。然后选择干硬性混凝土的拨开系数，再根据公式计算砂率。砂率对混凝土混合物的和易性有影响，那就是在做试验时，砂率低，成型困难，表面麻面多，反之砂率高，成型较易，表面光些。所以先把砂率定为不变的因素。根据计算，砂率为41%。而水灰比，也就是加水量，在干硬性混凝土混合物中，其水灰比采用的是 0.3~0.5 之间。它对混凝土混合物的和易性有影响，水灰比小时，成型困难，试件制作不密实，反之水灰比大时，成型较易，试件制作较密实。所以也先把水灰比定为不变因素。选定的水

灰比为 0.40。石子采用 3~8mm 粒径的，水泥采用 42.5MPa 的普通硅酸盐水泥。假定混凝土混合物密度为 2400kg/m³。在上述情况下进行水泥用量的优选。

三、采用优选法确定水泥最佳用量

所谓优选法就是利用 0.618 系数进行优选。其公式如下：

第一点 = （大－小）×0.618＋小

第二点 = 大－中＋小

例如，我们选定水泥用量范围为 330~430kg/m³，则：

第一点 = （430－330）×0.618＋330 = 391.8kg/m³

第二点 = 430－391.8＋330 = 368.2kg/m³

根据试件 28 天强度，在试验中发现，选用 430kg/m³ 过高，而 368.2kg/m³ 选用也过高，此两点都可以作为 Cc60 制品的水泥用量点，我们选用水泥用量少且符合强度的点为 368.2kg/m³，再把小点降到 315kg/m³。根据得出的 28 天抗压强度，其小点又显得过高，最后降到 295kg/m³。由于试验周期很长，且每个循环周期要等待 28 天强度出来，因此，我们采用了把 Cc60、Cc50、Cc40 三个等级的制品一起优选，这样只需要 9 个点的 9 组试件，28 天后其 Cc60、Cc50、Cc40 的强度就出来了。

其优选点为 375kg/m³、365kg/m³、355kg/m³、345kg/m³、335kg/m³、325kg/m³、315kg/m³、305kg/m³、295kg/m³ 等。然后用假定密度、水灰比、水泥用量分别计算各点的原材料的用量，再计算其配合比。

例如，每立方米水泥用量为 315kg/m³，砂率为 41%，水灰比为 0.40，混凝土密度假定为 2400kg/m³，制作 Cc40 的试件，水泥采用 42.5MPa。其原材料用量为：水泥 315kg/m³，水为 126kg/m³，砂为 803.2kg/m³，石子为 1155.8kg/m³。

其计算配合比为：水泥∶砂∶石子∶水 = 1∶2.55∶3.67∶0.40。根据其原材料用量做试件，28 天后试压，对得出的抗压强度，进行水泥用量的优选。

根据试验结果 Cc60 水泥用量为 375~345kg/m³，Cc50 水泥用量为 345~335kg/m³，Cc40 水泥用量为 325~305kg/m³。

四、根据最佳水泥用量调整砂率和水灰比

我们取了三个水泥最佳用量点进行调整。365kg/m³ 点，砂率调整到 45%，水灰比调整到 0.45；345kg/m³ 点，砂率调整到 43%，水灰比调整到 0.42；315kg/m³ 点，砂率调整到 43%，水灰比调整到 0.42。除了 345kg/m³ 的强度有所下降外（但也在其制品强度等级内），其他两点强度都有一点上升，上升幅度不大，也在其制品强度等级内。试验结果证实，在易成型时增加用水量和砂率，强度反而偏低些；相反，在不易成型时，增加用水量和砂率，强度反而提高一些。

例如：水泥用量 315kg/m³ 点，调整后的砂率为 43%，水灰比 0.42，测得混凝土混合物密度为 2450kg/m³，其原材料用量为：水泥 315kg/m³，水为 132.3kg/m³，砂为 861.16kg/m³，石子为 1141.54kg/m³。然后做试件，根据 28 天试件的试压抗压强度，确定其适合 Cc40 制品强度等级的砂率、水灰比、水泥最佳用量。

在实际生产中，其成型条件比试验的成型条件好。因而在生产中，要注意调整砂率和

水灰比。因用水量减少了，则制品的强度提高。在满足成型条件下，砂率小则强度高。所以成型条件很重要，是保证制品质量、节约水泥的关键所在。在生产时，要严格控制成型参数，不能任意改变。

五、试件在实验室的制作方法

由于目前还没有制作干硬性混凝土试件的方法，特规定了统一的制作方法，相对来讲，就有了比较性。其方法是插捣和振动相结合的制作试件的方法，其步骤是：

装模：分二次添加混凝土混合物入模，每次添加混凝土混合物应相等，每次用捣棒沿着外圈向内插捣 20 次。第二次插捣完后，继续添加混凝土混合物并超过混凝土试模15mm。

在插捣时应按螺旋方向从边缘向中心位置均匀捣插，捣棒要垂直，不能倾斜，插捣时应用力将捣棒压下，不得冲击，因用力冲击会使混凝土分层。底层棒捣应到试模底面，捣上层时，捣棒应插入底层下 20～30mm 处；每层插捣后，若留有棒坑，可用捣棒轻轻填平。

振动：装满后放在振动台上用平钢板加压振动30s。振动时用厚钢板压住整个试模，不使之产生跳跃以及混凝土向外溢出。

捶击：振完后继续加料并超过混凝土试模10mm，用小锤沿试模边缘向内捶击试样 10下。捶击力度保持一致。

第二次振动：然后再添加一些料，放在振动台上用平钢板加压振动30s，振动后再在浅处添加一些料。

抹平：用平铲拍打，并沿纵向抹平表面。

插捣、捶击都由一个人操作来完成。

试件在标准养护室养护的要求：制作好后，在室内静停 2 小时，然后拿到标养室里养护 28 天，养护好后拿出，静停到表面干后再进行试压。有专门的人员进行标养室的温度控制，并填写标准养护室温湿度记录表。

六、确定生产配合比

混凝土理论配合比是根据干燥的砂石骨料制定的，但实际使用的砂石都是含有一些水分的，而且含水量是经常变化的。因此实际生产时，应将理论配合比换算成适合实际骨料含水情况的生产配合比。

上述理论配合比为：1:2.73:3.62；砂子含水率为 4%，石子含水率为 2%，则其生产配合比为：1:2.73×1.04:3.62×1.02 = 1:2.84:3.69。

每立方米的原材料用量为：水泥为 315kg/m³；砂子为 895.61kg/m³；石子为 1164.37kg/m³。

再根据每锅搅拌的混凝土混合物体积和生产配合比计算其投料量。

每锅料投料按 1.1m³ 计，其投料量为：水泥 346.5kg；砂 985.17kg；石子 1280.81kg。加水量应扣除原材料的含水量。

七、面层配合比

从实验得知，面层采用粉砂进行试验，强度都很低，只达到了 10～20MPa。主要原因是面砂偏细，比表面积大，水泥包裹不了砂子，形成不了骨架，粉砂反而成了掺和料，使水泥强度下降，所以强度低。后来采用偏粗的细砂制作试验并提高了水泥用量，水泥∶砂调整为1∶3，强度也只能达到28.51MPa，制品的强度才达到Cc40。采用了高强度等级52.5的水泥后，制品强度才达到所要求的设计强度等级Cc50。

面层采用的配比如下：水泥∶细砂∶水 = 1∶3∶0.4，颜料为水泥的3%，砂浆的密度取2000kg/m³，则原材料每立方米的用量为：水泥454.6kg，细砂1363.6kg，水181.8kg。每锅料投料为0.3m³，则每锅料的投料量为：水泥136.38kg，细砂409kg，水54.54kg，颜料为4.09kg，水灰比为0.40，水泥采用42.5MPa。

八、关于振动加压成型制品强度提高系数

由于在实验室做试件，按一般塑性混凝土混合物的试验方法作了一些修改。并统一了制作试件的方法，这样就有了比较性。但其成型条件与生产上成型条件相比相差还远，在成型机上成型条件好，制品的强度高。那么它与实验室做试件的强度相比，提高多少呢？根据大量的试验资料显示，成型机上的成型制品强度比在实验室做试件的强度提高了1.3倍。因此，就得出了成型地面砖振动加压成型强度提高系数为1.3。这与离心成型生产电杆的情况相类似，成型电杆时的制品强度也比实验室做试件的强度提高了1.35倍。

要知道，在测定地面砖28天抗压强度时，根据地面砖的抗压强度试验方法，是把地面砖放在自来水中浸泡一天后才试压的。这时，地面砖的强度比不浸泡一天水的地面砖的强度下降20%左右。但是，振动加压成型强度提高系数的来源是实验室的试件强度与浸泡一天水后的地面砖强度相比得出的振动加压成型的强度提高系数。因此，在实验室制作得到的试件的抗压强度，只要乘以1.3倍后，达到设计制品的强度就可以了。也就是说，在实验室制作得到的试件的抗压强度，只要大于或等于设计制品强度的0.77倍就行了。

第七节　混凝土透水砖配合比设计与生产

混凝土透水砖目前已经广泛用于人行道、广场、公园等，它既透水又有装饰性，还防止了水土流失。但是对它的设计和生产还没有成熟的经验，为此特介绍透水砖配合比的设计与生产。

一、混凝土透水砖的配合比设计

1. 基料的配合比设计

混凝土透水砖的配合比设计，主要考虑了它的强度及透水性。它的强度主要靠水泥浆粘结骨料间的接触点、面，因此如水泥浆粘结强度高，则制品的强度就高。由于骨料的级配是断开级配，骨料之间并不密实，它们之间产生一些小孔，这是通过水的渠道，所谓透水。骨料粒径越细，则骨料颗粒之间接触就越紧密，空隙越小，透水能力就差，但其强度高；骨料粒径越粗，则骨料颗粒之间接触就越少，空隙越大，透水能力就好，但其强度低。这时需要较高粘结力的高强水泥粘结。一般来讲，基料采用的骨料石子分为四种级别：粒径为2.5~5mm为第一级别，粒径为5~10mm为第二级别，粒径为10~20mm为第三级别，粒径为20~31.5mm为第四级别。级别越高，制品强度越低，但透水性越好。

在用水量一定的范围内，水泥用量少，则强度低，但透水性较好，因少了一些水泥浆，使空隙加大之故；水泥量较多，其强度就高，但透水性较差，因为水泥多，占的空隙就多。

在水泥用量相同的情况下，水泥强度越高，其粘结强度越高；水泥强度越低，其粘结强度就越低。

2. 面料的配合比设计

面料一般采用石英砂或机制砂，机制砂的强度和耐磨性差些。但石英砂由于品种不同，有耐磨好的，也有耐磨差的。面砂质量好，强度就高，耐磨也好；面砂质量差，强度就低，耐磨也差。在一定的水泥用量范围内，水泥用量多，强度高，耐磨，但透水性差；水泥用量少，强度低，不耐磨，但透水性好。

同品种的石英砂，粗石英砂比细石英砂耐磨，但强度低、透水好。在水泥用量相同的情况下，水泥强度高，强度就高；水泥强度低，强度就低。面层强度影响整砖的强度，虽基层水泥少用些，但整砖的强度也高。

2.36 ~ 1.18mm 的颗粒占 70% ~ 90% 的石英砂比 1.18 ~ 0.6mm 的颗粒占 80% ~ 90% 的石英砂透水性好，耐磨也好，但强度稍低，表面较粗糙。总之，要找出一个切入点，既强度高，又耐磨，透水又好的配合比，这才是我们制造透水砖的目的。

3. 透水砖配合比中水泥用量的计算及各种原材料用量的计算

透水砖配合比中水泥用量范围一般在 300 ~ 400kg/m³ 之间，首先在实验室做配比试验，采用优选法得出几个水泥用量的试验点，其水泥用量试验点为 320kg/m³、339kg/m³、351kg/m³、369kg/m³、381kg/m³ 和 400kg/m³ 等。

一般来讲，所制造的透水砖的密度为 2000kg/m³，其水灰比为 0.25 ~ 0.33 之间，基料采用 3 ~ 8mm 和 2 ~ 5mm 两种粒径石子做试验；面料采用 20 ~ 40 目三八石英砂和粒径为 0 ~ 3mm 的机制砂，其级配中只有两个连着的颗粒粒径，占总颗粒粒径的 80% ~ 90%，我们称为断开级配。其水泥掺量在 15% ~ 20% 之间。或用下列公式计算水泥掺量：

$$C = d_c \times p' \times k_1 \times V_{oc} \tag{1-4-38}$$

式中　C——水泥填充空隙的掺量（kg/m³）；

$\quad\quad d_c$——水泥密度（一般取 3.1t/m³）；

$\quad\quad p'$——所采用石子的空隙率（%）；

$\quad\quad k_1$——水泥填充率（一般取 25% ~ 27%）；

$\quad\quad V_{oc}$——骨料的体积（一般取 1m³）。

骨料空隙率高时，水泥填充率选得大一些，如选 26% 或 27%，骨料空隙率低时，水泥填充率选得小一些，如选 25%。水泥和水的总填充率为 45% ~ 55%，但水的填充只是水和水泥水化反应的一部分。水泥和水的填充体积计算公式为：

$$V_c + V_w = p' \times k \times V_{oc} \tag{1-4-39}$$

式中　V_c——水泥填充体积（m³）；

$\quad\quad V_w$——水的填充体积（m³）；

$\quad\quad k$——总填充率（一般为 45% ~ 55%），

其中：

$$k = k_1 + k_2 \tag{1-4-40}$$

$$V_c = p' \times k_1 \times V_{oc} \tag{1-4-41}$$

$$V_w = p' \times k_2 \times V_{oc} \tag{1-4-42}$$

式中 k_2——水的填充率（一般取 20% ~ 27%）。

其他字母意义同前。

根据水灰比，求得每立方米的用水量。再根据透水砖的密度 $2000kg/m^3$，求得每立方米各种原材料用量。

4. 试件的制作

采用插捣和振动相结合的制作方法。分两层装入混凝土混合物，每层的厚度相等；每层每次插捣 20 次；插捣时应按螺旋方向从边缘向中心均匀插捣；插捣时捣棒需垂直，不得倾斜；底层棒捣时应捣在试模底面，捣上层时，捣棒应插入底层下 2 ~ 3cm 处；插捣时应用力将捣棒压下，不得冲击，每层插捣后若留有棒坑，可用捣棒轻轻填平。装完两层且插捣完后就进行振动，振动时，用厚钢板压住振动 30s，不得使之跳跃；再加混凝土混合物填满振动一次，也振动 30s，然后用混凝土混合物填满，用自制的平板锤均匀锤击 10 次，再用混凝土混合物填满，用平铲抹平。

试件制作好后，在室内放置 2 小时，再放入标准养护室内养护 28 天，并做好记录。28 天养护好后，放到室内等试件表面干后就进行试压。

选择一个强度符合要求而水泥用量少的一组，进行混凝土混合物密度试验，并做原材料含水量试验，计算生产配合比。根据试验结果，最高只能达到 Cc40 的级别。采用 52.5 的水泥可达 Cc50 的制品。

二、透水砖的生产

1. 搅拌工艺

透水砖的搅拌与干硬性混凝土的搅拌不同，采用的是水泥包裹法，水泥包裹法比普通搅拌方法的强度高。

其搅拌工序为：先加完骨料，再加 8% ~ 10% 的水搅拌 20s，再加水泥搅拌 90s，然后再加剩下的 90% ~ 92% 的水搅拌 90s。

2. 成型工艺

一般来讲，生产高透水的透水砖时，其成型参数与地面砖的成型参数有所不同，低透水的透水砖采用的是高频振动成型，频率选用 50 ~ 58Hz，上加压力要比地面砖的加压力要大，选用 96 ~ 98Pa；生产高透水的透水砖时，成型参数和成型地面砖一样，只是上加压力稍大一些。

3. 透水砖成型时返基料的问题

在成型透水砖时，存在返基料的问题。所谓返基料，就是基料（底料）的石子在成型过程中跑到面层的表面上，特别是成型浅色表面时，基料在面层表面上特别明显，呈麻点状，很难看，影响了整个透水砖表面的装饰性。

基料是怎么跑到面层上的呢？

其一是成型基料时压头底面粘料，为什么粘料呢？这是因为透水砖基料的原材料组成与地面砖不一样，透水砖基料没有砂子以及采用的是水泥包裹法之故。

其二是压头底面粘着的石子经面料铺料机前面的刷子刷后，粘到刷子上，当面料铺料机后退时，刷子经过压头边缘时，刷子内的基料石子就弹出来，落在面料上。面料铺料机后退越快，则弹出来的基料的石子越多，落在面料上的也就越多。同时面料铺料机前进时，当刷子经过压头边缘时，刷子内的基料石子就弹出来或刷子刷过后粘在压头底面的石子，落在面料铺料箱内，基料又和面料铺料箱内的面料混合，染上浅色，在铺面料时，这些基料石子会出现在面层表面上，生产时间越长，面料箱里的基料石子就越多。开始生产时，几乎没有返基料，生产时间越长，粘料越多，面层上的基料石子也就越多。

其三是基料铺料箱前面的活动刮板，在退回时，刮板张开，这时基料箱的基料跑出来。当面料铺料箱在前位退回时，会把基料铺料箱前面漏出来的基料石子带回，刮到邻基料铺料箱一端的一排制品表面上，返基料特别明显、密集。

4.解决返基料的办法

其一，面料铺料机在铺料前进或后退时，速度放慢，以不掉下基料石子为准；

其二，硬毛刷子改成不粘料的整块橡胶刷子；

其三，在面料铺料箱的刷子下面，焊上一个接料的钢料斗；

其四，把面料铺料箱前面的刮板下调或安装一个橡胶板，下调到紧贴阴模上；在面料铺料机后退时，速度放慢一些，使之不带料、不粘料；

其五，基料铺料箱前面的活动刮板，在面料铺料箱返回一定距离后再张开；

其六，在成型基料压头下压时，开动上振动器，以防压头底面粘料。

第八节　混凝土发光砖面层配合比的试验

混凝土发光砖，由于发光粉具有绿黄色、红黄色、紫色、青色、天蓝色、蓝绿色、浅黄色等，而使制成的混凝土发光砖也具有其各种各样的颜色。它可以应用于路标、公路分界线，在夜晚，在没有灯光的情况下，可以指示汽车行走，指示人在人行道上行走。也可以应用到房屋预制或现浇的楼梯，晚上，在没有灯光情况下，阶梯明显，不会使人绊倒；也可以应用到地铁通道，指示人行道路，还增加美感；还可以用到广场、公园、步行街、游乐场所、休闲场所，铺设许多花纹和形状，起到美化作用；在城市建筑物的轮廓处，贴上混凝土发光砖，起到城市建筑物的亮化作用。混凝土发光砖是节能型、环保型、装饰型、亮化型的产品。

一、混凝土发光砖的原材料组成

混凝土发光砖的生产制作分为底层和面层，底层为混凝土层，与一般的混凝土地面砖配比一样。面层与地面砖的面层不大一样，发光砖的面层是由白水泥、发光粉、玻璃微珠即所谓反光粉、石英聚氨脂复合耐磨材料和水组成的。

1.发光粉

发光粉又称夜光粉，它分为两大类：一类是碱土金属铝酸盐体系；一类是硫化物体系。碱土金属铝酸盐体系又分为四种，其激活剂为铕，辅助激活剂为镝、钕等；硫化物体系又分为五种，其激活剂为铕，辅助激活剂为镝、铒、铜等。它们都是在助剂的作用下，经过高温固相反应而制得的。它的发光原理是通过吸收紫外线或可见光，光能转化后储存在晶格中，在暗处，又将能量转化成光能而发光。稀土硫化物体系发光粉比稀土金属铝酸盐体系发光粉余辉时间短些、耐候性差些。它们的关系为碱土金属铝酸盐体系蓄光体 > 稀土硫化物体系蓄光体 > 传统的非稀土体系蓄光体。不同的稀土硫化物体系蓄光体亮度和余辉时长为：$Ca_{1-x}Sr_xS$：Eu^{2+}，Dy^{3+}，Er^{3+} > $Ca_{1-x}Sr_xS$：Eu^{2+}，Dy^{3+} > $Ca_{1-x}Sr_xS$：Eu^{2+} > ZnS：Eu^{2+}；不同稀土金属铝酸盐体系蓄光体亮度和余辉时长为：$Sr_4Al_{14}O_{25}$：Eu^{2+}，Dy^{3+} > $CaAl_2O_4$：Eu^{2+}，Nd^{3+} > $SrAl_2O_4$：Eu^{2+}，Dy^{3+} > $SrAl_2O_4$：Eu^{2+}。

2. 反光粉

反光粉又称玻璃微珠，它是由玻璃经高温烧制而成的。一般采用实心玻璃微珠，粒径在 0.8mm 以下为微珠，0.8mm 以上为细珠。玻璃微珠反光原理为回归反射。折射率在 1.9～2.1 之间的为高折射率的玻璃微珠；折射率不小于 2.2 的为超高折射率的玻璃微珠。一般用在交通路线的折射率为 1.5。玻璃微珠掺得过多不易形成回归反射，形成虚珠，易脱落，形成花脸；玻璃微珠掺得太少，反光点太少，标线反光亮度差。折射率高，反光亮度也高。

3. 石英聚氨脂复合耐磨材料

它是由 0.1～1.5mm 的石英砂水洗后，用两种表面处理剂：r-氢丙基三乙氧基硅烷（A）和 r-氨丙基三甲基硅烷（B）对石英砂表面进行处理，然后与聚氨脂在高温、助剂作用下制成的复合耐磨材料。它具有耐磨和弹性性能。

二、混凝土发光砖的原材料质量要求

1. 发光粉的质量要求

反光粉的放射性要求应符合国家有关规定的要求；余辉时间应在人眼可视亮度 ≥ 0.32mcd/m² 情况下，长达 10～20h；激发光源易得，应为太阳光和普通日光灯；使用温度在 -20～200℃ 范围；耐化学腐蚀性，能抵抗较强的紫外线辐射；反复吸收—储存—发光，长达 15 年使用寿命。

2. 反光粉的质量要求

实心圆球率要达到 100%；耐化学腐蚀性、耐碱性；在 -20～200℃ 温度下不变形；折射率为 1.5 或 2.0～2.2。

3. 石英聚氨脂复合耐磨材料

耐磨、耐碱性强，与水泥结合要好。

4. 白水泥的质量要求

应符合国家标准 GB/T 2015 白色硅酸盐水泥的质量要求。

5. 水的质量要求：

水的质量要求应符合国家标准 JGJ 63 混凝土拌合用水标准的要求。

三、混凝土发光砖面层配合比试验

首先求出发光粉的掺量，根据 10%～30% 之间的 5 种掺量，作小样色块试验，根据效果对比，得出反光粉的掺量在 20%～30% 之间效果较好。然后确定玻璃微珠的掺量，分别做了 15%～40% 之间的 6 种掺量，其效果并没有明显改变，最后得出其掺量为 10%～30% 较妥。玻璃微珠掺多了，容易脱落（可以不掺玻璃微珠）。再确定水泥的掺量，水泥掺量是与玻璃微珠掺量相联系的，一般从强度上考虑，掺 14%～22% 都是可行的，观其效果没有多大改变。则得出，反光粉掺得多的或强度要求高的，取 18%~22%，反光粉掺得少的或强度要求低的，取 14%~18%。石英聚氨脂复合耐磨材料掺量一般在 25%~52% 之间。水的掺量应根据水泥、玻璃微珠掺量而定，一般以水灰比表示，水灰比（W/C）为 0.35~0.40。

一般面层强度可达 Cc40~Cc50 的要求。Cc50 的地面砖，水泥采用 52.5MPa。

四、混凝土发光砖的生产与施工

1. 混凝土发光砖生产应注意的问题

面层厚度应控制在 3~5mm 之间；面层不能有返基料的现象发生；在成型过程中，预压基料时，应开动上压头振动器；成型压力一般要偏高一些，面层要压实；生产中要控制面层的浪费，因反光砖面层所用的材料比一般地面砖面层所用的材料要贵几倍。

2. 混凝土发光砖铺设应注意的问题

包装时，每层需要用塑料布隔开，以免发光砖的面层受损；搬运过程中应把一垛垛成品固定牢，不许发生碰撞；采用叉车上下车，不能乱抛乱丢，应轻拿轻放；铺设要求和地面砖铺设的要求一样。砌筑质量应符合 CJJ 79 中规定的要求。

第五章　过渡设施的工艺设计计算

每一条生产线都是由许多单台加工设备组成的，其设备之间的连接，有的靠传送带、有的靠吊车、有的靠输送设备等。其连接设备我们统称为运送器，其加工设备和运送器，在运转过程中，都有连续作用的和循环作用的两类。其加工设备和运送器之间都要进行衔接，在大多数情况下需要过渡设施衔接，这样就出现了过渡设施的连接问题。实际上过渡设施就是中间仓、圆库、堆棚、堆场、库房和中间贮存地。有了中间运送器和过渡设施，就把单台加工设备连接成一条流水生产线，且正常进行运转。整条生产线的加工工艺过程，就是把原材料加工为成品的过程和原材料、半成品、成品的输送和贮存过程。

第一节　设备间或流程间的连接问题

一、有关概念

1. 加工设备

所谓加工设备是指改变原材料物理性能、形状和大小的设备，改变原材料单独存在环境和性能的设备，改变半成品尺寸大小和物理力学性能的设备。

2. 过渡设施

所谓过渡设施是指连接加工设备和运送器之间的贮存原材料、半成品、成品的库房、圆库、中间仓、堆场和中间贮存地等设施。

3. 运送设备

所谓运送设备是指把原材料、半成品、成品从一个工序运送到另一个工序的设备。它不改变原材料、半成品、成品的性能和大小，只改变其地点。

4. 连续作用的设备

所谓连续作用的设备是指加工设备或运送设备，在工作时间内不间歇地连续运转的设备。

5. 循环作用的设备

所谓循环作用的设备是指加工设备或运送设备，在工作的时间内，工作一定的时间后又停一定的时间，这样交替进行运转和停车的设备和设施。

二、加工设备间的直接连接的条件

两加工设备间不需要运送器，也不需要过渡设施，直接进行连接的条件是：

1. 两加工设备都是连续作用的或都是循环作用的，即流水速度相同或流水节拍相同。
2. 两加工设备的平均生产率相同和生产物料性质相同。
3. 两加工设备必须靠近布置，并首尾在空间相接。

三、设置运送器的条件

1. 建材行业常用的运送器有哪些？

运送器一般是指输送设备、起重运输设备和交通运输机械。具体的设备有：皮带输送机、螺旋输送机、斗式提升机、混凝土泵、气力输送泵、空气输送斜槽、板式输送机、辊道输送机、料浆泵和刮板输送机等，以上设备都称为连续作用的设备。循环作用的设备有：桥吊、塔吊、少先吊、电动葫芦、电动平板车、电瓶叉车、斗式铲车、卷扬机、摆渡车、窑车、装载机、自卸汽车和汽车吊等。

循环作用的运送器不能作连续作用的运送器用，但连续作用运送器一般可以作循环作用的运送器用。

2. 选择运送器的条件

选择运送器应考虑以下几点：

(1) 运送器要求运送物质的性质，应与被运送物料的性质相同。

(2) 连接两设备的运送器必须和其中一个加工设备的作用性质相同，即连续作用的或者是循环作用的。

(3) 运送器和其中一个加工设备平均生产率相同，即流水速度相同或者是流水节拍相同，以减少过渡设施。

3. 设置中间运送器的条件

(1) 若两加工设备尽管作用性质相同，流水速度相同或者是流水节拍相同，平均生产率相等且生产性质相同，但如果不是空间首尾相接，则需要中间运送器。

(2) 若两加工设备，布置在同一水平面上，同时设在单层厂房内，必须有中间运送器来连接两加工设备。

4. 减少中间运送器的方法

在工艺和设备布置时，按下列方法来设计，可以不采用中间运送器。

(1) 两加工设备首尾空间相接时，可不用中间运送器。

(2) 若设在高层厂房内，采用自由落体的方式，进行竖向布置，也可不用中间运送器。

(3) 两加工设备，在单层厂房内布置，可以采用某设备局部进行架高的办法，减少中间运送器。

四、设置过渡设施的条件

1. 具备下列条件之一者可设过渡设施

(1) 两加工设备或运送器的作用不同。

(2) 两加工设备或运送器的平均生产率不等。

(3) 两加工设备或运送器间的流水节拍不等。

对于两流程间的连接也需要设过渡设施的，也是同一道理。

2. 设置过渡设施的作用

过渡设施可以调节前后性质不同的两设备或两流程、生产率不相等的两设备或两流程、流水节拍不相同的两设备或两流程，在任何时刻所产生的供求差额，来进行接收、临时贮存和供给，便于生产的正常进行。所谓过渡设施就是露天堆场、堆棚、圆库、中间贮仓、成品堆场、室内贮存地、仓库等。

第二节　过渡设施的工艺布置的选择

一、过渡设施的工艺布置的原则

1. 总则

(1) 原料堆场一般布置在工厂的下风侧的方向。

(2) 原料堆场应靠近原料加工车间，成品堆场应靠近成型车间和养护车间布置。

(3) 中间贮仓受力点应布置在梁上，向土建提供资料时，其负荷除考虑足够的物料重量外，还应考虑料仓自重以及动荷系数。

(4) 中间暂存地的位置应布置在成型车间有吊车的地方，并且靠近或布置在蒸养工段旁，工艺流程要顺畅。

2. 砂石堆场工艺布置原则

(1) 砂石堆场应沿着厂内运输道路布置，避免二次搬运，同时应保证堆场有足够的贮存量和装卸工作地。并按材料的不同品种、规格分别堆放。

(2) 堆场内的交通运输道路最好布置成环形，避免运输线路的倒流和交叉。

3. 简易堆场工艺布置原则

(1) 堆场采用汽车运输时，运输道路的宽度为 3.5m，料堆高度为 2～3m，堆场地面应有 0.5%的坡度，便于排水。

(2) 当采用电动拉铲运料时，其料斗容积不大于 0.2m³，工作半径不大于 25m。

4. 栈挢式堆场工艺布置原则

(1) 卸料间的布置应与铁路轨道同一中心线，其宽度应不小于 6m（中心线），其高度应不小于 4.8m（净空），其长度应满足运输设备卸料时间的要求，为了避免雨雪飘入，卸料间两端各加长 3m。

(2) 卸料间受料棚应满足两侧同时卸料的要求，受料槽上应铺设铁格栅，便于工人操作通行。卸料间两侧应设有墙，若采用汽车运输时，可在卸料间一侧开门洞，便于汽车卸料。

(3) 受料槽应根据骨料自然安息角而定，受料槽下料口应有一定的缓冲角度，避免物料骤然下落，阀门出料口距皮带最低处表面（指槽型皮带）应不大于 30cm。

(4) 皮带地沟、皮带斜走廊、皮带栈桥的高度（或深度）不小于 1.8m，其宽度在皮带机靠墙一面净空不小于 20cm，其通道净宽应不小于 1m。皮带地沟两端应设有进出口。

(5) 皮带机的倾斜角度应根据被送物料的性质、颗粒大小、几何形状而定。

(6) 皮带机卸料栈桥下之堆场应有骨料分类隔墙，隔墙高度由储存量大小而定。

5. 索铲式堆场工艺布置原则

(1) 地槽的长度不大于 120m，地槽的深度及宽度应根据卸料方式、物料自然安息角而定。

(2) 牵引索铲用的绞车可布置在地槽端部，每条地槽需要设一个绞车，绞车应放在室内。地槽底纵向坡度不大于 1%，便于排水。

6. 抓斗式堆场工艺布置原则

(1) 铁路在吊车库内应沿一边布置，其中心线距离柱边不应小于 2m，受料槽应布置在吊车库中部，其中心线应满足抓斗吊车操作极限位置。

(2) 抓斗吊车跨度应根据吊车库的平面布置尺寸而定，一般不大于 30m。吊车库的长度应根据储存量而定，一般情况下不应超过 100m。

(3) 吊车轨顶标高应保证抓斗升至极限位置时，抓斗的底部与受料槽及车箱顶部之距离不小于 0.5m。库内堆场应设有骨料分类隔墙，隔墙高度由储存量大小而定。

7. 中间储仓的工艺布置原则

(1) 搅拌机原材料储仓一般各设一个。单阶搅拌楼至少砂、石各设二个，一种水泥及一种掺合料各设一个，原材料储存时间不小于 2h，在严寒地区，冬季需要加热的骨料不小于 4h。采用星形或直线布置。

(2) 磨头仓一般每种原材料各设一个，采用直线布置。

(3) 中间储仓是考虑前后设备的生产量差异的，使之不影响生产的正常进行。

(4) 中间储仓设计应满足物料溜角的要求，仓顶应留有运输设备的空间，仓底如有称量设备的，应留有一定空间。

8. 中间储存地的工艺布置原则

(1) 钢筋酸洗后堆存量面积一般按 8h 的产量考虑，冷拔前的钢筋应留有 4h 产量的堆存面积，冷拔后应留有 2h 产品的堆存面积，弯曲机旁应留有 4h 产量的半成品堆场面积。

(2) 成型的钢筋骨架堆放地，应不大于 2h 生产使用量的面积。

(3) 蒸养前静停处应有不小于 2h 的产量存放面积，蒸养后制品的冷却地应有 2～3h 产量的堆放面积。

(4) 储存地一般留有一定的通道和搬运地方。

9. 堆棚的工艺布置原则

(1) 钢筋材料及成品堆场最好设在堆棚内，钢筋材料储存天数为 30d，骨架成品储存天数为 3d，商品钢筋储存天数为 7d。

(2) 凡是不能被雨淋的成品，如硅钙板，其成品应储存在堆棚内，储存期考虑为 30d。

(3) 凡是不能被雨淋的原材料，应储存在堆棚内，如石灰、煤渣、电石渣、磷石膏等，储存期根据原材料性质确定。石灰为 3d，煤渣、电石渣、磷石膏为 30d。

10. 成品堆场的工艺布置原则

(1) 成品堆场设计应考虑减少内外运距，厂内外交通方便，布置紧凑，按区域堆放不同强度等级、品种的制品，具有养护、用水设施及合理堆放面积和通道面积，要求地面平整，具有足够的耐压强度。

(2) 垛与垛之间间距不超过 0.2m，堆垛群最大边长不超过 20m。并有宽度不小于 0.6m 的通道，还应考虑汽车、叉车行驶的通道。

(3) 成品堆场储存期一般为 30d，根据市场需求，也可以考虑 2～3 个月。

11. 圆库工艺布置原则

(1) 水泥的储存期一般为一个月，可靠近搅拌楼设置。采用气力输送或斗式提升机、螺旋运输机提升到搅拌楼顶的水泥仓内。

（2）破碎的石灰和石膏以及粉煤灰也可采用圆库储存，储存期根据来料情况而定，一般为 7～15d。圆库的布置一般采用一字形或 L 形或口字形。石灰、石膏一般用量较少，可采用一个库中间隔开分两半，储存两种物料。

二、露天堆场的工艺布置的选择

1. 砂石露天堆场工艺布置的选择

（1）简易堆场

适应小型工厂。有回转式的胶带输送机堆场，其上料线与堆场呈一直线布置或垂直布置。拉铲堆场一般适用双阶式搅拌楼的上料，直接拉入料斗中。以上两种堆场适应公路运输，自卸车卸料。还有一种是适应水路运输的，采用小型抓斗起重机堆场。

（2）大型抓斗起重机堆场

适应大型工厂。有门式抓斗起重机堆场和桥式抓斗起重机堆场，适应铁路运输。卸料线与门式或桥式起重机堆场呈一条线平行布置，上料线与门式或桥式起重机堆场呈一条线垂直布置。

（3）地沟胶带输送机堆场

适应大、中型工厂。采用公路运输或铁路运输，由推土机堆高或直接卸入地沟中。上料线一般在堆场一端出，且与堆场垂直布置或呈一直线布置。

（4）栈桥式的堆场

适应大型工厂。采用铁路运输。采用胶带输送机或受料斗进行倒料、栈桥堆高。卸料线和上料线与栈桥式的堆场线的进出呈垂直布置。

2. 成品堆场的工艺布置的选择

成品堆场应位于成型车间、养护工段附近，靠出厂方向。露天成品堆场最好布置在厂区下风方向。露天成品堆场有几种工艺选择。

（1）门式起重机工艺

其跨度大，起重范围广，起重工作量大。但是投资高，维修费用高，移动速度慢，可适用大型墙板堆垛。

（2）桥式起重机工艺

土建费用高，需设有排架，移动速度快，适用产量高的大型工厂。

（3）塔式起重机工艺

吊运灵活，易于拆迁，服务半径稍大，有 8～20m，适应中型工厂。

（4）履带式起重机、汽车吊工艺

适应小型工厂。起重工作量不大，运行灵活，服务半径较小，有 5～6m。

三、圆库、贮仓工艺布置的选择

1. 水泥库工艺布置的选择

一般为一列或二列布置，进料从一端进，从另一端出料，且直通搅拌楼方向。出料方向可以垂直水泥库出，也可以沿水泥库一直线出等。

（1）选择机械输送方式

适应中、小型工厂。利用叶轮给料机、螺旋输送机、斗式提升机进库顶，库顶再由螺旋输送机进库。破拱装置可采用环向气管吹或机械振打来破拱。出料装置为叶轮给料机、螺旋输送机通搅拌车间。投资小，用电省。

（2）选择混合输送方式

适应大、中型工厂。其中用空气输送斜槽代替螺旋输送机，其输送能力大，耗钢量小，耗电少，维修小，工艺布置灵活，但需要一定斜度布置空气输送斜槽，增加了输送高度和地坑。

（3）选择气力输送方式

适应大型工厂。采用仓式泵或螺旋泵进行气力输送，空气压缩机的压力为 2~5 个大气压，其优点是：设备简单，操作方便，适用于长距离输送，电容量大。缺点是：耗电大，投资大，需要空压机房。

2. 原材料圆库贮存的工艺布置选择

它适用于粉、粒状原材料的贮存，如：干电石渣、干粒状原材料、干粉煤灰和破碎后的生石灰、石膏等。一般圆库呈一直线布置或"L"形布置，每库装一种原材料。呈一直线布置时，与磨房垂直或呈一直线布置；呈"L"形布置时，一端与磨房垂直相接，另一端与搅拌楼垂直相接。它适应于库底配料和搅拌楼的供料。给搅拌楼供料时，再用提升机提到搅拌楼最高层的中间贮仓中贮存。还有一种是呈"□"形布置的。

3. 贮仓工艺布置的选择

一般贮仓布置在破碎机前，贮存待破碎的物料；成型机前贮存干硬性混合料，以便成型用；搅拌机的配料仓贮存各种原材料及干混合料或废浆等；磨机磨头配料仓，贮存各种原材料待配料用。

各种原材料的配料贮仓有一列布置、二列布置和放射形的布置。单个仓一般设置在机械设备的上方，应留有称量或给料设备的空间。

四、室内贮存的工艺布置的选择

1. 堆棚贮存的工艺布置的选择

堆棚贮存膏状物：一般有湿的电石渣和磷石膏；或堆置脱水困难的原料且水分受到限制的配料原材料。总之，为了防止雨天的影响，有一定数量的原材料贮存于堆棚内。

堆棚一般设置在用料处：如设在搅拌楼的台秤配料处附近的有湿粉煤灰、煤渣等；又如设在转运贮存库附近的有矿渣、煤渣、湿粉煤灰等；再如设在破碎机处附近的有煤渣、石灰、石膏、重矿渣等。堆棚出料处应与搅拌楼处、转运库或破碎机处垂直布置或呈一直线布置。

2. 仓库贮存的工艺布置的选择

钢筋仓库应与钢筋车间呈一直线布置或呈平行布置。呈一直线布置时，适用于长方形的厂区，特别适应粗钢筋的加工情况；若厂区地形较窄，有的生产车间不能呈一直线布置的，才使用平行布置，它适用于仅加工盘条的钢筋车间。

袋装水泥仓库应与搅拌楼靠近布置，在靠近搅拌楼一端应设置拆包间，可与搅拌楼呈垂直布置或呈一直线布置。

成品库应位于成型车间、养护工段附近，靠出厂的方向。

3. 室内暂存地的工艺布置的选择

室内暂存地一般设在加工工段的附近。如钢筋骨架、半成品钢筋等的暂存地，应设在成型车间内的骨架绑扎处附近或入模附近，以工艺布置顺畅为原则。蒸养工段暂存地，应设在釜（窑）旁或釜（窑）的进出端（尽头釜或窑用）或设在釜（窑）两端头（贯穿釜或窑用）等。

第三节　最大贮存量的计算

要正确地选择运送器和过渡设施，就要做到是否要设中间运送器和过渡设施，要设多少，但要尽量少设。过渡设施的设计就是要计算中间贮仓、圆库的容积和堆场、堆棚、库房、中间贮存地的面积，因而首先要计算各种情况下的贮存量。其贮存量的计算通式为：

$$Q_{\max} = gTk_f \tag{1-5-1}$$

式中　$Q_{\max}$——各种贮存的最大贮存量；

　　　g——单位时间内的运输量、产量或消耗量；

　　　k_f——贮备调整系数；

　　　T——周期、节拍、两流程工作时间之差或静停时间、运输时间、贮存时间。

一、贮存的分类

按用途来说，贮存可分为四类：即周期贮存、工艺贮存、运输贮存和外因贮存等。

1. 周期贮存

周期贮存是为了调剂、平衡相邻两加工设备或流程的个别位置上出现的生产率不同的情况。即调节、平衡两加工设备，因性质的不同或节拍的不同而产生的数量上的差异；调节、平衡两流程，在单位时间内，因生产率的不同而产生的数量上的差异。前者产生的数量上的差异较小，而后者产生的数量上的差异较大。

2. 工艺贮存

由于被加工产品的性质上的要求，在加工设备上，进行后道工序的工艺加工时，要求把半成品积累到一定的数量后，才一起进行加工处理。此时所要求的贮存称工艺贮存。

3. 运输贮存

相邻两流程（两车间）之间有一定的距离时，把半成品从一个流程（车间），运到另一个流程（车间）时，由于距离的原因，需要一定时间才运到。因而在未运到之前，为了能连续供应流水线的生产，而必须预备的贮存量称之为运输贮存。

4. 外因贮存

由于厂外的种种原因而引起的厂内原材料和成品的贮存量的多少变化（在连续生产的条件下）。因而在厂内，需要贮存原材料和成品的场地，此场地应按最大贮存量来进行设计。原材料进厂的贮存数量，是由原材料生产、运输的方式、运输的距离、当时的气候等情况来决定的；成品的贮存数量，是由市场的销售淡季的长短而决定的。

二、周期贮存的贮存量的计算

1. 周期贮存是两加工设备或两流程，在生产上出现的数量上的差异而进行的贮存。

有以下几种情况：

(1) 平均生产率相同，而流水节拍不等或两加工设备的性质不同，一为连续作用的设备，一为循环作用的设备，它是在一个流水节拍的时间当中出现的生产数量上的差异。

(2) 平均生产率不相等，于是出现了一天生产中两流程的生产率的差异。高生产率的流程流向低生产率的流程，要保证正常的生产，在此中间必须设过渡设施。应避免设计成低生产率的流程流向高生产率的流程。

2. 周期贮存的贮存量的计算式

(1) 平均生产率相等，出现两加工设备生产数量上的差异：

$$Q_{\max} = g_1 T_2 k_f \tag{1-5-2}$$

式中　$Q_{\max}$——周期贮存的最大贮存量；

g_1——单位时间内连续作用的设备或循环作用的设备运送材料的数量；

T_2——另一节拍流程的节拍或循环作用的设备周期；

k_f——贮备调整系数，一般取 2.0~4.0。

(2) 平均生产率不相等的情况，出现数量上的差异：

$$Q_{\max} = gTk_f \tag{1-5-3}$$

式中　g——两流程中的较小一个的小时生产率；

T——一天内两流程间工作小时之差；

k_f——贮备调整系数，一般取 1.2。

以上采用的是仓和库的形式来进行贮存。

三、工艺贮存的贮存量的计算

1. 工艺要求贮存的种类

(1) 需要对半成品进行静置的，主要是通过静置后，半成品的物理性能得到一定的提高，才能经受下道工序的加工处理。工艺要求静置的时间即是贮存时间。

(2) 积累到所要求的一定数量后，一起进行加工处理，对设备来说是充分利用设备。积累到一定数量所花的时间即是贮存的时间。

(3) 有时由于加快设备的周转，所有加工的设备前面，都设中间暂存地，以减少倒车之麻烦，节省运输时间，即缩短工艺操作时间。

2. 工艺贮存的贮存量的计算式

$$Q_{\max} = gTk_f \tag{1-5-4}$$

式中　$Q_{\max}$——工艺贮存的最大的贮存量；

g——小时生产率；

T——静置的时间或积累的时间；

k_f——贮备调整系数，一般取 1.2。

四、运输贮存的贮存量的计算

1. 运输贮存的要求

(1) 运输一批半成品后，那么这批半成品被用掉的时间就是这批半成品从一个车间到另一个车间所花的时间。这批半成品的运输量就是贮存量。

（2）若运输一个节拍生产的半成品从一个车间到另一个车间时，所花的时间等于或小于流水节拍的时间时，此时的贮存量就是一个节拍生产的半成品量。

2. 运输贮存的贮存量的计算式

$$Q_{max} = g \frac{T}{R} k_f (T > R) \tag{1-5-5}$$

式中　Q_{max}——运输贮存的最大的贮存量；

　　　　g——一个节拍或周期的生产量；

　　　　R——一个节拍或周期的时间；

　　　　T——运输一批产品的延长时间；

　　　　k_f——贮备调整系数，一般取 1.2。

若 $T \leq R$ 时，取 $T/R = 1$。此种是采用贮存地的形式来进行贮存。

五、外因贮存的贮存量的计算

1. 有哪些外因影响厂内的贮存量

原因之一是：原材料供货单位的影响，要了解供货单位隔多长时间能供应所需要的质量和数量的原材料。

原因之二是：原材料运到厂内的运输距离和运输方式。一般来说距离越长，贮存时间也长，运输方式不同，贮存期也不同。

原因之三是：气候的影响。连续下雨时间越长，贮存期也越长。

原因之四是：原材料的质量要求的影响。有些原材料的质量，工艺有一定的要求。如煤渣若安定性不合格，需要在厂内堆棚贮存一个月以上。而生石灰又不宜久存，否则会影响活性，一般生产加气混凝土，在厂内贮仓中贮存 4~7d。

原因之五是：市场销售淡季的影响。掌握销售周期性变化的规律，考虑一年中淡季有多长的时间，以便确定厂内成品贮存时间。一般在北方冬季生产，要考虑冬天延长的时间。

原因之六是：销售半径的影响。销售半径越大，则销路越广，厂内贮存时间也就越短。

2. 外因贮存的贮存量的计算式

（1）原材料进厂后的贮存量的计算式

$$Q_{max} = gTk_f \tag{1-5-6}$$

式中　Q_{max}——原材料的贮存量；

　　　　g——日消耗各种原材料量；

　　　　T——贮存天数，一般取 3~30d；

　　　　k_f——贮备调整系数，一般取 1.2。

（2）成品堆场的贮存量的计算式

$$Q_{max} = gTk_f \tag{1-5-7}$$

式中　Q_{max}——成品堆场的贮存量；

　　　　g——日产成品量；

T——贮存天数；

k_f——贮备调整系数，一般取 1.2。

第四节 过渡设施的工艺设计计算

一般过渡设施的贮存方式有：露天堆场、堆棚、仓库、贮仓、圆库等形式进行贮存的。贮存方式一般与物料或半成品的性质有关。有些物料不能雨淋或受潮，如石膏、生石灰、袋装水泥、煤渣等；其中煤渣含水量受工艺要求的限制，应在堆棚内贮存；生石灰为了不降低其活性，应当防潮，故贮存于贮仓中。

设计容积的大小要准确，容积设计小了，则影响整个工艺生产的正常进行；若贮存量考虑小了，土建设计单薄，实际荷重大，会造成厂房倒塌；若在施工中能及时发现，采取补救措施，进行加固也行，但是，这样一来就造成了不必要的浪费，也拖延了建设进度。所以精确计算贮存量和容积，确保设计安全可靠。有了以上计算的贮存量，就可计算其所装容器的容积和贮存地的面积。

一、中间贮仓、圆库的贮存容积的计算

1. 哪些物料用贮仓、圆库贮存

用圆库贮存的物料有散装水泥、干粉煤灰、电石渣、破碎后的石灰、石膏等。它们是大宗物料，贮存期长，且采用圆库贮存。并要求物料是粒状、粉状的，且含水率极小。

用贮仓贮存的物料有碎石、砂、粒状生石灰、粒状石膏、干粉煤灰等。它们的贮存期较短，适应小宗物料的贮存。它们也适应粒状、粉状且含水率极小的物料贮存。很明显，此贮仓可以用于原材料的贮存，也可以用于生产线的半干混合料和干混合物的贮存。如在生产线中的贮存干混合料的贮仓，它是加工设备间或加工设备与运送器之间的过渡设施。

2. 中间贮仓、圆库的组成

圆库（筒仓）包括库顶房、筒体、仓底。库顶房一般是作为进料以及库顶收尘器检修用的；筒体主要是装物料和设置破拱装置；仓底供料间是作为供料、称量、输送设备、收尘设备的场所。

贮仓包括仓顶进料、仓体、仓下卸料等。仓顶有进料口和收尘口；仓体是贮存物料及设置破拱装置；仓下卸料是设置卸料口及卸料闸门以及称量装置的。

圆库和贮仓设计的主要要求是，根据料流计算进料口的大小及出料口的大小，其下部的锥体部分的倾角应满足贮存的物料对溜角的要求。

3. 中间贮仓、圆库的贮存容积的计算

$$V_s = \frac{Q_{max}}{r_i} k_6 \tag{1-5-8}$$

式中 V_s——贮仓、圆库实际需要的容积；

Q_{max}——最大贮存量；

r_i——该物料的密度；

k_6——增大系数，若为圆库时，直筒部分高度增加 1.5m，若为贮仓时，容积增大25%。

在选取物料的密度时，应选取给土建提供资料的密度，也就是土建设计时采用的密度，而不是工艺采用物料的密度。上式若计算圆库容积时，暂时不考虑 k_6，待容积计算出来后，选用圆库尺寸时，把直筒部分的高度增加 1.5m，再计算其容积，就是实际设计的容积。

二、中间贮存地的贮存面积的计算

1. 哪些材料和成品采用中间贮存地贮存

(1) 仓库贮存：一般是防潮防锈的材料，如袋装水泥和钢筋等。

(2) 堆棚贮存：一般是防雨的原材料，如电石渣、石灰膏、磷石膏。因工艺要求一些物料的水分，要有一定的控制，所以要求堆棚堆放一定数量的湿物料，如煤渣、矿渣、湿砂、湿粉煤灰等。

(3) 露天堆场：不需要防雨的大宗物料，如碎石、砂、矿渣、煤渣、石膏等。

(4) 室内贮存地：一般是在生产过程中的半成品的堆放，如加工好的钢筋及钢筋骨架，待养护的半成品、静置的半成品和发气的坯体等。

(5) 成品堆场：可以经受雨淋的成品采用露天堆场，如各种墙体砖、砌块、混凝土构件和板等。不能经雨淋的成品或待养护的成品采用室内贮存，如石棉瓦、硅钙板、装饰板、石膏板等。

2. 各种贮存地的组成

(1) 露天堆场的组成

它包括了卸料、堆料、上料三部分组成的。卸料有人工卸料、车辆卸料、机械卸料三种方式。车辆卸料有自卸汽车、翻斗车等；机械卸料有门式抓斗吊车、链斗卸车机、悬臂抓斗卸料机等。堆料有移动式皮带机、堆土机、装载机、门式起重机等。上料有门式抓斗起重机、拉铲、爬斗、胶带输送机等。特殊情况，为了保证制品的抗渗性和强度要求，石子要进行筛洗。如预应力压力管，因此必须考虑筛洗工序，并考虑一定的占地面积。

(2) 仓库的组成

仓库中若存放袋装水泥和钢筋时，地坪应垫高 20cm，以防受潮，仓库的上部应有电动葫芦或桥式吊车，实现机械化作业。

(3) 堆棚的组成

常用胶带输送机、斗式铲车、堆土机、自卸汽车等进行上料、堆料和卸料。不同品种的原材料应有隔墙隔开，以免混料。

(4) 室内贮存地的组成

根据贮存不同半成品而定。若贮存钢筋骨架，则有电动葫芦进行起吊、装运，若设在成品车间的，可以利用桥吊进行装运。若贮存载有半成品的车，则考虑地轨和牵引机械以及横移装置。

(5) 成品堆场的组成

露天堆场应有门式起重机、塔吊、少先吊、履带起重机等进行卸脚、堆码、装车。室内仓库也应有起吊设施，如电动葫芦、桥吊等进行卸物、堆码、装车。

3. 各种贮存地的贮存面积的计算

$$F = \frac{Q_{max}}{g} k_7 \cdot k_8 \qquad (1-5-9)$$

式中　F——贮存地的实际占有面积；

g——每平方米面积的贮存量；

k_7——通道系数；

k_8——堆场增大系数，只适用于露天堆场。

已知单位产品占地面积为 f_f，按下式换算成每平方米面积的贮存量：

$$g = 1/f_f \qquad (1-5-10)$$

式中　f_f——单位产品占地面积。

通道系数是考虑人和车的通道，一般在 1.5～2.5 之间取值。

堆场面积增大系数是考虑了堆放产品之间的间隙，一般取值为 1.1～1.2 之间。

在露天堆场设计时，另外要考虑到运输干道的设置。此处通道系数是没有包括此干道所占的面积的。

室内贮存地的面积计算后，还要考虑跨度和长度；根据地形地物，取其室内贮存地的长度，根据面积，再计算出其跨度，并取整数，然后再根据面积，复核其长度，此长度还要折算成多少间距，取其建筑模数的间距，向上取整间距数。

第六章 辅助生产车间设计计算

原材料处理和搅拌均属于辅助生产车间。原材料处理工艺包括筛洗、破碎、粉磨、消化、风选和钢筋加工、骨架制作等。搅拌工艺包括硅酸盐混凝土混合物的制备、混凝土混合物的制备、纤维水泥混凝土混合物的制备。它们是把原材料加工成半成品的加工过程和把各种原材料按既定的配比进行计量搅拌过程。还包括石棉风选设计计算和商品搅拌站运输设备的选型。

第一节 筛洗破碎粉磨的工艺设计

在什么情况下选择破碎系统、筛洗系统、磁选系统和粉磨系统呢？一般中、小型混凝土制品工厂不设破碎系统，直接采用合格的砂、石材料。大型混凝土制品厂可自备采石场，则需设置破碎系统。

当采用的骨料和胶结料为石灰、石膏、煤渣或水淬矿渣等的硅酸盐制品厂以及其他工厂时，需设置破碎系统进行破碎筛分加工，使之具有良好的颗粒级配或使之达到粉磨之粒径要求。

若采用硅、钙质惰性材料来制造硅酸盐制品，为了使制品达到一定强度，物料之间需要起化学反应，为了增加硅、钙质材料相互之间的接触面积，原材料需要进行磨细加工，达到一定的细度要求。

利用工业废渣的，需要进行磁选，把其中所含铁件清除，以免工业废渣中的铁件在加工中损坏机器。

为了使制品达到一定的密实度，保证混凝土制品具有一定的抗渗性，需要对骨料进行筛洗。如生产压力管等。

一、破碎系统的工艺设计

1. 破碎、筛分、磁选工艺的选择

破碎筛分系统工艺选择跟物料的品种和制品要求的物理性能有关。

当采用工业废料如水淬矿渣、煤渣、重矿渣、钢渣、废型砂时，特别是入中、细碎的冲击式破碎机时，采用磁选工艺，除去物料中的含铁质杂夹物，以防机器损坏。

当采用水淬矿渣、煤渣、废型砂时，其细颗粒含量多且又符合粒径要求，但要筛去含有的较大颗粒。较大颗粒的破碎可选用小型的破碎机。当细骨料含有杂质时，用筛子筛去杂质；当颗粒不符合颗粒级配要求时，也要用分级筛来筛；若破碎物料粒径大于破碎后进料粒度要求的，都可采用筛选工艺。

当骨料质量不符合混凝土密实度的要求时，采用筛洗工艺，满足混凝土制品的抗渗性要求。

当采用粒度较大和块状的物料，如水淬矿渣、煤渣、重矿渣、钢渣、煤矸石、石灰、石膏等作为骨料或胶结料时，破碎是满足配料原料的颗粒粒径的级配要求或满足入磨粒径的要求或满足设备入料颗粒粒径的要求。

2. 破碎系统工艺布置选择

一般来说采用推土机、电耙、铲运机、自卸汽车等将物料喂入受料斗，受料斗的容积为 4~5m³，再经受料斗下的给料机喂入胶带输送机，最后入破碎机。破碎机出口一般采用斗式提升机提到贮料仓中贮存待用。或者受料斗下直接采用胶带输送机喂入破碎机，出料口用斗式提升机提到下道工序中的设备如粉碎机。或者用皮带输送机输送到露天堆场贮存待用。磁选设备应安装在破碎机前，筛分设备按功能一般安装在破碎机前或后。

3. 破碎系统设备选型

根据要求的生产能力和破碎物料的破碎比，进行各类破碎机的选型。各类破碎机的生产能力，可用下列两种方法获得：一是产品说明书中标定的生产能力；二是该种破碎机实际应用时的生产能力，这需要进行实地调查。这两方面结合起来考虑，进行破碎机设备的选型。

在此，特别讲明前者：破碎机样本标定的生产能力的确定方法。破碎机样本标定的生产能力，一般都有一个范围，这个范围的上下限生产能力是给出的，上限表示较大的破碎比，下限表示较小的破碎比。上限与下限之间的破碎比求法是：指定物料最大粒径与所要求物料破碎后的最大粒径之比为中间破碎比，中间破碎比的生产能力一般用插入法求得。物料破碎前的最大粒径应不大于破碎机进料口要求的最大进料粒径，查样本可得破碎机要求最大进料粒径。

物料破碎后的粒径一般是工艺要求的。如硅酸盐砖骨料最大粒径小于 5mm；混凝土小型空心砌块的骨料最大粒径小于 10mm；要粉磨的物料，如石灰、石膏等，按该磨机入磨粒径要求控制物料破碎后的最大粒径：一般要求小于 30mm。

然后按求出破碎机的生产能力进行修正。通常其生产能力是该破碎机对特定的物料标定的数据。若技术性能表中未注明者，一般处理的是松散密度，为 1.6t/m³，是中硬度物料的生产能力。如果选型时，物料的破碎条件与产品技术性能表中的破碎条件不同时，应进行修正。

其一对物料密度的修正，如果选择破碎物料的密度不是 1.6t/m³，则根据实际物料的密度进行修正，修正公式如下：

$$Q = Q' \frac{r}{r_1} \tag{1-6-1}$$

式中　Q——所要求条件下破碎机的生产能力（t/h）；

　　　Q'——产品技术性能表中所列的经破碎比修正的生产能力（t/h）；

　　　r——实际破碎物料松散前的密度（t/m³）；

　　　r_1——破碎机械产品技术性能表中破碎物料松散前的密度（t/m³）一般取 1.6t/m³。

其二对物料硬度的修正，如果选择破碎物料硬度不是破碎机械产品技术性能表中破碎物料要求的硬度，则根据实际物料硬度进行修正，修正公式如下：

$$Q_{修} = Qk_1 \tag{1-6-2}$$

式中　$Q_{修}$——所要求条件下破碎机械的生产能力（t/h）；

Q——修正密度的破碎机械生产能力（t/h）；

k_1——考虑破碎物料硬度的修正系数。

硬度系数为 5~15 时，$k_1 = 1.0$；当硬度系数 <1 时，$k_1 = 1.3~1.4$；当硬度系数为 1~5 时，$k_1 = 1.15~1.25$；当硬度系数为 15~20 时，$k_1 = 0.8~0.9$；当硬度系数 >20 时，$k_1 = 0.65~0.75$。

4. 破碎工艺的布置要求

用量较小且又要破碎的物料，石灰、石膏可共用一台破碎机，且尽量选用一级破碎。

中碎与粗碎应布置成一直线，以方便破碎机的进出料，且两者之间的布置距离应尽量缩短。并防止振动声外逸。

在进行破碎机布置时，应注意设备大件的检修拆换方便，留有所需空间。车间外考虑有运输大配件的通道。

破碎机应有检修设备，如吊车或电动葫芦。较深地坑要设防水层，以免坑中积水，并在坑中设积水坑。在南方可将筛分和清洗设备布置在室外的砂石堆场内，在来料均匀的情况下，可边进料边筛洗，筛洗后堆垛贮存。在北方可将筛分和清洗设备布置在室内，一般情况下，筛洗后先在筛洗工段贮存 1~2 班的生产用量，使用时随时送到搅拌楼上的骨料仓中贮存待用。

筛洗工段也可设在取排水方便的地方，以便取水、排水；也可设在砂石堆场，这样就简化了工艺布置，可共用起重运输设备。

对检修、排水、环保要求不可忽视。筛洗设备悬挂布置时，需要较宽的操作、检修、安装平台，应在设备上方设检修装置，如电动葫芦或吊钩。洗后装石子的料仓排水，采用明沟排水，地面应设 0.3% 的排水坡。筛洗水应先流进沉淀池沉淀，再排水。沉淀池分隔几个小沉淀池，废水流经沉淀池的长度应为 12~15m。

二、粉磨工艺设计

1. 粉磨系统工艺选择

硅酸盐建筑制品厂的石灰、石膏和石英砂粉磨，普遍采用球磨机。粉磨工艺包括湿法粉磨和干法粉磨，它们又可以分开路流程和闭路流程。

磨细工艺类型有：单一材料干磨工艺，它适应物料为石灰、石膏，工艺简单，但收尘装置较复杂，细度要求为，4900 孔/cm² 筛，筛余为 5%~15%；

单一材料湿磨工艺，它适应砂、矿渣、粉煤灰、煤矸石粉磨，磨细效率高，粉尘污染少，采用料浆输送泵和料浆罐贮存，砂浆细度为 3000cm²/g，矿渣细度为 2500cm²/g；

干混磨工艺，它适应石灰、石膏、部分硅质材料和钙质材料粉磨，物料在磨细时，能充分混合均匀，强化物料间的化学反应，收尘系统较复杂，混合胶结料的细度要求为：比表面积达到 4000~5000cm²/g 或 0.063mm 筛，筛余为 5%~15%；

湿混磨工艺，它适应粉煤灰与部分石灰加水磨细，粉尘污染少，物料混合均匀，磨细过程中有水化反应，能提高制品的性能，细度要求为 4900 孔筛，筛余不大于 5%；

硅质材料加钙湿磨，它适应加废料浆，磨细效率高，有部分化学反应，可提高料浆的质量，细度为 4900 孔筛，筛余 5%。

由于粉磨石灰、石膏和石英砂用于硅酸盐建筑制品，它的强度由各组成的化学成分反应生成结晶体多少而定。石灰、石膏和石英砂磨得越细，分散度就越高，各组分化学反应的表面积越大，因而水热反应生成物越多，产品的强度就越高，性能就越好。又由于混合湿磨中的石灰结硬膨胀，从而堵塞进出料口、输送管道及泵。所以一般选用开路工艺流程，并采用干法混磨工艺。

2. 粉磨系统工艺设备选择

由于生产中石灰和石英砂的细度要求较高，应选用双仓球磨机。

球磨机相应的给料设备以选用电磁振动给料机或圆盘喂料机为宜。

称量设备应选用连续式的电子皮带秤。而粉煤灰宜选用双管螺旋喂料机和冲量流量计称量，其称量精度达 ±1.5% ~ 2.0%。它可通过变速电动机改变喂料机的转速来调节喂料能力。或选用其他可靠连续称量的计量设备。

3. 粉磨系统工艺布置选择

粉磨系统工艺布置主要是磨头的布置选择。它有库底配料和磨头配料两种。一般在硅酸盐建筑制品厂大多选用磨头仓配料较好。在磨头仓配料时，为了防止糊磨还要另设一个助磨剂仓，采用碎砖等制品废料混合磨细，还可以在制品养护过程中起晶体作用，促进水热反应，提高制品的强度。

从磨机出来的混合料，经斗式提升机、链板式输送机送到搅拌楼中的中间贮仓贮存待用。

4. 粉磨系统工艺布置要求

磨头仓的有效容积总量为磨机最大台时产量 2 ~ 3h 的用量。仓壁夹角不得小于50°。仓口与给料设备之间应设螺旋闸门。磨尾出料端的溜管应有活动封闭闸门，以封闭气流。

磨机筒体上方应有冷却淋水管，以降低筒体温度，防止筒体变形。磨机轴承按照设备要求安装冷却水管。地上应有槽，积水从下水管流走，或回收利用。槽中的坡度为0.02 ~ 0.03，槽宽为筒体直径加 2m。

磨机厂房上方应有电动葫芦轨道，以利检修、装钢球。磨机采用除尘措施，一般选用袋式除尘器除尘，除尘后的废气放于大气中。球磨机房应预留设备安装孔，待设备就位后再封墙。球磨机房应单独设置，与破碎车间用墙隔开，以减少噪声和粉尘的污染。

第二节　物料均化与消化的工艺设计

一、原材料的均化

1. 堆棚均化法

在硅酸盐制品中多数采用的原材料是石灰。由于矿山开采层位和地段不同，石灰中的 CaO 波动在所难免，因此对破碎后的石灰应采用均化处理。在石灰堆棚里，两种不同 CaO 含量的石灰一层一层地堆放，然后用铲车进行混合后到堆棚中贮存待用。

2. 圆库均化法

在石灰破碎后，按 CaO 成分多少分两个圆库贮存。然后两个圆库同时出料，经皮带输送机和斗式提升机提到磨头仓贮存待用。

二、混合料的消化

1. 消化方法的选择

制造灰砂砖时采用的生石灰，一定要先进行消化处理。生石灰的消化方法有两种：单独消化法和混合消化法。混合消化法比单独消化法好。一般认为混合消化可以利用石灰的消化热来提高混合料的料温，加快消化速度；另外混合消化还同时起着陈化作用，生产的成品砖的强度及其他性能一般较单独消化好。同时生石灰先与含硅原料混合，还可防止加水时结团现象和砖坯养护时发生爆裂现象。

2. 消化方式的选择

混合料消化时间的长短与石灰的质量、粉磨细度、气温高低、消化的方式及设备有关。用消化仓消化，热量散失少，消化时间可短些；地面堆置消化，热量散失多，消化时间较长。一般都采用消化仓进行消化。

3. 消化程度的判断

混合料中的石灰消化程度的判断，可由消化仓内的最高料温和消化后的混合料的温度与水分来判断。将消化好的混合料取样，测其二次消化温度，若温度不再升高，且含水分明显减少，即表明石灰已消化完全。消化不好时，则料温过低，混合料含水量变化不大，则要找其原因。一般认为是石灰的质量不好，过烧或欠烧石灰含量过多及石灰配比过低，有效氧化钙含量也低。

4. 消化和陈化的工艺参数（表1-6-1）

混合料消化和陈化的工艺参数 表1-6-1

产品名称	消化（陈化）方式	消化时间（h）	消化最高温度	出仓温度
蒸养压粉煤灰砖	仓式	2～3	60～110℃	50～90℃
蒸养煤渣砖	仓式	2～3	60～110℃	50～90℃
蒸养（陈化）煤渣砖	堆放陈化	8～16	—	—
蒸养水淬矿渣砖	仓式	2～3	60～110℃	50～90℃
蒸养重矿渣砖	仓式	2～3	60～110℃	50～90℃
蒸养灰砂砖	仓式	2～3	60～110℃	50～90℃

5. 消化仓的选用

消化仓有连续式和间歇式两种。一般选用连续式消化仓。消解时间约4～4.5h，料温达85℃左右，最下面一节壳体可借助液压系统上升，套在上面一节仓体外，便于清仓和维修底部出料机。连续式消化仓规格：$V = 70m^3$，产量6～18m^3/h，液压系统$N = 2.2kW$，总重为20.4t。

连续式消化仓的操作是连续的，混合料由顶部皮带输送机连续进料，底部连续出料，也由皮带输送机连续把料输送到下道工序。物料在消化仓内由上向下逐层下移，边移动边消化。仓底设有专用的圆盘出料机连续运行，出料量要调节到使混合料在消化仓内由进料到出料移动的时间，相当于生石灰消化所需要的时间。

三、混合料的陈化

当灰砂砖的原材料不采用生石灰而采用电石渣时，不需要经过消化过程处理，只需将混合料堆放一段时间的陈化处理。一般堆放时间为 7~8h。

经堆放陈化的料制成砖的质量较不经陈化的好。这可能是钙原料有足够的时间分布到含硅原料的表面，渗透到多孔颗粒的内部，使二者充分接触，同时还增加了混合料的可塑性，提高了坯料的成型性能。

四、坯料的碾练

1. 适用坯料碾练的原材料和作用

如果原材料采用活性含硅原料时，如煤渣、水淬矿渣、硬矿渣等，混合料经消化处理或陈化处理后还需经湿碾处理。用轮碾机湿碾坯料主要是起活化、搅拌、细碎、增塑和压实等作用。湿碾后坯料塑性好、成型性能改善、砖坯密实、产品强度高，一些物理力学性能也得到改善。这是因为坯料经过碾磨和破碎后，出现新的表面，增加了水化表面积，加强了水化作用，使水化物增多之故。

2. 各种混合料碾练的工艺参数（表 1-6-2）

各种混合料碾练的工艺参数

表 1-6-2

产品名称	轮碾加水量（%）	碾后坯料水分（%）	碾后坯料密度（kg/m³）	碾后坯料颗粒级配要求（%）				
				20~10mm	10~5mm	5~2.5mm	2.5~0.3mm	0.3mm以下
蒸养压粉煤灰砖	2~3	19~23	750~850					
蒸养煤渣砖	2~3	14~17	850~950	<5	5~15	10~20	20~30	40~50
蒸养陈化煤渣砖	2~3	16~20	900~1000	<5	5~15	10~20	20~30	40~50
蒸养水淬矿渣砖	2~3	7~8	1200~1300		<5	10~20	50~65	20~35
蒸养重矿渣砖	2~3	9~10	1150~1250		<10	5~15	30~45	35~50

3. 碾练工艺的选择

碾练工艺分连续式和间歇式两种。连续式的碾练采用连续式的轮碾机，间歇式的碾练采用间歇式的轮碾机。一般采用连续式的轮碾机，因为它的活化碾磨和压实作用较好。间歇式的碾压时间长，维修工作量较大，备件来源较困难。

4. 碾练工艺布置要求

一般两台串联使用，连续碾的进出料可采用倾斜皮带输送机或斜链斗提升机。连续碾台数较多时，可以单排或双排布置。碾子上方可设中间料斗及给料机（圆盘喂料机或其他类型的给料机）。一组连续碾的出料可共用一台皮带输送机。加水量也可用流量计来调节。当给料胶带机有三个以上下料点时，应设中间仓，并设置给料设备，以做到连续均匀下料。给料设备操作位置离地面不得高于 1.3m。

第三节　钢筋骨架加工的工艺设计

一、钢筋冷加工工艺

钢筋的冷加工的方法有冷拔、冷拉、冷轧三种。冷轧加工是将直径 12~32mm 的 A₁、

A_2、A_3 圆钢压轧成有规律的变形钢筋，因加工对象有限及需要专门的冷轧机，故极少采用。目前常用的是冷拔和冷拉两种冷加工方法。

1. 冷拔工艺

冷拔加工对象是直径 9mm 以下的 HPB235 级光圆钢筋，冷拔成为冷拔低碳钢丝。冷拔工艺包括除锈、轧头和拔丝三道工序。

除锈工序分为机械除锈和酸洗除锈两种。

机械除锈又分为两种：一是由拔丝机带动的钢筋，通过 3～6 个上下左右的反复弯曲托辊，锈皮破裂脱落而除锈；二是采用与钢筋直径基本相同的旧拔丝模进行除锈。

酸洗除锈又分为两种：循环酸洗法和双池酸洗法。一般酸洗工艺过程为（机械除锈）——酸池漂洗——冲水清洗及上水锈——沾石灰浆——干燥。

轧头及接线工序是将长约 200mm 的钢筋端头放在手动轧头机或电动轧头机的压辊中间，逐级压细至端头直径比拔丝模孔小 0.5～0.8 毫米，以便冷拔时钢筋端头易于穿过拔丝模孔。连续拔丝时，盘条钢筋需要预先对接起来。采用 25kV·A 的对焊机进行闪光焊对接，焊后并用锤刀或砂轮除去毛刺。

拔丝工序是按 60～120m/min 的拔丝速度拔丝。

拔丝机按拔丝能力可分为粗丝、中丝、细丝和特细等拔丝机；按拔丝卷筒数可分为单筒的和双筒的；按卷筒装置分为立式和卧式；按变速装置分为半自动和自动两种。

2. 冷拉工艺

冷拉目的是提高钢筋的强度，使钢筋的屈服点得到一定的提高。冷拉分为小冷拉（拉直径为 6～12mm 的钢筋）和大冷拉（拉直径为 12mm 以上的钢筋）。冷拉工艺特点是能同时完成除锈、拉伸、调直三个工序。小冷拉的钢筋长度一般为 50m，大冷拉的钢筋长度为 30m。

钢筋冷拉控制方法有两种：单控制（仅控制冷拉率）和双控制（控制冷拉应力和冷拉率）。

冷拉后钢筋要时效。时效处理有三种方法：其一是自然时效，放置 15d；其二是蒸汽或热水时效，当温度在 85℃时，时效 4h；当温度在 100℃时，时效 2h；其三是电热时效，对于 HPB235、HRB335 级钢筋加热到 100℃，保持 2h；对于 HRB400、RRB400 级钢筋加热到 150～200℃，保持 15～30min。

3. 钢筋焊接加工工艺

常用焊接方法有接触点焊、接触对焊和电弧焊三种。

(1) 接触点焊

常用点焊机有脚踏传动式点焊机、电动凸轮式点焊机和气压传动式点焊机等三种。个别也采用悬挂式点焊机和多头点焊机。

(2) 接触对焊

钢筋的闪光对焊主要有连续闪光焊、预热闪光焊和闪光预热闪光焊三种工艺。焊接工艺选择主要根据钢筋的种类、直径大小、端面平整度及电焊机的功率来决定。对焊机的型号选用也可根据钢筋直径大小来选。

(3) 电弧焊

常用电弧焊机有焊接变压器电弧焊机、焊接发电机电弧焊机和焊接整流器电弧焊机等。

4. 钢筋机械加工工艺

钢筋机械加工包括的是钢筋调直、切断、弯曲、镦头和刻痕等加工。

(1) 调直

受力的细钢筋调直，可采用小冷拉和冷拔方式调直。不受力的细钢筋如箍筋采用调直切断机，它同时完成调直切断和除锈工作。

粗钢筋的调直也可结合大冷拉进行，或选用平直锤调直。

(2) 切断

常用的切断机类型有液压的、电动的和电动液压的三种。其中液压和电动的具有调直切断两种功能。

(3) 弯曲

有机械弯曲和手工弯曲两种。机械弯曲分粗钢筋弯曲和细钢筋弯曲。细钢筋弯曲主要弯曲箍筋和弯钩。粗钢筋弯曲（10mm 以上直径的钢筋）常用钢筋弯曲机。

(4) 镦头

钢筋镦粗的方法有冷镦和热镦。冷镦又分冷冲镦粗和液压镦粗，冷冲镦粗适用于镦粗冷拔低碳钢丝；液压镦粗适用于镦粗高强钢丝。热镦适用于直径 22mm 以上的钢筋，一般又称锻镦粗。

(5) 刻痕

钢丝刻痕可提高钢丝与混凝土的粘结力。

5. 钢筋网片及骨架成型

(1) 钢筋网片的成型

可采用手工绑扎和点焊机焊接，高强钢丝不能用焊接机焊接，只能用手工绑扎。采用电动弯网机制作弯网。

(2) 钢筋骨架的成型

也可采用手工绑扎和点焊机焊接，或管的钢筋骨架采用骨架焊接机。对管骨架的架立筋进行压波，压波波长等于螺距。采用压波切断机制作纵向架立筋，缠筋时将环筋缠绕在压波架立筋的波谷上，然后把环筋两端绑扎结实。

二、钢筋车间工艺布置要求

1. 车间工艺布置时，避免倒流水，避免材料的往返运输，各工序按工艺流程沿车间两侧布置。

2. 应尽量缩短钢筋在加工过程中的运输距离，则要求各工序相关加工设备之间紧密配合，其工艺位置要互相照应。

3. 除设备本身占有面积、附属装置占有面积外，要考虑操作的面积、设备检修面积和运输通道以及中间半成品的堆场面积。

4. 钢筋车间一般可布置成单跨或双跨，车间跨度一般为 12~18m。对于中小型口径的管骨架的钢筋车间，一般考虑 12m 的跨度。

5. 钢筋车间可设一台起重量为 1~3t 的电动单梁起重机，吊运繁忙的可设两台。起重机轨道顶标高一般为 4.5~6m。

6. 车间内可设粗钢筋加工、细钢筋加工、钢筋网片加工和骨架成型等流水线。粗、细钢筋加工线应平行布置，并适当靠近。

7. 电杆生产成型车间可和钢筋车间合并成一个车间，两跨设置，一跨是成型养护区，另一跨是钢筋加工区。

三、主要工序工艺布置要求

1. 冷拔和冷拉

（1）冷拔

采用机械除锈时，冷拔工序可设在钢筋车间内；如果冷拔加工量大时，则可单独设置冷拔间或直接放在钢筋仓库内。放线盘至冷拔机距离为4m。当中间设有除锈机时，拔丝机与除锈机的净距不小于2m。

当采用酸洗除锈时，应在靠近钢筋仓库处单独设酸洗、冷拔间。酸洗间应留有堆放半班以上产量的堆放场地。

（2）冷拉

在车间内设置冷拉生产线时，大冷拉线、小冷拉线应分设在车间的两侧。对于小冷拉线盘条开盘，一般由冷拉线锚固端向冷拉端放线。开盘装置设在冷拉线靠墙一侧或附墙设置。大冷拉线在加工时，需要先焊接后冷拉时，一般按先焊接后冷拉进行工艺布置。

冷拉钢筋场地的长度为：冷拉盘条时，场地有效长度为50m；冷拉粗钢筋时，场地有效长度为30m左右。冷拉粗钢筋时，应有安全防护措施。时效槽一般布置在冷拉场地一旁，平行于冷拉线布置。

2. 焊接

（1）点焊

点焊机布置有3种，一种是焊网片时，工作台可转动，并考虑钢筋网片焊完一半转过去焊另一半的可能；第二种是两台焊机呈一直线布置，两台焊机顺作业线方向距离等于被焊件长度的两倍；第三种是对面交错排列或对立排列。采用悬挂点焊机时，工作台和点焊机都可以行走。这时轨道标高为3m，中心线离墙距离为2m。

（2）对焊

对焊机进料侧的操作面积，应根据被焊接钢筋的最大长度布置，而出料侧的操作面积，应根据对焊后的钢筋最大长度确定。对焊机应设置防火花的罩盖或挡板。

弧焊工段应与其他工段隔开，常用隔墙或屏风遮挡。并应设置通风设备，将有害气体排到室外。

3. 调直、切断、弯曲、镦头、管架成型

（1）调直切断机的布置

应平行于车间纵轴线方向布置，调直切断机与墙边的距离不小于2m。当有多台调直切断机并排布置时，其间距为2m左右；放线盘与调直切断机的净距不小于3m；调直切断机的布置长度应根据所切断钢筋的最大长度确定。

（2）切断机的布置

切断机进料端和出料端的预留长度应根据被切钢筋最大长度布置；切断机可布置在轻轨上，可移动，这样既可提高切断机的利用率，又可减少搬运。

（3）弯曲机的布置

弯曲机两端操作面积，应根据弯曲前的最大长度布置；两侧面积应根据被弯钢筋最大弯起部分的宽度布置。为了提高弯曲效率，可取两台弯曲机，其中一台固定，另一台安装在轻轨上，可任意调节两台之间的距离，以适应弯曲不同规格的钢筋。细钢筋弯曲，除了选用细钢筋弯曲机外，还应设置手工弯曲台，以满足弯曲各种箍筋、钩筋的需要。

（4）镦头机的布置

镦头机一般配置两台，一台固定，另一台放在轻轨上，以便两头同时镦不同长度的钢筋。

（5）骨架成型机的布置

数台骨架机一列布置时，两机之间间距大于管骨架的长度。骨架成型区应布置在距其他各加工区近些、运输又方便的地方。操作面积和通道必须宽敞，并留有 2~4h 半成品或成品的堆放场地。

第四节　混合料制备的工艺设计

混合料制备工艺包括了配料计量设备和给料设备、混合料输送设备。主机是搅拌机，它决定了混合料制备工艺流程。搅拌机的种类很多，性能也各不相同。可根据搅拌物料的特性，选用与搅拌工作原理相适应的搅拌机。一般来说搅拌机有连续式的和间歇式的之分。根据工艺流程的连续性和间歇性选用相适应的搅拌机。连续式的搅拌机只有强制式的单轴和双轴搅拌机。间歇式搅拌机是用强制式的来制造干硬性混凝土混合料或制造浆状混合料。

间歇式搅拌机小时生产能力的计算公式如下：

$$q = 3600 \times \frac{V}{t_1 + t_2 + t_3 + t_4} \tag{1-6-3}$$

式中　q——搅拌机小时生产能力（m^3/h）；

V——搅拌出料容量（m^3）；

t_1——进料时间（s）；

t_2——干搅拌时间（s）；

t_3——湿搅拌时间（s）；

t_4——出料时间（s）。

连续式搅拌机小时生产能力的计算公式如下：

$$q = 60 \times \frac{\pi}{4}(D^2 - d^2)\phi v k \tag{1-6-4}$$

式中　q——搅拌机小时产量（m^3/h）；

D——桨叶直径（m）；

d——搅拌机的轴径（m）；

ϕ——填充系数，一般取 0.55；

v——物料在搅拌机中移动速度（m/min）；

k——搅拌机的轴数，一般取 2 轴。

其中
$$v = Zbn\beta\sin\alpha \tag{1-6-5}$$

式中　Z——一个螺距的浆叶数，一般取 4 个；

　　　b——浆叶的宽度（m）；

　　　n——搅拌机的转速；

　　　β——回料系数一般取 $0.85 \sim 0.90$；

　　　α——浆叶对轴的角度。

一、灰砂砖混合料的制备

1. 灰砂砖混合料搅拌工艺参数

混合料搅拌效果好坏与原材料配合比、加水量、计量配料设备和搅拌设备好坏以及生产操作等有关。

灰砂砖的搅拌分二次搅拌，在消化前的搅拌为一次搅拌，搅拌混合料进消化仓消化后再进行二次搅拌。混合料搅拌工艺参数如表 1-6-3 所示。

灰砂砖混合料搅拌工艺参数　　　　　　　　表 1-6-3

产品名称	搅拌用水量	搅拌后混合料		搅拌均匀系数
		密度（kg/m³）	干料密度（kg/m³）	
灰砂砖一次搅拌	10% ~ 12%	1050 ~ 1150	950 ~ 1020	< 1.3
灰砂砖二次搅拌	2% ~ 3%	1000 ~ 1100	920 ~ 1012	—

2. 灰砂砖工艺的选择

灰砂砖的原材料采用生石灰时，则需要消化处理、磨细处理。采用电石渣时，不需要消化处理，但需要陈化处理。当采用电石渣生产灰砂砖时，如配料中需要掺加石膏时，则石膏单独粉磨。一般蒸压养护或选用高活性的含硅原料（如水淬矿渣）时，配料中可不掺加石膏，则生石灰单独粉磨。当混合料配比中采用的硅质材料是砂时，不采用湿碾工艺，而采用二次搅拌工艺，直接在搅拌机中补充加水达到成型水分，搅拌均匀后即成型。

3. 灰砂砖设备的选择

（1）计量设备

采用连续式的计量给料设备，称量粉状原料可用皮带电子秤、螺旋秤，粒状原料多数采用的是圆盘喂料机。一次和二次搅拌的计量喂料设备都是采用的圆盘喂料机。

（2）搅拌设备

一次和二次搅拌设备都采用连续式双轴搅拌机，出料后采用皮带输送机进行运输。二次搅拌添加的水采用水流量计进行计量。

4. 灰砂砖搅拌系统的工艺布置

选用多台搅拌机时，搅拌机上方要设中间料仓；仓下设计量装置及螺旋闸门来控制给料量。水流量计的供水压力要稳定，一般设保持水压稳定的水箱。

双轴搅拌机的布置，一般有两种方式，一是搅拌机设置在车间底层局部平台上，则消化仓单独构成消化工段；二是搅拌机设在车间顶层，搅拌后混合料可通过水平胶带输送机分送至各消化仓中，则消化仓和搅拌机集中布置于联合车间。

二、粉煤灰加气混凝土混合料的制备

1. 工艺参数要求

采用电子秤称量，称量精度为 ±1%。搅拌要求：投料顺序为先水后粉煤灰，先浆后料。浆料搅拌 1~2min，加胶结料搅拌 3~5min，再加发气溶液搅拌 0.25~1min，浇注 1~2min，浇注温度为 40±3℃，均匀浇注，先慢后快。

料浆要求：稠度为 ϕ22 ~ ϕ24cm，砂浆 ≤1.64kg/L，废浆 1.3kg/L，粉煤灰浆 1.365 kg/L。

2. 工艺流程的选择

称量系统选择：一般采用间歇式称量。采用单一物料或多种物料累计称量。根据工艺不同进行选型。一般采用斗式电子秤。

搅拌系统选择：移动式浇注（移动浇注搅拌机）和固定式浇注（固定式搅拌机）两种。一般采用定点浇注好，可以节约建筑面积约为 50%，节约热耗 60%，缩短模具车的周转，节省投资。

料浆贮存：一般料浆贮存 3h，并带有搅拌装置，取两个罐，一个配料浆浓度，一个供周转用。

3. 工艺设备的选择

计量秤的选择：一般选用斗式电子秤，其精度高，称量准，误差小。

搅拌机的选择：选择涡轮式的搅拌机，转速为 350~400r/min，适应水泥-砂-矿渣系列的加气混凝土的搅拌；选用螺旋式搅拌机，转速为 300~350r/min，适应水泥-石灰-粉煤灰系列的加气混凝土的搅拌；选用旋浆式搅拌机，转速为 350~400r/min，适应水泥-石灰-砂系列的加气混凝土的搅拌。

移动式搅拌运载工具有地轨浇注车和悬挂浇注车两种。固定搅拌运载工具有地轨、模具车、模具车专用轨道、横移车等。

4. 工艺布置的要求

在搅拌机进料口上方设置配料仓或中间贮料仓，仓下设带螺旋绞刀的计量秤，在仓下设螺旋闸门，以便检修下面的计量设备。

贮罐的出料管道要短，尽量靠近计量秤，其闸门设在贮罐底部之出口，控制给料量。管道坡度不小于 15%，以防堵塞。

铝粉悬浮液搅拌是先加水，再加铝粉，最后加稳泡剂（要等出料时才加）。加水装置采用水流量计量计，应设稳压的水箱装置。

料浆管道避免 90°弯角，水平料浆管道向出料端有一倾角，其坡度为 15%，且水平距离要短，一般不超过 8m。

斗式计量秤的筒体采用圆形，下部锥形斗的倾角不小于 55°为宜。计量料浆的计量秤，一般设在搅拌机之上，称量后自流到搅拌机中。

三、硅酸钙板混合料的制备

1. 工艺流程的选择

(1) 石棉松解及石棉浆制备工艺流程

石棉→轮碾机→立式松解机→泵→石棉浆（到泵式打浆机中）。

（2）石灰浆制备工艺流程

石灰→回料搅拌机→泵→贮罐→计量→石灰浆（到泵式打浆机中）。

（3）料浆制备工艺流程

石棉浆、石灰浆、人工加粉煤灰和水泥→泵式打浆机→泵→斗式贮浆池。

2．工艺设备的选择

一般选用轮碾机粗松解石棉纤维；制石棉浆选用立式松解机；制石灰浆选用回料搅拌机；制料浆选用泵式打浆机。一般贮存采用贮罐和斗式贮浆池。

3．工艺布置的要求

立式松解机和回料搅拌机（贮罐）及泵式打浆机应离主生产线近些（即斗式贮浆池）。以免管道太长，浪费能源和材料。

四、混凝土小型空心砌块混合料的制备

1．工艺流程的选择

灰水泥、粉煤灰、白水泥采用圆库贮存。用螺旋输送机输送到搅拌机上方水泥电子计量秤称量，然后入搅拌机。

中石、细石、中砂、细砂采用贮料斗进行中间贮存，然后仓下采用皮带秤计量，入胶带输送机到搅拌机的提升斗中，然后提升到搅拌机上方，入搅拌机中，搅拌后混合料入中间贮仓贮存。

水的计量采用的是水计量流量计并带有气和水的稳压装置，目的是使水计量准确。

2．工艺设备的选择

粉状物料采用斗式电子秤计量，粒状物料采用皮带秤计量。

搅拌机采用强制式搅拌机，它是间歇式的搅拌。

3．工艺布置的选择

砂、石料仓的出料线与搅拌机提升斗呈一直线布置或呈垂直布置；水泥圆库出料线与搅拌机提升斗呈垂直布置。

4．工艺参数的要求

搅拌机投料顺序：底料投料顺序为先投骨料 10s，再投水泥（4s）进行干搅拌 30s，然后加水（31s）进行湿搅拌 9s；面料投料顺序为先投骨料 10s，再投颜料 4s，然后投水泥（4s）进行干搅拌 30s，再加水进行湿搅拌 10s。

第五节　石棉风选系统的设计计算

一、重要参数的选定

在风选系统设计计算时，首先要选定两个重要参数，即气流速度和混合比。

1．气流速度

从理论上讲，可先用公式：$u = \sqrt{d_i \rho}$ 计算悬浮速度（或做试验），然后取悬浮速度的 2.5 ~ 3 倍，即为气流速度。d_i 为石棉纤维当量直径（mm）；ρ 为石棉纤维的密度(g/cm^3)。

但是，在生产实践中要按此公式计算是有困难的，因为石棉形状不一，细长比不定，其长度和直径又随石棉品种和松解程度的不同而有区别。因此，目前我们仍按生产经验来选择气流速度。根据调查和测试的结果，一般以 12～24m/s 为宜。如过大，能耗增加，部件、管道磨损加快；如过小，不能使物料呈悬浮状态，以致管道堵塞。

2. 混合比

混合比是指单位时间内通过输料管截面的物料量与空气量的比值，通常以重量比表示。根据理论公式计算，确定能量消耗小、工作可靠的混合比是困难的，所以，混合比也是根据生产经验选定的。采用吸送式气力输送石棉与输送其他物料不同，因石棉密度较小，混合比较高会使局部发生停滞，降低设备运转的可靠性。另外，吸送式气力输送装置，由于风机最大压力较低，所以不可能采用较高的混合比。据有关资料介绍，气流速度为 18m/s，混合比为 0.25，是比较可靠的。

二、输送空气量和输料管管径的计算

混合比和气流速度选定之后，按给定的小时输送物料量，就可以计算出管径的大小。其步骤为：

1. 空气密度的修正

要把标准状态下的空气密度换算成当地温度、压力下的空气密度。但是在相差不大时，一般可以忽略不计。

$$r_{空} = 1.293^{\frac{273}{273+t}} \frac{p}{760} \tag{1-6-6}$$

式中　$r_{空}$——当地空气温度为 t 时的空气密度（kg/m³）；

p——当地大气压（mmHg）；

t——当地空气温度（℃）。

2. 输送空气量的计算

$$Q_a = \frac{G_s}{\mu r_{空}} \tag{1-6-7}$$

式中　Q_a——输送空气量（m³/h）；

G_s——小时输送物料量（kg/h）；

μ——选定的混合比（kg/kg）；

$r_{空}$——空气在温度 t 时的密度（kg/m³）。

3. 输料管管径的计算

$$D = \sqrt{\frac{4Q_a}{3600 \cdot \pi \cdot u_t}} \tag{1-6-8}$$

式中　D——计算管径（m）；

u_t——空气在温度 t 时的速度（m/s）。

计算出管径后，可按整数选用管径（或采用标准管径），然后以式（1-6-8）对空气量进行修正。

三、石棉加工车间及风选系统的布置

1. 石棉加工车间的布置

根据以往的设计经验，总结出以下工艺布置和设备选型。

（1）风选之前，石棉一定要先进行松解；风选之后，才能进行石棉配料。

（2）风机一般放在收尘器之后，这样，一方面可以防止风机叶片磨损，另一方面避免收尘器正压工作，粉尘从壳体缝隙逸出，造成环境污染。

（3）吸棉嘴以上一段管子要设置成4m长的垂直管，以防堵塞。

（4）管路尽可能短，不要超过30m，避免死弯，提升高度也尽量低，水平管道不宜太长，以防堵塞。收尘器布置要使管线最短。

（5）风选系统中，沉棉筒、吸棉嘴和除尘器的选用都要适合所选用的风量。

（6）石棉加工车间的除砂除尘设备、喂棉机和松解设备等都要适应风选产量。因而这些设备都要按其要求的风选产量进行设计，或者设计几种不同生产能力的风选系统。

2．风选系统布置

风选系统是由吸嘴、沉棉筒、收尘器、风机和风管组成的。其工艺布置如图1-6-1所示。

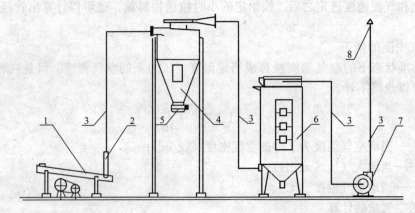

图1-6-1　风选系统布置图

1—喂棉机；2—吸棉嘴；3—管道；4—沉棉筒；5—回转下料器；6—收尘器；7—风机；8—风帽

四、风选系统的压力损失计算

风选系统的压力损失包括风管系统的压力损失和设备阻力损失。计算压力损失分两个阶段进行。沉棉筒以前的管道和装置按气力输送计算阻力损失；沉棉筒之后的管道和装置按纯气流计算阻力损失。管道走向取决于工艺系统布置。根据系统图中的水平管道、垂直管道、斜管道、弯管、异形管以及吸棉嘴、沉棉筒、收尘器的规格和数量，就可以进行压力损失的计算。

1．沉棉筒以后的管道阻力计算

沉棉筒以后的管道气流含尘量极少，粉尘产生的阻力可忽略不计，因而可按纯气流计算管道阻力。

（1）直管的阻力损失

$$\Delta P_1 = \lambda \frac{L'}{D} \frac{ru^2}{2g} \quad （mmH_2O） \tag{1-6-9}$$

$$\lambda = R\left(0.0125 + \frac{0.0011}{D}\right); \qquad (1-6-10)$$

式中　D——输料管内径（m）；

　　　　L——直管的长度（m）；

　　　　R——管道粗糙系数。

（2）局部阻力损失

$$\Delta P_2 = \xi_i \frac{r u^2}{2g} \qquad (mmH_2O) \qquad (1-6-11)$$

式中，ξ_i 值表示弯管阻力系数或渐扩渐缩管阻力系数，或风帽阻力系数。计算渐扩渐缩管阻力时，其风速按小头管处的风速选用。u 按式（1-6-8）计算。

2. 沉棉筒以后的设备阻力损失

收尘器的压力损失，按选用的收尘器说明书中的阻力损失值选取。

3. 沉棉筒以前的管道阻力损失的计算

沉棉筒以前的管道一般是由水平管道、垂直管道、斜管道、弯管、异形管组成的输送管路。管路单位长度的压力损失要随管道的坡度和形状而变化，即垂直管比同样长度倾斜管的压力损失要大，而倾斜管比同样长度水平管的压力损失要大。弯管的压力损失要随混合比、气流速度、曲率半径和管内径之比而变化。其中要以水平转为垂直向上的弯管压力损失为最大，从垂直向转为水平时的损失为最小，而水平面内弯管介于二者之间。

输料管管道的压力损失，可以按纯气流时的压力损失乘以由试验确定的压损比来计算。根据前苏联经验，其压损比为 $\alpha = 1 + K\mu$，其中 μ 为混合比，K 为系数。并在直径为 $320 \sim 400mm$，空气流速为 $18 \sim 24m/s$，$\mu = 0.25$ 时，K 值参考下列选用。

（1）直管的阻力损失

$$\Delta P_3 = \Delta P_1 \cdot (1 + K\mu) \qquad (mmH_2O) \qquad (1-6-12)$$

式中　ΔP_1——纯气流时的直管阻力损失；

$$K = 1.5。$$

水平管道、垂直管道换成水平直管的当量长度来计算。

（2）局部阻力损失

$$\Delta P_4 = \Delta P_2 \cdot (1 + K\mu) \qquad (mmH_2O) \qquad (1-6-13)$$

式中　ΔP_2——纯气流时的局部阻力损失；

　　弯头：从垂直到水平取 $K = 2.5$；

　　　　　从水平到垂直向上取 $K = 3.0$。

　　异形管：渐缩管取 $K = 1.5$；

　　　　　　渐扩管取 $K = 3.0$。

4. 沉棉筒以前的设备阻力损失的计算

（1）沉棉筒的阻力损失的计算

$$\Delta P_5 = \xi \frac{r u^2}{2g}(1 - 0.013C) \qquad (mmH_2O) \qquad (1-6-14)$$

式中　u——入口风速（m/s）；

　　　　C——混和物容积浓度（g/m³）；

　　　　ξ——沉棉筒的阻力系数，直径为 $\phi 1500mm$ 的沉棉筒，其阻力系数为 3.75。

用公式计算既繁琐，又不准确，一般采用测定法或近似取 80mmH$_2$O。

(2) 吸棉嘴的压力损失

一般取 55~65mmH$_2$O。

五、风机的选择

风机的压力损失就是上述计算的沉棉筒前后的风管系统的压力损失及设备局部阻力损失之和，但必须考虑设计误差和输送条件改变时的安全性，一般留有 10%~20% 的余量。风量的选用比计算的风量高 15% 左右。

根据上面计算风量和风压值，就可以从产品目录中选择满足该数值的风机型号和规格。

如果风量或风压值不符合要求，则要进行验算或重新设计管路。

从样本中选择风机，同时也可查得风机所需功率。如需计算功率，则为：

$$N = \frac{Q_a P_i}{3600 \times 102 \times \eta} \quad (\text{kW}) \tag{1-6-15}$$

式中　Q_a——空气流量（m^3/h）；

　　　P_i——总压力损失（mmH$_2$O）；

　　　η——通风机的效率，由样本查得。

第六节　商品混凝土搅拌站运输设备的选型

一、概述

在大中城市推广商品混凝土具有许多优点：(1) 可以确保混凝土的质量，提高工程质量；(2) 可以节约劳动力，减轻劳动强度，提高劳动生产率，加快施工进度；(3) 可以减少噪声、粉尘、污水对城市环境的污染，促进文明施工；(4) 可以提高搅拌设备的利用率，降低能耗，节约基建投资，提高经济效益；(5) 可以降低原材料的损耗和浪费，降低产品的成本；(6) 可以实现建筑工业化和自动化生产，开发应用新技术、新品种、新工艺；(7) 可以采用干排粉煤灰和散装水泥，利用工业废料和节约大量木材。为此，1988年建设部下达了城建第 37 号文《关于七五城市发展商品混凝土的几点意见》的通知，对商品混凝土的发展起到推动作用。随着市场经济的发展，需要建立商品混凝土搅拌站的城市和地区也越来越多。本节就商品混凝土搅拌站规模的确定、工艺设备选型、设计原则和主要技术经济指标作一论述。

二、商品混凝土搅拌站的规模、地址的选定

建设商品混凝土搅拌站的规模和地址，一般按下列条件决定：

1. 规模要适当

小城市宜建年产 5 万 m^3 的规模，大中城市宜建年产 10 万 m^3 的规模，特大城市宜建年产 20 万 m^3 的规模。其规模一般按一班制确定的，因为年产 5 万 m^3 的商品混凝土搅拌站，按二班制生产时，年产可达 10 万 m^3。在确定建站规模时，先要调查该地区近 5 年城

市发展规划和远景规划，预计年混凝土需要量。

2. 布点要合理

一般情况是建设在城市的东南西北，根据城市大小、规模和运距确定 2~3 个点。

3. 地址选择要合理

地址应选择在市郊结合处为好，应避开风景区、文化区和古迹遗址，并考虑原材料来源近，降低原材料运输费。

4. 商品混凝土的供应半径要适当

商品混凝土供应半径一般不大于 15km 或输送混凝土行程控制在 1h 之内，并且要实测搅拌站供应距离和平均运输距离的时间，才能确定在供应范围内的供应混凝土量，给确定规模提供依据。

5. 确定规模应与施工组织计划紧密结合

确定规模应与施工组织计划紧密结合。应了解所供应地区混凝土一次浇灌量。有的混凝土用量小的为 400~800m³ 的 2 个点，可以在白天或晚上错开供应，有的混凝土量大的为 1000~7500m³ 的工程，需要连续浇灌 1~3d 时间，各个施工点采用先进通信设备与搅拌站调度联系，制定混凝土供应方案，组织好施工进度。

三、商品混凝土搅拌站设计和主机选型

1. 主机设备选型

目前供选型的搅拌机品种很多，有强制式搅拌机，锥形倾翻出料搅拌机、锥形反转出料搅拌机、鼓形搅拌机、双卧轴搅拌机等。选择搅拌机类型必须适合于混凝土品种和性能要求。一般搅拌机选择双卧轴搅拌机较好，它能适应搅拌干硬性混凝土、塑性混凝土、轻骨料混凝土、废渣混凝土以及砂浆，适应性较强。普遍选择的是强制式搅拌机。

2. 输送设备选型

混凝土搅拌站的混凝土输送分为水平输送和垂直输送。垂直输送采用垂直提升架或塔吊，或混凝土泵车，把混凝土输送到建筑物一定高度入模。目前混凝土泵车垂直输送高度可达 150m 之高。水平输送混凝土采用翻斗车或混凝土搅拌输送车等，把混凝土从搅拌站输送到建筑工地。混凝土搅拌输送车需要量计算公式如下：

$$N = \frac{2QL + Qt_nV}{VTT_pqSK_1K_2} \tag{1-6-16}$$

式中　N——混凝土搅拌输送车的数量；

　　　Q——输送混凝土的数量（m³）；

　　　L——混凝土从搅拌站输送到建筑工地的平均距离（m）

　　　t_n——混凝土搅拌输送车装、卸混凝土的时间（h）；

　　　V——混凝土搅拌输送车平均行驶速度（m/h）；

　　　T——混凝土运输工作天数；

　　　T_p——混凝土搅拌输送车每班工作时数（h）；

　　　q——混凝土搅拌输送车设计装混凝土的容积（m³）；

　　　S——一天内工作的班次；

　　　K_1——混凝土搅拌输送车设计容积的利用系数，一般取 0.8~0.85；

K_2——混凝土搅拌输送车每班工作时数的利用系数，一般取 0.7~0.9。

利用上述公式，可以算出运输工具的需要数量，但实际上所需要的运输工具的数量还应大些，因为运输工具有时要大小修和损坏，故应根据计算所得数量，增加 20%~30% 左右，作为备用量。

3. 混凝土搅拌站设计原则

（1）年产 10 万 m^3 以下规模的，采用双阶式混凝土搅拌站；年产 10 万 m^3 以上规模的，采用单阶式搅拌站。

（2）搅拌站设计应考虑到外加剂的使用。采用外加剂可使商品混凝土质量提高，适应搅拌多种混凝土功能要求。

（3）搅拌站设计应考虑到利用工业废料，如粉煤灰等。采用粉煤灰既节约水泥，又改善了混凝土的性能，特别是泵送混凝土。

（4）搅拌站设计应考虑采用散装水泥，尽量选用高强度的水泥，充分利用水泥的活性。

（5）砂、石原材料进厂后，应进行筛选分级，然后进行贮存。

（6）搅拌站要实现微机控制：采用多种投料搅拌工艺和多种混凝土配合比控制；采用重量计量；原材料含水率在线控制等。

（7）在北方骨料仓和搅拌机应有加热装置。原材料储料仓的个数应满足储存多种强度等级混凝土材料的要求。搅拌机的出料要便于运输，楼板下部混凝土混合物出料口不低于 2.5m，混凝土的落差高度不大于 2m。两台搅拌机之间净距不小于 1.5m，搅拌机离墙净距不小于 0.8m，一侧走人的净距不小于 1.5m。

（8）搅拌车间应设有检修、安装、检查的通道和上下楼梯及上下贯穿的吊物孔洞，且应保证设备有更换的可能性。搅拌机楼层标高不得小于 2.5m。

四、商品混凝土搅拌站的主要技术经济指标

混凝土搅拌站投资主要是一楼三车的费用，其中又以三车的费用高，三车中又以混凝土搅拌输送车的费用最高。设备费用占混凝土搅拌站投资的 60% 以上，土建费用占混凝土搅拌站投资的 10% 左右，其他费用占混凝土搅拌站投资的 30% 左右。

以一个年产 10 万 m^3 的混凝土搅拌站为例，其主要技术指标是：建站占地面积为 1.6hm^2；全站建筑面积为 2285.75m^2；厂区道路为 3000m^2；原材料堆场为 7100m^2；全站职工人数为 73 人；全站设备总装机容量为 323.8kW；全年用水量为 37.62 万吨。

第七章 成型工段的工艺设计计算

成型工段是整个生产线的核心或心脏工段。成型工段的任务主要是把混合物制成一定形状、大小和具有一定密实度的半成品。成型工段的成型设备,我们称之为主机,但加气混凝土中的主机设备为切割机,建筑用的硅酸钙板生产线主机为流浆制板机。主机生产能力关系到成型工段辅机设备的配备规模,也关系到其他工段的设备配备规模,同时也关系到整个生产线的生产能力。所以选好主机设备是关系到实现整个生产线的生产能力的关键。本章还讲述了流浆制板机真空脱水的设计计算、船用硅酸钙防火隔热板的研制、预应力电杆车间的工艺设计计算和混凝土小型空心砌块车间的工艺设计计算等。

第一节 工艺及布置的选择

一、工艺方法的选择

生产建筑制品的工艺方法,应用较多的主要有以下三种工艺方法:流水机组法、流水传送带法和台座法。

1. 流水法

一般流水法分为流水机组法和流水传送带法。流水机组法是采用起重运输设备,在空间把制品连模型从一个机组运到下一个机组上加工,如此进行流水作业。流水传送带法是采用传送带装置,在地面上把制品和模型从一个机组传送到下一个机组上加工,如此进行流水作业。它们都有一定的节拍,其节拍按成型主机节拍而定,其他工序都按此节拍进行加工后移动,不过其他工序的节拍,有可能是主机节拍的整倍数。

2. 台座法

在生产过程中,各工序都在固定台座上进行加工,而操作工人和加工设备依次从一个台座到另一个台座上完成加工过程。可以组织露天生产,如生产大型屋面板、空心楼板等;也可以在车间内生产,如大型预制构件和预应力钢筋混凝土桥梁。

3. 三种工艺方法的比较

(1) 台座法

可以生产多品种的产品,设备简单,投资少,建造期短,但占地面积大,机械化程度低。生产大型预制构件和预应力钢筋混凝土桥梁特别适宜。

(2) 流水机组法

生产具有灵活性,在具备模型的情况下,可以生产多品种的产品,也可以采用快速脱模,但耗钢量较大,机械化程度还不够高,有部分手工劳动。建设周期较长,投资较高,占地面积较大,适应规模小点的工厂。

(3) 流水传送带法

机械化自动化水平较高，只能生产固定产品。有些工艺可以通过换模具，生产多品种的产品。但设备多，耗钢量大，投资高，建设周期长，占地面积较大。适应较大规模的工厂。

选择哪种工艺方法应根据现有设备、工艺及生产的产品、规模；还根据建厂性质、投资大小、占地多少、销售市场和销售价格；同时还根据当地具体条件和原材料的条件，作出技术经济评价后，选择合适的工艺方法。

二、成型方法的选择

归纳起来，目前制造建筑制品的成型方法有：离心（悬辊）成型、振动加压成型、压制成型、辊压成型、挤压成型、喷射成型、浇注成型、模压成型、流浆（抄取）成型等。应根据原材料的特点、制品的物理性能和结构构造的要求，采用不同的方法进行制品的成型。

1. 离心（悬辊）成型

它适应混凝土管、杆、桩制品的成型。在成型混凝土上水管时，要求砂、石具有良好的颗粒级配，且石子要用水冲洗干净。一般悬辊成型用于混凝土下水管的成型，也可以生产混凝土预应力压力管的管芯。

2. 振动加压成型

适应干硬性和低塑性的混合料的成型，当采用煤渣时，具有轻质混凝土的特性。要求砂、石具有良好级配，砂子不含有杂质。它可以成型混凝土小型空心砌块、地面砖、轨枕和建筑构件等。也可以成型粉煤灰砌块、砖等。

3. 压制成型

可以利用工业废渣，如粉煤灰、煤渣、矿渣、砂岩、钢渣等，采用半干法压制成型，生产粉煤灰砖、矿渣砖、灰砂砖等。要求原材料为孔隙小、级配良好的混合料。生产粉煤灰砖时，要求原材料颗粒较粗，级配良好，成型时不易产生层裂，且密实度好。

4. 挤压成型

黏土、粉煤灰烧结砖或蒸压砖，采用挤压成型。要求黏土的塑性指数在 16 以上，粉煤灰掺量则达 30% 以上，塑性指数越高，粉煤灰掺量越多。也可以挤压成型混凝土空心楼板、GRC 板和素混凝土管，其挤压机的形式不一样。

5. 喷射成型

可以用于 GRC 多孔板的面层的成型，其原材料多采用粉状材料和短纤维材料。一般采用抗碱玻璃纤维、低碱水泥及外加剂。还可以用于三阶段混凝土预应力管的保护层的制作，其原材料多采用高强度的砂浆。

6. 浇注成型

适用于加气混凝土的成型，其水分不能加得过多或过少，否则会出现浇注不稳定的现象，还必须严格控制石灰的质量，其原材料多采用粉状材料。也适用于 GRC 多孔板芯层的成型，其原材料采用膨胀珍珠岩和水泥，或者采用其他轻质隔热防火材料。可以作围护结构的外墙和分室隔墙。

7. 模压成型

原材料多采用粉状材料和短纤维材料，制成稀浆状后再进行浇注，采用抽真空脱水，它适用于厚度在 10mm 以上的防火隔热硅钙板的成型。

8.流浆（抄取）成型

原材料多采用粉状材料和短纤维材料，制成稀浆状的混合物，进行流浆或抄取成型。它适用于厚度在 10mm 以下的防火隔热硅钙芯板的成型，也适合其他纤维水泥板、瓦等的成型。

9.辊压成型

适用于表面形状复杂、凸凹不平的制品的成型。它起码要有一面纵向线条高低一致到底，才能采用辊压成型。原材料采用细骨料和粉状材料，应严格控制成型的水分，否则会出现制品裂纹和溜头现象。它适用于彩色水泥瓦的成型。

三、工艺布置的选择

1.混合物给料运输方式的选择

混合物给料输送方式有以下六种：

（1）直接给料浇注

如加气混凝土的定点浇注。

（2）浇注机短距离的运输浇注

如混凝土电杆、管的浇注机移动浇注混凝土；加气混凝土的移动式浇注机浇注成型。

（3）二层平台较长距离给料浇注

如生产混凝土上水管、电杆，并与单阶搅拌楼连接。

（4）混合物料斗加平板车给料运输

如生产混凝土上水管、电杆、桥梁和预制构件，有些露天生产也采用此形式。

（5）直接给料且较长距离的运输

如灰砂砖、粉煤灰砖、粉煤灰砌块等。输送线与成型机平行或垂直布置；且大多数采用皮带输送机进行运输。

（6）泵式打浆机输送

如硅钙板、纤维水泥板、瓦等。

前四种工艺布置，是一般混合物的输送路线，布置在成型车间厂房的一端进；有时布置在中间进，如混凝土电杆双环路工艺和混凝土桥梁成型车间内台座生产工艺等。

2.车间内工艺布置的选择

车间内的工艺布置分直线流水布置和平行流水布置。直线流水布置法为一条生产线，但生产电杆时，可以设两条生产线布置在一直线上流水，且相背而流，如电杆双环路工艺布置，它属于长方形占地。平行流水布置法一般是两条生产线及其以上，此工艺布置属于长方形占地。

还有一种车间内的工艺布置为环向流水布置，在车间内进行环状流水。如全自动小型空心砌块生产线、彩色水泥瓦生产线等，属于矩形占地。

若车间很长，地方受到限制，可取双跨车间进行工艺布置。如三阶段混凝土预应力管的生产线、混凝土大板生产线等，它属于矩形占地。

3.半成品运出方向的选择

成型生产线与成品堆场呈一直线布置时，宜在车间端头运出成品；当成品堆场与成型生产线平行布置时，应在车间侧向运出成品。

若在养护窑或釜的方向出成品，则和养护窑或釜吊装端垂直出成品或一直线方向出成品，主要看成品堆场位置而定。

在进行工艺布置设计时，应根据选择的工艺布置，对工艺流程是否顺畅、简便，布置是否紧凑，管理上是否方便，是否对环境污染，设备需要增加多少，自动化程度如何等进行技术经济比较，选择投资省、占地少、流水顺畅、简便、布置紧凑、节能、成本低、环境保护好的工艺布置方案。

第二节　流水法的主机生产能力的计算通式

机组流水法和流水传送带法其主机的生产能力的计算公式可以通用。机组流水法工艺的节拍叫流水节拍，流水传送带法工艺的节拍叫传送节拍，一般以主机设备的生产能力所确定的节拍，做为流水生产线的节拍。按流水节拍或传送节拍划分工位，进行流水或传送。不过流水传送带法在成型车间内，一般只有一个传送节拍。而在其他车间内，节拍时间一般为成型车间节拍时间的整倍数。

一、主机的班生产能力的计算通式推导及用途

1. 主机的班生产能力的计算通式的推导

设主机小时生产能力为 Q_b，每班生产时间为 T_B，主机的利用率为 K，求主机的班生产能力 Q_B 为多少？

根据题意列等式：

$$Q_B = Q_b \cdot T_B \cdot K \tag{1-7-1}$$

$$Q_b = \frac{60 v_h}{t_c} \tag{1-7-2}$$

$$t_c = t_a + t_b \tag{1-7-3}$$

式中　Q_B——主机的班生产能力；

　　　Q_b——主机铭牌标定的小时产量；

　　　T_B——每班生产时间；

　　　K——主机的利用率；

　　　v_h——每次成型半成品的数量；

　　　t_c——成型周期；

　　　t_a——主机成型或切割的时间；

　　　t_b——主机成型或切割时的其他辅助时间。

2. 主机的班生产能力的计算通式的用途

计算通式一般有两个用途：其一选定主机用，根据物料平衡表中的班产量，计算主机的班生产能力，选择合适的主机；其二核定生产线的年生产能力，这就要先核算主机的班生产能力，进而核算年生产能力。都要进行主机的班生产能力的计算。

二、几个主要率值的确定

1. 主机的班利用率的确定

主机的班利用率为主机在每班工作的时间内，实际生产的合格半成品数与主机的班理论生产半成品数之比值。而主机班理论生产半成品数，为主机铭牌小时产量乘以每班工作的时间。

主机的台班利用率的影响因素很多，如主机设备加工制造的水平、材质、设备的安装、维修保养状况、企业的管理水平、工人的操作熟练程度、坯料制备的好坏等。若主机设计得合理、选用材质较好、加工精度高、设备安装维修保养状况良好、工人按操作规程认真操作、坯料制备合乎要求，则主机的班利用率就高，反之就低。

主机的班利用率的确定有两个途径，其一用下式计算：

$$K = K_1 K_2 K_3 \tag{1-7-4}$$

式中　K_1——设备利用系数；

　　　K_2——时间利用系数；

　　　K_3——成型率。

其二查有关设计手册，采用什么样的主机都对应着一个主机利用率的经验数据。这是在生产实践中经过统计得出的经验数据。

2. 成型率的确定

主机成型率是由坯料制备好坏确定的，它跟原材料的质量有关，跟配合比控制准确程度有关，跟成型工艺参数控制有关，跟设备维护、清扫、检修、运转状况好坏有关。

不同的成型机有不同的成型率，也是经过生产实践总结出来的经验数据。主机成型率是主机设备在 8h 有效工作时间内，生产合格坯体的百分数。

成型率和成型废品率之间的换算关系如下：

$$K_3 = 1 - K_c \tag{1-7-5}$$

式中　K_c——成型废品率。

3. 时间利用系数的确定

时间利用系数是工人上班开机生产 8h 工作时间内，对时间的利用程度（除了处理生产中的设备事故外）。主机时间利用系数是由操作员的素质决定的。不同地区的工厂，其操作员的素质是不同的，新建厂和老厂其操作员的素质也是不同的。它跟操作员的责任心、操作技术熟练程度、企业管理水平有关。

工人在国家规定的 8h 工作的时间内，除了生产操作、处理生产中的工艺及设备事故外，其他诸如上下班交接工作，操作前的准备工作都应在 8h 之外。

所以时间利用系数是根据当地类似工厂的经验数据确定的。

4. 设备利用系数的确定

设备利用系数是 8h 工作的时间内，设备开机生产的利用程度。主机设备利用系数是跟设备设计、材质、制造质量有关，它跟设备按章维护保养好坏有关，跟操作员的处理机械停车事故的能力有关，还跟有些工艺设备的间歇操作有关。

不同工艺的主机设备，有不同的设备利用系数，应根据类似工厂的设备利用程度的经验数据确定。

5. 成品率的确定

成品率是在蒸养或蒸压处理后以及厂内搬运过程中的成品损坏程度。它跟严格执行蒸养或蒸压制度有关，跟搬运过程中的文明生产有关，跟搬运的机械化的程度有关。

成品率和蒸养或蒸压废品率之间的换算关系如下：

$$K_4 = 1 - K_f \tag{1-7-6}$$

式中　K_f——蒸养或蒸压废品率；

　　　K_4——成品率。

如严格执行蒸养或蒸压制度，搬运实现机械化、自动化，且文明生产，那么成品率就高，反之亦然。可以根据类似工厂的实际经验数据确定成品率或蒸养或蒸压废品率。

三、主机年生产能力的计算通式

每台主机年生产能力，指的是每台主机年生产出来的经检验合格的产品数量。设计年生产规模即是工厂实际能完成的年生产能力，指的是工厂年生产出来的经检验合格的产品数量。

每台主机年生产能力按下式计算：

$$Q_台 = Q_B B T_N K_4 \, 10^{-4} \tag{1-7-7}$$

式中　$Q_台$——每台主机的年生产能力；

　　　T_N——全年生产的天数；

　　　B——全天工作的班次。

其余字母的意义同前。

根据下达的设计任务书中年生产规模，确定主机的台数：

$$N = \frac{Q_N}{Q_台} \tag{1-7-8}$$

式中　Q_N——建厂任务书中年生产规模；

　　　N——选用主机台数。

确定主机选型的台数时，应向上取整数。

根据所选台数计算工厂的设计年生产规模，按下式计算：

$$Q_设 = N Q_台 \tag{1-7-9}$$

式中　$Q_设$——工厂设计的年生产规模。

工厂设计的年生产规模按整数取值，但只能取比计算值小的，不能取大于计算设计年生产规模，不然实际生产时完不成生产计划。混凝土管的年生产能力以公里数表示，所以年生产根数乘以每根平均长度，把它折算成公里数。

四、影响和提高主机生产能力的因素和途径

1. 影响主机生产能力的因素

主机生产能力与下列因素有关：

(1) 与每次成型的制品数量有关；

（2）与每次成型的周期有关；

（3）与每班工作时间、班次和全年生产天数有关；

（4）与主机班利用率有关；

（5）与成品率有关。

2. 影响因素的分析

主机生产能力的大小与每成型一次半成品的数量多少、每班工作时间的长短、全年工作天数的多少、班次多少、成品率及主机班利用率高低成正比。也就是说，每成型一次半成品的数量多，每天开的班次及工作时间多，全年工作天数多，成品率及主机利用率高，则主机年生产能力就高，反之则低。

主机生产能力的大小与每成型一次的成型周期的长短成反比。也就是说，每成型一次的周期越短，则年生产能力就越高，反之则低。

3. 提高主机生产能力的途径

提高主机生产能力的途径，这里只指出主机生产能力提高的方向，不作仔细的叙述。

（1）提高每次成型的半成品的数量

在主机设计时，根据生产规模及其他设施的充分利用，要考虑到增加每次成型半成品的数量。

（2）提高主机的班利用率

即提高时间利用系数、设备利用系数、成型率。加强设备的维修、保养，提高操作员的素质，提高管理水平，把好原材料的质量关，把好配合比及工艺参数的控制。

（3）提高成品率

严格按蒸养或蒸压制度执行，在搬运过程中不应摔打成品，不许利用翻斗车翻卸成品。

（4）增加全年工作时间：

尽量开三班生产，且在厂房内生产时，冬季也应生产，增加全年生产的天数，贯彻8h工作制度。

（5）缩短每次成型的周期：

包括缩短成型时间和辅助成型时间。在主机设计过程中，尽量缩短成型时间，且考虑两个或以上机械动作同时进行。在工艺设计过程中，考虑成型周期中的辅助时间要短，在工艺布置时，影响成型周期的运输时间要短，即运距要短。并且影响周期的两个辅助动作应在同一时间内完成，不要一先一后，不然就会导致成型周期中的辅助时间的延长。

五、成型车间工艺布置原则

1. 成型车间内，单向行车道旁无操作地时，车的两旁净空不得小于0.5m，道旁有操作地时，该地净空应不得小于1.4m加上双向行车道的车宽，两车中间应有0.5m的让车空间。

2. 吊车轨顶标高应保证起吊物离地净高不小于2m，并在跨过生产线设备上时，净距不小于0.3m。

3. 吊车驾驶室应设在操作视野广阔的一边，电动葫芦和悬挂式的吊车布置应考虑操作的方便。

4. 浇注机出料口与模具最高部分的间距为 0.2~0.3m。

5. 车间跨度和间距应符合建筑模数，其跨度一般取 12m、15m、18m、21m、24m 等。

6. 由于机组流水生产的不同步和工序间衔接不紧密，必须考虑中间暂存地。

7. 成型车间一般可以采用机组流水法和流水传送带法，布置成"L"形或"Ⅱ"形。一般以一种工艺进行设计，并采用一跨布置，若采用多种工艺时，可以考虑多跨联合生产车间。

8. 设备布置应考虑附属装置、设备操作、车间通道、设备间距、设备检修、设备安装的面积。对于设备配电箱、电器控制操作台也应留有一定位置。

第三节　台座法的台座生产率的计算通式

混凝土预制构件，一般采用露天台座法生产。而大型预制的铁路混凝土预应力桥梁也可以采用露天台座法生产，但也可以在厂房内的台座上生产。所谓台座法生产是制品在一个固定的台座上完成全部加工工序，然后由起重运输设备将制品从台座上移到成品堆场进行存放。

一、台座工艺的布置原则

1. 尽量避免钢筋、混凝土运输和制品移出的方向交叉作业，各工序的运距要最短。

2. 台座布置和起吊设备布置能采用两端跳（露天）或两跨跳（车间）的生产方法，以充分利用台座、模具和机械设备。

3. 露天生产采用塔吊或龙门吊车时，成品堆场应靠近台座成型区，布置在台座的两端和两侧的吊车工作的范围内。

4. 特重构件如铁路钢筋混凝土预应力桥梁，采用小车和卷扬机移出制品时，台座布置要考虑制品从台座上出得出去。一般情况是，周转期有多少天，就有多少条路线出制品。

5. 台座之间应留有操作地方、留有运输的通道、留有存放模具和钢筋及骨架的地方。台座的长度根据制品类型和产量来确定。台座地面应考虑排水坡度，一般为 0.001~0.003。每隔 30m 应设一水龙头，便于养护洒水之用。

6. 露天生产小型构件时，可以把两条台座生产线靠拢，合并成一组生产线，以节约占地。两条台座之间距离为 0.6m，合并成组与组之间距离为 2.5m，主要考虑交通运输之便。

7. 露天台座的起重设备，一般有：门式起重机、塔式起重机、汽车起重机和履带式起重机等。选用哪种起重机，应根据地形、吊物和台座面积而定。

8. 生产空心楼板时，台座的长度应按使用钢筋的长度来确定。使用高强钢丝时，台座长度为 180m 左右；使用冷拔钢丝时，台座长度为 120m 左右。两端的张拉墩应设操作室，张拉墩受压面与张拉车行走轨道中心线距离为 6m 左右。

二、台座生产率的计算通式

1. 台座生产率的计算通式的推导

设台座总个数为 N_f，每个台座同时生产制品数为 n_i，年、月台座周转次数为 n_z，问年、月生产制品数 Q_i 为多少？

根据题意列等式：

$$Q_i = N_f n_i n_z \tag{1-7-10}$$

式中　Q_i——台座年、月生产能力；

N_f——台座总个数；

n_i——每个台座一次生产制品数；

n_z——台座年、月周转次数；

其中：

$$N_f = mnp \tag{1-7-11}$$

式中　m——生产线的条数；

n——每条生产线的台座条数；

p——每条台座的个数。

台座生产能力与台座总个数、台座年、月周转次数和每个台座一次同时生产的制品数有关。此公式可以检验现有台座的生产能力，此公式变形后又可以求出所需台座的个数。

若把个、件、片化成立方米数，则应乘以每件、每个、每片制品的实体积，因有些制品是空心的，如混凝土预制空心楼板。

2. 台座总个数的计算

在台座法生产时，往往首先求得台座所需要的总个数，然后才能进行工艺布置。因而由式（1-7-10），若知道年、月生产能力，台座年、月周转次数和每个台座一次周转时所生产的制品数，就可以求得台座总个数。

把式（1-7-10）变为：

$$N_f = \frac{Q_i}{n_i n_z} \tag{1-7-12}$$

在设计台座时，应考虑到要生产构件的尺寸，所需台座的面积，应使得台座面积利用系数为最高。

3. 台座周转次数的计算

台座年、月周转次数与全年、月生产天数和台座周转期有关，按下式计算：

$$n_z = \frac{t}{T_f} \tag{1-7-13}$$

式中　t——年、月生产天数；

T_f——台座周转期（d）。

将式（1-17-13）代入式（1-7-10）中得：

$$Q_i = \frac{N_f n_i t}{T_f} \tag{1-7-14}$$

将式（1-7-13）代入式（1-7-12）中得：

$$N_f = \frac{Q_i T_f}{n_i t} \tag{1-7-15}$$

4. 台座周转期的组成与计算

台座周转期是指同一批生产的台座，从台座上清理涂油开始，直到构件或制品从台座上移出时为止，构件或制品在台座上占用的时间，称之为台座的周转期。

台座的周转期由三部分组成的，由下式进行计算：

$$T_f = t_j + t_y + t_g \tag{1-7-16}$$

式中　t_j——生产过程中在台座上的间断时间之总和（d）；

　　　t_y——构件或制品在台座上的养护期（d）；

　　　t_g——在台座上各工序的操作时间之和（d）。

（1）生产过程中的间断时间

它包括了换班的时间、午休的时间、准备的时间和休息的时间，不采用早、晚班的时间以及诸种原因而停工待料等窝工时间。

（2）构件或制品在台座上的平均养护期的计算

由于季节的不同或采用养护方式的不同，则构件或制品在台座上的养护期也不同，因而要计算其年平均养护期。其年平均养护期的计算式如下：

$$t_y = \sum t_i x_i \tag{1-7-17}$$

式中　t_i——各个不同季节的养护期，若采用养护罩养护，则要加上养护罩操作时间，即覆盖和取走的时间；

　　　x_i——各个不同季节的时间占全年工作时间的百分率。

（3）生产过程中在台座上各工序的操作时间之和的计算

$$t_g = \frac{t_1 + t_2 + t_3 + \cdots + t_9}{24} \tag{1-7-18}$$

式中　t_1——模型清理及涂油时间（h）；

　　　t_2——模型安装及拆模时间（h）；

　　　t_3——在台座上绑扎钢筋、安装钢筋的时间（h）；

　　　t_4——先张法预施应力、切断钢丝的时间（h）；

　　　t_5——浇注混凝土的成型时间（h）；

　　　t_6——后张式在台座上穿丝、装锚、张拉的时间（h）；

　　　t_7——后张式在台座上压浆、封堵头的时间（h）；

　　　t_8——在台座上要求检验制品的时间（h）；

　　　t_9——构件或制品从台座上移出的时间（h）。

生产过程中各工序的操作时间应按先张法或后张法工艺分开计算。生产产品的品种不同，采用机械的不同，其计算也有所不同。同时根据操作定额来进行计算。

三、提高或影响台座生产率的途径和因素

1. 影响台座生产率的因素

影响台座生产率的因素有：

（1）与台座总个数有关；

（2）与台座年、月生产天数有关；

（3）与台座周转期有关；

（4）与每个台座一次同时生产的制品数有关。

2. 影响台座生产率的因素的分析

台座生产率的大小与台座总个数的多少，台座年、月生产天数多少以及每个台座一次同时生产产品的多少成正比。台座总个数越多，台座年、月生产天数多，每个台座同时生产的制品数多，则台座生产率就高，反之则低。

台座生产率的大小与台座周转期成反比。台座周转期越短，则台座生产率就越高，反之则低。

3. 提高台座生产率的途径

在现有的台座、模型、生产制度下，要想提高台座生产率，主要是缩短台座周转期，从而提高台座周转次数。提高台座生产率的途径有如下几点：

（1）缩短生产过程中的间断时间

消除各工序的间断时间，用科学的方法组织生产，加强机械设备的维修，消除质量事故、设备故障及返工等造成的间断或延误生产的时间。

（2）缩短制品在台座上的养护时间

养护期占台座生产周期的 80% 左右，缩短养护期，对加快台座周转具有重要意义。可采用各种先进的养护方法来缩短养护期。

采用钢热模台座养护大型屋面板比坑养缩短养护周期三分之一；露天台座生产预应力空心板，采用黑塑料薄膜或玻璃钢集热罩，用太阳能养护比自然养护缩短一半的时间；红外线养护法、二阶段养护法都可缩短养护期。

采用早强水泥或掺加熟石膏或普通水泥掺早强型外加剂都可以提高混凝土的早期强度，缩短养护期。

采用先进的操作工艺，如在预应力钢筋两端锚头下预埋预制混凝土块，承受局部应力，可使张拉提前 1~2d；槽板的生产可采用叠层法生产，每次生产 5 层，养护期比单层生产可缩短一半的时间；等等。

（3）缩短在台座上的生产时间

可以采用先进的生产工艺和操作方法，采用先进的管理办法，开展技术革新活动，提高机械化、自动化的水平，可以有效缩短各工序的操作时间。

第四节 流浆制板机真空脱水的设计计算

一、概述

目前，许多纤维增强硅钙板生产线，采用了流浆法新技术，主机为流浆制板机。由于流浆法的料浆浓度稀、水分大，经自然脱水后，其含水量还很大。毛布上的料层需一定的含水量初步形成厚薄均匀具有粘结力的料层，才能粘在成型筒上，制成板坯。因而仅靠自然脱水还不行，要进行抽真空脱水处理。要达到良好的真空处理效果，就要采用合理的真空处理工艺。现着重介绍真空系统的设计及设备选型计算。

二、真空度和真空处理时间的确定

真空系统的设计，首先要确定影响真空脱水效果的两个重要因素，即真空度和真空处理时间。

1. 真空度的选择

真空度的选择与真空处理料坯的厚度、脱水率、材料保水性、系统的阻力等有关。若料坯保水性好、料坯厚度大、要求脱水率高、系统阻力大，则应选较高真空度，反之亦然。真空度的大小要适宜。若真空度选得太低，则脱水效果不理想，达不到脱水要求；真空度太高，则能耗亦高，会吸出细微的水泥颗粒，影响制品质量。同时，真空度太高会使毛布使用寿命减短。

最低真空度是指真空度消耗于抽吸必要空气及克服系统阻力所需的真空度。低于此值时，脱水率降低，真空处理时间长，生产率低，不经济。根据实际经验和脱水规律以及料坯的黏度和厚度，最低真空度确定为 0.033MPa 是较合理的，或按下式计算：

$$P = 0.033 + 1.333 \times 10^{-4}\delta \tag{1-7-19}$$

式中　P——真空度（MPa）；

　　　δ——料坯厚度（mm）。

2. 真空处理时间

真空处理时间与脱水量、料坯厚度、真空度高低、气温以及真空箱形式有关。若脱水量大、料坯厚、真空度低、气温低和真空箱设计阻力大，则需较长的真空处理时间，反之亦然。在生产中，根据生产工艺要求，配合真空度高低情况，确定最佳经济合理的真空处理时间。

纤维增强硅酸钙板，掺有少量水泥和石灰，具有一定黏度以及纤维吸附较多的水，所以需要一定的抽吸时间，才能脱水。可以参考下式来确定，条件是真空度为 0.053MPa，气温为 10℃。

$$t = 1.0 \times \delta \tag{1-7-20}$$

式中　t——真空处理时间（min）；

　　　δ——料坯厚度（cm）。

按实际真空度进行调整；

$$t_1 = t\left(\frac{p}{0.053}\right) \tag{1-7-21}$$

式中　t_1——按选择的真空度调整时间（min）；

　　　p——实际真空度（MPa）。

按气温进行调整：

$$t_2 = t_1(1.1 - 0.01T) \tag{1-7-22}$$

式中　t_2——按气温调整的真空处理时间（min）；

　　　T——现场最低气温（℃）。

三、真空系统分级脱水原理

众所周知，真空脱水密实一般有三个阶段：第一阶段为挤压脱水阶段，脱水率与时间近似直线，脱水速度近似呈常数，结构黏度和剪应力都小，其料浆浓缩，内部形成微骨架，体积趋于稳定，这个阶段脱水量可达总脱水量的 60%～70%；第二阶段为挤压吸滤阶段；第三阶段为渗漏阶段。

流浆工艺中的抽真空是采用第一阶段的逐级脱水阶段。其原因有：

1. 制品所用原材料的黏度比混凝土混合物黏度小，且用水量大，游离水多，脱水率高。流浆到毛布上的料坯厚度只有 0.5mm 左右，比混凝土制品薄得多。因而采用真空度比混凝土的低，且脱水率可达 60% 以上。

2. 高真空度会产生较大吸力，使毛布运行受阻，降低毛布运行速度和使用寿命，所以采用低真空度、多真空箱分级脱水。

3. 流浆工艺所要求的料坯含水率为：初始为 86% ~ 90%，经真空箱的脱水后其含水率要求 40% ~ 45%。所以其真空脱水过程属于第一阶段脱水过程。

4. 毛布在真空箱上的移动，是属于动态下的抽吸。为了满足抽真空的时间，采用多个真空箱来达到抽真空的时间要求。这样做，一是可以减轻毛布对真空箱台面的压力，二是可以实现料坯的逐级脱水，便于料坯的成型。

四、真空脱水系统的工艺布置

1. 真空脱水工艺布置

真空脱水系统由真空泵、真空箱、气水分离器、管路组成，布置见图 1-7-1。

2. 真空系统设计要求

（1）为了减少管路阻力，在满足工艺布置前提下，管路布置尽量走捷径，尽量减少弯头、变径管和闸阀。

（2）真空箱密封性要好，不要开排水孔，且阻力要小。

（3）管径不能太小，管径越小，其阻力越大。

（4）真空箱吸口要稍高于气水分离器进口，使真空箱积水流入到气水分离器中。

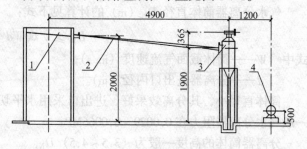

图 1-7-1　真空脱水工艺布置图

1—真空箱；2—管路；3—气水分离器；4—真空泵

（5）气水分离器下排水管口的马蹄阀，其重锤重量不能过大，否则分离器下部积水重量冲不开马蹄阀。

（6）因下吸式管在停机时，易发生阻塞，所以停机时应及时清洗真空箱及管道。

五、真空系统设备设计

1. 真空箱的构造及个数计算

真空箱的结构要求具有一定的强度和刚度，能承受大气压力的作用，且密封性能好，

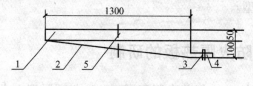

图 1-7-2　真空箱构造示意图

1—台板；2—箱体；3—接头；4—直管；5—密封底板

管道流水畅通，抽吸阻力小，有过滤装置。

真空箱的构造见图 1-7-2。密封底板和打孔面板的四周用 4mm 钢板焊成空腔。孔的总面积占打孔面板总面积的 20% 左右，孔径为 5 ~ 6mm，间距为 10 ~ 12mm，打孔面板四周用聚氯乙烯塑料薄膜密封。孔呈梅花状均匀

分布。吸嘴一般设置在中部或端部，使真空度分布均匀。

真空箱个数按下式计算：

$$N = \frac{t_2 v}{b} \tag{1-7-23}$$

式中 t_2——在一定真空度下，将料坯抽成满足工艺要求的料坯的时间（s）；

v——毛布的平均速度（m/s）；

b——真空箱宽度（m）。

2. 计算软管直径

真空箱与气水分离器之间的连接，采用软管连接，其直径计算公式如下：

$$D = \left(\frac{0.38\sqrt{LV_k}}{t} \right)^{0.37} \text{cm} \tag{1-7-24}$$

式中 L——软管长度（m）；

V_k——真空箱空腔体积（L）；

t——真空处理时间（s）。

3. 气水分离器的结构参数确定

气水分离器筒体直径 D_N（m）的计算见下式：

$$D_N \geqslant \sqrt{60Wd} \tag{1-7-25}$$

式中 W——筒体截面气流速度（m/s）；

d——分离器进出口内径（m）。

筒体直径小，其分离效果好，进出口采用水平切线方向，这样分散效果好，阻力小。

一般气水分离器阻力在 $0.0029 \sim 0.0066 \text{MPa}$。

分离器筒体的高度一般为 $(3.5 \sim 4.5) D_N$。

4. 泵的抽速计算

真空泵抽速与真空箱的密封程度及真空箱的体积有关。计算公式如下：

$$v_H = 6.67 \sum_{i=1}^{n} \frac{V}{\Delta t_i} + 1911 \sum_{i=1}^{n} A_i \tag{1-7-26}$$

式中 Δt_i——每个真空箱抽真空达到正常工作压强所需的时间（s）；

V——每个真空箱体积（m³）；

A_i——真空箱的渗流引入面积（m²），按下式计算，

$$A_i = \frac{v_H}{t_2 - t_1} \left(\arcsin \frac{P_{b2}}{P_a} - \arcsin \frac{P_{b1}}{P_a} \right) \tag{1-7-27}$$

式中，P_{b1}、P_{b2}是指在一定的外部条件下，在两个不同时刻的容器内相应的压强值，并记录出现压强值的变化时间间隔，就可计算出 A_i 值，P_a 为大气压。

选择真空泵应根据真空度和抽速来进行选型。

第五节　船用硅酸钙防火隔热板的研制

为了保障国际贸易及航运事业的发展，早在 1948 年首次制定了《1948 年国际海上人命安全公约》，制定了航海船舶的防火要求。为此，美国首次把硅酸钙制成一种防火隔舱

材料，并称其为"船用板"。到了 1960 年国际又通过《1960 年国际海上人命安全公约》，提高了船舶的防火要求。在 20 世纪 70 年代联合国下属专门组织"海协"，研究了近年来大量船舶火灾事故，对上述公约又进行了修订，成为《1974 年国际海上人命安全公约》，在消防方面新增了对油轮起居处所船壁的防火要求，对超过 36 人乘客的油轮防火要求也更严格了。1975 年 11 月"海协"又通过了"货轮消防措施的建议案"。我国是参加国之一，为了遵守国际公约，在苏州进行了防火壁材的研制。

硅酸钙防火隔热板，是由硅质、钙质材料和增强材料加助剂，经水热合成具有强度的水化硅酸盐产物的板材。它具有轻质、高强、隔热、隔音、耐火等多种功能，且加工性能好，可锯、可刨、可钻、可拧螺丝。主要用于船用壁板、天花板和防火门。而且此种材料还可用于建筑防火、工业窑炉等隔热材料。

船用硅钙板，一般厚度在 10mm 以上，故采用模压法生产。建筑用板一般厚度在 10mm 以下，可以采用抄取法或流浆法生产。

一、原材料技术要求

1. 硅质材料

硅质原料主要有硅藻土、硅砂、粉煤灰、天然玻璃、硅酸白土、膨润土、高炉水淬矿渣等。要求 SiO_2 含量越高越好，细度要求通过 180 目的在 80% 以上，烧失量小于 8%，以硅酸铝为主体的黏土矿物与石灰反应生成置换氧化铝的硅酸钙，氧化铝含量过多时，则产生不好影响，一般要求 Al_2O_3 含量在 5% 以内。

2. 钙质材料

钙质材料主要有生石灰、消石灰、电石泥和水泥等。一般要求活性 CaO 含量大于 60% ~ 70%。细度要求全部通过 100 目。且符合我国 JC/T 479 中要求。当钙质原料活性物含量低时以及为了提高早期强度，可以掺用少量水泥。水泥质量应符合国标 GB 175 中要求。

3. 增强纤维材料

生产硅酸钙板的增强材料主要是温石棉，此外还用少量的耐碱玻璃纤维、有机纤维、人造纤维和麻等。一般采用 3 ~ 5 级石棉。石棉松解度要求大于 400mL。为了提高抗冲击性，还需加一定量的纸浆纤维。

4. 外加剂

为提高 SiO_2 的溶解度，加快早期反应速度，提高早期强度，需要加一定量的外加剂。外加剂有：碳酸钠、纯碱、烧碱、碱性水玻璃和石膏。碱性水玻璃要求模数为 2.4 ~ 3.3，波美度为 40 ~ 51°Bé。石膏质量应符合国家标准的要求。

5. 水

水质要求与普通混凝土用水及硅酸盐建筑制品生产用水相同。

二、硅酸钙板强度形成机理浅析

1. 硅酸钙板早期强度的形成

以硅砂（粉煤灰）、石灰为主要原料的硅酸钙防火隔热板，由于初期强度形成很慢，满足不了工艺生产时间上的要求。为了早期强度在短时间内形成和提高，应掺加外加剂碱性水玻璃和石膏以及少量水泥。用一价金属化合物作激发剂，在激发剂的作用下转变为活性 SiO_2 和活性 Al_2O_3，就能在 $Ca(OH)_2$ 存在条件下，发生如下水化反应：

$$活性\quad SiO_2 + ACa\,(OH)_2 + aq \rightarrow ACaO \cdot SiO_2 \cdot aq$$

$$活性\quad Al_2O_3 + BCa\,(OH)_2 + aq \rightarrow BCaO \cdot Al_2O_3 \cdot aq$$

生成 CSH 凝胶和水化铝酸钙凝胶。此时硅砂（粉煤灰）就显示出水凝性，从而制品具有一定的早期强度。

掺加少量石膏也是起早强剂的作用，它能与活化后的硅砂（粉煤灰）的水化产物水化铝酸钙迅速反应：

$$BCaO \cdot Al_2O_3 \cdot aq + CCaSO_4 \cdot 2H_2O + aq \rightarrow 3CaO \cdot Al_2O_3 \cdot CaSO_4 \cdot hH_2O$$

生成单硫型水化硫铝酸钙，该水化物具有速凝的特点，有利于早期强度提高。

掺加少量的水泥，是为了抵抗硅酸钙板在进行蒸压养护时，由于温差和压力差，使坯体内部形成内应力而使制品开裂。因而，早期强度主要靠水泥中熟料矿物水化时提供，其水化反应如下：

$$C_3S + H_2O \rightarrow C{-}S{-}H\,(gel) + 3Ca\,(OH)_2$$

$$C_2S + H_2O \rightarrow C{-}S{-}H\,(gel) + 2Ca\,(OH)_2$$

$$C_3A + 3CaSO_4 + 31H_2O \rightarrow C_3A \cdot 3CaSO_4 \cdot 31H_2O$$

生成具有胶凝性的水化硅酸钙、水化铝酸钙等，使板坯具有初期强度。

2. 硅酸钙板后期强度的形成

当坯体进入蒸压釜后，在高温水热介质中 SiO_2 迅速溶解和 CaO 进行激烈反应，生成托贝莫来石、水化石榴石和大量的水化硅酸钙凝胶，使制品具有良好的物理力学性能。

增强纤维材料吸附各个晶体之间结晶接触点，形成结晶连生体，随着晶粒的不断析出、长大，使这种结晶连生体进一步扩大，并把未反应的硅砂（粉煤灰）颗粒、纤维材料等胶结成一个整体，从而结晶连生体也将进一步得到填充、密实和强化，并把各组分材料联结成一个坚硬的整体，从而形成硅酸钙板的后期强度。

三、硅酸钙板的配合比

硅酸钙防火隔热板在水热处理后，产生的结晶相种类与所采用原材料的品种、C/S、处理温度和蒸压时间有关。在原材料和工艺制度一定的情况下，主要与 C/S 有关。

由于各种板的性能要求不同，生产工艺不同，原材料性能不同，配料要变化。生产轻质制品时，可用硅藻土为原料，采用加压成型时水料比要提高到 10；生产重质制品，要求强度高时，可以用硅砂做原料掺部分水泥，降低水料比。如用浇注法成型时，适当减少水料比，来控制容量。水料比一般在 1∶（7～10）之间。

生产硅酸钙板，需要形成希望的水化产物，则 C/S 必须严格控制，否则在湿热处理后得不到希望的水化产物，当 C/S 为 1 时，得到硬硅钙石水化产物；当 C/S < 0.85 时，得到托贝莫来石水化产物。

掺加含硅质原料有两个作用：其一为水化反应生成物提供 SiO_2；其二，作水化反应生成物结晶的骨架。因而根据我们配料研究，建筑用硅钙板 C/S 分子比取 0.35 左右为好，船用硅钙板 C/S 分子比取 0.75 左右为好，其砂质、粉煤灰的最佳比表面积在 2000～

$10000cm^2/g$ 之间。

采用硅砂时配比：石英：石灰：石棉：水泥：水玻璃 = 50 ~ 65 : 35 ~ 50 : 15 ~ 30 : 7 ~ 10 : 5 ~ 10

采用硅藻土原料：硅藻土：粉煤灰：石灰：水泥：石棉 = 10 ~ 40 : 20 ~ 50 : 15 : 10 : 15

采用粉煤灰原料：粉煤灰：电石泥：石棉：石膏：水泥 = 55 ~ 70 : 10 ~ 25 : 10 ~ 25 : 3 ~ 6 : 4 ~ 8

按原料化学组成，计算配比。原材料配比计算后，根据试验结果加以修正，确定配比。

本生产试验线配比是：石灰 + 石英为 100 份，C/S = 0.8，结构水为 15%，石棉为 30%，水玻璃为 10%，水为 1000 份。根据试验线规模，年耗石灰 336.32t，石英粉 376.8t，石棉 171.27t，水玻璃 69.23t。

四、生产工艺及技术参数选定

1. 生产规模及产品规格

年产 26 万 m^2 的硅酸钙板（折合 6mm 厚板）一班制不连续周生产。也可以年产 80 万 m^2，三班制不连续周生产。

主规格为 2440mm × 1220mm × 19mm。

2. 成型方法及工艺流程

将废纸破碎、电石泥稀释、水玻璃加水、（粉煤灰）石英砂、石棉经轮碾及立式松解机松解后，按配比要求分别经计量后进入泵式打浆机，之后送入贮浆罐、进入模压机模压成型、堆垛移模、蒸压养护、脱模、堆垛。

3. 工艺技术参数选定

料浆制备技术参数：轮碾松解石棉 12min，加水量为石棉的 40% ~ 60%，立式松解机松解周期为 10 ~ 18min，石灰浆浓度为 20%，泵式打浆机的浓度为 12.5%，打浆时间为 8min。

模压成型工艺参数：加压压力为 5MPa，加压时间为 2min，抽真空的真空度为 66.65kPa 左右。

蒸压制度为：升温 2h，恒温 8h，降温 3h，压力为：1.1MPa。

4. 模压机传送带结构的选定

传送带采用打孔钢带和毛布组成或打孔钢带和尼龙网带组成。两种传动试验结果表明：时间长了两种滤布都要冲洗。其中尼龙网布冲洗容易，且不易堵塞。所以滤布选用 30 目尼龙网布。

模压机的滤水材料和固定方法的选定：我们曾在上、下模上采用铜丝网或尼龙网。结果由于加压延伸，纵横向固定死了，无伸缩余地，引起滤网打折。最后选定了上模采用 30 目铜丝网，在横向采用压条压紧，纵向为自由状态，收到较好的效果。

5. 垫板结构及数量的选定

在大样试验中，曾采用打孔铁板中间以 20mm 的方铁管作搁架形式，但无论搁架间距为 300mm 还是 150mm，均无法避免垫板方管的自由变形，刚度不够。最后采用角铁做成框架，中间纵横方向以扁铁和圆钢作支撑筋，两面用打孔镀锌钢板固定，解决了垫板在蒸压时的变形。

打孔垫板间隔数量选定：经过几种垫板与板坯间隔数量不同的试验证明，每隔 100mm 板垛用带孔垫板隔开，保证板坯蒸透且用板少。同时，上面要加一块加压垫板，且固定在小车上，以防板坯加热变形。

五、板材性能的测试

在大样试制过程中，共进行了 13 批大样试验共 140 张，其中 22mm 厚芯板 11 批共 108 张，13mm 厚天花板 2 批共 32 张。物理力学性能测试是由上海建筑科研所进行的。测试结果如表 1-7-1 所示。

板材性能测试结果 表 1-7-1

序 号	编 号	板 别	密 度 （g/cm³）	抗折强度 （MPa）	螺钉拔出力 （kg/mm）	压缩变形 （%）
1	13-20	壁 板	0.597	7	6.4	0.63
2	14-18	天花板	<0.9	12	10.5	0.61
3	12-3	壁 板	0.594	6.5	5.3	0.78
4	14-3	天花板	<0.9	11.8	8.5	0.7
5	13-9	壁 板	0.597	6.4	5.3	0.7
6	14-10	天花板	<0.9	11.8	8.7	0.68

耐火性能测试是由四川省防火研究所进行的。且根据"海大" 270 决议"关于鉴定船用结构材料为不燃性的试验方法建议案"进行。共进行五组测试。结果为：试件在试验中无闪燃，阴燃等现象；试件表面平均温升为 21℃，炉膛平均温升为 15℃，试验后平均失重为 14.4%，据"海大"协议 A163 关于乙-15 级舱壁耐火分隔的有关要求，故为不燃性材料。

第六节　预应力混凝土电杆车间的工艺设计计算

预应力钢筋混凝土电杆车间的工艺设计计算是成型车间设计的一个例子。它是采用离心成型，其生产工艺分为两种：一种是直线流水工艺；另一种是双环路流水工艺，其特点是混凝土从车间中部供料。其张拉工序、养护工序都在一个车间内。

一、工艺设计计算

1. 日产量的计算

日产量是根据年生产天数决定的。而年生产规模则是根据市场需求和投资决定的。一般年生产规模有 5 千根、1 万根、2 万根等。年生产天数则是根据当地工作制度决定的，一般取 280d，一般制不连续周生产。日计算产量按下式计算：

$$Q_i = \frac{Q \cdot K}{TK_0} \tag{1-7-28}$$

式中　Q_i——日产量（根/日）；

Q——年生产规模（根/年）；

T——年生产天数（日）；

K——日产量不平衡系数，一般取 1.1；

K_0——成品率，一般取 98.5%。

2. 离心机台数的计算

离心机台数是根据日计算产量、离心周期（时间）、同机生产根数决定的。目前同机生产的根数最多 2 根，一般设计产量 0.6 万根/年以下的，选择单管离心机，0.6 万根/年以上的，选择双管离心成型机。离心成型机的台数计算公式如下：

$$N = \frac{Q_i \cdot t}{8 \times 60 K_1 K_2 C} \tag{1-7-29}$$

式中　N——离心成型机台数，应向上取整数；

　　　K_1——时间利用系数，一般取 0.9；

　　　K_2——设备利用系数，一般取 0.95；

　　　t——离心成型周期（min）；

　　　C——同机生产根数，一般取 1 或 2 根。

3. 电杆钢模需要量的计算

电杆钢模个数与一个窑养护的根数、日生产量和养护周期有关。养护周期长，则电杆钢模数量多，但最多也不超过日生产根数（备用的钢模数除外）。

一般情况：离心工序的时间与其他辅助工序的时间是相同的。

$$n = N_f n_i K_3 \tag{1-7-30}$$

式中　n——电杆钢模数量（根）；

　　　N_f——窑的个数；

　　　n_i——每窑装的制品数，一般取 3、4、10 根；

　　　K_3——检修备用系数，取 1.1。

其他字母的意义同前。

4. 张拉机具所需要牛顿数的计算

预应力混凝土电杆需要配纵向预应力筋，其张拉牛顿数取决于下列因素：施加预应力是部分预应力还是有限预应力；由于等径、锥形不同，用途不同，使用弯矩就不同。因而配置预应力钢筋的根数就不同，其预施应力也不同。其牛顿数按下式计算：

$$q = \sigma_k \cdot A_y \cdot n_2 \cdot K_4 \tag{1-7-31}$$

式中　q——张拉机具牛顿数（N）；

　　　σ_k——钢筋张拉控制应力（MPa）；

　　　A_y——每根钢筋截面积（mm²）；

　　　n_2——预应力筋根数；

　　　K_4——安全系数，取 1.5～2。

计算出牛顿数，就可选用张拉机（千斤顶）和高压油泵。

5. 养护窑的个数计算

计算养护窑的个数与每窑养护根数有关；其每窑养护的根数，则与年生产规模有关。

年产 3000～4000 根的，每窑养护 3 根；年产 5000～10000 根的，每窑养护 4 根；年产 20000 根以上的，每窑养护 10 根。

产量低时，每窑养护根数多的话，则对电杆钢模周转不利；若产量高时，每窑养护根数少，则对养护窑周转不利，需要的养护窑就多。

养护窑的个数与养护周期有关，养护周期长，则养护窑的个数就多。养护窑的个数的计算公式如下：

$$N_f = \frac{Q_i T_f}{n_i T K_3} \tag{1-7-32}$$

式中　N_f——养护窑的个数；

$\quad\quad n_i$——每窑装的制品数量（根）；

$\quad\quad T_f$——养护窑周转期（h）；

$\quad\quad T$——养护工段全天工作小时数。

其余字母意义同前。

二、电杆生产车间的工艺布置

1. 车间工艺布置的原则

（1）生产车间工艺布置可按直线流水法或双环路流水法布置。

（2）生产车间的长度和跨度根据其年生产规模来确定：若建设一条生产线时，按直线流水法布置，车间跨度为 15m；长度不小于 60m。若建设二条生产线时，可按直线流水法或双环路流水法布置，车间跨度不小于 18m 为宜；长度不小于 96m。一般轨顶标高取 6m。

（3）脱模后电杆修补的场地应布置在出口端的一侧。

（4）待校正电杆、拆模，一般布置在车间端部一侧。

（5）车间内留有存放已镦好头的预应力筋、螺旋筋和钢框等，场地尽量靠近张拉工段。

2. 车间工艺布置图（图 1-7-3）

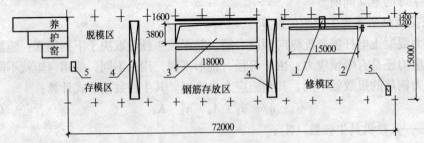

图 1-7-3　年产 1 万根电杆车间工艺布置图

1—喂料机；2—张拉机；3—离心机；4—吊车；5—电焊机

3. 电杆车间的工艺布置要求

（1）布置浇灌车轨道时，要使浇灌车边缘至柱面净距离不得小于 500mm；同时满足下列要求：搅拌机多点供料时，分两种情况：第一，若采用吊车转运混凝土时，浇灌车纵轴中心线距轨道中心距离为吊车吊钩至轨道中心距离；第二，若采用浇灌车直接接料时，浇灌车要能直接运行到搅拌车间工段接料。专用搅拌机供料时，搅拌机布置在车间的浇灌车一侧，且搅拌机中混凝土混合物能直接卸入浇灌车内。

（2）装模台位是以模托作固定支架，模托间距与跑圈间距一致，在模托两侧留有上紧螺栓的操作面积。一般每边留有1m的操作面积。

（3）预应力张拉台位应与浇灌台位和装模台位平行布置，且布置在浇灌台位和装模台位之间。在靠近小头一端布置张拉机，且在大头一端设置防护挡板，避免钢筋拉断时伤人，造成安全事故。

（4）离心机的安装在至少低于室内地坪0.15m的地坑内，且考虑2%的排水坡度和排污水沟，并引入室外的沉淀池内。在离心机的旋转轴两侧需要设置安全网，网高2.5～3m；与离心机的净距不小于1m。且离心机前应考虑工人有2m距离的操作面积。

（5）脱模区应设在车间生产线的尾部，即靠近节能型的养护窑一端。脱模场地应铺设橡胶轮胎或外包橡胶的木楞，防止杆芯倒出时撞伤。其操作区的长度为杆模长度加5m左右。宽度为车间跨度一半左右。

（6）养护窑一般设在车间生产线的尾部，紧靠室外。养护窑净空尺寸：宽为2m，高为2.6m。养护窑长为：年产5000～10000根的，为一倍电杆的长度加1m；年产20000根以上的，为二倍电杆的长度加1m。养护窑的保温节能措施，可以采用苏州混凝土水泥制品研究院研究的节能型养护窑，且采用热介质定向循环养护工艺。

第七节　混凝土小型空心砌块主车间工艺设计计算

一、关于物料平衡表的计算

物料平衡表主要起三个作用：其一，计算全厂进出物料流量来确定原材料的来源，进行原材料运输设备、半成品和成品运输设备的选型；其二，确定成品、半成品、原材料所需的堆积、储存、养护的场地面积；其三是计算班、时产量，以便进行主机设备和辅助设备的选型。

计算物料平衡表所需的原始资料有：年生产天数、工作制度、产品规格比例、原材料的含水率、损失率、混凝土的配合比、混凝土的密度、混凝土空心砌块的空心率、成品率等。

物料平衡表要计算的项目有：砌块的年、日、时产量；砌块的年、日、时的实际产量；混凝土的年、日、时的产量以及原材料的消耗定额；每种原材料年、日、时需要量等。

原材料消耗定额的计算：首先了解当地原材料的混凝土的配合比，然后考虑原材料的生产损失，计算原材料的消耗定额。即首先计算每立方米混凝土的重量，并考虑其原材料生产损失，再按配合比计算各种原材料的用量。

砌块的年、日、时产量就是生产规模。在计算混凝土砌块实际年生产量和年需要量时，应根据年生产规模，考虑其成品率。各种原材料年、日、时需要量，应按消耗定额和混凝土年、日、时需要量进行计算。用原材料的含水率计算其湿原材料的用量。

二、关于养护窑设计误区及认识

养护窑设计的个数和长度，多数厂家的设计都是不合理的。不是设计过长，就是设计过短，且个数也多。有的多达 20 个，且长度达放 27 板之多，几乎与主车间同长，造成不必要的浪费，同时会延误生产。分析起来，有以下四种误区：生产线的日生产产量概念模糊，按 18s 生产一板来计算（它把故障时间也考虑在内），应考虑可能的最高产量来计算，这是其一。事先还没有明确养护方法及养护制度，就定二天周转期，到底占窑多长时间，即窑的周转期，应选定最长的周转期为依据，设计窑的个数和长度，这是其二。不知道设计窑时要考虑日产量能装满几个整窑，以利窑的周转，提高窑的周转率，这是其三。窑的长度以及窑的排列的长度与生产一子车产品时间的关系不了解，这是其四。正确的认识是：

1. 日产量的计算是，一般按 13~15s 生产一板来计算，并考虑时间利用系数为 93%，成型率为 98%，设备利用系数为 95% 来计算日产量。设备的大、中、小维修在一年之中来考虑，一般大修放在春节前后，中修一般放在元旦、五一、十一等，小修放在星期天，不占用日生产时间。

2. 养护方法与养护制度和生产产品品种不同有关，即带色与不带色的制品有关。一般来说，带色制品养护采用低温养护，在 25℃ 温度下，养护 24h；不带色制品，可采用蒸汽养护，在 70℃ 温度下，养护 8~10h。因而可取一天的周转期为依据，设计窑的长度和个数。设计窑的长度与养护窑的层数和日产量有关，而窑的层数又与生产线设备的升、降板机、窑车的层数相一致。

3. 按日产量最高的产品品种，要使日产量能装满几个整窑来设计，以利于窑的周转，提高窑的周转率。

4. 窑的长度以及窑的排列长度的确定：一般来说，窑车从升板机取出板放到最远的窑最里面的运输时间加上运输到取板的窑的时间再加上窑车从窑里取出板放到降板机里的时间再加上运输到升板机前的时间，应不大于生产制品装满一架升板机的时间。所以在设计窑的长度及窑的排列长度时，应根据窑车行走的极限距离和行驶的速度而定。

三、关于养护窑个数的计算

1. 养护窑长度的计算

每个养护窑的长短，应根据现场场地的情况和工艺布置情况而定，一般窑长按下式计算（参见图 1-7-4）：

$$L = (a + b) \times c + 2d \tag{1-7-33}$$

式中　L——窑的净长（m）；

　　　a——双板宽度之和（指的是两块托板宽度之和）；

　　　b——双板与双板间的空隙；

　　　c——窑车进窑所放置的次数，根据场地可取 10~15 次；

　　　d——窑头或窑尾端的空隙。

每个窑装的砌块数量是可以计算的，此不赘述。

2. 养护窑的个数计算

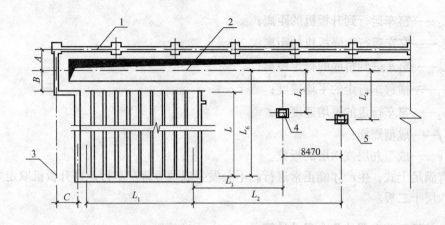

图 1-7-4　工艺局部布置图

1—墙体中心线；2—轨道中心线；3—端墙中心线；4—降板机中心线；5—升板机中心线

窑的个数计算，要根据养护方式而定，即自然养护（采用水泥水化热养护）和蒸汽养护之别，不能一概而论。其计算公式如下：

$$N = \frac{WT}{nt} + 1 \tag{1-7-34}$$

式中　　N——窑的个数；

　　　　W——日产砌块量；

　　　　T——蒸汽养护周期；

　　　　n——每个窑装砌块数量；

　　　　t——日生产时间。

计算出来的窑数应向上取整数。两边布置窑时，要考虑对称性。例如：蒸汽养护周期 T 为 8h，二班制生产时间为 16h，日最大产量为：

$$1125 \text{ 块/h} \times 15\text{h} = 16875 \text{ 块/日}$$

每窑一次装砌块量为 900 块，代入上式计算得：

$$N = 16875 \times 8 / \left(900 \times 16 \right) + 1 = 10.375 \text{ 个，取 11 个。}$$

其中加 1 是供养护窑周转用的。只有一、二班工作制，养护工段 24h 工作，养护窑的周转期为 24h，且是第二种进出养护窑的方式，才能用上述公式进行计算。

3. 窑车来回行走一周的时间与成型一架制品时间的关系

按目前机械厂提供的资料来看，窑的宽度是合理的，不需要变更。但应该注意的是：窑的个数减一乘以窑宽的距离为 L_1，到降板机的中心距离为 L_3，到升板机的中心距离 L_2，窑车运行到降板机的距离为 L_5，到升板机的距离为 L_4，窑车进到窑底的行走距离为 L_6。窑车往返这些距离，行走一次所需的时间，应小于成型九层十八板或六层十二板所需的时间，近似计算如下式（参考图 1-7-4）：

$$2 \times \left(\frac{L_1 + L_2}{v_1} + \frac{2L_6 + L_5 + L_4}{v_2} \right) \leqslant fe \tag{1-7-35}$$

式中　　L_1——窑的个数减一乘以窑宽的距离；

　　　　L_2——窑到升板机的中心距离；

L_4——窑车运行到升板机的距离；

L_5——窑车运行到降板机的距离；

L_6——窑车进到窑底的行走距离；

v_1——横移车行走的平均速度；

v_2——窑车行走的平均速度；

f——成型周期；

e——成型九层或六层的板数。

只有满足上式，生产才能正常进行。不会发生成型等待窑车行走到升板机取走九层十八板或六层十二板。

四、关于工艺布置的几个尺寸计算

从目前几条生产线来看，横移厂房的工艺布置的几个尺寸出入很大，应根据现有设备和人行通道及检修地方来考虑较为合理。

横移坑轨道中心线与边墙中心距离 A 的计算如下式（见图 1-7-4）：

$$A = \frac{g}{2} + \frac{h}{2} + i + j + k \qquad (1-7-36)$$

式中　g——柱的宽度，查土建图；

h——横移坑的宽度，查设备施工图；

i——横移车的定位块坑的长度，查预埋件图；

j——考虑人行道宽度，一般取 500mm；

k——考虑富裕量，一般取 200mm。

养护窑口与横移坑轨道中心距离 B 的计算式如下（见图 1-7-4）：

$$B = \frac{h}{2} + k \qquad (1-7-37)$$

式中　h——横移坑的宽度；

k——考虑富裕量，一般取 500mm。

横移车厂房伸出养护窑的长度 C 的计算式如下（见图 1-7-4）：

$$C = \frac{e}{2} + \frac{m}{2} + \frac{s}{2} \qquad (1-7-38)$$

式中　e——横移厂房端部墙厚；

m——养护窑壁厚度；

s——横移车检修距离，一般取 1000 ~ 1500mm。

第八章 蒸汽养护和蒸压养护工段的工艺设计计算

对制品进行蒸压养护处理是制造建筑制品的一个重要工序。养护窑处理建材及制品的目的在于加速成型后的半成品凝结硬化过程，缩短凝结硬化的时间；蒸压釜处理建材及制品的目的在于加速硅、钙质材料的结晶硬化过程，缩短结晶硬化的时间。它们都使得坯体在较短的时间内达到预期的强度，从而加速模型、设备和设施的周转。养护窑和蒸压釜的生产能力应与主机的生产能力相一致。同时还讲述了利用新能源"过热蒸汽"蒸压灰砂砖的试验研究、过热蒸汽蒸压粉煤灰制品的机理和控制方法。

第一节 蒸汽养护和蒸压养护工艺布置的选择

进行蒸汽养护和蒸压养护工段的工艺设计之前，必须要了解其各种工艺及其布置方法，并对其选择。根据产品采用的原材料和产品的使用情况，对其养护的方式及其养护设施的选择；根据场地、设备的来源、自动化程度，对其周转方法和进出窑或釜方式的选择；根据进出窑或釜的方式，是否采用预养护措施，对中间暂存地的要求进行选择；根据生产线的布置、场地、选择的设备、工序间的衔接、周转方式及其是否采用中间暂存地等情况，选择工艺布置方案。

一、养护方式的选择

水泥制品和硅酸盐制品的养护一般采用自然养护、蒸汽养护和蒸压养护。自然养护和蒸汽养护的设施是采用养护窑，蒸压养护的设备是采用蒸压釜。

养护窑养护的制品一般采用水泥作为胶结材料。养护窑养护一般分自然养护和蒸汽养护两种。自然养护是利用水泥水化热来进行养护，而蒸汽养护是利用蒸汽的热焓来进行湿热养护。它们都使得半成品达到规定的脱模强度或抗冻强度或切割的塑性强度。

自然养护一般在我国南方采用，养护周期为1d。蒸汽养护一般在我国北方采用，特别是冬季生产时，不但要达到脱模强度，而且还要达到抗冻强度。而加气混凝土坯体要求在4h之内达到切割的塑性强度。蒸汽养护需要蒸汽，需要建锅炉房，会增加投资，但可以结合冬季采暖设计，或结合蒸压养护工段一并考虑。

蒸压养护的制品所采用的原材料一般是惰性材料，只有用蒸压养护，制品才能达到较高的强度和耐久性。有时为了提高制品的强度，如桩基用的混凝土桩，蒸汽养护后还要用蒸压养护来提高制品的强度。

二、窑或釜的形式和周转方法的选择

养护窑和蒸压釜的形式有贯穿式和尽头式两种。贯穿式和尽头式的蒸压釜以及尽头式的养护窑，只能间歇式地周转；贯穿式的养护窑，既可以间歇式地周转，也可以连续式地

周转。采用养护窑或蒸压釜的形式以及周转方法，应在进行设计之前，根据制品养护的特点和采用的工艺方案事先进行选定。

尽头式的养护窑或蒸压釜单台设施或设备的造价比贯穿式的养护窑或蒸压釜低，土建投资也少，而且还节能。贯穿式的养护窑或蒸压釜间歇式地周转时，回车线长，运输设备很多，工艺流程复杂，占地面积也很多；贯穿式的直线养护窑连续式地周转时，回车线也长，运输设备稍多，工艺流程稍复杂，占地面积较少；尽头式的养护窑或蒸压釜间歇式地周转时，回车线短，运输设备数量较多，工艺流程简单，占地面积较多；贯穿式的环形养护窑连续式地周转时，无回车线，也无运输设备，工艺流程最简单，占地面积也少。

三、进出养护窑或蒸压釜的方式的选择

进出养护窑或蒸压釜的方式，目前有以下四种：

1. 贯穿式的养护窑连续式地周转

制品按生产节拍连续地边进边出，如此地循环。我们称之为第一种进出养护窑的方式。

2. 尽头式的养护窑或蒸压釜间歇式地周转

在同一养护窑或蒸压釜中，制品连续地按生产节拍进完养护窑或蒸压釜，养护或蒸压好后，制品再按相同的生产节拍连续出完养护窑或蒸压釜，然后再按相同的生产节拍连续进完养护窑或蒸压釜，如此地循环。我们称之为第二种进出养护窑或蒸压釜的方式。

3. 贯穿式的养护窑间歇式地周转

（1）在同一养护窑中，制品养护好后，制品连续地按生产节拍边出边进，等养护好的制品边出完，待养护的制品边进完后，再进行养护，制品养护好后，制品又连续地按生产节拍边出边进，如此地循环。

（2）或者在同一养护窑中，制品连续地按生产节拍进满养护窑，再依次将发气好后的半成品按相同的生产节拍出完养护窑，然后再按相同的生产节拍连续进满养护窑，如此地循环。

以上都是第三种进出养护窑的方式。

4. 尽头式或贯穿式的养护窑或蒸压釜间歇式地周转

（1）贯穿式的养护窑或蒸压釜间歇式地周转

在同一养护窑或蒸压釜中，制品按整列一次边出边进，等养护或蒸压好的制品出完、待养护或蒸压的制品进满后，再进行养护或蒸压处理，养护或蒸压好后又按整列一次边出边进，如此地循环。

（2）尽头式的养护窑或蒸压釜间歇式地周转

在同一养护窑或蒸压釜中，制品按整列出，出完后再按整列进待养护或蒸压的制品，养护或蒸压好后又按整列一次出完养护或蒸压好的制品，出完后再按整列进待养护或蒸压的制品，如此地循环。

或者在同一养护窑或蒸压釜中，分几次连续出制品，出完后再按相同次数连续进完制品，养护或蒸压好后，又按相同次数连续出完制品，如此地循环。

以上都是第四种进出养护窑或蒸压釜的方式。

第一种进出养护窑的方式，养护窑周转快，养护窑的个数很少，养护窑的利用率很

高，进出养护窑的时间为零；

第二种进出养护窑或蒸压釜的方式，养护窑或蒸压釜周转慢，养护窑或蒸压釜的个数多，养护窑或蒸压釜的利用率低，进出养护窑或蒸压釜的时间长；

第三种进出养护窑的方式，养护窑周转的快慢、养护窑的个数、养护窑的利用率、进出养护窑的时间都在以上两种之间；

第四种进出养护窑或蒸压釜的方式，养护窑或蒸压釜周转快，养护窑或蒸压釜的个数较少，养护窑或蒸压釜的利用率高，进出养护窑或蒸压釜的时间短，且进出养护窑或蒸压釜的次数越少，其时间越短，需要中间暂存地，且不按生产节拍进出养护窑或蒸压釜。

进出养护窑或蒸压釜的方式，应根据采用的工艺方案，在进行设计之前，事先进行比较决定。

四、中间暂存地或预养地的选择

采用第四种进出养护窑或蒸压釜的方式，它是不按生产节拍逐个进出养护窑或蒸压釜的，并且要求有中间暂存地，进出养护窑或蒸压釜的时间也最短。这因为有了暂存地，就产生了生产每个养护窑或蒸压釜的半成品的时间与一整列小车进出养护窑或蒸压釜的时间之差，此差值就是蒸养或蒸压提前的时间。因而加速了养护窑或蒸压釜的周转。在产量不变的情况下，使其养护窑或蒸压釜的数量减少；或在养护窑或蒸压釜的数量不变的情况下，使其产量提高。

中间暂存地一般按养护窑或蒸压釜的形式分两种：第一种是尽头式的养护窑或蒸压釜的中间暂存地；第二种是贯穿式的养护窑或蒸压釜的中间暂存地。尽头式的养护窑或蒸压釜的中间暂存地的设置地点分二类：一类是在养护窑或蒸压釜的进出口的一端设置中间暂存地，即在每个养护窑或蒸压釜前，设置带有道叉的两条轨道；另一类是在养护窑或蒸压釜旁设置 1～2 条养护窑或蒸压釜的制品的中间暂存地。此种设置虽比上述中间暂存地面积少，但来回倒运次数多。贯穿式的养护窑或蒸压釜的中间暂存地一般设在每个养护窑或蒸压釜的进口和出口的两端，占地面积多，工艺流程复杂，回车线长，但进出养护窑或蒸压釜的时间短，可以进行预养，缩短养护周期，加快养护窑或蒸压釜的周转。

五、工艺布置的选择

1. 贯穿式的养护窑的回车线有三种工艺布置：其一是空车回车，回车线与养护窑平行布置，且与成型车间直线布置，占地呈长方形，回车线较长，两种周转方法均可，空车道上可以进行清扫、涂油、组装、预热等工序。其二是重车回车，回车线既与养护窑平行布置，又与成型车间平行布置，占地呈矩形，回车线较短，两种周转方法均可，回车线上可以进行暂停、拆模、吊运、清理、涂油、合模等工序。以上两种工艺布置，小车都是进行小循环。其三是环形布置，环形养护窑与成型车间呈一直线布置，占地呈长方形，占地较小，只能连续式地周转，靠传送带在养护窑内进行传送。

2. 尽头式的养护窑，其回车线为单行线，小车在单行线上来回运行。其工艺布置有二种：第一种是养护窑和成型车间平行布置，占地呈矩形，回车线较短，间歇式地周转；第二种是养护窑和成型车间直线布置，占地呈长方形，回车线也比上述的短些，间歇式地周转。尽头式的养护窑的布置有二种形式：其一是呈一直线一列布置；其二是二列养护窑相对呈二直线平行布置，可以节能，易于实现自动化。

3.贯穿式的蒸压釜的回车线也有二种工艺布置：其一是空车回车，回车线与蒸压釜平行布置，且与成型车间呈一直线布置，占地呈长方形，回车线较长，只能间歇式地周转，一般在吊装车间内拆模、吊运。空车道上可以进行清扫、组装等工序。其二是重车回车，回车线既与蒸压釜平行布置，又与成型车间平行布置，占地呈矩形，回车线较短，也只能间歇式地周转。回车线上可以进行暂停、拆模、吊运、清理、组模等工序。一般它们在成型车间内进行。以上两种布置都是小车进行大循环。

4.尽头式的蒸压釜的回车线可以布置成单行线，小车在单行线上来回运行，只能间歇式地周转。尽头式的蒸压釜的工艺布置有两种：第一种是蒸压釜与成型车间直线布置，占地呈长方形，回车线较短；第二种是蒸压釜与成型车间平行布置，占地呈矩形，回车线较长。

在设计时应根据生产的产品品种、规模、投资、销售半径、自动化的程度、工艺布置、养护方式、养护窑或蒸压釜的形式、进出养护窑或蒸压釜的方式、运输方式、中间暂存地等来综合进行技术经济分析比较，确定投资少、占地少、生产率高、工艺流程顺畅、节能、成本低的工艺流程方案。

第二节　间歇式周转的养护窑或蒸压釜所需数量的计算通式

一、计算通式的推导

根据四则运算，得出养护窑或蒸压釜所需要数量的计算通式。设日生产能力为 Q_i，由于 Q_i 是考虑了成型率后的产量，故成型废品进养护窑或蒸压釜养护或蒸压时，还要考虑成型率 K_3，故实际含成型废品的日生产能力为 $Q_i \div K_3$。再设每个养护窑或蒸压釜装制品数为 n_i，二、三班制生产，若每天每个养护窑或蒸压釜周转 n 次，求需要多少养护窑或蒸压釜 N_f。

根据题意列等式：

$$N_f = \frac{Q_i}{n_i n K_3} \qquad (1\text{-}8\text{-}1)$$

式（1-8-1）中，若一班制生产，每天每个养护窑或蒸压釜只周转一次，即 $n = 1$，则又需要多少养护窑或蒸压釜呢？

在式（1-8-1）中，$n = 1$，故得出下式：

$$N_f = \frac{Q_i}{n_i K_3} \qquad (1\text{-}8\text{-}2)$$

上式若采用第二种进出养护窑或蒸压釜的方式进行周转时，要考虑备用一个养护窑或蒸压釜供周转时用。于是上式为：

$$N_f = \frac{Q_i}{n_i K_3} + 1 \qquad (1\text{-}8\text{-}3)$$

其中：

$$n = \frac{T}{T_f} \qquad (1\text{-}8\text{-}4)$$

将式（1-8-4）代入式（1-8-1）后得：

$$N_f = \frac{Q_i T_f}{n_i T K_3} \qquad (1-8-5)$$

式中　　T——养护或蒸压工段的全天工作的小时数；

　　　　T_f——养护窑或蒸压釜的周转期（h）。

二、计算通式的证实

根据各种情况的养护周期表的排出和实践经验，进一步检验了推导公式的正确性，现在举三例进行证明：

例1： 日产1944板地面砖（含成型废品），每个养护窑装324板，一班制生产，按第二种进出养护窑的方式进行周转，每天周转一次，1.33h装满一个养护窑，问需要多少尽头式的养护窑？

根据题意列等式：

$$N_f = \frac{1944}{324} + 1 = 7 \text{个}$$

列生产周期表证实，见表1-8-1。

地面砖的生产周期表（h） 表1-8-1

窑序号		1号窑	2号窑	3号窑	4号窑	5号窑	6号窑	7号窑
第一天	进窑	8 ~ 9.33	9.33 ~ 10.66	10.66 ~ 11.99	11.99 ~ 13.32	13.32 ~ 14.65	14.65 ~ 15.98	
第二天	出窑	8 ~ 9.33	9.33 ~ 10.66	10.66 ~ 11.99	11.99 ~ 13.32	13.32 ~ 14.65	14.65 ~ 15.98	
	进窑	9.33 ~ 10.66	10.66 ~ 11.99	11.99 ~ 13.32	13.32 ~ 14.65	14.65 ~ 15.98		8 ~ 9.33

此为第二种进出养护窑方式周转的例子，从表1-8-1中可以看出，第二天生产时，生产出来的半成品没有养护窑可放，因为第一天生产出来的产品，六个养护窑都装满了，且第二天生产时，只能按生产节拍一架一架地出养护窑，同时按生产节拍一架一架地进养护窑。此时进养护窑或出养护窑不是同一个养护窑，而是二个养护窑，故需要第7个养护窑供第二天生产的半成品进养护窑用，即多出的一个养护窑供周转用。

很显然，7d周转6次整。

例2： 日产345.6m³ 的加气混凝土砌块，每个蒸压釜装28.8m³，周转期为12h，一天两周转，2h生产一釜，三班制生产，按第四种进出蒸压釜的方式周转，问需要多少贯穿式的蒸压釜？

将上述数据代入式（1-8-5），得：

$$N_f = \frac{345.6 \times 12}{28.8 \times 24}$$

$$= 6 \text{台}$$

列生产周期表证实，见表1-8-2。

相邻的两个蒸压釜进半成品的相隔时间，就是每个蒸压釜制品的成型（切割）时间。相邻两个蒸压釜进半成品相隔时间受成型车间生产节拍的约束。进出蒸压釜的时间是根据进出蒸压釜方式的不同而不同，它有长有短，以不占蒸压釜的蒸压时间为好，此时应设置中间暂存地，缩短进出蒸压釜的时间，蒸压时间就可提前，加速蒸压釜的周转。

加气混凝土生产周期表（h） 表 1-8-2

蒸压釜的序号		1号釜	2号釜	3号釜	4号釜	5号釜	6号釜
周转次数	1 进窑	9.75～10.00	11.75～12.00	13.75～14.00	15.75～16.00	17.75～18.00	19.75～20.00
	1 出窑	21.75～22.00	23.75～24.00	1.75～2.00	3.75～4.00	5.75～6.00	7.75～8.00
	2 进窑	21.75～22.00	23.75～24.00	1.75～2.00	3.75～4.00	5.75～6.00	7.75～8.00
	2 出窑	9.75～10.00	11.75～12.00	13.75～4.00	15.75～16.00	17.75～8.00	19.75～20.00

很显然，是一天两周转。

例3：日产 345.6m³ 加气混凝土砌块，每个蒸压釜装 8.8m³ 的砌块，周转期为 16h，2h 生产一釜，三班制生产，按第二种进出蒸压釜的方式周转，问需要多少尽头式的蒸压釜？

将上述数据代入式（1-8-5），得：

$$N_f = 345.6 \times 16 \div (28.8 \times 24)$$
$$= 8 \text{ 台}$$

列生产周期表证实，见表 1-8-3。

加气混凝土生产周期表（h） 表 1-8-3

釜序号		1号釜	2号釜	3号釜	4号釜	5号釜	6号釜	7号釜	8号釜
周转次数	1 进釜	8.00～10.00	10.00～12.0	12.00～14.0	14.00～16.0	16.00～18.0	18.00～20.0	20.00～22.0	22.00～24.0
	1 出釜	22.00～24.0	24.00～2.00	2.00～4.00	4.00～6.00	6.00～8.00	8.00～10.00	10.00～12.0	12.00～14.0
	2 进釜	24.00～2.00	2.00～4.00	4.00～6.00	6.00～8.00				
	2 出釜	14.00～16.0	16.00～18.0	18.00～20.0	20.00～22.0				

从表 1-8-3 知，T 值实际上是蒸压、养护工段的全天工作的小时数，它是每个养护窑或蒸压釜周转次数的平均值或蒸压、养护工段的全天工作小时数的平均值。若在一天内周转次数不是整数的话，会出现有的蒸压釜多周转零点几次，有的蒸压釜少周转零点几次；同理，会出现有的蒸压釜大于蒸压工段全天工作小时数的平均值，有的蒸压釜就小于蒸压工段全天工作小时数的平均值。因每釜在蒸压时，养护制度是连续的，不能在中途停下。

表 1-8-3 所列为一天的周期情况，要知道多少天能周转多少整次的话，周期表列得太长，故可以应用公式（1-8-4）进行计算：

$$n = \frac{T}{T_f} \quad (\text{次／天})$$

把值代进去，化为最简分数，经约简后，分母为天数，分子为周转整次数。如此例为：

$$n = 24/16 = 3/2$$

即为 2 天周转 3 次整。

从上例 2、例 3 可以说明：在日产量相同的情况下，蒸压制度并没有什么差别，只是由于采用进出蒸压釜的方式不同，致使周转期不同，因而例 3 要完成相同的产量，则多二台蒸压釜。根据以上周期表的排出，并通过理论与实践的检验，总结出了各种情况下的养护窑或蒸压釜所需数量的计算通式，详见表 1-8-4。

养护窑或蒸压釜所需数量的计算通式表　　　　　　　表 1-8-4

成型班次	T 的取值	进出窑或釜的方式	周转期 T_f			
			$T_f \leqslant 8h$	$8h < T_f \leqslant 16h$	$16h < T_f < 24h$	$T_f = 24h$
一班	8h	2、3、4 种	$N_f = \dfrac{Q_i T_f}{n_i T K_3}$			
	16h	4 种				
	24h	2 种				$N_f = \dfrac{Q_i}{n_i K_3} + 1$
		3 种				
		4 种	$N_f = \dfrac{Q_i T_f}{n_i T K_3}$			$N_f = \dfrac{Q_i}{n_i K_3}$
二班	16h	2、3、4 种				
	24h	2 种				$N_f = \dfrac{Q_i}{n_i K_3} + 1$
		3 种				
		4 种	$N_f = \dfrac{Q_i T_f}{n_i T K_3}$			$N_f = \dfrac{Q_i}{n_i K_3}$
三班	24h	2、3、4 种	$N_f = \dfrac{Q_i T_f}{n_i T K_3}$			

表 1-8-4 中的 T 取值应遵循下列原则：若养护工段与成型工段按生产节拍生产，要求两者班次一样，若两者不按生产节拍生产，可以单独生产的话，可以取 T 值大于成型工段班次的时间。

三、计算通式的计算式

根据上表分析，容易得出一个计算通式（1-8-5）：

$$N_f = \frac{Q_i T_f}{n_i T K_3}$$

式中　N_f——养护窑或蒸压釜所需数量；

　　　Q_i——日生产能力；

　　　n_i——每个养护窑或蒸压釜容纳的半成品数量；

　　　K_3——成型率。

特例，成型工段一、二班生产，采用第二种周转方式，当 $T = T_f = 24h$ 时，按式（1-8-3）计算：

$$N_f = \frac{Q_i}{n_i K_3} + 1$$

其余字母意义同前。成型废品不能剔除的，放于养护窑或蒸压釜中养护或蒸压的，要考虑成型率；若能剔除的，不放于养护窑或蒸压釜养护或蒸压的，不考虑成型率。其中养护窑或蒸压釜的周转期与周转方式和养护制度有关。

其中：

$$n_i = n_t f \tag{1-8-6}$$

$$T_f = t'_1 + t'_2 + t'_3 \tag{1-8-7}$$

式中　n_f——每个养护窑或蒸压釜中装入的小车数、架数、模具车数；

f——每车、每架、每模装载的半成品数；

t'_1——进养护窑或蒸压釜的时间（小时）；

t'_2——养护或蒸压周期、发气周期、预养周期（小时）；

t'_3——出养护窑或蒸压釜的时间（小时）。

其中：t'_1和t'_3的计算式如下：

若为第二种进出养护窑或蒸压釜的方式，则按生产节拍、每个养护窑或蒸压釜进小车数、架数等进行计算：

$$t'_1 = t'_3 = \frac{t'_c n_f}{60} \tag{1-8-8}$$

若为第三种进出养护窑的方式，则按生产节拍、每个养护窑进多少小车数、架数、模具车数等进行计算：

$$t'_1 + t'_3 = \frac{t'_c n_f}{60} \tag{1-8-9}$$

若为第四种进出养护窑或蒸压釜的方式，则根据进出养护窑或蒸压釜的次数、移动机械运行距离和平均速度、劳动定额来进行计算：

尽头式的养护窑或蒸压釜按下式进行计算：

$$t'_1 = t'_3 = \frac{ns}{60v} + t'_4 \tag{1-8-10}$$

贯穿式的养护窑或蒸压釜按下式进行计算：

$$t'_1 + t'_3 = \frac{ns}{60v} + t'_4 \tag{1-8-11}$$

式中　t'_c——生产每车、每架、每模的周期（min）；

n——进出养护窑或蒸压釜的次数；

v——机械运行的平均速度（m/min）；

s——机械运行的距离（m）；

t'_4——辅助时间，如开关门的时间、拴绳的时间（h）。

其余字母意义同前。生产每车、每架、每模的周期即为养护工段的节拍时间，它等于装一车、一架、一模的半成品数量除以一次成型半成品数再乘以成型工段一次成型的时间。但要注意时间的单位换算。

其中 t'_2 的计算应根据所采用的养护制度决定，养护制度不同则养护或蒸压时间也不同。其养护制度应根据所处理的制品性能和使用情况以及原材料情况决定。其养护制度一般要考虑预养、升温、恒温、降温、静停等时间。若采用自然养护时，一般取一天的时间作为养护周期，已包括进出窑的时间。

四、影响养护窑或蒸压釜的生产能力的因素和提高养护窑或蒸压釜的生产能力的途径

1. 影响养护窑或蒸压釜的生产能力的因素分析

公式（1-8-5）可以变形为：

$$Q_i = \frac{N_f n_i T K_3}{T_f} \tag{1-8-12}$$

从式（1-8-12）可以看出：其日生产能力与养护窑或蒸压釜的数量、每个养护窑或蒸压釜所装半成品数和成型率以及周转次数有关。

养护窑或蒸压釜的数量越多，则日生产能力就越高，反之亦然；每个养护窑或蒸压釜所装半成品数越多，则日生产能力就越高，反之亦然；周转期越长，则日生产能力就越低，反之亦然；在养护或蒸压工段的班次大于成型工段班次的前提下，养护或蒸压工段的全天工作的小时数越多，日生产能力就越高，反之亦然。

2. 提高养护窑或蒸压釜的生产率的途径

在不增加养护窑或蒸压釜的数量的情况下，提高养护窑或蒸压釜的生产率的措施有：

增加每个养护窑或蒸压釜中装载半成品数：如提高养护窑或蒸压釜的填充率，根据制品的尺寸选择蒸压釜的直径使之填充最大；又如采用先进的堆码方法使小车堆码的半成品多等措施。

提高成型率：如可以从加强原材料的质量着手，加强设备的清扫维修，加强工艺参数的严格控制等措施。

缩短养护窑或蒸压釜的周转期：如采用预养措施，使养护或蒸压周期缩短；又如采用连续式的周转，采用进出养护窑或蒸压釜的时间短的周转方式；再如适当提高养护压力和温度，缩短恒温时间等措施。

增加全天工作小时数：如在成型工段一、二班制时，有些不按生产节拍生产的养护或蒸压工段可以采用二、三班制生产，提高日生产能力。这样涉及到增加养护小车或蒸压小车、中间暂存地，倒车次数多，应做技术经济比较决定取舍。

第三节　养护窑或蒸压釜的长度和辅助设施数量的计算通式

在设计中准确计算辅助设施的数量关系到主机生产能力的发挥，也关系到一系列的技术经济指标的准确性，所以不能概略估计，应仔细计算。养护窑或蒸压釜的长度计算通式和辅助设施数量的计算通式，对间歇式的和连续式的周转都可以适用。

一、间歇式周转养护窑或蒸压釜的长度计算通式

养护窑或蒸压釜的长度与配置的数量应适当，若养护窑或蒸压釜很长，而配置的养护窑或蒸压釜的数量又少，则小时最大蒸汽耗量增加，会给锅炉选型造成极大困难，使锅炉负荷波动很大，运行操作不合理。同时养护工段到成型工段间的距离所需运输时间最长应不大于蒸养压工段的生产节拍时间，两工段设计距离要近一点，因而要避免养护窑或蒸压釜过多过短的设计。运输设备选型要先进可靠，自动化程度要高。

加气混凝土的发气窑的设计应结合我国国情。为了不使工艺线拉得太长，对于年产10万 m³ 以上的规模，每窑装 5~6 个模具车；对于年产 10万 m³ 的规模，每窑装 3~4 个模具车；如遇石灰质量较差，质量波动较大者，宜建年产 5万 m³ 以下规模，且选用尽头式的短窑，便于模具的存取，每窑宜装 1~2 个模具车。

一般养护窑或蒸压釜的长度与每个养护窑或蒸压釜装的小车数、架数、模具数、模板

数等有关，其窑或釜的长度，按下式计算：

$$L = n_f l + 2b \qquad (1\text{-}8\text{-}13)$$

式中 L——养护窑或蒸压釜的净长；

　　　l——平均每车、每架、每模具所占实际长度；

　　　b——首尾车、架、模具与养护窑或蒸压釜端的预留长度。

其余字母意义同前。若计算的是蒸压釜的长度，应向现有的规格靠近选型。

二、连续式周转的养护窑的数量与养护窑的长度计算通式

连续式的养护窑与间歇式养护窑相比较，不但可以提高养护窑的生产能力，而且节能。连续式的养护窑，一般分水平窑（有单、双层之分）、折线窑和环形窑。

双层窑：设于地下的，不占车间面积，窑顶面可作为成型作业线，适用于地下水位低的。若设于地上的，可与成型作业线平行布置，且可以布置在车间内或车间外。

折线窑：窑的两端可不设窑门，蒸汽是靠起拱高度造成几何压头来封住的，出入口处应设在厂房内。

环形窑：不需要回车运输设施，因头尾相接于成型车间内，用传送带在窑内传送制品。

连续式的养护窑的数量不需要计算，只要进行选用。一般一条生产线选用 1~3 条窑就行了，产量低的选用 1 条窑，产量高的，避免 1 条窑过长，选用 2~3 条窑平行布置，也可以设计成双层窑。选用 1 条窑时，可以采用环形窑。当取 1 条窑时，入窑节拍与生产节拍相等；当取 2 条窑时，入窑节拍是生产节拍的 2 倍，以此类推。小车或托板在窑中以入窑节拍一个工位一个工位地传动，每移动一个工位就是小车或托板所占实际长度，其窑的长度应按式（1-8-13）进行计算：

其中：

$$n_f = \frac{60 t'_2}{t'_c} \qquad (1\text{-}8\text{-}14)$$

若选用 N_f 条窑，则将式（1-8-14）代入式（1-8-13）得每条窑长度计算式：

$$L = \frac{60 t'_2 l}{N_f t'_c} + 2b \qquad (1\text{-}8\text{-}15)$$

式中 $N_f t'_c$——入窑节拍；

　　　N_f——选取窑的个数。

其余字母意义同前。养护周期包括了静停时间、升温时间、恒温时间、降温时间，并按其时间比例在窑长内分静停区、升温区、恒温区和降温区等。

三、蒸养压小车、模具车、架数和模板数的计算通式

当设计蒸养压工段时，选定了养护设备后，相应地要确定养护辅助设施的数量，其数量的计算，根据流水线生产原理，按节拍工位进行工艺布置以及辅助设施的选型计算。其辅助设施数量按下式计算：

$$N_a = (N_f n_f + \Delta n + n'_1) K_5 \qquad (1\text{-}8\text{-}16)$$

式中　N_a——蒸养压小车、模具车、瓦架、模板需要数量；

　　Δn——窑前或釜前预养小车数；

　　n'_1——周转需要量；

　　K_5——检修预备系数。

其余字母意义同前。本公式适用间歇式或连续式周转的蒸养压小车、模具车、瓦架、模板需要数量的计算。

若采用窑前或釜前静停预养工艺，可以缩短养护时间，但多了预养静停的蒸养压小车数量，其增加的数量按下式计算：

$$\Delta n = \frac{60 t'_2}{t'_c} \tag{1-8-17}$$

式中　t'_2——窑前或釜前静停预养小时数。

其余字母意义同前。周转需要数分两部分计算；第一部分为预备一个小车、一个模具车、一个瓦架或一架（混凝土小型空心砌块全自动化生产线子母车每叉一次为一架）；第二部分为生产线上按养护工段的节拍划分为工位，其工位数就是小车数、模具车数、架数等。

检修预备系数：普通构件和墙体材料取 1.05，预应力构件取 1.07；管、杆构件取 1.10。

若 N_f 是采用式（1-8-3）计算的，应取 $N_f - 1$；若不需要釜前预养静停的，取 $\Delta n = 0$；每窑装模板数按式（1-8-14）计算。

若计算模板数量时，周转需要数量只取第二部分；若按第二种进出养护窑或蒸压釜方式周转时，周转需要数只取第一部分。

四、底托板、瓦模、钢模所需数量的计算通式

在蒸养压工段设计时，要维持正常生产所需要的底托板数、瓦模数、钢模数量，取决于产品的产量和规格品种以及生产工艺方法，通过计算确定其数量。

$$N_b = N_a n_1 + n_4 \tag{1-8-18}$$

式中　N_b——底托板、瓦模、钢模所需数量；

　　n_1——每车、每架底托板、瓦模、钢模数量；

　　n_4——传送带上存放的数量；

其中：

$$n_1 = n_2 n_3 \tag{1-8-19}$$

式中　n_2——每车、每架所放底托板、瓦模、钢模层数；

　　n_3——每层所放底托板、瓦模、钢模的数量

其余字母的意义同前。当成型车间采用流水传送带法传送底托板、瓦模、钢模时，要加上传送带上存放的数量，按工位进行统计。当采用机组流水法生产时，不应加 n_4。

五、养护工段工艺布置原则

1. 养护窑要严格进行保温，特别是窑门要做到既保温又严密，不漏汽。养护工段要设自动控制系统，各窑要有测温装置，并在上中下、左右设测温点。避免人为的干扰。并

要有自动记录装置。

2. 蒸压釜设在露天时，其地坑要做排水坡度，并通入地下水道。

3. 隧道窑的结构部分，不得与厂房共同使用墙或柱。当蒸汽养护工段设在厂房内时，应有良好的排除蒸汽的设施，以免锈蚀设备。

4. 要设计好窑或釜前后的运输装置，使工艺流程顺畅，检修、操作方便，并要留有一定的中间暂存地。

5. 若采用卷扬机拉出蒸养小车时，其卷扬机应设置在釜前的左边或右边方便的空地方，并采用导向滑轮转向。

第四节　利用热电厂的过热蒸汽蒸压灰砂制品的试验

开发和节约能源是一项基本国策，集中供热、热电联产是利用和节约能源的一条途径。我国有 40 万台小锅炉，每年耗煤约 3 亿吨，约占全国煤炭总产量的 30%～40%。若将其中的 10%～15% 的小锅炉改造成热电联产，相当于 1000 万 kW 的发电容量，既可满足供热，每年又可增加发电量 400～500 亿度，可缓解目前电力紧张的局面。同时热电厂的锅炉效率和收尘率高，每年既可节约原煤约 2000 万吨，又可减少对大气的污染。因此，集中供热、热电联产应予以提倡和发展。

一、试验目的

我国一般建立小型热电厂，以实现划片供热、热电联产。在"六五"期间，我国建立一批热电厂，热电厂生产的蒸汽是过热蒸汽。目前，过热蒸汽在国内已应用于棉纺、化肥、塑化、造纸、橡胶、制盐、火柴、印刷、制糖、炼油、冶金和啤酒等工厂。

建材行业的制品养护占整个制品直接能耗的 80% 左右。按传统做法，建材制品的养护采用饱和蒸汽。并认为，只有饱和蒸汽才具有硅酸盐内部结构形成的化学反应的湿热条件，不宜直接采用过热蒸汽蒸压硅酸盐制品，这就阻碍了建材行业参加联网供热的行列，这个问题必须解决，以适应当前节能形势。

在某市新建一座装机容量 1.2 万 kW 的小型热电厂，该热电厂在设计时已考虑了硅酸盐制品分厂利用过热蒸汽的压力和用量，且分厂又在热电厂联网供热的范围内。现在热电厂有一台 6000kW 的背压式汽轮发电机组已发电供热，该市经委要求硅酸盐制品分厂必须采用热电厂的过热蒸汽。我们从理论上进行了分析和探索，认为过热蒸汽也能满足硅酸盐制品化学反应时的湿热条件，但必须进行试验加以证实。为此，我们进行了直接用过热蒸汽蒸压灰砂制品的首次试验。

二、试验条件、时间和地点

1. 试验条件

热电厂已发电供热的一台 6000kW 的发电机组，排出的过热蒸汽压力为 0.95MPa，温度为 290～300℃，并设计有一套蒸汽压力、温度自动控制记录装置。该厂的过热蒸汽用保温管道输送到硅酸盐制品分厂配汽房。保温管道的规格和长度如下：$\phi 377 \times 10mm$ 管道长度为 1283.9m，$\phi 325 \times 10mm$ 管道的长度为 100m，$\phi 108mm$ 管道的长度为 400m，全程共计

1783.9m。到硅酸盐制品厂配汽房后的过热蒸汽的压力为 0.86MPa，温度为 194 ~ 202℃。在蒸压釜的两端各有一个压力表。测温点在釜一头顶部的 1/3 处，采用水银温度计测温，进汽口位于釜顶部另一头的 1/3 处。蒸压釜的进口端部伸入厂房内，其他部分位于露天。试验时，天气晴间多云，最高温度为 13 ~ 14℃，最低温度为 2 ~ 3℃。

2. 试验地点

试验地点在该市硅酸盐制品分厂内进行。该分厂共有四台直径 2m、长 21m 的蒸压釜，每台装小车 19 辆，每釜共装灰砂砖 19000 块，试验了 1 号釜和 2 号釜，共计蒸压灰砂砖 38000 块。

3. 试验时间

从 1991 年 1 月 29 日 14 时 35 分开始 2 号釜试验，到 1 月 30 日 5 时 30 分 1 号蒸压釜蒸压完毕为止。

三、试验方案

试验机理主要采用合理的蒸压制度，保证过热蒸汽进入压蒸釜中后热焓降低，转变成饱和蒸汽。

该厂目前只生产 10 级的灰砂砖，在配比、原材料和制造工艺参数保持不变的情况下，进行了两釜不同蒸压制度的试验。

1. 2 号釜的蒸压试验：

在 2 号釜中装 19 辆灰砂砖小车进行过热蒸汽蒸压试验。此釜是在 12 点以前刚出釜时进试验砖坯的，并关好釜门充气密封釜盖，直到 14 时 35 分开始进过热蒸汽前测温时，釜内温度已达 74℃，按此初温及 3—5.5—2h 的蒸压制度进行蒸压，并按阶梯式升温 3h。在恒温时，由于用汽户较多，故有半小时降压，且釜门严重漏汽，这时停止了其他用户供汽，保证试验顺利进行。在降温开始阶段以 2℃/min 的速度降温。

2. 1 号釜的蒸压试验：

在 2 号釜蒸压过程中，装 1 号釜的灰砂砖坯，按厂里蒸压制度进行过热蒸汽蒸压试验。蒸压制度为 2—5—1.5h，在开始升温阶段同 2 号釜一样有一段时间停止供汽。此釜在蒸压过程中较为正常。升温起始温度低，不象 2 号釜那样起始温度高。

四、2 号釜测试结果及分析

1. 测试温度和压力如表 1-8-5 所示。

测试温度和压力   表 1-8-5

阶 段	升 温 阶 段							恒 温 阶 段				降 温 阶 段				
时间（min）	0	40	50	150	160	170	180	190	325	340	350	375	530	540	610	650	660
温度（℃）	74	118	118	178	178	179	179	182	180	178	178	180	180	176	124	108	106
压力（MPa）	0	0.12	0.12	0.72	0.76	0.80	0.82	0.82	0.83	0.78	0.71	0.82	0.82	0.74	0.13	0	0

2. 测试分析

一般用温度控制进汽量，即控制升（降）温速度，每 10min 记录一次。由于是手工操作，不够熟练，所以控制升（降）温速度出现忽慢忽快的现象。

在升温过程中，升温前期（120℃以前）的压力比升温后期（120~180℃）的压力升得快一些。

在恒温阶段，外压有半小时的降压，且釜内压力大于釜盖充汽压力，致使进釜端严重漏汽，釜内降压0.17MPa，而温度下降4℃。这对制品是有影响的。其他恒温阶段，压力为0.82~0.87MPa，温度在180~182℃之间较平稳。

在恒温阶段蒸汽压力平稳，不能有较大的波动，这与热电厂热负荷设计有很大关系。一般来讲，建材制品的蒸压处理所需蒸汽压力比其他行业所需蒸汽压力要高。在热电厂热负荷设计时，其蒸汽用量主要考虑要以建材制品所需蒸汽用量为主。

在降温阶段停止供汽时，压力开始降低，而温度维持不变。在蒸压釜排汽时，在降温较长阶段，其压力比后期降温阶段的压力降得快。而在降温较长阶段比后期降温时的温度降得慢。蒸压釜内蒸汽排尽时，压力为零，温度维持100℃左右，再降低温度是很缓慢的。按厂里的操作，这时打开釜门拉出制品。由于制品温度与室外温差大，使制品出现收缩裂纹。

在降温阶段应在开始降温时放汽，用降温速度控制放汽量。为了找出阀门旋转多少次与降温速度的对应关系，这就需要反复多次，才能得出其经验数据。其次，当蒸压釜内蒸汽排尽后，应打开厂房内一端釜门，继续降温，使之与室外温度尽量接近，才能从釜内拉出装有制品的小车。

3. 抽样检查试验结果

灰砂砖制品的抽样和试验按硅酸盐制品分厂实验室现行办法，由分厂实验室负责抽样和试验。1号釜试件为9块，其抗压强度和抗折强度见表1-8-6。2号釜试件为8块，其抗压强度和抗折强度见表1-8-7。两釜灰砂砖的等级均评定为10级。

1号釜灰砂砖试件的抗压、抗折强度   表1-8-6

抗压强度（MPa）		抗折强度（MPa）	
平均值	最小单值	平均值	最小单值
15.29	8.78	3.87	2.46

2号釜灰砂砖试件的抗压、抗折强度   表1-8-7

抗压强度（MPa）		抗折强度（MPa）	
平均值	最小单值	平均值	最小单值
11.75	8.35	3.21	2.48

五、结论和存在问题

1. 直接利用过热蒸汽蒸压灰砂砖是可行的

我们认为热电厂的过热蒸汽（0.95MPa、300℃左右）可通过保温管道直接输送到蒸压釜内，进行灰砂砖的压蒸处理，压蒸制度为2—5—1.5h是可行的。过热蒸汽到达蒸压釜内，由于热焓降低，用蒸压制度保证其转变成饱和蒸汽。

2. 存在的问题

存在的问题是蒸压釜上的测温点太少，只有釜顶一个测温点，且距釜顶进汽口近，温度偏高。此外，还应补充做外观尺寸的检验和抗冻性试验以及制品的微观分析。是否与饱和蒸汽养护后制品的结晶体相同。

第五节　过热蒸汽蒸压粉煤灰制品的机理及自动控制

一、概述

粉煤灰制品有粉煤灰砖、粉煤灰砌块、粉煤灰硅钙板、粉煤灰加气混凝土砌块以及粉煤灰加气混凝土板等，都是采用蒸压养护，使其具有一定的强度，作为墙体材料使用的。按传统观点，蒸压养护采用的是饱和蒸汽。由于国家的节能政策，目前已经发展了许多热电厂，国家要求所有用蒸汽的厂家，都要参加联网供热。而热电厂生产的是过热蒸汽，按原苏联教科书：过热蒸汽不宜用于粉煤灰硅酸盐制品的养护，因它能使粉煤灰制品干涸。因此，为解决粉煤灰制品厂联网供热，许多单位将其作为课题进行研究，我们从理论上探讨了过热蒸汽可直接用于粉煤灰制品的蒸压养护，并被 1991 年 1 月在蒸压釜上进行的试验所证实，从而解决了人们研究中的一道难题。为使建材行业参加联网供热，节约能源，保护环境，特对利用过热蒸汽蒸压粉煤灰制品的机理进行剖析，对设计生产中应注意的问题及节能效益进行论述。

二、过热蒸汽在蒸压中转变成饱和蒸汽的机理

1. 升温阶段过热蒸汽转变成饱和蒸汽直至形成冷凝水的机理

根据热传递规律，热量只能自发地从高温物体向低温物体传递，直到热平衡为止。水在一定压力下加热，可以转变成饱和蒸汽，而饱和蒸汽在同压力下继续加热，可以转变成过热蒸汽。很明显，必须有足够的热量，才能实现这种转变。相反，过热蒸汽的过热热传递完后转变成饱和蒸汽，饱和蒸汽的汽化热传递完后转变成饱和水，甚至饱和水部分液化热传递转变成冷凝水。很明显，它们转变不需要外界热量，只要有温差就能实现这个转变。又根据傅立叶定律，两物体温差越大，在单位时间内单位面积上传递热量也就越多。因为在升温开始阶段，由于小车、半成品、釜内体表面以及空间的温度远低于过热蒸汽的温度，温差很大，在进釜瞬间应自发地、激烈地进行蒸汽冷凝的热交换。于是，过热蒸汽热量迅速传递给釜内空间、釜内体表面、小车及半成品，造成釜内温度升高，而釜内过热蒸汽温度迅速降低，最终过热蒸汽迅速转变成冷凝水。在升温过程中，为了节约能源，冷凝水定时被排出釜外。

在蒸压釜中每升高一度所需热量是一定的，其热量来源是过热蒸汽，通过控制过热蒸汽的进汽量就可控制升温速度。随着釜内温度逐渐上升，过热蒸汽转变成冷凝水的温度也随之升高，当达到 100℃ 以上时，不但蒸压釜内温度上升，而且压力也上升，一直上升到过热蒸汽的压力以及同压力下的饱和蒸汽的温度为止。这时，冷凝水的温度也达到了饱和水的温度。因此，整个升温阶段就是过热蒸汽放热降温，而小车、半成品、釜内体表面及空间吸热升温过程。所以，在升温阶段，过热蒸汽并不是使制品干涸，恰恰相反，它能创造半成品的湿热反应条件。

2. 恒温阶段过热蒸汽转变成饱和蒸汽的机理

我们是根据过热蒸汽、饱和蒸汽的性质进行恒温控制的。若采用压力控制的话，区分不了是过热蒸汽还是饱和蒸汽，这是因为，过热蒸汽和饱和蒸汽的压力相同，过热蒸汽是饱和蒸汽在同压力下加热转变而来的，因而采用压力控制就无法知道进了多少过热蒸汽到蒸压釜中，甚至会达到过热蒸气的温度的危险，这是不允许的。但是，在同压力下，过热蒸汽和饱和蒸汽的温度就不同了，过热蒸汽的温度比同压力下的饱和蒸汽的温度高许多，而且决定蒸压效果的不是压力，而是恒温温度和恒温时间，所以采用温度控制为主。很明显，应该采用过热蒸汽的同压力下的饱和蒸汽的温度来控制恒温温度，也只有采用过热蒸汽同压力下的饱和蒸汽的温度来控制，才能阻止在蒸压釜中饱和蒸汽转变为过热蒸汽。

在恒温阶段，由于蒸压釜四周散热损失和半成品的继续吸热而使蒸压釜内温度降低，这时要补充过热蒸汽来保持恒温阶段的恒温温度。所补充的过热蒸汽实际上是用过热蒸汽的全部过热热量和其转变为饱和蒸汽的部分汽化热来补充恒温阶段釜中的热量损失。所以在恒温阶段也不是使制品干涸，而是在湿热条件下，粉煤灰制品中的 SiO_2 和 CaO 进行强烈的化学反应，生成各种水化硅酸钙和托贝莫莱石，使制品具有强度。

三、利用过热蒸汽蒸压粉煤灰制品应注意的问题

首先，热电厂的汽轮发电机选型，应满足粉煤灰制品的蒸压条件。热电厂的汽轮发电机排出的过热蒸汽的压力应保持在 0.8～1.3MPa 的范围，以符合粉煤灰制品的蒸压养护压力的要求，就能满足蒸压养护 174～194℃的温度的要求，选用 B_6—15/10 型的背压式的汽轮发电机组就能满足要求。另外，要保证粉煤灰制品蒸压养护的小时最大供汽量，不可在蒸压过程中时而有汽，时而无汽，断断续续的。

第二，采用过热蒸汽时，蒸压工段必须采用自动控制。通过机理分析，采用过热蒸汽蒸压粉煤灰制品，必须用自动控制系统，避免人为因素的干扰，不然会影响制品的强度。以温度控制为主的测温装置采用热电偶。在釜体上安装热电偶，通过信号反馈，控制电动蒸汽阀门的开度大小，从而控制进汽量进行升温、恒温和降温的自动控制。控制室应设自动记录温度控制曲线和压力曲线的装置，以利蒸压时监控、分析和存档。温度测试应采用多点控制。如在釜体下面和上面以及沿长度方向的左中右等处设置，方能反映出釜中实际温度，保证釜内的蒸汽是饱和蒸汽。

第三，蒸压釜的进汽点应设置在釜体下方两侧，且在冷凝水面上方。进釜后应有一长管沿釜体下方两侧的长度方向设置，且管道上有许多朝下的出汽孔眼，并在它的上方设一挡板。这样，就能保证过热蒸汽不直接冲击半成品，且首先在下方进行激烈的热交换，同时也可保证釜体内上面和下面或沿釜体内长度方向左中右等处温差小。

第四，确定恒温温度。采用过热蒸汽时，在恒温阶段用同压力下的饱和蒸汽温度来控制恒温温度。那么其恒温温度怎么确定呢？一般以压力来确定饱和蒸汽的温度。因为，在一定压力下有一定的饱和蒸汽的温度相对应，可以查表得出。饱和蒸汽温度又不能用热电厂的过热蒸汽的压力来确定。这是因为过热蒸汽在管道输送过程有压力损失，一般管道输送 1km，压力损失 0.1MPa。应该用管道输送到蒸压釜控制室的压力来确定饱和蒸汽的温度。其数值用压力表测定，根据测定的过热蒸汽的压力值，查饱和蒸汽物理参数表，就可找出同压力下对应的饱和蒸汽的温度，作为恒温时的控制温度。

四、利用过热蒸汽的节能效益

1. 实行热电联产，利用热电厂过热蒸汽本身就是一种节能。我国有 40 多万台小锅炉，每年耗煤约 3 亿多吨，如果将其中的 10%～15% 改造成热电联产，相当于 1000 万 kW 发电量，既可满足供热，又可每年增加发电量 400～500 亿度，还可以提高锅炉的热效率，每年可节约原煤约 2000 万吨。

2. 直接利用过热蒸汽比间接利用过热蒸汽能充分利用过热蒸汽的过热热量。而间接利用使过热热量白白地损失掉了。按湖北省年产 25900 万块粉煤灰砖计，每年可节约蒸汽 1709.4t，折合标煤约 119.14t。

3. 建立热电厂，便于集中管理，可省掉各厂的锅炉房投资、占地、电耗以及运输管理人员，并减少对大气的污染。

第九章　各专业设计计算资料

各专业设计资料包括了电气专业、动力专业、通风除尘专业、蒸汽养护和蒸压养护等设计计算的资料。供设计建筑材料制品厂工艺设计计算时参考。

第一节　负荷计算及变压器选型

一、负荷计算内容和目的

1. 计算负荷也称需要负荷或最大负荷，在配电中，设计通常采用 30min 的最大平均负荷作为按发热条件选择电器或导体的依据。

2. 尖峰电流指单台或多台用电设备持续 1s 左右的最大负荷电流。一般取启动电流的周期分量，用来计算电压损失、电压波动，选择电气、保护元件等，在校验瞬时元件时，还应考虑启动电流的非周期分量。

3. 平均负荷为某一时间内用电设备所消耗的电能与该时间之比，常用有代表性的一昼夜内的电能消耗最多的一个班（即最大负荷班）的平均负荷，有时也计算年平均负荷。平均负荷用来计算最大负荷电能消耗量和无功补偿装置。

二、负荷计算方法

1. 用于计算变、配电所的负荷时，采用需要系数法。需要系数法是把设备功率乘以需要系数和同时系数，直接求出计算负荷。

2. 用于计算低压配电支干线和配电箱的负荷计算时，采用二项式法。二项式法指计算负荷包括用电设备组的平均功率，同时考虑数台大功率设备工作对负荷影响的附加功率。

三、设备功率的确定

进行负荷计算时，须将用电设备按其性质分为不同的用电设备组，然后确定设备功率。所谓设备功率 P_S 是将用电设备的额定功率 P_e 或额定容量 S_e（指铭牌上的数据），即不同负载持续率下的额定功率或额定容量，换算成统一负载持续率下的有功功率。

1. 连续工作制的电动机设备功率等于额定功率。

2. 断续式的短时工作制的电动机（如起重机用的电动机等）的设备功率是指将额定功率换算成统一负载持续率下的有功功率。当采用需要系数法或二项式法时，应统一换算到负载持续率为 25% 下的有功功率：

$$P_S = 2P_e \sqrt{\varepsilon_e} \tag{1-9-1}$$

式中　P_e——电动机额定功率（kW）；

ε_e——电动机额定负载持续率，$\varepsilon_e = 25\%$。

3. 电焊机的设备功率是指将额定容量换算到负载持续率为 100% 时的有功功率：

$$P_S = S_e \sqrt{\varepsilon_e} \cos\phi \qquad (1\text{-}9\text{-}2)$$

式中　ε_e——电焊机额定负载持续率，$\varepsilon_e = 100\%$；

　　　S_e——电焊机额定容量（kV·A）；

　　$\cos\phi$——功率因素，查表。

4. 电炉变压器的设备功率是指额定功率因数时的有功功率：

$$P_S = S_e \cos\phi \qquad (1\text{-}9\text{-}3)$$

式中　S_e——电炉变压器额定容量（kV·A）；

　　$\cos\phi$——功率因素，查表。

5. 整流器的设备功率是指额定直流功率。

6. 成组设备的设备功率是指不包括备用设备在内的所有单个用电设备功率之和。

7. 照明设备的功率为灯泡上标出的额定功率。对荧光灯及高压水银灯等还计入镇流器的功率损耗，即灯管的额定功率分别增加 20% 及 80%。

四、需要系数法确定的计算负荷

1. 用电设备组的计算负荷

有功功率：

$$P_{js} = K_n P_s \quad (\text{kW}) \qquad (1\text{-}9\text{-}4)$$

无功功率：

$$Q_{js} = P_{is} \tan\phi \quad (\text{kvar}) \qquad (1\text{-}9\text{-}5)$$

视在功率：

$$S_{js} = \sqrt{P_{js}^2 + Q_{js}^2} \quad (\text{kV·A}) \qquad (1\text{-}9\text{-}6)$$

2. 配电干线或车间变电所的计算负荷

有功功率：

$$P_{js} = K_{\Sigma p} \Sigma (K_n P_s) \quad (\text{kW}) \qquad (1\text{-}9\text{-}7)$$

无功功率：

$$Q_{js} = K_{\Sigma q} \Sigma (K_n P_s \tan\phi) \quad (\text{kvar}) \qquad (1\text{-}9\text{-}8)$$

视在功率：

$$S_{js} = \sqrt{P_{js}^2 + Q_{js}^2} \quad (\text{kV·A}) \qquad (1\text{-}9\text{-}9)$$

式中　K_n——需要系数，查表；

$K_{\Sigma p}$、$K_{\Sigma q}$——有功、无功同时系数，分别取 0.8 ~ 0.9 及 0.93 ~ 0.97。

3. 配电所或总降压变电所的计算负荷

其计算负荷为各车间变电所计算负荷之和乘以同时系数 $K_{\Sigma p}$、$K_{\Sigma q}$。对配电所分别取 0.85 ~ 1.0 和 0.95 ~ 1.0；对总降压变电所则分别取 0.8 ~ 0.9 和 0.93 ~ 0.97 值。

当简化计算时，同时系数 $K_{\Sigma p}$、$K_{\Sigma q}$ 都取 $K_{\Sigma p}$。

五、功率损耗计算

1. 三相线路中有功及无功功率损耗

$$\Delta P_x = 3I_{is}^2 R \times 10^{-3} \quad (kW) \tag{1-9-10}$$

$$\Delta Q_x = 3I_{js}^2 X \times 10^{-3} \quad (kvar) \tag{1-9-11}$$

式中　R——线路每项电阻（Ω），$R = R_0 L$；

　　　X——线路每项电抗（Ω），$X = X_0 L$；

　　　L——线路计算长度（km）；

　　　R_0——线路单位长度的交流电阻（Ω/km）；

　　　X_0——线路单位长度的交流电抗（Ω/km）。

2. 电力变压器的有功及无功功率损耗概略计算

$$\Delta P_b = 0.02 S_{is} \quad (kW) \tag{1-9-12}$$

$$\Delta Q_b = 0.1 S_{is} \quad (kvar) \tag{1-9-13}$$

3. 高压电动机的有功及无功功率损耗

$$\Delta P_a = P_e (1 - \eta) / \eta \quad (kW) \tag{1-9-14}$$

$$\Delta Q_a = \Delta P_a \tan\phi \quad (kvar) \tag{1-9-15}$$

式中　P_e——电动机额定功率（kW）；

　　　η——电动机效率；

　　$\tan\phi$——电动机额定功率因数角的正切值。

六、无功功率补偿

1. 提高用电设备自然功率因数。

2. 采用电力电容器补偿。

3. 采用同步电动机补偿。

4. 电力电容器补偿方式的选择。（略）

七、变压器选型

变压器型号有：500kV·A、630kV·A、800kV·A、2×500kV·A、2×630kV·A 等。

1. 变压器容量应根据计算负荷选择，对平稳负荷的单台变压器一般负荷率取 85% 左右。

$$S = \Sigma P \div 0.9 \div K \tag{1-9-16}$$

式中　S——变压器容量（kV·A）；

　　　K——负荷率，取 85%；

　　ΣP——全厂计算负荷总容量。

2. 变压器的容量应根据电动机启动或其他冲击负荷的条件进行计算。

3. 选择变压器容量应考虑低压电器的短路工作条件。单台变压器不大于 1000kV·A。

八、常用用电设备的需要系数和功率因数

1. 常用用电设备的需要系数和功率因数（表1-9-1）

表 1-9-1

设备名称	K	$\cos\phi$	$\tan\phi$	设备名称	K	$\cos\phi$	$\tan\phi$
电磁振动给料机	0.65	0.75	0.88	挤压成型机	0.70	0.75	0.88
圆盘给料机	0.65	0.75	0.88	附着式振动器	0.70	0.8	0.75
胶带给料机	0.7	0.75	0.88	离心成型机	0.75	0.75	0.88
螺旋给料机	0.75	0.75	0.88	起重运输机	0.35	0.5	1.75
胶带输送机	0.7	0.75	0.88	卷扬机	0.35	0.7	1.02
螺旋输送机	0.65	0.75	0.88	顶车机	0.35	0.5	1.73
斗式提升机	0.65	0.75	0.88	牵引机	0.35	0.5	1.73
振动筛	0.6	0.7	1.02	电动葫芦	0.2	0.5	1.73
筛砂机	0.75	0.7	1.02	真空泵	0.8	0.85	0.62
滚筒筛	0.8	0.8	0.75	空压机	0.8	0.8	0.75
筛洗机	0.8	0.8	0.75	离心水泵	0.8	0.8	0.75
颚式破碎机	0.7	0.75	0.88	污水泵	0.7	0.8	0.75
反击式破碎机	0.7	0.75	0.88	砂泵	0.8	0.8	0.75
锤式破碎机	0.7	0.75	0.88	油泵	0.7	0.8	0.75
球磨机	0.9	0.8	0.75	通风机	0.75	0.85	0.75
悬挂式磁选机	0.65	0.7	1.02	除尘器	0.75	0.85	0.62
电磁胶带滚筒	0.65	0.7	1.02	电焊机	0.4	0.6	1.33
双轴搅拌机	0.65	0.75	0.88	点焊机	0.4	0.6	1.33
砂浆搅拌机	0.65	0.75	0.88	对焊机	0.35	0.7	1.02
强制式搅拌机	0.65	0.75	0.88	骨架焊接机	0.5	0.7	1.02
混凝土浇灌机	0.6	0.75	0.88	钢筋调直切断机	0.6	0.75	0.88
混凝土浇注机	0.6	0.75	0.88	切断机	0.6	0.75	0.88
混凝土输送车	0.6	0.75	0.88	冷加工机床	0.2	0.5	1.73
振动台	0.35	0.8	0.75	电加热器	0.8	0.95	0.33
压砖机	0.7	0.75	0.88	电阻炉	0.8	0.95	0.33
制瓦机	0.7	0.75	0.88	干燥箱	0.8	0.95	0.33
砌块成型机	0.75	0.75	0.88				

2. 不同工厂和车间的需要系数及功率因数（表 1-9-2）

表 1-9-2

工厂和车间名称	K	$\cos\phi$	$\tan\phi$	工厂和车间名称	K	$\cos\phi$	$\tan\phi$
混凝土预制构件厂	0.6	0.7	1.02	板材传送法成型车间	0.4	0.7	1.02
大型墙板厂	0.45	0.7	1.02	砂石堆场	0.3	0.5	1.73
混凝土砌块厂	0.65	0.77	0.85	搅拌车间	0.65	0.8	0.8
普通混凝土管厂	0.6	0.75	0.88	钢筋车间	0.4	0.5	1.73
预应力管厂	0.5	0.75	0.88	水泥筒仓	0.5	0.75	0.88
预应力电杆厂	0.6	0.75	0.88	机修、木工	0.4	0.6	1.73
预制构件成型车间	0.4	0.7	1.02	水、污泵房	0.65	0.8	0.75
混凝土管成型车间	0.65	0.7	1.02	锅炉房	0.8	0.8	0.8
预应力管成型车间	0.4	0.7	1.02	成品仓库	0.5	0.75	0.88
预应力电杆成型车间	0.4	0.7	1.02				

3. 单位建筑面积照明设备电容量指标（表1-9-3）

表1-9-3

建筑物名称	单位容量（W/m²）	建筑物名称	单位容量（W/m²）
原料堆场	0.5	水泥筒仓	5~6
材料库	6	木工车间	7~9
原料处理工段	7	机修车间	10~12
混和料制备工段	7	实验室	10~16
消化工段	7	成品堆场	0.5
坯料制备工段	7~7.5	锅炉房	8~10
混凝土搅拌车间	8~10	水泵房	10
成型车间	7~9	变电所	10
钢筋车间	10~12	生活间	8
筛洗车间	5~6	养护工段	5
胶带机通廊或栈桥	3~4	汽车库	4

第二节 压缩空气站设计计算

一、设备耗气量（表1-9-4）

设备耗气量

表1-9-4

用气设备及用气点	用途	耗气量（m³/min）	压力要求（kg/cm²）	说明
风动振捣器		0.85~1.25	3~6	
点焊机		0.25~0.36	5~5.5	
冲气头（φ10）	每个	0.03~0.05	0.3~0.5	
多孔棒对水泥吹气	每平方米	0.5~1.0	0.5~1	平方米冲气面积需气
库底卸料器				
充气	每吨	1.0	0.5~1	每吨料需要气
吹气	每吨	1.0	1.5~3	每吨料需要气
气动两路阀门单仓泵			2~4	
CP型		20	5	管径φ125mm
QY型		10	2~3.5	管径φ100mm
		16	2~3.5	管径φ125mm
螺旋空气输送泵				
φ100		4.1	3	
φ125~φ135		8.3	3	
φ150		12~15	3~4	
水泥喷浆罐		3.5	3.5~4	
单阶搅拌楼用气		2~3	4	

用气设备及用气点	用 途	耗气量（m³/min）	压力要求（kg/cm²）	说 明
成型机压阴模气囊	每个	0.5	1	3/4″×1/2
水泥计量秤斗气锤		0.05	0.5	3/4
色料计量秤斗气锤		0.05	0.5	3/4″
水泥库锥形底冲气	每个	0.03～0.05	0.3～0.5	3/4″
底托板喷油		0.05	0.5	3/4
湿产品传送带	吹渣	0.05	0.3	3/4″
干产品传送带	吹渣	0.05	0.3	3/4
反吹风除尘器	每台	0.13～0.3	6～7	
刮板输送机	每个	0.5	4～6	
石棉电子秤		0.05	6	
石灰膏计量卸料闸门		0.05	3	
倒袋喂棉机		0.05	4	
负压吊具				见样本

二、空气压缩机选型

$$V = K_1 K_2 V_0 \qquad\qquad (1\text{-}9\text{-}17)$$

式中　V——压缩空气站生产能力（m³/min）；

　　　V_0——按上表计算的压缩空气消耗量（m³/min）；

　　　K_1——管道漏损及储备系数，取值 1.1～1.25；

　　　K_2——高原修正系数，参照表 1-9-5 选取。

高原修正系数 K_2　　　　　　　　　　　表 1-9-5

海拔高度（m）	0	300	600	900	1200	1500	1800	2100	2400	2700	3000
高原修正系数（K_2）	1	1.04	1.07	1.11	1.16	1.20	1.25	1.29	1.34	1.39	1.50

三、设计压缩空气站注意问题

1. 往复式空气压缩机一般都随机供应贮气罐，贮气罐应安装在机房外，贮气罐上应附有安全阀和压力表，压力表应安装在室内操作地点附近。

2. 排气量在 10～100m³/min 的空气压缩机，可根据需要配备后冷却器，装设后冷却器可使排气温度降到 40℃左右。后冷却器除对压缩空气有冷却作用外，还有利于油水分离，压缩空气用户点前必须装设油水分离器。

3. 从空气压缩机排气口至贮气罐的管段上应装设逆止阀。

4. 空气压缩机的吸气管不宜太长，一般应小于 12m。吸气管应设在较清洁而阴凉的地方，并设置空气过滤装置。

5. 当用气点离压缩空气站较远时，可在用气点附近另设贮气罐。

6. 压缩空气站厂房内温度，冬季不应低于10℃，夏季不应超过室外温度10℃，对厂房建筑物应考虑通风降温。

7. 小型压缩空气厂房，应设置检修吊钩。

四、压缩空气贮气罐

1. 压缩空气贮气罐的作用

(1) 用于贮存、调节压缩空气的供需量；

(2) 减少压缩空气排气的"脉冲"现象，使气压较稳定；

(3) 减少压缩空气中的水分和油质；

(4) 降低压缩空气的温度。

2. 贮气罐的容积计算

$$V_c = KV \qquad (1-9-18)$$

式中　V_c——贮气罐的容积，一般随压缩空气机配套供应（m^3）；

　　　V——压缩空气机排气量（m^3/min）；

　　　K——经验系数，按表1-9-6选取。

经验系数 K　　　　　　　　　　　　　　　　　　表1-9-6

V（m^3/min）	< 6	6 ~ 30	> 30
K	0.20	0.15	0.10

3. 当用气点离压缩空气站较远，为调节压缩空气的供需量，一般另设置贮气罐，其贮气罐的容积计算

$$V_{c1} = 1.6\sqrt{V_1} \qquad (1-9-19)$$

式中　V_{c1}——另设置贮气罐的容积（m^3）；

　　　V_1——用气点的空气消耗量（m^3/min）。

贮气罐额定压力为8kg/cm^2。

五、压缩空气分配器

1. 选型

有6嘴和10嘴空气分配器，一般选用6嘴空气分配器。空气压力3.5kg/cm^2，电机功率1kW，$n = 1420r/min$，减速机速比3069.5，出轴转速0.463r/min，重量为850kg。

2. 操作和水泥库底结构

6嘴和10嘴空气分配器系由电动机通过偏心盘和棘轮驱动一套（6个或10个）调节盘，在调节盘上装有一圈顶销用以启闭阀门。调节时间长短由调节盘内滑块的位置和盘上顶销的数量来决定。进空气分配器管道直径为$\phi100mm$，出空气分配器的管道直径为$\phi80mm$。

在水泥库底卸料漏斗出口处，设空气吹嘴进行吹松卸料。一般采用小管吹松装置，设四只$\phi20mm$，壁厚为2.75mm的水煤气输送钢管。其结构为：主管为$\phi50mm$，壁厚3.5mm的水煤气输送钢管，然后接两只$\phi25mm$，壁厚3.25mm的水煤气输送钢管，再各分两只支

管 $\phi 20mm$，壁厚 2.75mm，进库底壁。在两支管上各设一个空气过滤器 $\phi 20mm$，共四个，各支管设一个截止阀门，共两个。深入库底内支管头部应做成 150°弯管，$R = 50mm$。

六、压缩空气过滤器及输送管道

1．压缩空气过滤器

在压缩空气进入用气点之前，必须先经过空气过滤器，除去油和水。同时，每个用气点还要设三大件，其目的是分离气、水和气、油。其二是降压。降压要根据用气点的设备的承受压力而定。

2．压缩空气输送管道

表 1-9-7 中列出压缩空气输送管道管径选择，该表是以管道初压为 6 个大气压，在直线管道中的压力降每 100m 为 $1000kg/m^2$ 所得。

压缩空气输送管道管径选择 表 1-9-7

压缩空气输送量（m³/min）	距 离 （m）										
	25	50	100	200	300	400	500	600	700	800	1000
	管 径 （mm）										
1	20	25	25		32		36				
2	32	32	36		42		45				
5	36	40	45		56		63				
10	45	50	56		75		80				
12.5		56	63	75	80	89	89	95	100	108	108
15	50	63	70	80	89	95	95	100	108	110	120
17.5		63	75	89	95	100	108	108	110	120	125
20	56	70	80	89	100	108	110	110	120	125	130
25	63	75	89	100	108	110	120	125	125	130	133

第三节　收尘系统设计计算

一、密闭尘源的方法

1．局部密闭——宜用于集中并连续扬尘且瞬时增压不大的尘源。

2．整体密闭——宜用于全面扬尘或机械振动力大的设备。

3．大容积密闭小室——宜用于大面积散尘和检修频繁的设备。

二、抽风量的选择（表 1-9-8）

抽 风 量 的 选 择 表 1-9-8

序　号	生产设备名称及规格	抽风部位	抽风量（m³/h）	备　注
1	颚式破碎机 150×250～600×900	上部给料口密封罩上	600～1500	直接给料，落差小于 1.5m 时不抽风

序号	生产设备名称及规格	抽风部位	抽风量（m³/h）	备注
2	锤式破碎机 600×400 ~1000×800	卸料溜管末端	2000~6000 (1000~3500)	上部给料口若密封较好，可不抽或少抽风
3	反击式破碎机 ϕ500× 400，ϕ600×400	卸料溜管末端	3000~6000	上部给料口若密封较好，可不抽或少抽风
4	球磨机	出料口上方	3600	9t/h产量
5	双轴搅拌机	密封罩上	1500	
6	轮碾机	密封罩上	2000~2300	
7	振动筛 800×1600 900×1800 1250×1250	密封罩上部	局部 整体 大容积 1900 1600 1200 2400 2000 1500 4700 3500 2500	
8	螺旋输送机	受料处	400~600	
9	斗式提升机 料温小于50℃ 料温大于50℃	外壳底、头部	斗宽 300 400~500 1000 1400 1700 800 1000 1300	不是破碎机进料时，可适当减少风量
10	电磁振动给料机 DZ$_1$、DZ$_2$、DZ$_3$、DZ$_4$、DZ$_5$	下部受料设备密封罩上	500~1500	物料落差 200~500mm。大设备、落差大抽风大
11	板式给料机 轻型、中型	下部受料设备密封罩上	1500~2500	物料落差 200~500mm。大设备、落差大抽风大
12	胶带给料机	下部受料设备密封罩上	800~1000	物料落差 200~500mm。大设备、落差大抽风大
13	螺旋给料机	下部受料设备密封罩上	500~1000	物料落差 200~500mm。大设备、落差大抽风大
14	圆盘给料机	下部受料设备密封罩上	500~4000	物料落差 200~500mm。大设备、落差大抽风大
15	叶轮给料机	下部受料设备密封罩上	500~1000	物料落差 200~500mm。大设备、落差大抽风大
16	料仓	仓顶	400~1000	
17	胶带输送机至破碎机受料处 颚式破碎机 锤式破碎机 反击式破碎机	受料处	2000~2500 2000~2500 2000~2500	

1. 带式输送机的抽风量（表1-9-9）

抽风量还应考虑乘以带宽系数：B500为1.0；B650为1.25；B800为1.5；B1000为1.75。

落　　差		1.0m	2.0m	3.0m
溜　角	30°	700 （m³/h）	1000 （m³/h）	1200 （m³/h）
	45°	800 （m³/h）	1100 （m³/h）	1400 （m³/h）
	60°	900 （m³/h）	1300 （m³/h）	1700 （m³/h）
	90°	1000 （m³/h）	1500 （m³/h）	2000 （m³/h）

2. 排放口的含尘浓度

带式输送机收尘气体含尘浓度为 20~30g/标米³。

螺旋输送机收尘气体含尘浓度为 20~30g/标米³。

斗式提升机收尘气体含尘浓度为 20~30g/标米³。

颚式破碎机收尘气体含尘浓度为 10~16g/标米³。

锤式破碎机收尘气体含尘浓度为 15~75g/标米³。

反击式破碎机收尘气体含尘浓度为 40~100g/标米³。

球磨机收尘气体含尘浓度为 40~80g/标米³。

振动筛收尘气体含尘浓度为 25g/标米³。

例如：设有一台机械排风的水泥磨，出磨含尘气体的含尘浓度为 50g/标米³，气体温度为 100℃，则含尘气体的实际含尘浓度为 $50 \times \dfrac{273}{373} = 37g/m^3$。

3. 排放浓度要求

带式输送机的排放浓度的要求：$\leqslant 2mg/m^3$；

其他粉尘：$\leqslant 10mg/m^3$；

水泥：$\leqslant 150mg/m^3$。

三、除尘风管直径的计算

$$D = \sqrt{\frac{V}{2820\omega}} \quad (m) \tag{1-9-20}$$

式中　V——进入除尘系统的气体量（m³/h）；

　　　ω——除尘风管内的风速（m/s）。

其风速按表 1-9-10 选用。

倾　斜　管　道	垂　直　管　道	水　平　管　道
12~16	8~12	18~22

四、除尘系统设计注意问题

1. 除尘系统管道布置应力求简单，吸气点一般不宜超过 5~6 个。

2. 倾斜管道与地面的倾角不宜小于 45°。

3. 采用水平管道时，应尽量缩短距离，并采用较高风速，应大于 16m/s，同时设清灰孔。

4. 应尽量减少弯管，弯管半径为：$R = (1.5 \sim 3.0)D$，D 为管道直径。

5. 吸尘罩内风速为；$1.5 \sim 3\text{m/s}$。

6. 倾斜管道应在三通管、弯管、管道端部的侧面设清灰孔。

五、两支管道阻力平衡系数

$$\phi = (P_1/P_2)^{0.225} \qquad (1\text{-}9\text{-}21)$$

式中，P_2 小数放在分母；P_1 大数放在分子。

$$修正管径 = 小管直径 \times \phi$$

如：小管直径 = 160mm；大管直径 = 500mm。$P_1 = 5.55$；$P_2 = 3.46$，带入公式得：$\phi = (5.55/3.46)^{0.225} = 1.112$

$$\phi 160 \times 1.112 = \phi 180\text{mm}$$

六、风管阻力计算

1. 直管阻力的计算

$$\Delta P_1 = \lambda \frac{L}{D} \frac{w_a^2}{2g} r_a \qquad (\text{mmH}_2\text{O}) \qquad (1\text{-}9\text{-}22)$$

式中　L——风管长度（m）；

$\quad\quad D$——风管直径（m）；

$\quad\quad g$——重力加速度，为 9.81m/s^2；

$\quad\quad r_a$——空气密度，20℃时，$r_a = 1.2\text{kg/m}^3$；

$\quad\quad \lambda$——圆形风管的摩擦阻力系数；

$$\lambda = -2\lg\left(\frac{k}{3.71D} + \frac{2.51}{Re\sqrt{\lambda}}\right) \qquad (1\text{-}9\text{-}23)$$

$\quad\quad Re$——雷诺数；

$$Re = \frac{Dw_a}{\nu_a} \qquad (1\text{-}9\text{-}24)$$

$\quad\quad \nu_a$——空气的运动黏度（$\text{m}^3\text{/s}$）；在 20℃时，$\nu_a = 1.5 \times 10^{-5}\text{m}^3\text{/s}$；

$\quad\quad k$——风管内表面当量绝对粗糙度，对于钢制风管：$k = 0.15\text{mm}$；

$\quad\quad w_a$——空气在风管中的流速（m/s）。

2. 管网局部阻力计算

$$\Delta P_p = \zeta \frac{w_a^2}{2g} \nu_a \qquad (1\text{-}9\text{-}25)$$

式中　ΔP_p——管网中阀门或各个变向变径点的局部阻力（mmH$_2$O）；

$\quad\quad \zeta$——阀门或各个变向变径点的局部阻力系数。

3. 局部阻力系数计算

（1）渐扩管：

$\alpha < 45°$：大直径/小直径 $1.25 \sim 1.75$；$\zeta = 0.1 \sim 0.25$

$\alpha = 10 \sim 15°$：大直径/小直径 $2 \sim 2.5$；$\zeta = 0.15$

$\alpha = 20 \sim 30°$：大直径/小直径 $2 \sim 2.5$；$\zeta = 0.35$

（2）弯管：

弯管转弯半径/弯管直径 $= 0.75$；1.0；1.5；2.0；> 3

$\zeta = 0.5$；0.3；0.2；0.15；0.12

（3）三通管：

吸入：$\zeta = 0.2 \sim 0.35$

（4）两个三通管：

吸入：$\zeta = 0.2 \sim 0.35$

（5）插板阀：

$b/D = 1$　0.875　0.75　0.625　0.5　0.375　0.25　0.125

$\zeta = 0.05$　0.07　0.26　0.81　2.05　5.52　17.0　97.8

b 为空隙；D 为风管直径。

4. 除尘系统管网的总阻力和总风量

除尘系统管网的总阻力 = 系统管网的总阻力 × 流体阻力附加系数（可取 $1.15 \sim 1.20$）。

系统管网总阻力加上各个设备阻力为系统总阻力。

总风量 = 系统所有收尘设备收尘风量总和 × 漏风系数（可取 $1.15 \sim 1.20$）

依据上述数字，可选收尘器和风机。

5. 收尘效率

排放浓度国家要求标准 = 收尘气体的含尘浓度 × （$1 -$ 除尘器的效率）

七、参考例子

Q 为 $1000\text{m}^3/\text{h}$，管段长为 3m，管径为 180mm，气体流速为 11.5m/s，ΔP_p 为 3.36；

Q 为 $10000\text{m}^3/\text{h}$，管段长为 6m，管径为 500mm，气体流速为 14.5m/s，ΔP_p 为 3.46；

Q 为 $11000\text{m}^3/\text{h}$，弯管 1 个，管径为 500mm，气体流速为 15.5m/s，ΔP_p 为 3.75；

Q 为 $11000\text{m}^3/\text{h}$，管段长为 4m，管径为 500mm，气体流速为 15.5m/s，ΔP_p 为 1.60；

Q 为 $11000\text{m}^3/\text{h}$，出风罩 1 个，管径为 500mm，气体流速为 15.5m/s，ΔP_p 为 8.72。

ΔP_p 单位是 mmH_2O。

第四节　间歇式养护窑和蒸压釜的热工计算

一、概述

1. 小时最大蒸汽用量的计算目的

小时最大蒸汽用量的计算目的是，在联网供热时，提供给供热单位，以便保证其单位时间内最大蒸汽用量，使养护工段正常进行蒸汽养护或热养护。若不是联网供热，工厂自己供热时，按小时最大蒸汽用量选定锅炉的型号和台数。还可用于成本核算。

2. 小时最大蒸汽用量计算的有关因数

间歇式养护窑或蒸压釜，小时最大耗汽量的计算与一个养护窑或蒸压釜的耗汽量，与已定的养护工艺、升温和恒温的时间、某时同时升温的窑或釜的最多个数和恒温的窑或釜的个数有关。

3. 一个养护窑或蒸压釜养护一个周期的耗汽量

一个养护窑或蒸压釜养护一个周期的耗汽量，采用热工计算的方法求得。升温和恒温时间，按既定的养护制度确定；同时升温的窑或釜的最多个数及恒温的窑或釜的个数，按窑或釜的周转周期表而定。为什么要确定升温阶段的窑或釜的同时升温个数最多呢？这是因为升温阶段耗汽量是最多的。

4. 热平衡计算项目

现在按一个养护窑或蒸压釜、一个周期所消耗的总热量来进行计算。我们知道，这种计算实质上是热平衡计算。养护时消耗多少蒸汽，那么供热时就要供多少蒸汽。

养护时热量来源是所供蒸汽之热量，同时水泥在水化时放出热量。一般来讲，水泥水化热占蒸汽的热量很少，在计算中可忽略不计。养护窑或釜的热量消耗主要有以下几项：

(1) 加热制品所消耗的热量；

(2) 从制品中蒸发水分所消耗的热量；

(3) 加热运载工具及模板等设备所消耗的热量；

(4) 加热养护窑或蒸压釜内壁、门等所消耗热量；

(5) 散失于四周介质所消耗热量；

(6) 充满养护设备自由空间所消耗热量；

(7) 漏失蒸汽损失的热量。

因而计算出上述所消耗的热量，就是我们要供给的热量。

二、间歇式养护窑的热工计算

1. 升温阶段一个养护窑所消耗的热量

(1) 加热制品所消耗的热量

$$Q_1 = CG_z(t_2 - t_1) \tag{1-9-26}$$

式中　G_z——一个养护窑内制品的全部重量（kg）；

　　　　C——制品的平均比热 [kcal/ (kg·℃)]；

　　　　t_1——养护前制品的温度（℃）；

　　　　t_2——加热到恒温阶段时制品的温度（℃）。

制品的平均比热按下式计算：

$$C = \frac{C_1 G_1 + C_2 G_2 + C_3 G_3 + \cdots + C_n G_n}{G_1 + G_2 + G_3 + \cdots + G_n} \tag{1-9-27}$$

式中　C_1，C_2，C_3，$\cdots$，C_n——制品中各组分物料比热 [kcal/ (kg·℃)]；

　　　　G_1，G_2，G_3，$\cdots$，G_n——制品中各组分物料重量（kg）。

(2) 从制品中蒸发水分所消耗的热量

$$Q_2 = 0.01 G_z[595 + 0.47(t_2 - t_1)/2] \tag{1-9-28}$$

式中　0.01——蒸发水分取制品重量的 1%；

　　　595——汽化热（kcal/kg）；

0.47——蒸汽比热 $[kcal/ (kg\cdot℃)]$；

其余字母意义同前。

(3) 加热设备所消耗的热量

$$Q_3 = \Sigma CG_3(t_2 - t_1) \qquad (1\text{-}9\text{-}29)$$

式中　C——各项设备模板、小车各自的比热 $[kcal/ (kg\cdot℃)]$；

G_3——各项设备模板、小车各自的重量 (kg)；

t_1——各项设备升温前的温度，可视为与制品的温度相同 (℃)。

(4) 加热养护窑内壁、门所消耗的热量

$$Q_4 = \Sigma CG_4(t_{f2} - t_{f1}) \qquad (1\text{-}9\text{-}30)$$

式中　C——各种材料的比热 $[kcal/ (kg\cdot℃)]$；

G_4——各种材料的重量 (kg)；

t_{f2}——养护窑内壁、门各种材料升温阶段的平均温度 (℃)，$t_{f2} = (t_2 - t_1) /2$；

t_{f1}——养护窑内壁、门各种材料最初平均温度 (℃)。

(5) 散失于周围介质所消耗的热量

$$Q_5 = \Sigma FK(t_{f2} - t_k)\tau_1 + FK(t_{f2} - t_k)\tau_1 f \qquad (1\text{-}9\text{-}31)$$

式中　F——养护窑内壁、门、地面的散热面积 (m^2)；

t_{f2}——养护窑升温阶段的平均温度 (℃)，$t_{f2} = (t_2 - t_1) /2$；

t_k——空气的温度 (℃)；

τ_1——升温时间 (h)；

f——只考虑地面部分散热增大系数，$f = 1.33$；

K——内壁、门、地面的各种材料传热系数，按下式计算：

$$K = \cfrac{1}{\cfrac{1}{\alpha_1} + \Sigma\cfrac{\delta}{\lambda} + \cfrac{1}{\alpha_2}} \qquad (1\text{-}9\text{-}32)$$

式中　α_1——蒸汽向养护窑内壁面给热系数 $[kcal/ (m^2\cdot℃\cdot h)]$，$\alpha_1 = 132 \sim 141$；

α_2——养护设备外面对周围介质的给热系数 $[kcal/ (m^2\cdot℃\cdot h)]$，$\alpha_2 = 6.61 \sim 8.81$；

λ——养护设备内层壁、门、地面的导热系数；

δ——相应各层的厚度 (m)。

(6) 蒸汽充满养护设备自由空间所消耗热量

$$Q_6 = 300 V_s(1 - g) \qquad (1\text{-}9\text{-}33)$$

式中　V_s——养护窑内体积 (m^3)；

g——制品、小车、模板等的填充系数；

300——$1m^3$ 蒸汽热含量 $(kcal/m^3)$。

(7) 漏汽所消耗的热量 (kcal)

$$Q_7 = (0.08 - 0.12)(Q_1 + Q_2 + Q_3 + Q_4 + Q_5 + Q_6) \qquad (1\text{-}9\text{-}34)$$

(8) 升温阶段所消耗的总热量 (kcal)

$$Q_s = Q_1 + Q_2 + Q_3 + Q_4 + Q_5 + Q_6 + Q_7 \qquad (1\text{-}9\text{-}35)$$

2. 恒温阶段一个养护窑所消耗的热量

(1) 散失于周围介质所消耗的热量

$$Q_8 = \Sigma FK(t_n - t_k)\tau_2 \qquad (1\text{-}9\text{-}36)$$

式中　τ_2——恒温时间（h）；

　　　t_n——恒温时养护窑内最高温度（℃）；

　　其余字母意义同前。

(2) 漏失蒸汽损失的热量（kcal）

$$Q_9 = Q_7 \qquad (1\text{-}9\text{-}37)$$

(3) 恒温阶段所消耗总热量（kcal）

$$Q_n = Q_8 + Q_9 \qquad (1\text{-}9\text{-}38)$$

三、间歇式蒸压釜的热工计算

1. 升温阶段所消耗的热量

(1) 加热制品干料所消耗的热量

$$Q_1 = CG_1(t_2 - t_1) \qquad (1\text{-}9\text{-}39)$$

式中　C——制品干料的平均比热 [kcal/（kg·℃）]，按式（1-9-27）计算；

　　　G_1——釜内全部制品干料总重量（kg）；

　　　t_2——升温阶段最高温度（℃）；

　　　t_1——蒸压前制品的温度（℃）。

(2) 加热制品内水分所消耗的热量

$$Q_2 = C_1 W(t_2 - t_1) \qquad (1\text{-}9\text{-}40)$$

式中　C_1——水的比热，$C_1 = 1\text{kcal}/$（kg·℃）；

　　　W——釜内全部制品蒸压前水分总重量（kg）；

　　其余字母意义同前。

(3) 加热蒸压釜所消耗的热量

$$Q_3 = C_2 G_2(t_2 - t_f) \qquad (1\text{-}9\text{-}41)$$

式中　C_2——钢的比热 [kcal/（kg·℃）]；

　　　G_2——蒸压釜的重量（kg）；

　　　t_f——蒸压前蒸压釜的温度（℃）；

　　　t_2——升温阶段最高温度（℃）。

(4) 加热蒸压小车、模板所消耗的热量

$$Q_4 = C_2 n G_3(t_2 - t_c) \qquad (1\text{-}9\text{-}42)$$

式中　G_3——蒸压小车、模板的重量（kg）；

　　　n——蒸压小车、模板的数量（个）；

　　　t_c——蒸压前蒸压小车、模板的温度（℃）；

　　其余字母意义同前。

(5) 散失于周围介质所消耗的热量

$$Q_5 = \Sigma FK \frac{t_2 - t_a}{2}\tau_1 \qquad (1\text{-}9\text{-}43)$$

式中　F——蒸压釜各部分的散热面积（m^2）；

K——各种材料的传热系数 $[kcal/(m^2·℃·h)]$，按式（1-9-32）计算；

t_2——升温阶段最高温度（℃）；

t_a——周围空气的温度（℃）；

τ_1——升温时间（h）。

（6）釜内最高温度时蒸汽充满自由空间所消耗的热量

$$Q_6 = i_2 G_{汽} V_s (1 - g) \tag{1-9-44}$$

式中　i_2——釜内最高温度 t_2 时饱和蒸汽的热含量（kcal/kg）；

$G_{汽}$——t_2 时 $1m^2$ 饱和蒸汽的重量（kg/m^2）；

V_s——蒸压釜的有效容积（m^3）；

g——蒸压制品及小车等的填充系数。

（7）升温阶段总热量消耗

$$Q_s = Q_1 + Q_2 + Q_3 + Q_4 + Q_5 \tag{1-9-45}$$

2．恒温阶段所消耗的热量

（1）散失四周介质所消耗的热量

$$Q_7 = \Sigma FK(t_2 - t_a)\tau_2 \tag{1-9-46}$$

式中　τ_2——恒温时间（h）；

其余字母意义同前。

（2）冷凝水带走的热量

$$Q_8 = \frac{Q_s + Q_8}{i_2 - i_1} i_1 \tag{1-9-47}$$

式中　i_1——在 t_1 时水的热含量（kcal/kg）；

其余字母意义同前。

3．一个周期所消耗总热量

$$Q_z = Q_s + Q_8 + Q_7 + Q_6 \tag{1-9-48}$$

式中字母意义同前。

四、小时最大耗汽量计算

1．一个周期、每窑、釜升温阶段的耗汽量

（1）养护窑一个周期在升温阶段的耗汽量

$$P_{升} = \frac{Q_s}{r_g} \tag{1-9-49}$$

式中　r_g——蒸汽的汽化热（kcal/kg）；

其余字母意义同前。

（2）蒸压釜一个周期在升温阶段的耗汽量

$$P_{升} = \frac{Q_s}{i_2 - i_1} + \frac{Q_6}{i_2} \tag{1-9-50}$$

式中字母意义同前。

2. 一个周期、每窑、釜恒温阶段的耗汽量

（1）养护窑一个周期在恒温阶段的耗汽量

$$P_{恒} = \frac{Q_n}{r_g} \tag{1-9-51}$$

式中字母意义同前。

（2）蒸压釜一个周期在恒温阶段的耗汽量

$$P_{恒} = \frac{Q_n}{i_2 - i_1} \tag{1-9-52}$$

式中字母意义同前。

3. 小时最大耗气量的计算

$$Q_{max} = m \frac{Q_s}{t_s} + n \frac{Q_n}{t_n} \quad (kg/h) \tag{1-9-53}$$

式中　m——最大耗汽量时，处于升温阶段最多养护窑或釜的个数（个）；

　　　n——最大耗汽量时，处于恒温阶段的养护窑或釜的个数（个）；

　　　Q_s——升温阶段每窑或釜的耗汽量（kg/个）；

　　　Q_n——恒温阶段每窑或釜的耗汽量（kg/个）；

　　　t_s——升温小时数（h）；

　　　t_n——恒温小时数（h）。

五、附属设施的选型计算

1. 分汽缸直径的计算

$$d = \sqrt{1.27 \times \frac{G}{3600 rU}} \quad (m) \tag{1-9-54}$$

式中　G——供汽量（kg/h）；

　　　U——蒸汽流速，取 5m/s 或 8m/s；

　　　r——蒸汽密度（kg/m³）。

2. 散热器面积的计算

$$F = \frac{Q_{max}}{k(t_2 - t_1)} \quad (m^2) \tag{1-9-55}$$

式中　Q_{max}——养护窑或釜小时最大热负荷（kcal/h）；

　　　k——散热器的传热系数 [kcal/ (m²·℃·h)] 单排圆翼形：取 6.7；双排圆翼形：取 5.6；三排圆翼形：取 5.0；（蒸汽表压为 0.1MPa 以上）；

　　　t_2——散热器内热介质平均温度（℃）；

　　　t_1——窑或釜内要求的温度（℃）。

若选用 L 为 1m，$D75$ 的一根散热器的散热面积为 1.8m²，为此计算散热器的个数为：$N = F/1.8$（个）。

3. 减压阀的选型计算

一般选用活塞式的减压阀，减压阀所需阀孔面积按下式计算：

$$f = \frac{G}{\mu g} \quad (\text{cm}^2) \tag{1-9-56}$$

式中 G——通过减压阀的蒸汽量（kg/h）；

      μ——阀孔的流量系数，取 0.45～0.6，一般取 0.5；

      g——单位阀孔面积的理论流量 [kg/（$\text{cm}^2 \cdot$h）] 如 1.2MPa 为 620kg/（$\text{cm}^2 \cdot$h），
1.0MPa 为 520kg/（$\text{cm}^2 \cdot$h），0.55MPa 为 280kg/（$\text{cm}^2 \cdot$h）。

根据减压阀阀孔面积，可按表 1-9-11 选型。

$Y_{43}H$ 型活塞式减压阀阀门公称直径 Dg   表 1-9-11

Dg（mm）	20	25	32	40	50	65	80	100	125	150	200
f（cm^2）	1.5	2.5	2.5	6.9	6.9	6.9	30	30	70	70	140

一般设计的弹簧压力有三种。根据进出口压力数值和蒸汽流量等计算阀孔面积，直接查样本选型。若进出口压力与选型表列数值有所变化时，应在定货时提出具体要求。

4. 安全阀的选型

一般选用微启弹簧式的安全阀，安全阀阀瓣面积按下式计算：

$$f = 12\frac{G}{p_f} \tag{1-9-57}$$

式中 G——通过阀瓣面积流量（kg/h），可按热负荷的 10% 取值；

      p_f——减压后的工作压力（MPa）。

安全阀的排汽管面积应大于阀瓣面积的 2 倍。安全阀可按表 1-9-12 选型。

$A_{21-41}H_{16-40}$微启弹簧式的安全阀   表 1-9-12

公称直径 Dg（mm）	25	40	50
阀孔最大通路面积 f（mm^2）	480	1130	1800

5. 疏水器的选型

一般选用热动力式的疏水器（蒸汽压力在 0.05MPa 以上），根据排水量及压差，查表选得。排水量的计算公式如下：

$$G = KG_j \quad (\text{kg/h}) \tag{1-9-58}$$

式中 K——选择疏水器的倍率，间歇式使用的用热设备一般取 $K \geq 4$；连续式使用的用热设备一般取 $K = 1$；

      G_j——计算的排水量（kg/h），可按下式计算：

$$G_j = \frac{Q}{d} \tag{1-9-59}$$

式中 Q——用热设备供热量（kcal/h）；

      d——每公斤蒸汽热含量（kcal/kg）。

压差计算式如下：

$$\Delta p = p_2 - p_1 \tag{1-9-60}$$

式中 p_1——排出后的压力（MPa）；

      p_2——用热设备中的压力（MPa）。

根据计算的压差和排水量，按表 1-9-13 选型。

619H-16 型热动力式的疏水器排水量　　　　　　　　　　　　　　　表 1-9-13

压　差	规格	15	20	25	32	40	50	备　注
0.1MPa	排水量（kg/h）	156	186	204	256	312	380	两个疏水器可以并联使用
0.2MPa	排水量（kg/h）	186	194	243	358	453	530	
0.3MPa	排水量（kg/h）	200	220	279	445	540	660	

第二篇

建筑材料制品厂的施工与生产

第十章 建筑制品厂的施工与设备安装

本章讲述了机械设备的基础及安装，加气混凝土砌块施工图设计注意事项、施工图设计方面的改进意见、施工图的交底工作以及纤维增强硅酸钙芯板生产线的施工和设备安装的注意事项，小型空心砌块生产线设备安装方法，调试试生产的要求等。

第一节 机械设备的基础及安装概述

建筑材料制品生产线，其工艺设备是按照生产的工艺要求进行布置的，并在车间工艺布置图上具体地标出每台设备及设施的 X、Y 方向定位尺寸和标高。同时要求明确定位尺寸与柱网、设备之间的关系。它是设备和设施安装的依据。

一、设备安装的地基和基础

1. 地基

大型设备，如球磨机等，在工艺布置时，应选择比较坚固的地段。一般来讲，地表土壤是不坚固的，并含有偶然的夹杂物和散粒岩石，这会影响地基结构的均匀性。为了保证设备有坚固的地基，需要将地面上的土壤挖去，把基础深埋在足够坚固和可靠的地层中，这就需要挖基坑。基坑挖的深度应根据地质勘探资料和实际挖出坑的质量而定。

2. 土壤允许抗压能力

由于土壤的种类不同，其允许抗压能力也是不同的。若地基的抗压能力不够，就必须采取措施进行加固，土壤的允许抗压能力如表 2-10-1 所示。

3. 基础的作用

（1）基础是用来牢固固定机械设备的。基础安装位置是根据工艺设备布置要求的标高和 X、Y 轴的中心线进行布置的。

（2）基础是承受设备本身的重量和物料重的，同时考虑设备运转的动荷载系数。它把这些荷载均匀地传布到支承基础的土壤或楼板

土壤的允许抗压能力（基础在 4m 深以内） 表 2-10-1

序 号	土壤的种类	允许抗压能力（Pa）
1	混杂有淤泥的细砂，松软的黏土	100
2	微小呈粉状，不大紧密的干砂	200
3	黏土，中等紧密度的砂质黏土	250
4	紧密的黏土，砂质黏土	300 ~ 400
5	紧密堆积的粗砾石，大块岩	500 ~ 600

上。因此要考虑基础本身强度和地基的接触面积以及土壤的允许抗压能力。

（3）吸收和隔离因动力作用而产生的振动，防止产生共振现象。因此，有时振动大的，还要考虑减振措施。

4. 基础的结构和形状

工艺设备基础按其结构和形状大致可以分为：单体式基础和大块式基础两类。

单体式基础与厂房基础和其他设备基础不相连，基础顶面长、宽比设备底面长、宽尺寸稍大一些。而基础标高由工艺布置而定。基础的底部为垫座，其尺寸是根据顶部机座承受的重量和地基承载能力而定的。

大块式基础是根据多台设备和基础的承载能力而建的大块或板状基础。有的也可将厂房的楼板、平台等作为大块式基础来使用。大块式基础刚度大，可用于动力载荷较大的机械设备。

一般建筑材料制品厂的工艺设备，大多数是单体式基础，也有个别做板式基础的，如多台蒸压釜的基础。

5. 垫座尺寸的计算

$$S = K \cdot Mg/\sigma \qquad (2\text{-}10\text{-}1)$$

式中　　S——垫座的面积（m^2）；

　　　　K——安全系数，一般取 $\geqslant 2$；

　　　　M——基础及安装在基础上面的机械设备总重量（kg）；

　　　　g——重力加速度（$9.8m/s^2$）；

　　　　σ——地基土壤的允许抗压能力（Pa）。

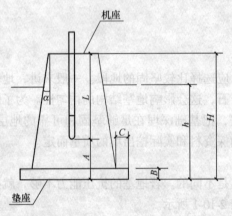

图 2-10-1　机械设备的基础

见图 2-10-1，上部为机座，下部为垫座，斜边的倾角为 α，一般 α 为 $0°\sim15°$；C 值最大取 700mm，超过此值，需要配置钢筋，一般做纯混凝土的；B 值取为 $(0.8\sim1)C$；基础高度 H 等于地脚螺栓埋设深度 L 与螺栓末端到地基垫座底面的距离 A 之和。A 值一般取为 $100\sim150mm$；地脚螺栓埋设深度通常为螺栓直径的 $10\sim30$ 倍，或根据设备图纸上的要求而定。基础埋设深度 h 应根据地基土壤的承载能力和对设备安装标高的要求而定。基础应有足够的强度、刚度和稳定性，不发生沉降、偏斜、倾覆和颤动，必要时应进行抗倾覆力矩的验算。

6. 各种基础所用混凝土强度等级的选择（表 2-10-2）

各种基础所用混凝土强度等级表　　　　　　　表 2-10-2

序　号	基　础　工　程　特　征	混凝土的强度等级（MPa）
1	工作平稳的机械设备基础，如输送机、通风机、成型机等	7.5～10.0
2	工作不很平稳的机械设备基础，如球磨机等	10.0～15.0
3	工作时产生较大振动的机械设备基础、往复式空压机、颚式破碎机、振动台等	15.0～20.0

7. 基础的施工

基础的施工是一个复杂的工艺过程。它包括挖基坑、加固地基、钉模板、下钢筋、安装地脚螺栓或预留模孔、埋设定位用的中心标板、标高基准点、浇灌混凝土、混凝土的养护和拆除模板等工序。

混凝土基础从浇注到安装，一般不少于14d。为了避免基础在设备工作中，由于振动而发生沉陷，基础应进行预加压试验，加压重量为设备重量的1.5倍，加压时间为3d。设备安装后，一般要经过14~30d才能开动机器。

二、地脚螺栓和垫板

1. 地脚螺栓的浇注法

地脚螺栓是牢固连接基础和设备的连接件，以免设备在工作时的移动和倾覆。地脚螺栓是和基础不可拆卸地浇注在一起的。其浇注方法有两种：

（1）一次浇注法

预先把螺栓按既定的尺寸固定在基础的模具内，再进行混凝土浇注的方法称为一次浇注法。一次浇注时，地脚螺栓必须要固定牢、准，以免浇注时移位。一般用定距平板固定，保证地脚螺栓有正确位置。定距平板可用钢材制作或木材制作。在浇注前，必须再进行检查，才能浇注混凝土。地脚螺栓的中心距的允许偏差为3~5mm，标高允许偏差为5~10mm，垂直度允许偏差为1%。

（2）二次浇注法

二次浇注法是在浇注基础时，先预留埋设地脚螺栓的孔洞，在安装设备定位后，再放上地脚螺栓，进行二次浇注。在进行二次浇注前，在基础的基座上铲出一些麻面，以便二次浇注灌浆和基础紧密地结合起来。铲麻面的质量要求是：在每100cm²内应有5~6个直径为10~20mm的小坑。

2. 垫板

（1）安放垫板的目的

在设备基础上安放垫板的目的是，可以通过垫板厚度的调整，使设备达到设计水平度和标高，增加设备在基础上的稳定性，将设备重量通过垫板均匀地传递到基础上，同时便于二次浇灌。

（2）垫板的尺寸规格（表2-10-3）

钢垫板的尺寸规格表（mm） 表2-10-3

序 号	长	宽	高	使 用 说 明
1	110	70	3、6、9、12、15、25、40	质量为5t以下设备，直径为20~35mm地脚螺栓
2	135	80	3、6、9、12、15、25、40	质量为5t以上设备，直径为35~50mm的地脚螺栓
3	150	100	25、40	质量为5t以上设备，直径为35~50mm的地脚螺栓

为了精确调整设备安装高度和水平度，还要采用厚度为0.3mm、0.5mm和2mm的薄钢板。最上面一层垫板厚度不小于1mm。

（3）垫板的垫法

通常采用标准垫法。即在每个地脚螺栓两侧各放一组垫板的垫法。为了便于调整，垫板要露出设备底座外边约25~30mm。垫板的高度以30~60mm为宜，每组垫板不宜太多，一般不超过3~4块，以保证有足够的刚度和稳定性。安装好后，同一组垫板应焊在一起，以免工作时松动。

三、设备的安装与调试

1. 设备的安装

（1）设备安装的顺序

一般先安装主机，先定好主机的位置和标高，然后安装辅机，均以主机的位置和标高为准进行安装。

先安装大件，后安装小的零部件；先安装长线，后安装短线。

（2）安装步骤

第一步是设备的吊装。吊装前仔细检查起重装置和设备相绑的情况，是否安全。起吊工作要统一指挥。当设备吊到指定地点时，慢降就位对准螺栓或预留孔的位置，然后慢落到基础表面的垫板上。

第二步是设备的校正。按照设计图纸的安装尺寸，进行找平和找正，找正是保证设备中心线的水平位置和标高符合设计要求，找平是为了达到设备安装的水平度、平行度和相互垂直度的要求。使设备安装后能正常工作，生产线能联动起来。

2. 设备的调试

设备的调试是安装工作的最后阶段。经试运转一段时间，机械设备在设计、安装、装配和调整上的一切缺陷大都会暴露出来。因此，要做好以下工作：

（1）在试运转前，仔细检查设备在安装、装配、润滑上的情况是否良好，安装质量是否达到规定的要求。

（2）要熟悉操作的专业人员作试运转的指挥，统一调动，并配备合理数量的操作人员。操作人员在试运转中要熟悉设备的性能，以便在生产中能正确掌握操作方法。

（3）在试运转过程中，及时发现设备的缺陷、安装质量，以便及时修理和调整。最后要达到验收条件。

第二节　施工图设计施工注意问题及设备安装

本节内容是，加气混凝土砌块施工图设计改进和施工图的交底工作。纤维增强硅酸钙板生产线施工和设备安装注意的问题。

一、加气混凝土砌块施工图设计注意的事项

1. 建筑设计方面

外墙装饰的颜色可以做成统一的装饰颜色。

主车间厂房，特别是山墙顶部，考虑开窗采光。

石灰、石膏堆棚地面要考虑防水，其做法为：C20 的混凝土面层，防水层为 C10 的素混凝土垫层，毛石垫层 C8，素土夯实。

用砖砌的水泥库，其内壁应增加一层防水层，然后用水泥砂浆找平；外层也可做防水层，可以用 1:2 的水泥砂浆做。

过渡天桥斜廊和长廊及两边墙上要开窗采光。

2. 电气自动化方面

原料工段部分设备应采用机旁控制，电气订货先要落实机械设备订货带不带电控柜。不要订重复了。

变电所接地，锅炉房接零，控制柜接零，设备接零等保护，图纸已注明了接零保护的，无需重复接地。

应在电气施工图上提出库顶的避雷带是采用什么材料做的，还要标明做避雷带的范围。

在电气施工图上应说明控制箱开门的方向，是前开门还是后开门，一般靠墙边放时，应该是做前开门。

应注意风机动力电线是否接反了。先开机试转，若接反了，应调整接线方向。

3. 工艺及动力管道方面

废浆管道的坡度应为15%，泥浆泵的阀门应安装到泥浆泵的进口处。

蒸压釜抽真空管道应与换汽管道分开，单独设置管道，换汽管道可排入大气。

蒸压釜上面应架天桥，以便布置管道及方便操作、检修；蒸压釜进汽设一总管，每进一个釜分两个支管，一个为手动阀，一个为自动阀。

计量废浆和废水的气动阀门安装在正确位置，应尽量靠近计量罐，以免管道太长，迟后太多，计量不准确。

两个计量罐，应设加水装置，且只采用一套水计量装置，供两个计量罐来调整浓度。

搅拌楼控制室，不允许工艺管道和动力管道通过。

4. 工艺设备方面

蒸压釜排水地坑的排水坡度要设置，地坑应有积水坑；泵房不设洗手池。

空压机房要做吸声的隔声壁，且有通风口；主车间通风降温风扇要注明工业或民用风扇。

螺旋计量秤的喂料机要求有调速，其速度可调低速，同时变频器应采用精度高的，即0.01Hz，且应设置稳流装置，以便称量精确。斗式计量斗的四个空间角要符合物料的溜角要求，避免积料。

石灰、石膏堆棚及破碎房和磨房之间应有隔墙隔开。

二、加气混凝土砌块施工图设计方面改进的意见

1. 关于石灰、石膏仓库的储量

由于石灰不能在地面上长久放置，易潮解消化，故石灰、石膏堆棚只能作为临时卸车转运点，破碎后放到库中贮存，并要有一定的贮量，一般有3~5d的贮量，贮存时间长了也易消化。

2. 关于切割再次加工设备

一般在工艺设备表中应有砌块切割锯。因切割砌块时，钢丝断了而造成的大砌块，应采用带锯切割锯切割，可提高成品率。砌块切割锯，设在成品堆场附近较好。

3. 应设防暑降温设备

通风采暖专业，应有防暑降温设备表，特别是在南方火炉城市，其降温设备应设在操作控制室内的操作台附近。

4. 电气方面要有通信设备表

自动化程度高的生产线，则需要通信联系，通知修理工及时赶到修理，特别是切割工段，耽误时间长了影响产量。

5. 粉煤灰打浆机布置问题

粉煤灰打浆机应布置在高处，打的浆应自流到下道工序。若粉煤灰打浆机布置在低处，往高处打浆输送，有些料打不出去，又无法估算精确，就会影响一锅料计量的精确度。

6. 关于破碎机布置的问题

破碎机应设置在地面下，直接用手推车上料到破碎机中，减少扬尘点，避免了破碎机上面受料斗阻塞，破碎机安装太高，又很难用钢钎通透的问题。

7. 收尘问题

在磨头配料秤处，应考虑一台抽屉式的收尘器；设在磨机尾部的收尘器，在风机前要安装插板阀，以便调节风量；磨机前的几个计量仓的顶部要开孔，焊上钢管，套上布袋，用布袋收尘，且几个磨头仓可用管道连通。

三、加气混凝土砌块生产线施工图交底工作

1. 土建施工交底工作

总平面中的各种管线、电线走向，施工安装时要相互兼顾，避免打架和返工。主车间内地沟、油管沟、电线沟、工艺管道沟的走向与地面施工要相互兼顾，各工种有关图纸对照看，也不要造成打架和返工。

关于楼板和墙打孔洞的问题：若不想安装管线时打洞，可以预留，故先要看有关管线图，需要在哪儿开孔的，先预留孔洞。土建施工时，要注意设备安装要求，如主车间安装大型设备，需要吊车安装的，可以先不盖屋顶，等大型设备吊装完后再盖；同时有些较高的设备，一般的门是进不去的，可以先不要砌墙，等设备安装后再砌墙。

有地面移动的设备经过梁底时，梁底标高一定要施工准确，误差应不大于8mm，如浇灌摆渡车进搅拌楼及分垛机从主车间进偏房时等。设备间中心线的放线一定要准，施工误差不得超过5mm，中心线水平度，其对角线的误差不大于5mm。

2. 设备安装工作

摆渡车上轨道的轨距及轨顶标高应与地面上轨道的轨距及轨顶标高一致。相接地方的间隙不应大于3mm。

凡计量斗的进口和出口，需要进行连接的，应采用软连接。称粉状或液体状材料的计量斗的进口或出口，应留有间隙，并且用软连接。

泵式打浆机、搅拌机、废水罐要通蒸汽，并有保温措施。

废浆罐、废水罐要设溢流管，废浆溢流到浇灌点的废水池中。

采用风冷式的移动式空压机，不用水冷式的。搅拌机设测温点和测稠度的取样点。

切割小车轨道有两种型号，应分清左、右，并与切割小车轮子相对应。切割小车放法也有左右之分，应与轨道对应起来。

四、硅钙板生产线的设备安装

1. 蒸压釜的安装

（1）未经劳动部门审查批准并取得《压力容器制造许可证》的单位制造的蒸压釜，未经审查批准的设计图纸制造的蒸压釜和设计制造中没有设置安全阀、压力表、温度计、釜盖开启关闭的安全联锁装置、阻汽排水装置、冷凝水液位计等有效的安全附件的蒸压釜，不准安装。

（2）产品合格证、质量证明书，主要受压元件强度计算书及蒸压釜竣工图等，技术资料不全的蒸压釜不准安装。

（3）安装蒸压釜的施工单位，必须经省级锅炉压力容器安全监察部门审查批准。

（4）在蒸压釜安装前，使用单位应会同安装施工单位对随机技术文件和零部件进行清点和验收，如有损坏或变形，必须修复后才能进行安装。

（5）安装工作必须按照设计图纸和安装使用说明书等有关技术要求和规定进行。

（6）禁止在蒸压釜受压元件上焊接临时吊环的拉筋板等。

（7）蒸压釜保温层的敷设必须先进行水压试验及安全合格后，再按图纸要求进行保温层敷设。

（8）蒸压釜安装完毕后，安装单位应会同使用单位并邀请当地劳动部门参加，对蒸压釜进行全面验收。

（9）蒸压釜的水压试验要求和方法，按设计图纸有关技术要求和《压力容器安全监察规程》的有关规定执行。

2．车间内的轨道采用 18kg/m 钢轨，且在施工中，蒸压釜中轨道及小车过渡桥轨道和车间内轨道均在 ±0.00 的一个水平面上。其高度误差不超过 2mm，其两根钢轨连接间距不大于 3mm。横行小车地坑轨道间距为 1163mm。

3．蒸压釜由厂方自选，但要注意下列事项：

（1）密封进排汽接口和密封旁通接口的管径为 $DN15$mm。

（2）进排汽接口管径为 $DN100$mm。

（3）蒸压釜应具有压力记录及报警器接口，其接口管径为 1/2″。

（4）温度计接口管径为 3/4″。

（5）釜内轨顶标高不大于 204mm，并采用 18kg/m 钢轨。

4．泵式打浆机地坑上面的钢盖板反面考虑加强筋，设备支撑考虑混凝土支墩，设备与混凝土支墩上面的预埋钢板焊接。

5．清回水罐之沉淀池的沉淀水，应有水沟排向排洪沟中。

6．凡是管沟需要加盖板，流水沟也如此；但是蒸压釜的排放冷凝水的管沟，其埋管管径为 $\phi200$mm，顺坡 2%，需回填土。

7．土建施工中，一般先做基础、柱，待设备吊装就位后，上屋架，再砌墙，防止先砌墙，后吊设备，致使砌好的墙又拆掉。

8．流浆制板机、刀切接坯机、DD-2 型三工位堆垛机等三台设备应同步安装，并校正设备各中心线在一直线上，校正胸辊、吸盘、接坯机的水平度、安装尺寸，待全部尺寸校核后，三台设备同时进行二次浇灌。

9．斗式贮浆池与流浆制板机之间由非标件流浆槽连接，一般斗式贮浆池就位后，待流浆槽安装对位好后，再把斗式贮浆池进行二次灌浆。

10．凡地面的轨道，其内侧钢轨不要用混凝土灌满，留有宽 10mm，深 30mm 的空隙。

11. 三工位堆垛机后的横移小车地坑和蒸压釜两端的横移小车地坑的两端应做撞击木垫块，地坑两端钢轨各向 2000mm 宽地坑伸出 45mm。

12. 蒸压釜坑与地面轨道关系：±0.00 地面钢轨，离蒸压釜坑留有 100mm 距离，不铺钢轨，以便过渡桥（钢轨）搭接。

13. 立式叶轮松解机设备安装就位后，再回填土到 ±0.00，并填实，靠泵式打浆机一边不回填土，做坑壁。

14. 回料搅拌机及石灰浆稀释搅拌机安装好后，回填土至 ±0.00，并填实。

第三节　德国玛莎砌块设备安装应注意的问题

一、概述

德国玛莎公司的全自动化砌块生产线的安装，在没有外国技术人员的情况下，为使投资早日见效，可考虑自行安装。下面从两方面对其安装方法进行介绍，以供建设单位在进行设备安装时参考，使设备安装时间控制在一个月之内。

二、设备及零部件的安装位置

在设备基础浇灌好后，达到一定的强度时，就可以进行设备的安装。要求设备安装位置的方向要正确。下面以皮带输送机、色料称量系统、水泥螺旋输送机、升降板机、液压站、码垛机、成品输送机安装为例，介绍设备安装的方法。

1. 皮带输送机的安装方法

安装皮带输送机之前，首先要了解皮带输送机的结构。皮带输送机一般由头架、尾架和中间架组成输送带的钢支架。输送带是由上托辊和下托辊、传动滚筒、改向滚筒托起的。输送带有尾轮清扫器和头轮清扫器。头轮清扫器主要清扫输送带外表面的胶带，尾轮清扫器主要清扫贴着尾轮胶带的内表面。

皮带输送机是输送经计量的砂、石料到搅拌机的提升斗中的输送设备。所以带减速电机的头轮架应布置在搅拌机的提升斗地坑这端，尾轮架布置在砂、石料斗那端。

在安装皮带输送机前，应安装好砂、石料斗，共 4 个或 6 个，沿皮带输送机输送方向，分别装细砂、中砂、细石、粗石，次序不能颠倒，这是因为搅拌机控制台计量程序已经按此固定。

安装砂、石料斗前，应事先把皮带计量秤安装于砂、石料斗出料口，采用螺丝连接，并把螺丝拧紧固定牢。在吊装料斗时应注意皮带计量秤的出料（带电机端）应朝皮带输送机的输送方向。

中间架安装在中间架的支腿上端。中间架一般由槽钢制作，有的是单根中间架，有的是两根中间架连接在一起，在槽钢的腿宽 b 面，事先钻有许多孔眼，在一个腿宽 b 面上钻有安装上托辊支架的孔眼，在另一个腿宽 b 面上钻有安装下托辊支架和安装中间架支腿的孔眼。一般根据缓冲托辊的孔眼和上托辊支架的孔眼来辨别中间架的安装位置。在尾架端开始就有砂、石料斗的均等距离的四个下料点，此四个下料点下的皮带输送机，应设置缓冲托辊，此缓冲托辊在每一下料点有三个，布置较密。因而在槽钢上有三个孔眼较密，从此判断三个中间架安装位置。

2. 色料称量系统的安装方法

从德国运来的散件中，有色料称量系统的架子两个，支腿四个，短槽钢二根，长槽钢二根，二个色料储料仓，一个色料计量秤。安装顺序为：先安装4个支腿，再把小架子套在大架子里面安装，都采用螺丝连接，对着螺丝孔眼安装。然后吊车把整个安装好的部件按工艺布置图位置就位于皮带输送机廊的墙垛上找平，用膨胀螺丝固定支脚。再安装二根短槽钢，短槽钢口相对安装，然后在这两根短槽钢上面安装二根长槽钢，二根长槽钢的口都朝外。槽钢两端都只有一个螺丝孔眼，用螺丝连接。在长的槽钢上，即计量秤的轨道上，安装色料计量秤。用钢板点焊固定色料计量秤于中间位置，与下面皮带输送机中心线重合。色料仓的安装，应先卸下下部电动机部件，安装后再装上电动机部件。其色料仓安装方向应与螺旋绞刀出料的方向相对，各自都朝色料计量秤顶部的二个孔眼进料，并把软管连接的黑色帆布套上。事先把白色长滤布袋拉出色料计量秤的上方，以便排出净化后的空气。

3. 水泥螺旋输送机的安装

德国玛莎设备大多数都有底料和面料之分，既能生产砌块又能生产地面砖等。一般来讲，底料采用灰水泥，面料采用白水泥。各自有二根螺旋绞刀分别进底料搅拌机的灰水泥计量秤和面料搅拌机的白水泥计量秤。二根灰水泥螺旋绞刀直径一般比二根白水泥螺旋绞刀的直径大些，很容易进行区别。

在安装螺旋绞刀时，必须在安装好四个水泥筒仓和二台水泥计量秤之后进行。最好是厂房没有立起来之前，采用吊车进行安装，这样既省力又安全。否则厂房立起来之后就不能用吊车安装了，只能用人抬，采用简易手动葫芦进行安装，既费力又不安全。

螺旋绞刀一般由几节连接而成。在每节端头都有数码字标明四台螺旋绞刀的编号，即由1、2、3、4号编成。凡标有1号的几节是第一台螺旋绞刀，凡标有2号的几节是第二台螺旋绞刀，以此类推。有时进口设备在标数字时，也有错误的时候，这时要看螺旋绞刀的长度而定安装位置。要看从水泥筒仓出料口底部到搅拌机的水泥计量秤顶部进料口的距离，较斜的就安装长一些的螺旋绞刀。

4. 升降板机的安装位置

首先要辨别哪台设备是降板机，哪台设备是升板机。同时要分清升降板机进子车的方向。很明显，升降板机进子车的方向的一侧是没有障碍的，也就是说，从上到下都没有横撑挡着，这就是进子车的方向，应朝子母车轨道地坑方向安装。

区别升降板机的方法是：升板机进子车的方向没有从上到下的导向斜铁板；而降板机焊有从上到下的斜铁板，便于子车带板进降板机时起导向作用，防止托板偏。另外，升板机顶端有圆形感应铁件，而降板机没有。升板机安装于成型机输送带前方，而降板机安装于码垛机输送带的前方。

特别注意升降板机的安装高度。升降板机安装高度过高，会引起子车轨道呈爬坡状安装，同时造成输送带的安装也成爬坡状，而不是水平安装。应使升降板机前子车轨道与子母车地坑中母车上的子车轨道在同一水平面上。这时，如果升降板机的基础过高，则应在安装前进行铲低，保证子母车上子车轨道与升降板机前子车轨道在同一水平面上。

5. 液压站的安装方向

液压站是一个整体的机件。它的安装位置在工艺布置图上有明确的标志，即安装在与搅拌机平台相邻的较低的平台上，下面的空间做中央控制室使用。

整体的液压站本身约 5t 重，需要吊车进行安装，在安装时主要注意它的安装方向，有许多油管出口端的一侧（不是油泵电机那两侧）应朝成型机一端，而有许多电磁阀的另一侧应朝向外（即液压平台走廊或朝码垛机方向）。在安装液压站之前，先放好接液压站系统漏油的底盘，且事先把底盘清理干净。

6. 码垛机的安装方向

码垛机是由支架和码垛机构组成的。而码垛机构又是由行走小车和夹具组成的。共有三大件组装。码垛机支架是由四个支腿和行走小车轨道框架构成的。先安装四个支腿，其中一个支腿上有电缆槽，此支腿应安装在靠近中央控制室以及地面电缆沟附近，且朝里（从子母车轨道地坑向里看），其余三个支腿就很好分辨了。然后安装小车行走轨道框架，最后安装行走小车以及下面的夹具。在安装行走小车时，应注意其方向，电缆线出线及油管出口应朝中央控制室和液压站方向安装。因在工艺布置图剖面图及安装图中，其方向恰好相反，制图有误，不能以此定之。

7. 成品输送机的安装

成品输送机是由头、尾架和中间架、链条、链板组成的。主要是头、尾架和中间架的安装，在每一架的纵向钢梁两端，都有铁焊的数字编号，应按 1 对 1，2 对 2，3 对 3 等进行连接，然后找平找直，再进行焊接连接，最后上链条和上链板。在上链条时应注意的一点是，隔 8 个链板，要安装一个带感应铁件的链板，链板带有感应铁件的一端，应朝向接近开关的一边。头轮（带减速电机）安装在厂房外端。

三、设备相互安装位置

确定设备相互之间的安装尺寸，其前提条件是：各设备应垂直、水平安装。垂直倾斜度一般不大于 $1 \sim 2mm$，水平误差也不大于 $1 \sim 2mm$。一般来讲，垂直安装时，应采用校正的经纬仪测量。国外一般采用重锤测定垂直度或较矮设备采用水平尺测量，或用水平尺测量设备水平度，两者结合使用。下面主要谈谈安装尺寸注意事项。

1. 成型机和铺料机系统安装尺寸注意事项

成型机一定要安装在 ±0.00 水平面上，其他设备安装尺寸都以此为参照物。否则，会造成很大麻烦。如输送带安装会呈爬坡状，升降板机的子车轨道也会爬坡等。

成型机应注意水平安装，若水平误差大，会给铺料机合拢带来麻烦。同时注意成型机前输送带要与成型机安装在一条中心线上。特别注意两台铺料机的轨道也应与中心线平行，且要水平。

从运输托板仓出来的钢托板（或木托板）第一个工位应从成型机底振台推到成型机前输送带上的机内降板机上的中心线位置，第二个工位应推到成型机底振台的中心线位置。如此确定成型机前后输送带的安装位置。

2. 输送带安装尺寸的控制

输送带之间的安装高度及相互尺寸与采用的托板材质以及托板外形尺寸有关，也和推杆的油缸行程有关。

干成品输送带与横向输送带之间连接尺寸与升降板机的两层托板数量和托板的外形尺

寸有关。干成品输送带的托板轨道与横向输送带托板轨道之间的安装高差，应为每层板数乘以2层再乘以托板的厚度，再加上2~3mm。其两者之间连接尺寸为干成品输送带最前面的推杆推到底时，推杆顶端到横向输送带托板轨道之挡板距离（即托板宽），再加上1~2mm间隙，此距离就是它们之间安装的尺寸。

3. 横向输送带和供托板箱及翻板机的安装尺寸

翻板机前端两托轮与供托板箱顶端之距离，应为托板长度再加上3mm间隙。横向输送机的推杆行进到翻板机前端两托轮半径处为准，进行横向输送带的安装。事先要在供托板箱中放一块托板，这样托板才能过渡到供托板箱中，才不会造成托板掉下来卡住的事故。

4. 校正码垛机和成品输送机的安装位置

码垛机的中心线应对准干成品输送带的堆垛工位的中心线。因而，要将码垛机左右移动，调整到输送带堆垛工位的中心线上。这样，成品输送机第三个工位的中心线也就对准码垛机中心线，且在同一直线上。供托板机中心线应该对准成品输送机的第一个工位的中心线。供托板机另一个方向中心线应与成品输送机中心线重合。关键在于在供木托板机另一中心线的找法：托起木托板的水平肋的长度方向的中心，即为供木托板机的另一中心线的位置。

四、其他设备的安装

1. 底料搅拌设备的安装：事先安装两扇底板和闸门，再安装搅拌机里面的挡板，然后吊装安装，最后安装底部开门电机，安装给水计量器，安装增压泵。

2. 码垛机的安装：安装支架及旋转底盘，上部和下部夹具分体，需用螺栓连接。安装两端带齿轮的传动齿轮和链条，防翻的两块钩铁。铺设电缆，油管的架子，安装防护网、编码器。

3. 链板输送机的安装：按支架三节的编号合拢。先进行高度的安装，再进行水平面找平与码垛工位的中心线对齐，固定好后再安装齿轮、链条、链板。链条每边有342节，9节一个感应块，共有19个，每工位1.8m 9节，两节要相等，链板安装在较高的角铁上，螺栓连接。

4. 子母车的安装：先母车就位，然后子车就位，上叉杆，螺栓连接，最上面是升降装置。安装上面的导杆以及安装控制箱、支撑电缆线架、开关架、叉铁底板连杆及感应开关，斜撑叉杆有上、中、下三层稳定杆，交叉焊上。

5. 升降机的安装：先把升降机就位，再安装导向杆、感应开关、防护网、罩，然后安装15层或者12层角铁。

6. 供木托板机的安装：安装三面防护网、光电开关、供油站，油管连接。

7. 成型机的安装：安装阴模上升油缸、导向齿轮、齿条、阳模上升编码器、底振电机防护罩、气动木压条、导杆顶检修吊钩、防护网。

8. 铺料机的安装：安装油缸、上部混凝土储料斗加高一节、横撑卸料、铺料机来回运动的编码器、增加下部支撑支架、防护网等。面料还有提升轨道的安装。

9. 水泥计量秤的安装：计量秤架子上有四个立杆，套上螺旋的减振器，再把计量秤安装上，带上螺母拧紧。安装气锤、气动阀门、顶部出气管道、上、下连接软管。

第四节 关于生产线调试验收的标准

一、调试验收应具备的条件

1. 主厂房及附属设备厂房完工；

2. 所有设备都安装完毕；

3. 润滑油系统注油完好；

4. 实现三通：通水、通电、通气（汽）。

二、调试验收进行的步骤

1. 通电、通水、通气（汽）、液压系统试运行；

2. 单机空车进行调试；

3. 分工段空车进行调试；

4. 全线自动化空车进行调试运行一周；

5. 全线重车进行调试，各种有代表性产品的模具都要进行调试一个月；

6. 在调试过程中，操作人员进行培训。

三、调试验收标准

1. 设备运转完好率要达到标准

设备运转完好率也就是设计要求的设备利用系数。在不出现较多较大故障的情况下，设备利用系数达到94%，也就是在8h工作时间内，出现设备故障不超过28.8min。

若出现设备故障时间较长，应找出故障原因，进行修理排除，使此故障不再出现，短时间的故障也应降到最低程度，保证达到设备运转的完好率。

2. 操作人员操作的熟练程度达到标准

操作人员操作的熟练程度也就是操作人员在8h时间内，对时间的利用程度。一般为96%，即在8h工作时间内，由于操作人员的过失出现贻误生产时间以及设备清扫时间等不超过19.2min。

因此，时间利用程度与操作人员的素质有关。这就要求对操作人员进行培训，不但要求操作人员对操作按钮熟悉及操作熟练，并要对生产线的液压系统、机械设备、编码器、接近开关（感应开关）、气动系统、动力控制线及装备、自动控制元件、操作盘、模拟工艺控制图、电脑触摸屏、工艺等的作用原理、位置、维修养护、操作方法、工艺参数设置等进行全面的了解和掌握。操作人员都要具有一定的判断能力和操作能力，并对出现的故障有排除能力。

3. 考核搅拌、成型性能是否达标

（1）搅拌性能的考核

着重考核在线测水装置是否精确、可靠，其精度要达到0.5%；其次考核搅拌时间控制的精度，其精度要达到0.1s。

（2）成型系统性能的考核

主要考核成型坯体质量的好坏，着重考核各种模具成型质量。其成型坯体不掉边缺棱，表面不出现粘料及坑洼、不出现裂纹、不出现毛边、成型厚度合格，其成型坯体的成坯率为97%，即成型废品率要控制在3%以内。

（3）成型周期的考核

根据生产厂家提出的成型周期为依据进行考核。一般砌块生产线的成型周期在13～15s之间或按厂家提供的资料。在8h工作时间内，成型一次时间达到13～15s，就考核合格。3d运转达到上述指标就可以验收。

4. 生产线考核的综合指标

其生产线考核的综合指标就是班产量。它是考核整条生产线的设备运转是否良好，操作工人是否熟练，生产的坯体是否达到合格率，成形周期是否达到要求的具体体现。

若在一个月连续生产能达到班产量的90%，就考核合格。若能在一年内能达到100%的年产量就可以验收。

第十一章　提高主机生产能力的途径

一条生产线建成后，要达到其生产能力，才能发挥其经济效益，对国家才能有贡献。因而要研究其停机原因进行改进，提高生产线生产能力。若不走这一步，则心中无数，造成盲目生产，能生产多少算多少。这样一来，生产线年产量年年过低，造成企业不必要的经济损失，投资回收期拉长，贷款也不能如期偿还，流动资金贷款也困难，企业会长期处于亏损状态。为此，要研究其提高生产线的生产能力，提高主机班利用率的问题。要研究其生产线的提高生产能力措施，以便生产更多制品，这样才能充分发挥生产线的生产能力。本章讲述了纤维增强硅酸钙芯板、粉煤灰加气混凝土砌块、混凝土小型空心砌块的提高生产能力的方法和措施。

第一节　减少停机事故提高生产能力的措施

本节讲述了纤维增强硅酸钙板和混凝土小型空心砌块生产线的停机事故分析，并采取一些措施减少停机事故，从而提高生产线的生产能力。

一、硅钙板生产线生产中常见停机事故处理

1. 粘坯而停机

(1) 料坯受压不均引起的粘坯。

成型筒料层两侧含水量大且不均匀，含水大一侧粘附力大，因此应控制料层水分均匀，加强抽真空。

成型筒表面不净，残余料块或粘坯处理不好，成型筒受压不均，引起粘坯。因此成型筒应保持干净同时把粘料的料坯刮干净，免得恶性循环。

还有一种粘坯是毛毯上料不均匀。主要原因有二：其一，毛布局部透水不好，毛毯上料层不均匀，则卷到成型筒上的料坯厚薄不一，成型压力不均匀，致使粘结力不匀，料坯会撕破。处理方法是：应加强毛布清洗。其二，回料处理不好，有料块，也使成型筒局部承压过大，粘结力大。处理方法是：要求处理好回料，不允许有料块存在。

(2) 接坯机位置及运行速度引起粘坯。

若接坯机安装高度超过成型筒中心水平线较多，形成的角度过大，反而易使料坯粘在成型筒上被带走，促成粘坯。处理方法是：应把接坯机装于成型筒前端中心水平线稍上，使揭下的料坯能及时带走。

若接坯机与成型筒的速度相等时，则缺乏料坯脱离成型筒时的揭拉作用力，会引起粘坯。若接坯机比成型筒的速度小时，料坯则不能与新缠绕到成型筒上的料层截断分开，造成新料层一部分被成型筒带走，一部分被料坯扯下，形成粘坯。处理方法是：一般接坯机运行速度比毛毯的运行速度高 10% ~ 15%，以便把揭下的料坯及时带走，不造成粘坯。

2. 掉坯而停机

（1）毛毯透水不好，负压吸附作用小，使料层粘不到成型筒上，仍被毛毯带走。处理方法是：应加强毛毯的清洗。

（2）真空箱排水多，成型筒排水少，料发干，塑性差，会造成掉坯。处理方法是：一般控制真空箱脱水在8%以下，并适时调整真空负压和成型筒压力。

（3）当胸辊与成型筒轴的垂直距离过小，胸辊包角过小或胸辊与成型筒相互平行，则二者轴向不平等造成一端包角过小。在毛毯运行速度较高、真空负压大、脱水较多时，成型筒与料坯间不能形成负压吸附，料层挂不到成型筒上，被毛毯带走，造成严重掉坯。此外，胸辊与成型筒不平行，虽然包角过小，但胸辊两轴承受压力不同，致使料坯两侧水分不均，也易造成掉坯。处理方法是：成型筒与胸辊安装位置要正确。

（4）成型厚板时，成型筒内层承受压力较大，时间较长，密实度高，塑性差，都会造成局部掉坯。处理方法是：应在料坯厚度逐渐增厚时，逐渐减小成型筒压力，并应在厚板坯脱开前，减缓速度，使新料层有较长时间挂到成型筒上。

3. 料坯裂纹而停机

（1）料坯塑性差，加压时产生裂纹。提高料坯塑性的方法有：掺和塑化剂、纸浆、湿碾石棉，使用粉尘小的石棉，提高料浆温度等。

（2）料坯早期发硬，塑性差，加压时产生裂纹。可能是使用新水的原因。处理方法是：在开始生产时，使用新水应加一些石膏或2～3袋水泥。避免新水将料浆中水泥内石膏溶解造成料坯早凝发硬。

（3）回料多，混水用量也多，会造成料坯塑性差、拉力低，保水性强，成型时料坯压碎。处理方法是：应减少回料用量，且控制回料在1h之内用完。控制混水的使用量，同时加强毛布的清洗。

4. 石棉水泥料浆制备不合格，工艺参数控制不好，引起停车

由于石棉水泥料浆浓度不均匀，料坯厚度就会不均匀，控制困难，甚至不能操作，引起停车处理废料浆。要做到物料计量必须准确，一般石棉和水泥重量百分误差不超过1%。并且保证石棉纤维松解好，达到合格的松解度。要控制好制备料浆的时间，这样料浆搅拌混合才均匀，同时要控制好料浆的浓度，不得过早过多打浆，这是因为料浆制备时间长，会使水泥初凝，影响制品质量，也不准断浆。还要注意料浆温度，使用回水系统的回水，制浆设备中不得有沉积、淤积和发硬物质。

5. 流浆机的毛毯跑偏，使毛毯上料层水分不均以及毛毯打折被压坏，引起停车修理

毛毯跑偏的原因是：毛毯和导辊安装不正；伏辊倾斜或与成型筒不平行；真空箱安装不平；成型筒对胸辊两端的压力不匀；胸辊与成型筒不平行。采取的措施是：若毛毯不正，则应按毛毯的检查线将其拉正。对有规律跑偏，应按下列方法处理：毛毯呈单向规律跑偏，如向右偏，可校正毛毯调整辊，将辊的右端向前移或将左端向后移，或者将调整辊的左端向前移或将右端向后移。同时检查伏辊与胸辊是否平行，不平行说明伏辊或胸辊安装不正，要调整到伏辊与胸辊间的毛毯两侧边距离相等。

6. 料坯起层应停车进行检查

检查真空箱的真空度是否过高，脱水是否过多。由于脱水过多，料层表面的水泥颗粒随水流失了一部分，因而影响料层之间的粘结力。应调整控制真空箱前后的真空度。再检

查配料中纤维与代用纤维配比是否恰当，这也影响制品层间的粘结力。

7. 回料处理不当也会引起停机

回料处理不当，并会造成料浆质量不好和料浆泵的堵塞。应对回料量、回料时间及回料块大小加以控制。处理措施是：控制回料量，其掺加量不得高于储浆池中干料重量的20%。若因成型质量问题造成大量回料时，应立即加入适量的石棉纤维，保证回料质量。控制回料时间，回料的存放时间不得超过1h。控制回料块的大小，应将回料撕成碎块，切忌用大料块或整张料块投入回料机，造成料浆泵堵塞。

8. 泵式打浆机内旋涡不能形成或水流不畅时，应停机检查，排除故障

一般是操作原因：其一是加玻璃纤维，没有分几次投入，引起管道堵塞；其二是供污水泵水封进水管开关没有打开，水泵吸进空气造成泵出口压力不高，甚至无法输送料浆；其三是筒体出口箅子被石棉和玻璃纤维堵塞，造成水泵吸空；其四是水泵进出口、三通阀被堵塞，应及时进行排除。

9. 接坯机的胶带跑偏，应停车检查，进行修理或清理

跑偏原因一种是胶带两侧周长不等所致。跑偏后，会引起坯体纵切割时，两边切割边料不等，影响产品外形尺寸的质量。处理办法：可通过手轮丝杆移动位置，调整张紧调偏辊，使输送带两边拉紧力趋于平衡。若不行，则采用转向辊靠松边的一端缠绕布，以增大直径，使两边拉紧力趋于平衡，或者将该松端的轴承座适当抬高一些。另一种原因是转向辊筒表面粘附料坯，使直径有变化，致使跑偏，这就要进行清扫转向辊筒表面粘附料坯。

10. 因高压水射流切割机出现故障而停机检修

出现的故障以及排除方法：其一，水压上不去，但油压稳定。这会引起切割质量或者不能工作。首先检查管路是否有泄漏现象，再检查高压水缸前端的进出口单向阀是否磨损失效，最后检查高压水缸与低压油缸之间的"0"型密封是否失效。坏的就换，漏的就堵。其二，水射流能量不足，但油压稳定，水压也足够。这会引起切不断料坯。主要检查喷嘴前的滤网是否被杂物堵住，堵住者，就进行清理，拿出滤网，用水冲洗干净后再放回。其三，喷嘴堵塞。造成不出水，不能工作。这主要是因为喷嘴前滤网破，使水中杂质堵住喷嘴。这就要把喷嘴和滤网拆下换上新的，以免停车。所以要多备用几套喷嘴和滤网。但喷嘴换下后可以用小于0.3mm的铜丝通，将小孔内的杂物排除，用水冲洗备用。

二、全自动化小型空心砌块停机事故处理

德国引进的全自动化小砌块多功能生产线的常见停机事故是按工段顺序进行剖析的。分析停机的原因不外乎机械磨损、操作不当、设计考虑不周、材料品质差等。通过分析停机原因和采取防范措施，就可以把事故降低到最低限度。

机械磨损可以根据磨损规律，有计划地对机械设备进行定期检查和修理，把可能出现的事故排除在萌芽之中。工艺操作一定要按操作程序办事，每个操作者和工人都应掌握，并严格执行。把好材料进厂关口，不符合要求的，退回不用。设计考虑不周是先天带来的，应对该生产线进行必要改进，减少这类事故发生。

1. 搅拌称量系统停机事故剖析

（1）搅拌机油管接头严重漏油，漏得到处都是油，会影响混凝土混合物的质量，而且压力也上不去，要停机检修。这属于液压磨损。若事先进行检修，就不会在生产中停机。

（2）砂石称量的气动阀门的管道冬季会冻结，而不能开机生产。其原因是由于压缩空气管道中有冷凝水而冻结，堵塞了管道致使不通气。这属于设计考虑不周。可以用火加热方法解决。要彻底解决，建议在管道最低处设冷凝水排放处或者修改原设计，在贮气罐出口处应增设气、水分离器，再到其他用气点。

（3）搅拌机由于自动与手动之间切换，致使搅拌机下了二锅料。因负荷太重，搅不动而跳闸停机。于是从搅拌机中掏出近一锅料，然后开机，又发现混凝土混合物太稀，又加了一些水泥，加水泥后因粘结力大，搅不动而又跳闸，最后还是全部都掏出。不如开始全部掏出，既省时又省料。这属于误操作，其原因是自动打手动，误下二锅料所致。特别是在全自动化情况下，不应打手动生产，即使在不得已情况下打手动，也应特别注意搅拌机搅拌的情况。

（4）搅拌机的气动装置三大件其中之一的油水分离器爆裂而引起停车事故，应及时把备件换上。这属于磨损，应该事先进行检查，要坏时则换下来修理，并备有备件，不然现买则贻误生产时间。

（5）下水泥到搅拌机的口堵死，而引起停车通口子。这属于操作不当。应根据堵死时间，定时进行清扫，不要等到堵死。在操作规程上明确制定出清扫部位、时间、责任人。

（6）搅拌机有时缺料而引起短暂停车事故。因为采用二次铺料，由于第一次铺料厚度变化随之影响第二次铺面料的厚度变化，所以面料仓阀门打开放料时间经常调整。每次下料都是成型7~8次才打开一下，有时达到10次以上。这样只能采用手动调节，并且底料和面料共用一套称量运输系统。因而面料搅拌机易造成缺料而停车。这是设计不周带来的先天性毛病。搅拌机下的混合物料仓的下料装置应改成精确的下料装置。这样可不切换手动，不会导致自动控制系统乱套。

2. 成型铺料液压系统停车事故剖析

（1）铺料机前刮板高度安装过高，使铺料厚度不均，严重影响产品质量，非调不可。需松掉螺丝把前刮板下调后再上紧螺栓。这可以在换模后事先调好，不要等到生产时再调，这样会引起停机。

（2）面料铺料机在每次成型脱模时，都要上下一次，在下来后与阴模表面不一样平，因而铺料箱在此来回跳刮，造成设备磨损和铺料的高度变化，使制品成型厚度不均。事先应进行调好，移动感应开关，往下调，使油缸活塞下降到位，这样就可以调平了。

（3）成型机压头上的振动器损坏引起了停车。换备用的振动器。损坏原因是固定螺栓长时间松动而磨损坏的。应定期检查振动器螺栓是否松动，松动时把它旋紧，防止磨损而损坏振动器。

（4）成型机加压底振时，底振不停。其原因是测成型厚度的编码器坏了，拆下来换上新的就行了。关键是要迅速找到其原因，备有备件及时换上，尽量缩短停车时间。同时加强维护保养，使之在清洁环境下工作。

（5）成型机油管接头和液压系统90°弯管接头漏油，停机检修。另外换上一个油管接头。在油管走向时，应尽量避免90°弯管。同时加强维修工作，在磨损还未到尽头前换下来，不至于停机而影响生产。

（6）由于铺料机铺料时，前面铺得少，成型时前面坯体压得不结实有裂纹，形成废品，而不得不停车检查。其原因是前挡板结块很厚，故影响铺料，使之铺得少所致。因而铺料机应在每班下班时进行清扫，以免时间一长结块很大，影响铺料，使成坯率下降。

3. 堆垛包装输送系统停机事故剖析

（1）堆垛机顶上的弯电缆，跟随着二工位堆垛小车来回移动而弯曲，电缆易磨损断电，造成停车。这属于磨损以及设计不周，应改成其他形式的电缆拖动方法或者事先定时进行检查，磨损差不多了就换，还需准备备件，不要等到生产时磨断停车时再换，这样就耽误生产时间。

（2）堆垛机有时夹掉一块或几块地面砖留在传送带上的底板上，经过设置有光电开关处就停车。这时用人工把留在底板上地面砖捡出，才能重新运砖。严重时整个夹散。其原因是夹子在收拢时，两对边夹子的压力不均引起的。应调整夹子的压力使之均匀。

（3）横向打捆机有时打捆时地面砖散架了易造成停车。用人工及时把地面砖重新铺好，或者调整打捆距离（改变产品时）。其原因：一是更换产品品种，而打捆距离没有随之调整；其二是因试验室取试件捡去几块，没有及时补上。应制定工艺操作规程，并加强对操作者的工艺流程教育。

（4）夹板机夹不住三角形地面砖，而使之停车。由于设计夹板夹紧距离不够。这属于设计不周。解决办法是在夹板上再加一块厚板使之夹紧。或者加大油缸行程，使之收拢时夹紧三角形地面砖。

（5）纵向打捆机因钢条滑落而不能打捆，常出此故障而引起停车。故障原因有以下几点：其一是机械故障，压头中积铁锈渣，使之不能打捆；其二是钢条质量问题，质软和钢条不直，易造成90°转弯穿不过去；其三是纵向打捆机引伸杆速度比上面压头下降速度慢。解决方法是：其一是压头中铁锈，要定时清干净，不要等出事故停车才清理；其二是把好检验材料质量关，不合格产品坚决不用，退回生产厂家；其三是应调节引伸杆速度比上面压头下降速度快些，才不引起钢条打滑。

（6）由于冬季生产采用蒸汽养护，木托板膨胀，宽度增大，比供模仓宽度大些，在贮板仓前或里被卡住而停车。其一进贮板仓时卡住，引起翻板机构推杆弯曲；其二到贮板仓卡住，不能往下落。其处理方法有：用榔头往下打或弯曲变形用氧焊烤直；凡膨胀的板不用或者贮板仓的宽度稍加宽一点就行了。在设计时没有考虑采用蒸汽养护的情况。

（7）干板输送线转弯处是一块板叠成二块板输送的转折处。有时第二块板输送时，撞上第一块板，而使之停车。原因是在输送板到转弯处时，其底座表面磨损，降低了高度，故而撞上第一块板。解决方法是把输送带底座垫高，应定期检查磨损情况。

（8）在翻板机处，地下容易积混凝土残渣，时间一长堆成一小土堆，翻板时翻不过来，被小堆残渣挡住而造成停车。应定期进行清扫，在制度上规定，每班下班后，要做到工完料清，要清扫残渣，特别是会出现故障的地方的清扫。

（9）干成品堆垛时，专门有一木板贮存的供板机，当木垫板没有落到位时，由于感应开关没感应，致使设备停车。这时在包装工段专门有一操作工，应及时发现停车原因，迅速排除。用撬棍把木垫板撬到位就行了。

（10）与降板机连接处的干成品输送机，在自动与搬运之间切换时，易发生停车事故。由于降板机出来的干成品输送线需要临时停车，捡出坏成品或者处理横向打捆机、夹板机以及堆垛机之故障。这时恰好降板机又无成品，需要进一架成品到降板机。若打手动时，子车又把一架成品输送到降板机中，推杆卡住了窑车底座，因而造成停车。所以在这种情况下不宜打手动。若要打手动要特别注意降板机有没有托板，若空的话，这时不宜打手动；或者在设计上增加一个感应开关，打手动时，子车不能进入降板机（这里指的手动，实际上是停机）。

4. 子母车及升降机系统的事故剖析

（1）由于生产的产品高度不同，产品换成高的产品，而升板机最上面的感应开关安装高度没有升高，致使子车进升板机时，会撞着升板机，造成停车事故。这属于操作不当引起事故。例如当生产地面砖换成生产路牙石时，由于高度变高了许多，应调节升板机最上面感应开关安装高度，使制品高度一致，使升板机升到位，才不会碰子车。应加强工艺操作规程教育，制定岗位责任制，明确操作工职责，且要监督检查。

（2）窑车在出窑时，在窑门处停止不动了。实际上是窑车上清扫装置在轨道连接处卡住了。应在每班下班时，对其轨道进行清扫，特别是轨道的连接处。应落实到人头上，并进行监督检查。

（3）子车进到窑中，子车上有相邻两对托板杆顶弯了而引起停车。由于托架上的板放歪了，进窑中时抵住了前面的板，使板凸起压弯了托板杆，或者这两对托板杆变形，距离不对，进窑中后，托板直抵住前面的板而被顶弯。由于托板杆变形，应对托板杆进行校直且距离要对，不与前面的板相撞。因而要定期检查。

第二节　提高加气混凝土主机生产能力浅析

本节就拟建的粉煤灰加气混凝土制品厂的年生产能力确定、影响主机生产能力因素分析以及提高主机生产能力的途径进行分析。本节所讨论的提高主机生产能力的措施，限于以 6m 翻转切割机和 JHQ3.9 切割机组流水法组成的加气混凝土生产线。

一、年生产能力的确定

加气混凝土砌块生产线的主机设备是切割机，其生产能力是决定年生产规模的重要依据。因而主机设备生产能力确定正确与否，不仅关系到年生产规模，而且关系到一系列的技术经济指标的准确性。

目前，国产切割机标定的切割能力在设计中是不能直接用来确定年生产规模的。在工艺设计中，其主机设备年生产能力要用主机切割一坯的周期、主机设备台班利用率、成品率、成坯率进行核定。一般主机年生产能力按下式确定：

$$Q_{年} = \frac{T}{t} \cdot U_1 \cdot K_C \cdot K_Z \cdot K \cdot n \cdot T_p \tag{2-11-1}$$

式中　T——每班工作时间（min）；

　　　t——切割一坯制品的周期（min）；

　　　U_1——切割后坯体的体积（m³）；

　　　K_C——成坯率，一般取 95%；

　　　K_Z——成品率，一般取 90% 以上；

　　　K——主机台班利用率，一般取 85%；

　　　n——每天工作班次；

T_p——每年工作天数；

其中
$$t = t_1 + t_2 \tag{2-11-2}$$

式中　t_1——切割机切割一坯时机械动作延长时间；

　　　t_2——延长机械切割时间的辅助吊运时间。

确定 t_1 和 t_2 时间的正确方法是：一般 t_1 时间的确定是按设计切割机的机械动作运行速度确定的。在机械动作时，如有两个动作同时进行，则按较长的一个动作的时间确定。同时，在设计切割机切割动作时，其动作要尽量少，且考虑两个动作以上尽量同时进行，时间要短。在机械设计时，标定的机械切割时间应为 t_1 时间较为合理，不包括 t_2 的辅助吊运时间，因辅助吊运时间与工艺布置有关，其有长有短，随工艺布置的不同而不同。

t_2 时间的确定与工艺布置有关。在工艺布置时，若吊运距离较远，或吊车负担过重，也可能使辅助吊运时间延长，反之亦然。它还与切割机切割动作顺序有关，如 JHQ3.9 切割机，吊运蒸压底板时，是切割机切割好一坯后，用吊车将切割好的坯体吊走，放于蒸压小车上，且用支柱支撑好后，这台吊车才能再把蒸压底板吊到切割机上，这样就延长了辅助吊运时间。而改进的 6m 翻转切割机（新设计的）吊运蒸压底板是在切割过程中吊运的，不延长辅助吊运时间。

二、影响主机生产能力的因素及分析

1. 影响主机生产能力的因素

主机生产能力与下列因素有关：

(1) 与每切割一坯的坯体体积有关；

(2) 与每切割一坯的切割周期有关；

(3) 与每班工作时间、班次和年生产天数有关；

(4) 与成品率、成坯率有关；

(5) 与主机台班利用率有关。

2. 影响主机生产能力的因素分析

主机生产能力的大小与每切割一坯的坯体体积多少、每班工作时间的长短、年生产天数的多少、班次多少、成品率、成坯率、主机台班利用率高低成正比。也就是说，每次切割一坯的坯体体积大，每天开的班次、工作时间以及年生产天数多，成品率、成坯率以及主机台班利用率高，则主机年生产能力就高，反之亦然。

主机年生产能力的大小与每切割一坯的切割周期的长短成反比。也就是说，每切割一坯的切割周期越短，则主机年生产能力就越高，反之亦然。

三、提高主机生产能力的途径

在主机设备设计、工艺布置以及辅助设备选型时，都可以采用一定的措施提高和发挥主机的生产能力。

1. 在设计主机设备时

主机设备设计的好坏，包括切割坯体的质量和产量两个方面。切割坯体的质量和产量是相辅相成的，没有质量就没有产量。应坚持在切割质量好的基础上，才能追求产量，切割机设计应坚持这一原则。

在主机设备设计时，应考虑切割质量达到国标优级品的要求，提高切割的合格率。一方面要考虑切割的精度要高，不出现双眼皮，不产生斜切面，也不产生曲切面现象；另一方面在切割时应尽量少考虑翻转动作，避免坯体移动时产生振动、跳动对坯体的损伤；同时，考虑不带模养护，实现六面剥皮，为提高切割精度打下基础。

主机设备机械切割的延长时间，应包括机械切割动作所需时间和设备清扫时间。如下式：

$$t_1 = t'_1 + t''_1 \tag{2-11-3}$$

式中　t'_1——机械切割动作所需时间；

　　　t''_1——设备清扫时间。

6m 翻转切割机，设备清扫时间是在切割过程中完成的，不占用切割时间，这时 $t''_1 = 0$。JHQ3.9 切割机，按目前有的厂操作，在切割完成后，坯体从切割机上取走后，进行人工清扫切割机床，比较费时。但它与吊运蒸压底板的辅助吊运时间是在同一时间内进行的，也可视为 $t''_1 = 0$。然而在缩短养护底板吊运时间时，则人工清扫时间会延长切割时间。故人工清扫应改为自动清扫装置，缩短清扫时间，并在吊运蒸养底板的辅助吊运时间之内完成，才不会延长其切割时间。

在主机设备设计时，要缩短机械动作时间，则机械动作应尽量少，结构简单，易于维修。另外，在设计切割动作时应考虑两个以上动作同时进行，减少机械动作延长时间。

JHQ3.9 切割机，坯体长度改为 4m 长的模数，增加一次切割坯体体积，也可增加主机年生产能力。

主机设备设计要安全、可靠、耐用，加强设备维修、保养，这样主机台班利用率就高，就可提高主机年生产能力。

2. 在工艺布置时

在工艺布置时，特别是采用移动浇注工艺，年产量达 20 万 m³ 时，应该核算每台吊车的吊运时间，即核算吊车在一个切割周期内是否忙得过来。应了解吊车在一个切割周期内所负担的吊运次数和距离，计算其吊运时间，吊运次数多所花时间就多。其总的吊运时间应小于或等于切割周期，若大于切割周期时间，则使整个切割周期延长。

切割周期的辅助吊运时间是由两台吊车的辅助吊运时间组成的。如下式；

$$t_2 = t'_2 + t''_2 \tag{2-11-4}$$

式中　t'_2——切割前吊运坯体到切割机上所花的时间；

　　　t''_2——切割后吊运切割好的坯体离开切割机或把蒸养底板吊到切割机上所花的时间。

辅助吊运时间是根据吊车分工所负担吊运任务，是否耽误切割时间来决定的，所耽误切割时间多少是由所采用切割机及其工艺和工人操作熟练程度决定的。

缩短辅助吊运时间的方法有三种：

（1）在切割车间两端各布置三个停车线工位和横移车，联合作业进行吊运，可以减少吊运距离，缩短辅助吊运时间。同时也可以减少吊车厂房的面积，节省土建投资。

（2）在切割车间两端采用吊车厂房，一直延伸到最后一个蒸压釜的工艺布置时，吊运蒸压底板和切割好的坯体，可在回车线上进行。这时回车线布置在紧靠切割机旁，也可减少吊运距离，缩短辅助吊运时间。同时，蒸压小车吊到蒸压釜工位时，可以不用此吊车，采用横移车或移到检修跨中，利用检修跨的吊车吊运，也可以缩短辅助吊运时间。

（3）JHQ3.9切割机，它是吊运切割坯体后，紧接着这台吊车又吊运蒸养底板到切割机上，此种工艺增加了辅助吊运时间。这时，吊运蒸养底板不用此吊车，采用其他吊运办法直接把蒸养底板从回车线的蒸养小车上吊到切割机上，减少辅助吊运时间。

选用混合胶结料干磨工艺和热室静停工艺，可以提高坯体稳定性和塑性强度匀质性，从而提高成坯率和切割的成品率。

3. 在选择辅机设备时

选择辅机生产能力应等于或大于主机的生产能力，应与主机生产能力的发挥余量相匹配，否则辅机生产能力将限制主机生产能力余量的发挥。

以主机生产周期为主，根据模具周转周期、小车运行周期等配备辅机设备。同时，辅机的配备也应考虑足够的辅机维修、备用、清扫、涂油所占用的装备数量。

配料工段的设备选型与模具规格相配备，且与所采用的工艺方案相配套。搅拌机选型应以每浇一模的模具规格相一致，且称量和贮存设备选型不但与每浇一模所需物料用量相一致，而且所采用工艺方案不同，一次称量物料种类和数量也不同，在选型时应与之配套。

第三节 提高小型空心砌块主机的利用率

目前全自动化小型空心砌块生产线，普遍存在不达产的问题。这就要正确地核定该生产线的班生产能力，再分析提高主机利用率的途径，来提高该生产线的班生产能力，达到核定的班产量。

一、核定主机班生产能力

全自动化小型空心砌块生产线的生产能力到底多少？一般用主机班生产能力计算公式来进行核定。

$$Q_B = Q_b \cdot T_B \cdot K \tag{2-11-5}$$

其中
$$Q_b = \frac{3600 V_h}{t_c} \tag{2-11-6}$$

$$K = K_1 \cdot K_2 \cdot K_3 \tag{2-11-7}$$

式中　Q_B——主机班生产能力（m^3、m^2 或板/班）；

　　　Q_b——主机铭牌标定的小时产量（m^3、m^2 或板/h）；

　　　T_B——班生产时间（h）；

　　　V_h——主机每次生产的产量（m^3、m^2 或板/次）；

　　　K——主机班利用率（%）；

　　　K_1——设备利用系数（%）；

　　　K_2——时间利用系数（%）；

　　　K_3——主机成型率（%）；

t_c——每次生产时间即周期（s/次）。

从以上公式可以看出，主机设备一定，则主机铭牌小时产量一定，则每班工作时间也一定，其变化因素为主机班利用率。主机班利用率越高，则主机班产量也越高。所以要提高主机班生产能力，关键是提高主机班利用率。一般来讲，主机利用率是由时间利用系数、设备利用系数和主机成型率决定的。时间利用系数是工人上班开机生产的8h时间的利用程度；设备利用系数是8h工作时间内设备开机生产的程度。这是完全不同的两个概念，前者是受人为因素的影响，后者是受主机设备设计制造质量因素的影响。当然不排除按章维护检修。主机成型率是主机设备在8h有效工作时间之内生产合格坯体的百分数。

二、提高主机班利用率的途径

1. 提高时间利用系数的途径

国家规定八小时工作制，在8h工作时间之内要充分利用，开始上班就应开机生产。换工作服、准备时间、早餐喝水等应在八小时工作时间之外。新建厂应及时制定劳动纪律方面的规章制度，要进行上岗前的劳动纪律的教育，给予劳动纪律方面的约束，并与奖金挂钩。执行定岗定人，生产指标落实到班组和个人。时间利用系数一般在93%以上。

2. 提高坯体成型率的途径

在生产中成型率一般控制在98%以上。国外引进的全自动化生产线其成型率都是较高的。影响成型率的因素有：模具换得太勤，几乎每班换模具，刚换上的新模具，由于阳模底平面不干净而粘上料，使刚成型的制品表面有小坑。模具不用时要涂油防锈，油要涂得均匀，不能涂得太多，也不能有的地方未涂到油。清扫阳模底平面的刷子用久了要换新的。另外，刷子的形状应与阳模底平面的形状相吻合。例如，路牙石的表面是半圆形的，则刷子也应是半圆弧状，才能刷得干净，才能使地面砖表面光洁，不毛糙。

在成型地面砖时，面料应采用细砂。有时会掺杂些粗砂和小石子，在制品表面容易形成麻点，有些小石子脱落后，在制品表面形成小坑，影响产品质量。发现细砂中有粗砂或小石子，应进行筛选，除去粗砂和小石子。也应注意在堆场中砂石不能混淆，中细砂也不能相混。

面料的砂中不能含有草根和细须根，不然会影响地面砖表面的光滑，出现长形的小凹坑。因而要求砂中除去草根等。

制品表面产生的裂纹，也是成型时出现的现象。原因有三个：其一是铺料机前面铺底料少了，应检查铺料机内前模档，因积料固结使得底料少之故，应进行清理；其二是面料发干，应检查加水是否少了；其三是由于底板是由几块板拼合而成的，成型时相邻两块板变形不一样而使制品表面出现裂纹，此时应增加板的刚度或不用此板。

冬季生产应防止砂子冻结造成成型废品率增加。事先应用斗式铲车压松散再用。

3. 提高设备利用系数的途径

引进设备应该说在设计制造质量上都是好的，因而一般设备利用系数都在95%以上。由于是全自动化，只要有一部分出现问题，全线皆停。所以成型机停机原因很多，分析起来主要有以下三个方面的原因：

第一，可以事先避免因故障而造成的停车。如易出现螺丝松动的地方，事先进行检查；铺料机前的刮板安装高度是否正好；感应块是否根据制品高度调好等，都可以事先检查防范。

第二，有些机械易损件应该有备件，因为你不知道什么时间坏。往往由于小小的零件坏了，需要换好的，由于没有备件，等买回来再换上就耽误生产了，如果是需要进口件就耽误时间更长了。

第三，对于不可避免的故障，应要求操作者熟悉操作上的故障显示，迅速找出故障地点，以最短的时间进行排除。每个操作者都应具备这个素质。

因此，新建厂试生产时应做好如下工作：

(1) 生产线的操作者事先应进行培训，考核合格者才能上岗；

(2) 制定机械设备易损件表，并备好备件；

(3) 制定工艺操作故障处理办法，在试生产中会遇见这样或那样的机械故障，应该认真总结易出故障的地方，找出原因，制定排除方法，每个操作者都要熟悉排除方法；

(4) 制定机械维护点和成立维修班，每个操作者和维修工都得熟悉，经常维护检查，专人专机负责；应严格按工艺操作程序办事，特别是手动和自动之间的切换，避免操作不当而引起事故的发生。

第四节　玛莎砌块生产线常见事故点、原因及排除方法

一、配料搅拌系统

表 2-11-1

序　号	部　　位	原　　因	排除方法
1	水泥计量斗缺料	水泥库起拱、水泥下料口堵塞	破拱、清下料口
2	底料搅拌机过载	手动失误，下了两锅料；料没下完搅拌机下料门关闭	注意手动操作
3	搅拌机供水故障	配电箱里有一根螺丝接触不良	紧螺丝
4	底料搅拌机过载	回料太多，继电器烧坏	注意过载、少回料或换继电器
5	面料搅拌机油管漏油	螺丝松	紧螺丝或换油管

二、铺料机系统

表 2-11-2

序　号	部　　位	原　　因	排除方法
1	面层铺料机不到位	与阴模表面不一样平	下调感应开关
2	铺料机堵塞不下料	铺料箱积料、结块	打掉拿走结块
3	面层铺料箱后漏料	下料多了	调闸门口开启大小和开启时间
4	铺料机铺料不均	铺料机里有 30cm 木板条	拿走木板条
5	铺料机铺料不到位	固定编码器的槽钢松动	紧螺栓
6	面料下料斗不下料	被以前余料堵住、振动器的螺栓松掉	每天清除混凝土紧螺栓
7	铺料机脱轨	道轨弯了	卸下校直

三、成型机系统

表 2-11-3

序号	部位	原因	排除方法
1	成型机压力不足	油管接头漏油	紧螺栓或换接头
2	成型机底振不停	编码器坏了	换编码器
3	成型砌块高度不够	压头下降支承点的高度不够	调节支承点的螺栓
4	成型地面砖高度误差	预铺料的压缩比不对	调节预振力及预振时间
5	成型机成型意外声响	检修遗留钢板条在模具上	拿走钢板条
6	上振动器异声	螺栓松动、磨损	紧螺栓或换螺栓
7	成型机振动电机过载	伺服电机的继电器过热	换继电器、每天保养
8	阴模耳夹子处	槽端瓷坏、且固定阴模耳角毛	换端瓷、打磨

四、干湿成品输送线系统

表 2-11-4

序号	部位	原因	排除方法
1	叠二托板处	因磨损两板相撞、卡住，前面托轮低了	用榔头打，提高前托轮
2	翻板机处	由于地面积混凝土渣太高，翻板时卡住	经常清理地面混凝土渣
3	供模板仓后	板到供模板仓时被两托轮抵住	降低两托轮
4	模板仓前	传送带两边角钢弯曲	换新角钢，加强焊接
5	供模板仓前传送带	板斜不到位	在滑轨上喷除锈剂
6	湿产品输送推杆	推杆头被混凝土卡住，多板连在一起	清推杆上混凝土
7	成型出来降板处	把板拉斜，卡住	换直角钢，焊接牢
8	对中夹具处	因混凝土把托板垫高，对中夹具阻挡钢托板	清除轨道上的混凝土渣

五、升降板机系统

表 2-11-5

序号	部位	原因	排除方法
1	降板机顶部	顶部的感应开关不到位使板升不到位	顶部感应开关移至到位
2	降板机前窑车卡住	地面感应开关失灵，使窑车进降板机卡住	用钢板围护感应开关
3	降板机下部	地面感应开关失灵，使板降不到位	感应开关调到正确位置

六、窑车系统

表 2-11-6

序号	部位	原因	排除方法
1	窑车在养护窑里停车	托板放歪了，压弯了子车叉杆	放正，修理叉杆
2	子车进降板机停车	子车上叉杆低了，碰撞降板机	上调子车上的感应开关
3	窑车停	窑车清扫装置卡住钢轨接头处	打磨消除接头缝
4	子车前面感应开关处	子车上面的板掉下打坏感应开关	焊接一挡铁保护

七、堆垛系统

表 2-11-7

序　号	部　　位	原　　因	排　除　方　法
1	木托板仓处停车	缺木托板	装木托板
2	木托板仓处	木托板一头低一头高卡到链板机里；木托板斜、架空	木托板放正
3	干产品堆垛处	三角形砖夹不紧，夹具油缸行程不够	夹具两边各镶一条木条
4	干产品堆垛处	路牙石夹不紧，夹具油缸行程不够	夹具两边各镶一条木条
5	干产品堆垛处	夹掉一块，留在底板上引起停机	拿掉，放好原位
6	干产品堆垛处	因缺一块或多一块而夹散	注意增减
7	链板机堆垛处	堆不齐掉下砖，一对夹子夹不紧	调整距离
8	码垛机行走不到位	水平行走电机传动齿轮螺栓松动、打滑	紧螺栓
9	堆垛机上面	油管爆裂，电线磨断	备件换上

八、气、油压系统

表 2-11-8

序　号	部　　位	原　　因	排　除　方　法
1	液压阀动作不灵	油质出问题	换油
2	液压站	接头漏油、弯管漏油	换新的接头弯管
3	液压油缸漏油	油缸固定螺栓掉了	换上螺栓
4	气动阀不灵	冬天冷凝水结冻堵塞	避免管道低点，用火烤、放水
5	气动阀不灵	分离器堵死，气压低	分离器清渣

第五节　硅酸钙板生产线常见事故点、原因及排除方法

表 2-11-9

序　号	事　故　点	产生原因	排　除　方　法
1	成型筒上掉坯	接坯机速度慢	接坯机运行速度比成型筒运行速度要快 15%～20%
		从成型筒上切取料坯倾斜度大	料坯切断必须切直、切正，要把钢丝绷紧一点
2	毛毯上料层不能全部传递到成型筒上	胸辊与成型筒中心线不平行	调整胸辊与成型筒中心线
		毛布使用时间过长	更换毛毯
		真空箱脱水太多	调整真空度，减少真空负压
		毛毯局部堵塞	加强毛毯清洗
		成型筒和胸辊包角小	调整成型筒与胸辊包角，一般可把成型筒中心线后移 60mm 左右

序 号	事 故 点	产 生 原 因	排 除 方 法
3	成型筒上卷制的料层两边粘,揭不下来	成型筒不平	调整成型筒使之平整
		真空箱两边脱水太小	清理真空箱使之排水好
		毛毯透水性不好	加强毛毯清洗
4	成型筒下来坯体发槽	坯体水分过大	加强真空脱水,加强伏辊压力
		毛毯透水性差	清洗毛毯或更换毛毯
		石棉松解不好或配料计量不准,或料浆搅拌不均	检查配料及料浆制备是否正常,检查搅拌器运转是否正常
5	坯体成型后出现裂纹	料浆制备时间短,混合不均匀	料浆制备时间应调整在最佳时间左右
		坯体水分过小	适当减小真空负压或成型筒的压力
		坯体塑性差,石棉松解不够	加强石棉松解
		水泥凝结过快	水泥初凝时间短,更换初凝时间长的水泥
		混水,回料处理不及时,时间过长	在斗式贮浆池中加入适量石棉或代用纤维
		毛毯透水性不好	加强毛毯清洗或更换毛毯
6	毛毯堵塞	洗涤管不畅通	及时清理管道
		洗涤水压低	采用高压水洗涤
		洗涤水净化不好	强化回水净化
		打布器失灵	更换或修理打布器
7	料坯表面有斑点	绒状棉配比高	适当减少绒状棉用量
		玻璃纤维用量大	适当减少玻璃纤维用量
8	料坯表面有沟痕	毛毯使用时间过长,出现堵塞	更换毛毯
		伏辊不平	将伏辊磨平
9	水泵不抽水	水泵的水轮磨损	检修水泵或更换水轮
		水泵抽水管路漏气	检查管路,修好漏气部位
		水泵吸口和水轮的吸水距离超过水泵设计标准	调整水泵扬程,使达到设计标准,一般吸程为6~8m
		管子吸口有杂物堵塞	及时清理杂物
		水泵及管道有堵塞	清理堵塞物
10	水泵上水慢	水泵及管路部分堵塞	及时清理杂物
		水泵局部漏气	修好漏气部位
		水泵油封漏气	换新油封
11	水泵上水快	水泵抽力大	由水泵出口向回水坑充水

第十二章 产品生产质量工艺控制

生产的制品，不但要有数量，而且要有质量。宁肯数量少，但要质量好。质量不好，不但浪费材料、人力、动力和时间，而且对施工工程造成隐患。要重视生产制品的质量。本章讲述生产纤维增强硅酸钙板、加气混凝土砌块、混凝土小型空心砌块的质量的工艺控制点；讲述加气混凝土砌块的浇注稳定性的剖析、引进德国砂子系列设备生产粉煤灰加气混凝土砌块的工艺措施；讲述影响彩色水泥制品质量的因素及治理措施、砌块及地面砖试生产期间的误区及防治；还讲述了提高灰砂砖质量的途径、混凝土弹性压缩对预应力影响的分析及混凝土电杆设计中几个预应力损失的计算等。

第一节 产品生产质量工艺控制点

一、硅钙板生产质量工艺控制点

1. 石棉松解及料浆制备的工艺参数

（1）轮碾机松解石棉的工艺参数

加水量为石棉量的 40%～50%，湿碾周期为 12min，石棉加水的水质最好是石灰水，而且要充分进行浸泡，浸泡时间不小于 8h，以利于石棉的松解，又不伤纤维。

（2）立式松解机松解石棉的工艺参数

石棉松解的周期为 10～15min，松解度为 90%～99%，石棉浓度为 6%。加水采用工艺回水中的混水，这样可以节约用水和加速回料的利用，能提高产品质量，减少料耗。

2. 石灰浆制备的工艺参数

（1）回料搅拌机的工艺参数

回料搅拌机搅拌的周期为 10～15min，浓度为 20%±2%，把石灰膏稀释到一定的浓度，用泵打到贮罐里贮存备用，到贮罐后再准确调配浓度。

（2）贮罐贮存的工艺参数

贮罐一般设置两个，一个是已调配好浓度在用，一个是正在进浆。一般加回水中的混水，把贮罐里的石灰浆的浓度调配到 20%。

3. 料浆制备与贮存的工艺参数

（1）泵式打浆机的工艺参数

泵式打浆机打浆的浓度为 15%，打浆 5～10min，打浆周期为 10～15min，松解度为 77%～90%，一般先投入料浆，再投入干料到泵式打浆机中。

（2）斗式贮浆池的工艺参数

斗式贮浆池中的料浆浓度调配到 10%～12%，冬季要保持一定的料温，一般在 20℃以上。

4. 流浆机的工艺参数

(1) 流浆机的流浆铺料的工艺参数

流浆箱搅拌器的转速应进行调节，使铺料厚度在 0.45 ~ 0.6mm，流浆到毛布上的料层，起始含水量为 88% ~ 90%。

(2) 真空脱水成型的工艺参数

随时调节真空管道的闸门，保证经过自然脱水区、真空脱水区后的料层含水为 38% ~ 45%。成型筒的油压为 1.0 ~ 1.5MPa，其线压为 30 ~ 60kgf/cm。成型筒的线压力是可以调节的。其坯体含水为 30% 以下。毛布的速度为 40 ~ 45m/min。回水浓度控制在 0.6% ~ 0.8%。

5. 回料系统的工艺参数

回料搅拌机的搅拌时间为 10min 左右，浓度为 10% ~ 12%，加水为清水罐中的水，必须进行计量。在工艺控制中要控制回料量，其掺量不得大于斗式贮浆池中干料重量的 20%。造成大量回料时，应适量加入石棉纤维；回料的时间不得超过 1h，就得用完。回料中有块状的应用手撕成碎块或用螺旋绞刀绞碎，保证料浆质量。

二、加气混凝土砌块生产质量工艺控制点

1. 粉磨的工艺参数

采用二水石膏，磨机内温度应不大于 70℃，在夏季应采用筒体淋水冷却。混合胶结料磨细的细度控制在 0.088mm 筛的筛余应小于 15%，氧化钙的含量不低于 29%。

2. 废浆制备与贮存的工艺参数

废浆罐设置两台，每台 20m³，一个是已调节好浓度在用，另一个正在进废浆，进满后再调整浓度。废浆密度应控制在 1.2 ~ 1.4kg/L 之间，开始制备废浆时，总希望废浆的密度高些，好在废浆罐中加水调整浓度。

3. 泵式打浆机工艺参数

泵式打浆机打浆的浓度应控制在 1.4kg/L，投料顺序是：废水及废浆→干粉煤灰。打浆周期为 10min，其中打浆时间按下干粉煤灰至一半时算起为 6min。

4. 浇注搅拌机的工艺参数

投料顺序是：骨料粉煤灰→混合胶结料→铝粉悬浮液→浇注。搅拌周期为 10min，其中加骨料粉煤灰浆 1.5min，从加入混合胶结料到达一半时算起搅拌 5min，加铝粉悬浮液搅拌 0.5min，浇注 1min。

发气过慢时，铝粉悬浮液在料浆中搅拌时间由 30s 延长为 40 ~ 50s，稠化过快时降低浇注温度，适当加大水料比。料浆温度为 40 ± 5℃，这时要求废水罐里的废水的温度保持在 50℃，夏季稍低一些。

5. 浇注的工艺参数

浇注温度一般控制在 35 ~ 45℃，浇注稠度一般为 90 ~ 120mm，水料比在 0.60 左右，浇注高度一般为 29 ~ 31cm，均匀浇注，先慢后快，料浆尽量下完。

6. 静停发气的工艺参数

静停发气室的温度在 50℃ 以上，静停时间为 1.5 ~ 2.5h。坯体塑性强度控制在 6×10^4 ~ 8×10^4Pa；夹坯时油表表压为 65kgf/cm²。发气高度为 53 ~ 55cm，控制面包头高度为 3 ~

5cm。坯体内的温度达 70 ~ 85℃，发气时间为 15 ~ 25min。

三、小型空心砌块生产质量工艺控制点

1. 砂、石质量的控制

只有保证石子的级配以及石子的强度，才能保证混凝土的固有强度。石子的粉尘含量、细骨料级配和掺量应得到控制，因其对装饰砌块的颜色有直接关系。粉尘越多，细骨料掺得越多，比表面积越大，则颜色变得越浅，同时影响混凝土的强度。

2. 称量系统的控制

称量要求准确无误，称量精度应不大于 1%，故而计量秤要定期进行校正，这样才能保证生产配合比的实施，从而保证砌块的强度。水泥计量要准确，水泥加多了，不但浪费，成本也提高，而且比表面积增多，致使彩色砌块的颜色变浅。水的计量也要准，这样才能保证水灰比控制准确。因水分多了，不但影响混凝土的强度，而且影响彩色砌块的颜色变浅。色料计量也要准，色料计量少了，颜色变浅；计量多了，不经济，成本也提高。

3. 搅拌系统的控制

色料搅拌机加料的顺序为：液体颜料在预搅拌以后及加入最后调节水分之前加入；干颜料应在加入任何水分之前先和水泥混合后再加入水。搅拌时间要设一计时器进行控制，这样色料分散状态就有了保证，彩色砌块的颜色也一致。

底料搅拌机加料的顺序为：先进骨料后，再进水泥，进行干搅拌 8 ~ 10s；再加水之后，进行湿搅拌 9 ~ 30s。搅拌周期为 2min24s，即每小时搅拌 25 次。

4. 成型系统的控制

（1）铺料机的调整参数

可以看到，当铺料机有关参数即位置参数、时间参数、速度参数以及校定参数调好后，铺料机运动既快又平稳，以后就不再动了。主要变更参数是下料量，根据小时下料次数和闸门开度和时间，找下料量，下料量找好后，进行铺料，二次铺料二次预振，预振频率为 32Hz。

（2）成型参数的控制

加压压力的控制：一般砌块的加压强度为：$0.3kg/cm^2$ 左右，加压时间为 0.7s，根据加压强度和制品的受压面积，得到加压压力，通过电控阳模压力阀调整加压压力。

调整振动器的频率：根据不同原材料、不同的工作阶段，如铺料预振、间振和主振，可以通过频率转换器调整振动器的振动频率，使频率转换器工作在不同的频率值，从而使制品达到最大密实度、质量最优。上振动频率为：地面砖和路牙石为 35 ~ 36Hz。上振动只适用于地面砖和路牙石，主要使其表面光洁好看。对一定的振动台具有一定的振幅调节范围，一般生产砌块时，振幅都不超过 1mm。预振调节范围为 30 ~ 35Hz，主振调节范围为 8 ~ 60Hz。

激振力的调整：也就是调整振动偏心块。根据振动部分有效载重，选择频率和振幅，计算其激振力。通过振动力调整对照表来确定偏心块的角度。

调整成型高度：通过编码器的调整，阳模可以上升到一定的高度，使较高产品能出去，避免相碰。

成型周期为：砌块一般为 12 ~ 15s。

5. 干湿产品工艺控制点

在干湿产品生产线处，应加强干湿产品的检验，把不合格的半成品或成品捡出来。在湿产品处，应把缺棱掉角、表面麻面的捡出来；在干产品处，应把二级品捡出来，堆码好，再把缺的制品补上。

第二节　加气混凝土砌块浇注不稳定性的剖析

一、概述

加气混凝土是用硅、钙质材料加发气剂和调节剂，经加水混合搅拌浇注、发气和稠化、切割以及蒸压养护而制得的多孔混凝土。所谓浇注稳定性就是发气反应与料浆稠化反应同步进行，不出现沸腾现象，浇注成稳定的坯体。如果稠化速度过快或过慢以及发气速度过快或过慢，都会造成稠化和发气不同步，出现不稳定现象，使浇注失败。

从浇注稳定性分析来看：一方面铝粉与水反应生成氢气产生气泡，且气泡内压力越来越大，促使料浆膨胀；另一方面水泥和石灰与水进行水化反应，逐步形成胶体，使料浆不断稠化，料浆极限剪应力急剧增大。如果气泡内压力增大值，与上层料浆重力和料浆极限剪应力始终处于动平衡状态，则浇注稳定。如果气泡内压力比上层料浆重力和料浆极限剪应力大时，不但小气泡合并成大气泡，而且气泡上浮，这就破坏了动平衡状态，结果气泡冲击料浆表层形成冒泡，严重时造成沸腾塌模，使浇注失败。

浇注不稳定的因素，主要是原材料的变化以及工艺参数的控制不当。只要按浇注稳定性工艺参数控制和原材料满足质量要求，浇注应该稳定。即使原材料有些波动，也可以及时地进行原材料进厂的质量检验和工艺参数的监测；根据原材料的情况进行配方调整和工艺参数的调整，保证浇注的稳定。然而，由于我国原材料质量波动较大以及生产工艺参数控制手段落后，因而在生产中常常出现浇注不稳定现象。现以水泥石灰粉煤灰和水泥石灰砂加气混凝土在浇注过程中常见的浇注不稳定现象进行剖析，浇注不稳定的主要表现在以下两个方面：其一，发气滞后于稠化（稠化超前于发气）；其二，稠化滞后于发气（发气超前于稠化）。下面就以这两个方面分别进行定性剖析。

二、发气滞后于稠化的剖析

发气滞后于稠化归纳起来主要有三种情况：一是稠化快而发气相对正常；二是发气慢而稠化相对正常；三是稠化快同时发气慢。

1. 稠化快而发气相对正常

稠化快的特点是：从时间上来看，24min左右开始冒泡，属于早期冒泡且冒泡多；发气高度比正常发气高度稍低一些；发气达到高度的时间比正常发气高度所需时间要短。

产生的现象是：稠化到一定程度时，黏度增大，极限剪应力增大，发气膨胀阻力加大，因而形成憋气，此时开始冒泡。大多数发气高度够了，只是模边、模角冒气严重，局部下沉，发气高度不够，冒泡点多。上部体积密度偏低，下部体积密度偏高。

采取的措施是：若采用高温快速生石灰的话，可以采用降低料浆初始温度，延缓石灰消化速度；也可以将部分生石灰洒水，提前预先消化，事先放一部分热；也可以延长磨细生石灰的储存期；还可以适当降低生石灰用量 2%~4%，适当增加水泥用量，延缓料浆的稠化时间。稠化快，还可以加入适量的石膏，抑制石灰的消化；砂子系列的，掺加石膏为 1%~1.5%；粉煤灰系列的，提高石膏掺量到石灰量的 25%~28%。

2. 发气慢而稠化相对正常

发气慢的特点是：从时间上来看，30min 左右开始冒泡，属于中期冒泡，冒泡较多；到发气高度所需要的时间比正常发气时间要长；发气高度要比正常发气高度低些。

产生的现象是：发气滞后于稠化，料浆到发气中期已稠化，形成憋气，随后冒泡。铝粉发气慢，则发气时间长，局部会有收缩下沉的后果，冒泡多。

采取的措施是：延长铝粉搅拌时间，可以使铝粉颗粒均匀分布在料浆中，与碱溶液充分接触，使铝粉发气提前，加快铝粉发气速度，与料浆稠化协调。或者检查铝粉颗粒，采用较细的铝粉，促进铝粉发气速度加快。

3. 稠化快同时发气慢

稠化快同时发气慢的特点是：从时间上来看，一般在 36min 以后冒泡，属于后期冒泡；到正常发气高度，需要时间比正常时间长得多，发气高度要低于正常发气高度。

产生的现象是：较短时间内就形成一定的高度，再升高高度就较难了。一般发气高度都不够高，冒泡时间持续很长，产生局部收缩下沉，冒泡相对较少些。

采取的措施是：当石灰用量和消化特性等因素变化而产生料稠时，应增大水料比，改善料浆的特性，使稠化变慢。并延长铝粉搅拌时间，缩短铝粉发气时间，使二者趋于一致。或采用使稠化变慢的措施，同时采用使发气变慢的措施。

上述发气滞后于稠化的三种情况，大多数属于少量冒泡，不塌模。但影响制品气孔结构，使坯体断面上形成上、下明显的疏密不同。上面孔径大，大孔窜孔多，呈疏松状，体积密度小；下面孔径小，气孔密集呈密实状，体积密度较大，强度较高。因而，在生产中还要注意改进，提高制品的质量。

三、稠化滞后于发气剖析

稠化滞后于发气，归纳起来主要体现在三个方面：其一，稠化慢发气相对正常；其二，发气快稠化相对正常；其三，稠化慢同时发气快。以这三个方面进行定性剖析，提出其特点，分析其产生的现象和控制措施。

1. 稠化慢发气相对正常

稠化慢的特点是：从时间上来看，在 24min 左右开始冒泡，属于后期冒泡。

产生的现象是：发气达到高度时，后期稠度跟不上，料浆不能承受自身的重量，产生大面积的雨点式的冒泡，同时局部收缩下沉，严重时沸腾而塌模。

采取的措施是：若采用过烧生石灰时，应延长搅拌时间，强化石灰的消解，使稠化跟上发气速度。或采用混磨和废浆返磨工艺，可以更有效地发挥废浆高碱含钙的作用，在一定程度上促进硅质材料与氧化钙反应，使稠化加快。

若采用欠烧石灰时，针对料浆后期稠化慢的现象，可以适当考虑加强石灰的消化，提高石灰的磨细度稍降低水料比，使料浆稍稠些。延长搅拌时间，使料浆稠化速度与发气速度趋于一致。或适当增加稳泡剂以及提高浇注温度等措施。

2. 发气快稠化相对正常

发气快的特点是：从时间上来看，一般在 20min 后冒泡，属于中期冒泡。

产生的现象是：发气太快，稠化跟不上，料浆超常膨胀，发气超高，到发气中期，料浆不能稳定气泡，产生大面积雨点式的冒泡，沸腾而塌模。

采取的措施是：发气快时一般采用缩短铝粉搅拌时间，延长发气时间，促进二者趋于一致。或采用外加剂，如水玻璃，改进料浆性能，克服铝粉发气太快的现象。

3. 稠化慢同时发气快

稠化慢同时发气快的特点是：从时间上看一般在 20min 前就开始冒泡，属于早期冒泡。

产生的现象是：早期稠化慢膨胀快，在发气高度一定时，料浆支承不了自重，开始在薄弱环节处冒泡，一定时间后放气下沉，失稳后从此处开始下沉，牵动其他临近部位依次下沉，形成全塌。

采取的措施是：当石灰用量和消化特性等因素变化时，可以减小水料比，改善料浆特性，加速稠化。并缩短铝粉搅拌时间，延长发气时间，使二者趋于一致。

还可以采用加快稠化的措施以及延缓发气速度的措施。

四、防止一些错误的做法

1. 稠化慢时，错误采用加粉煤灰（砂浆）等干物料，或改变水料比，企图以较大的稠度来提高料浆保气性，一般效果不好。因为这势必造成砌块的体积密度偏大或引起稠化料浆剪应力大，发气不畅，容易冒泡。

2. 原材料质量变化引起工艺参数改变时，特别是消化温度偏低或偏高以及活性钙含量变化时，应该核算铝粉之用量。因为铝粉发气量与它所处环境温度有关，计算铝粉发气量应按一定的环境温度计算。

3. 发气高度不够，不能不分析原因，就采取增加料浆或干料的办法来保证发气高度，这就势必增加了制品体积密度。

4. 有一种引起塌模的原因是，模具四角漏浆，严重时此处开始下沉，于是牵动临近部位依次下沉，这时要进行模具堵漏，模具要进行修理。

5. 浇注后发现料浆较稠，浇注高度不够时，不能盲目采取措施使之稠化变慢，应该检查称量装置是否失误或搅拌时间太短引起搅拌不均。

第三节　影响彩色水泥制品质量的因素及治理措施

一、概述

彩色水泥混凝土制品，在这里主要指的是彩色水泥混凝土砌块和彩色水泥混凝土地面砖，它应用于墙体和地面上。彩色砌块和彩色地面砖的着色方法不尽一样，彩色地面砖是表面一层着色，而彩色砌块是整体着色，但也有单独做装饰层的。不管怎样着色，都要求着色均匀，色彩艳丽，起着五彩缤纷的装饰作用。然而目前生产的彩色砌块和彩色地面砖，大多数制品装饰面不怎么光滑，颜色深浅不一，还存在返碱现象，极大地影响了它的装饰作用，进而影响了工厂的销售收入及销售前景，这是生产厂家感到头痛的问题。本节就影响彩色砌块和彩色地面砖表面的色彩质量的因素和治理措施进行综合论述。

二、影响彩色砌块和彩色地面砖色彩的质量因素

影响彩色砌块和彩色地面砖色彩的质量因素有许多种。其一是返碱因素引起的；其二是非返碱因素引起的。其中返碱引起的因素有四个：一是原材料如砂、石、水泥、水、颜料、外加剂中含可溶性碱物质，它是返碱的物质基础。二是水泥混凝土是极不均匀的多毛细孔的建筑材料，水泥混凝土中存在干燥吸湿的亲水性的气孔体系，是返碱时的碱溶液的通道。三是混凝土中有水的存在，使混凝土中的可溶性碱溶于水，水迁移到混凝土表面，从而把碱带到混凝土表面，因而水是使碱迁移到混凝土表面来的输送工具。四是混凝土毛细孔的自由水在温差、湿差和位能差的条件下，向混凝土表面流动，因而温差、湿差和位能差是含碱的水向混凝土表面流动的动力。以上四个条件是返碱必备的四个因素，缺一不可。所以只要破坏其中一个条件，就可以达到抑霜的目的。然而，在控制彩色砌块和彩色地面砖表面的色彩质量时，返碱必备的四个条件都应尽量破坏掉。其中非返碱因素有：原材料的质量、配合比和计量、搅拌、成型、养护等工序的最佳工艺参数和操作顺序、操作制度都会影响彩色砌块和彩色地面砖表面的色彩质量。只有全面进行综合治理，才能保证彩色砌块和彩色地面砖表面的色彩质量。

三、混凝土返碱引起彩色砌块和彩色地面砖色彩质量的治理措施

1. 控制原材料中碱性物质含量的治理措施

彩色水泥混凝土制品的原材料中碱性物质含量是主要返碱物质，要进行严格控制，拟从以下几个方面进行治理，控制好原材料的质量：

（1）粗细骨料中应不含 Na_2O、K_2O 等可溶性碱物质。含有少量 Na_2O、K_2O 等可溶性碱物质的粗骨料，应用水清洗。细骨料中是不能采用海砂的，即使在地面砖彩色层掺加一部分细海砂，也要用软水冲洗，除去可溶性的盐类。其氯盐含量应不大于 0.5%。

（2）在白水泥中游离石灰质 CaO 较高，水化产物中约含 25% 的可溶性含钙矿物 $Ca(OH)_2$，易被水溶解，氢氧化钙是形成返碱的主要物质。因而，在白色硅酸盐水泥中掺入一些外加物，如硅藻土和粒化矿渣、破碎陶砂或膨胀珍珠岩砂、碳酸锂、碳酸铵等活性混合材料进行治理。灰水泥和白水泥进厂时，应进行抽样检查，严格检查 f·CaO 的含量是否超标，超标的水泥不应采用。应尽量采用低碱水泥（含碱量≤0.7%）。

（3）对所采用的外加剂应进行严格检查，经检测，对含有可溶性钾、钠等碱性物质的外加剂不要采用。

（4）搅拌用水应选用 SO_4^{2-} 离子含量低的纯净水或饮用水，特别是沿海城市的搅拌用水应避免使用海水。

（5）应选用可溶性盐类少的矿物颜料。

2. 治理混凝土中多余水的措施

混凝土中毛细孔的自由水就是混凝土返碱时的输送工具。毛细孔中的自由水是由混凝土在水泥水化后剩余水和后来从混凝土表面的湿空气中通过混凝土中毛细孔吸到混凝土里面的水组成的。从这两方面来治理混凝土毛细孔中的自由水。

（1）治理混凝土中水泥水化后剩余水的措施

在彩色水泥混凝土制品制造过程中，水泥水化只需极少的水，约为水泥重量的10%～20%，由于和易性和成型要求，往往加水量大于水泥水化所需用水，水泥水化后剩余水残留在混凝土毛细孔内。因而在生产中应减小水灰比，即减少用水量，其治理的措施有三：

采用干硬性混凝土，这样就要采用较小水灰比，就可减少混凝土混合物用水量。因此必须采用强制式搅拌机进行搅拌，且选用超级砌块成型机进行制品的成型。

采用各种减水剂和塑化剂，可减少用水量，减少用水量后，仍使混凝土混合物具有一定的和易性，且保证混凝土混合物搅拌和成型。

水的计量要准，水的计量误差不超过1%，且计量秤要定期校正，保证水计量的准确性，防止用水量过多。

(2) 治理混凝土毛细孔吸水的措施

治理混凝土毛细孔吸水的措施有二：

要做到混凝土毛细孔无水可吸。在养护时避免用水浇；制成后放于有棚堆场进行堆存，避免日晒雨淋。

在混凝土混合物中加入水硬脂酸钙之类的抗水剂，使混凝土中的毛细孔呈憎水性的气孔，可以阻止水进入混凝土毛细孔内。

3. 治理混凝土中毛细孔的措施

混凝土本身是多孔体系，存在各种孔和水，由于混凝土中存在干燥吸湿的亲水性气孔，就成为自由水流动到混凝土表面的通道。只有尽量减少混凝土中的毛细孔数量，才能达到抑霜的目的。只有把好原材料质量和砂石的级配关，采用最佳配合比，使混凝土密实，才能达到毛细孔少的目的，具体的治理措施是：

(1) 把好原材料质量和砂石的级配关

控制好粗骨料中的灰分，灰分多会影响骨料的级配和配合比，会使混凝土不密实，孔隙多。级配良好的粗骨料，混凝土中小气孔体积就少，碱液向混凝土表面迁移的通道就少。

治理的措施是：石子含灰分量要得到严格控制。有些采石场在生产碎石时，本来通过几层筛筛过，得到良好级配，结果又把筛下灰分倒掺到筛过的碎石中，以谋求利润，不顾质量要求。水泥制品厂家应该严格把关，不合格的石子不允许进厂，已进厂的应坚决退回。

石子的级配要严格控制。一般中小型采石场主要供应道路建设或混凝土构件用石。因而与砌块和路面砖用石的粒径及级配是不同的，要向采石场提供供货质量要求，在这里要强调粒径、级配要求，要求按砌块和路面砖用石的级配供货，并且提供筛网级数及孔径，按此进行筛分，且按提供不同粒径的体积比进行装车。

要严格控制砂的级配和灰分的含量。砂子质量好坏，主要是砂场选得好不好，砂场的砂应含石英多，级配好，黏土极少、不含有机杂质的中砂。有些砂是偏细的，有些砂含杂质黏土多，显然是不合格的。在砂场也存在这种情况：采砂场为了追求利润，好砂里面也掺些表层的坏砂（含泥多、级配不好）。因而要加强砂子进厂的质量检验，不合格的砂子应坚决不要，保证砂子级配在级配曲线范围内。有条件的水泥制品厂家，应自备较好的采砂场，这样较容易把好质量关。

（2）采用最佳水灰比保证配料准确

原材料通过试验对比，选用最佳混凝土配比，这样生产出来的制品才密实，混凝土中的毛细孔才少。

为此采用治理的措施是：选用最佳水灰比。水灰比越小混凝土中的毛细孔就越少，在成型条件允许的情况下，尽量选用较小水灰比。

砂、石含水率也可以影响其水灰比，在称量时或选择称量搅拌设备的自动控制时，应该考虑扣掉砂石中的水分重量，保证其产量及胶骨比的准确。在搅拌时加水量也应扣掉搅拌混合物中的含水量，保证水灰比控制的准确。

应尽量选用重量计量，砂、石计量误差不大于 1.5%，且计量秤要定期进行校正，保证配合比施工准确。

（3）选用最佳成型参数

选用最佳振动时间、振动力和加压压力等成型参数，使混凝土达到最大密实程度，则混凝土中毛细孔就少。成型制品不同，则成型参数是有所区别的，应根据不同制品，在成型机上试制实体试件，得出各自的最佳成型参数，使混凝土成型后达到最佳密实程度。

（4）其他治理措施

在混凝土混合物中掺加少量聚合物和水泥催化剂、分散剂等，使毛细孔细化，变自由水为非自由水；碳酸盐化也可促进毛细孔闭合，堵塞返碱通道。

4. 杜绝混凝土中碱液向混凝土表面迁移的治理措施

彩色水泥混凝土制品在养护阶段最容易出现返碱现象，这是因为在养护阶段，半成品若处于冷、热交替、干湿循环的外界条件，溶于水的碱溶液，经自由水流动，毛细水蒸发凝聚，反复迁移到混凝土表面，再蒸发碳化形成白霜。

其治理措施是：宜采用 20℃ 的 100% 的饱和空气，恒温恒湿条件下养护制品，可减少返碱的动力，从而减少白霜量。采用塑料薄膜遮盖彩色装饰面，隔绝空气，以防碳化返碱，同时也改变了毛细通道蒸发、凝结方向，迫使碱液向非装饰面迁移，避免装饰面出现白霜。

四、非返碱因素引起的彩色砌块和彩色地面砖色彩质量的治理措施

1. 原材料质量影响彩色砌块和彩色地面砖色彩质量的治理措施

石子中的灰分多以及砂子用量多则使得砂子比表面积增大，制品颜色变浅，因而要保证石子中的灰分含量不超过 1%（即颗粒小于 0.08mm 的尘屑、黏土和淤泥的总含量），砂子采用最佳砂率。同时尽量采用浅色的石子和砂子。砂、石本色越浅，则彩色制品的颜色越鲜艳。在面层细砂中含有草根和小粒石会使混凝土装饰面形成坑洼、不光滑。砂子若含有草根、泥和尘土，应进行过筛和水筛处理，筛去草根和泥团、粗颗粒。水灰比过大会使阳膜粘料，也使装饰面形成坑洼、不光滑，因而要严格控制最佳水灰比，控制好水和水泥的计量。特别注意的是一味追求混凝土制品表面光滑，加大砂率的做法也是不科学的。

灰水泥的本色越浅，彩色水泥混凝土制品的颜色越鲜，应尽量采用浅色水泥或白色水泥（地面砖的面层）。所采用的水泥和砂石骨料的本色一定要稳定，同型号的一批水泥以及同层同色矿山的骨料，应生产同批彩色水泥混凝土制品，这样才能保证底色一样，生产出来的彩色水泥混凝土制品的色彩深浅就一样了。使用水泥只能贮存一个月的用量，以防受潮，结团水泥不能用，这样就能治理彩色制品表面坑洼、不光滑。

颜料质量也会影响混凝土的色彩，合成氧化铁着色能力强，天然氧化铁着色能力不强，其氧化铁的含量较低，应选用合成矿物颜料。各种颜料可以相互进行配色，应在实验室做试验，记录其各自颜料掺量和填充料的本色，以供今后对比使用。颜料掺得越多，颜色就越深，但是颜料掺量多，影响混凝土制品的物理力学性能以及提高产品成本，因而从经济角度和制品的物理力学性能考虑，颜料有最佳掺量，一般颜料掺量为水泥掺量的3%~5%。

颜料选得好不好，也会影响彩色水泥混凝土制品的色彩均匀，要选用一家质量稳定、可靠、生产规模大的颜料生产厂家，同时颜料要求不怕碱腐蚀，着色能力强，不溶于水，耐光性、空气稳定性好。同批进厂的颜料应生产同一批的产品，这样就可以治理彩色水泥混凝土制品颜色的色彩不一致。

2. 配合比及计量工序影响彩色砌块和彩色地面砖色彩质量的治理措施

一般来讲水灰比越大，彩色砌块和彩色地面砖表面的色彩就越浅，这因为制品振动密实后水分蒸发，在彩色水泥混凝土制品表面形成大量小气泡，这些小气泡会引起光线散射而使色彩变浅。在生产过程中同批生产产品的水灰比若随意改变，则会影响同批生产产品的色彩不均匀。所以其治理措施是：在生产过程中同批生产产品其水灰比不能改变。

因水泥比表面积大，用量多，计量不准会使每锅料的颜色深浅不同，则生产的制品色彩也不均匀。其治理措施是：水泥计量要准确，一般水泥计量的误差不大于1%。且计量秤要定期校正，下到搅拌机的溜管，要定期清理。

颜料分散不均匀，也会影响制品色彩的不均匀。其治理措施是：要保证同批的每锅料的搅拌时间相同，同时颜料搅拌需要一定搅拌时间，一般要搅拌半分钟至一分钟。也可以加入分散剂，使颜料搅拌分散性好、均匀。加入的分散剂的剂量和型号相同，则颜色分散性相同，不然会影响同批制品颜色深浅不同。

搅拌时颜料加料顺序要正确，不然会影响颜料搅拌不均匀，会使彩色水泥混凝土制品色彩不均匀。正确治理方法是：干颜料应该在加入"任何水"之前，先与水泥进行干混合。若在加水之后再加入干颜料，则颜料容易结团。液态颜料在加入"初始水"之后和加入"调节水"之前加入，若在加"任何水"之前加入，则颜料也容易结团。

若每锅颜料称重误差大，则生产同批彩色水泥混凝土制品的色彩深浅就不一致。其治理措施是：颜料计量要精确，一般颜料称重误差不大于0.5%，且计量秤要定期校正，特别注意颜料计量秤的上下溜管不能积料，否则每锅料的颜料多少就不同。受潮颜料也会容易结团，造成彩色水泥混凝土制品表面的色彩不一致，不光滑。因此颜料不能贮存太久，并放于干燥通风的地方。

3. 成型参数影响彩色砌块和彩色地面砖色彩质量的治理措施

成型振动时间和振动力等成型参数不同，给彩色砌块和彩色地面砖表面带来不同的斑点，斑点多少也不同，会引起光线散射程度不同，使彩色水泥混凝土制品色彩深浅也不同。因此采用的治理措施是：同批生产的产品所采用的最佳振动时间和振动力等成型参数应相同，不能随意中途进行改变。这要事先找出适合各种制品成型的最佳成型参数。

4. 养护方法和制度影响彩色砌块和彩色地面砖色彩质量的治理措施

养护方法和制度影响因素：采用蒸汽养护时养护温度越高，则彩色水泥混凝土制品的结晶体越小，彩色水泥混凝土制品颜色就越浅；养护制度不同，则彩色制品的表面色彩不一致；低温养护时的蒸汽冷凝水污染制品表面。治理措施是：一般来讲彩色水泥混凝土制品不宜采用蒸汽养护，宜采用低温养护或利用水泥水化热进行养护。同时保证同批彩色水泥混凝土制品和同批养护窑的养护制度一致，养护制度不能随意改变，不然会造成同批彩色制品的色彩不一致。为了防止低温养护时蒸汽冷凝水污染制品表面，在装饰面上盖上塑料罩。

五、返碱后制品的处理方法

1. 中度返碱制品的处理方法

(1) 所谓返碱，是制品内的碱溶液返到制品表面，然后与空气中的二氧化碳反应生成不溶于水的碳酸盐。因而首先把返碱的地面砖用自来水冲洗，目的是使地面砖吸水饱和，以免中和后的碱液重新回到制品内。

(2) 然后用 15% ~ 20% 浓度的硫酸锌或氯化锌溶液，用刷子沾着刷，刷掉中和析出的黏性物。也可用稀盐酸或稀醋酸浸泡返碱的地方，等几分钟后，用刷子沾着刷。其目的是使它们进行中和反应，生成相应的可溶于水的盐类并放出二氧化碳。

(3) 最后用水冲洗制品表面，把溶于水的盐类冲走。有必要进行第二遍的操作，因为稀酸用量不够，有可能反应不彻底。

2. 重度返碱的制品处理方法（也适用于装饰墙体）

(1) 第一步同上面所述。

(2) 第二步是用氟硅酸锰溶液，相对密度为 1.075 ~ 1.162，也可以用锌或铝的氟硅酸盐，在制品表面重复涂刷几次，每次间隔 24h，使碱性氧化物质中和。

(3) 然后用刷子彻底刷除粉尘，用自来水冲洗干净。

六、结论

由此看来，要生产出色彩均匀、彩色鲜艳的彩色水泥混凝土制品是一个系统工程，它贯穿在整个生产过程的始终。首先是企业总经理要重视制品质量。加强原材料进厂质量的检验，专人专职负责。掌握各种制品的最佳配合比和水灰比，制定各个工序的操作程序，找出适应各种制品的最佳成型参数和适应各种制品的养护制度。建立质量保证体系和建立质量奖惩制度。同时制定相关的规章制度，不能无章可循。技术工人要进行专业技术培训后才能上岗。使用专业技术人才管理技术和产品质量。这样才能使生产出来的彩色水泥混凝土制品的色彩质量好，才能打开市场销售，为企业创造出更多的效益，也为国家的城乡建设做出贡献。

第四节　引进德国砂子加气混凝土设备生产
粉煤灰加气混凝土的工艺措施

年产 10 万 m^3 的加气混凝土生产线的技改项目，是利用发电厂产生的粉煤灰的配套工程。该二手设备原为生产砂子加气混凝土砌块的设备，现用来生产粉煤灰加气混凝土砌块。为此，从原料加工、工艺设计、工艺参数及控制等方面采取了一系列的措施，生产出质量符合国标要求的粉煤灰加气混凝土砌块。

一、工艺流程及特色

1. 工艺流程

本工艺流程图中的设备，从搅拌机开始，以后工艺设备采用引进德国的二手设备（蒸压釜除外），搅拌机以前的工艺设备采用国内的（包括原料加工、处理、料浆制备），见工艺流程图 2-12-1。

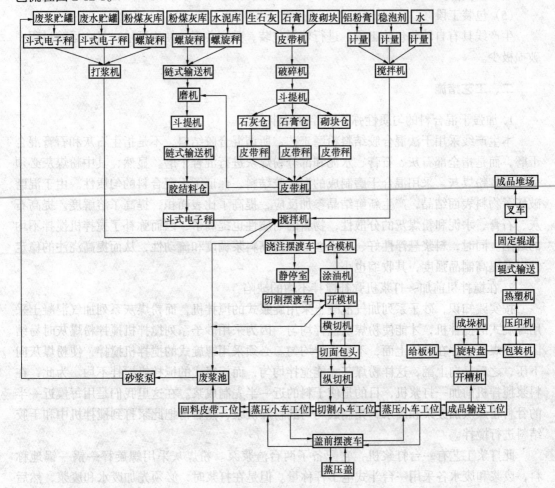

图 2-12-1 工艺流程图

2. 工艺特色

（1）砂子系列

加气混凝土搅拌机是旋浆式的搅拌机，是砂子系列用的搅拌机。这台设备从德国运回，已安装于生产线中。

（2）预养工段

采用并列 5 条间歇式的预养室，预养室的两端均有摆渡车。一端为浇注摆渡车，另一端为切割摆渡车。每次只能输送一个模具车到预养室就位或从预养室中出来。

（3）脱模工艺

模具二块侧板和二块端板分别打开与底模呈一平面，坯体裸露出来，再用夹具进行裸体夹坯，然后吊夹具车横移，放到横切机上进行切割。此种夹坯工艺要求坯体塑性强度既达到夹坯的塑性强度，夹而不坏，又能进行钢丝切割，而钢丝切而不断。国外砂子系列坯体能达到这种要求。

（4）切割工段

主机是切割机组。横切和纵切分别在两个工位。先横切，坯体不动而钢丝动，是采用预埋式的切割方式；纵切是钢丝不动，而坯体随切割小车移动，是采用弹琴式的切割。

（5）包装工段

生产线具有自动化包装工段，进行塑料包装，整齐美观，便于运输，且在运输过程中破损极少。

二、工艺措施

1. 加强干混合料的匀质性弥补搅拌机搅拌不均

本生产线采用干法混合胶结料粉磨工艺，所谓混合胶结料，不是指生石灰和石膏混合干磨，而是指全部石灰、石膏、水泥和部分粉煤灰进行混合干磨。显然，其中粉煤灰必须采用干排粉煤灰。采用混合干磨制成的混合胶结料，保证了干混合料的匀质性。由于混磨破坏了物料表面结晶，产生新鲜结晶参加反应，提高了比表面积，提高了溶解度。提高石灰、石膏、水泥和粉煤灰的分散性，物料的匀质性也提高了，因而弥补了搅拌机搅拌不均的缺陷。同时，料浆悬浮性好、保水性好，提高料浆稠度和流动性，从而提高浇注的稳定性以及提高制品强度，其收缩也小。

2. 在搅拌机前加一打浆机弥补搅拌不均的缺陷

按实践知识，砂子系列加气混凝土采用旋浆式的搅拌机，而粉煤灰系列加气混凝土采用螺旋式的搅拌机，才能使粉煤灰搅拌均匀。因为采用砂子系列搅拌机搅拌粉煤灰时易结团，粉煤灰悬浮在液体上面，不易搅拌均匀。必须采用螺旋式的搅拌机搅拌，使粉煤灰向下压，之后又向上翻，这样粉煤灰才能搅拌均匀，而旋浆式的搅拌机搅拌不均。为此，在料浆搅拌机前加一打浆机，目的是使干料的近一半先制成浆。在这里我们是用每模近一半的骨料粉煤灰加废浆和废水，先制成均匀的粉煤灰浆，然后再把此浆打到搅拌机中和干胶结料进行搅拌。

此打浆工艺有一台打浆机，它配备了两台渣浆泵。粉煤灰采用螺旋秤一锅一锅地称料，废浆和废水各采用一台斗式电子秤称量。但是在打浆时，必须先加废水和废浆，然后再加干骨料粉煤灰进行打浆，以防管道堵塞。

在骨料粉煤灰浆中掺加废浆，可以使混合料发生一定的动态水热反应。混合料浆的黏度增大，料浆中的物料颗粒不易沉降，改善了粉煤灰浆的悬浮性，从而提高了搅拌的均匀性，弥补了浇注搅拌机搅拌粉煤灰的不均匀性，同时也提高了浇注的稳定性。

3. 采用热室静停等措施保证坯体塑性强度均匀性

砂子加气混凝土的坯体采用裸体夹坯工艺，那么粉煤灰加气混凝土的坯体能否采用裸体夹坯工艺，能否夹起来呢？这是引进德国设备的关键所在，也是人们一直关注的问题。

我们认为，坯体切割的塑性强度的高低，应满足两个条件：其一，坯体的塑性强度达到值能使坯体在搬运过程中不损坏；其二，坯体的塑性强度值能使钢丝顺利切割，而不断丝。第一个条件要求坯体的塑性强度越高越好，在搬运过程中坯体不易损坏；第二个条件要求坯体的塑性强度越低越好，钢丝切割不易断丝。但是，它有一个最低值，就是切割坯体时，坯体切而不坏的最低坯体的塑性强度值。以上两个条件互相制约，缺一不可。在不同工艺过程中，其切割的塑性强度值的要求是不同的。

不管是砂子加气混凝土，还是粉煤灰加气混凝土制成坯体，在同种工艺情况下，其切割的塑性强度值的要求是一样的。只不过在宏观上，由于原材料、配料、品种不同，坯体的塑性强度形成的过程有所区别罢了。为此，在工艺上采用如下措施：

其一，保证坯体的塑性强度的均匀性

在设计中采用了热室静停预养工艺。设计三条预养室，每室有二条静停线，共有六条，其中一条备用。窑门采用门帘密封，室内中间有一条蒸汽管道，设置于地坑中，两边墙上各一条蒸汽管道，采用圆翼形的散热器。设计室内温度可达 50℃以上，这样坯体中心部位和模具边缘坯体塑性强度发展较接近一致，能提高整个塑性强度的均匀性。

其二，保证掺加一定量的水泥

一方面考虑坯体切割的塑性强度达到值，必须掺加水泥，同时考虑模具车和预养室的周转。若不加水泥，则坯体要靠石灰消化的胶凝强度是很难达到本工艺切割的塑性强度的，夹坯成功率很低，且在运输过程中坯体产生裂纹。同时预养时间也很长，约在 $3 \sim 4h$ 以上，考虑引进模具的数量和预养室水平输送设备的数量以及制品的产量，不可能拉长预养时间。根据实践经验，翻转式的切割工艺可以少加水泥或不加水泥（根据生石灰的质量）；负压吸坯切割工艺比翻转式的切割工艺掺加水泥多些；裸体夹坯切割工艺掺加水泥量是最多的。当然水泥掺加量也有一个极限，多加不经济，少加也不行。根据生产经验，本工艺每模掺加水泥量为 $280 \sim 300kg$ 较为适宜。每模坯体的尺寸为 $6.0m \times 1.2m \times 0.55m$。

4．切割的塑性强度的工艺控制

切割的塑性强度控制多少才行，怎么控制？切割的塑性强度跟切割工艺有关，切割工艺不同，对切割的塑性强度的高低也不同。在工艺过程中，一般先把坯体（或坯体连模具）搬到切割机上（或再进行脱模），然后进行切割。所以控制切割塑性强度值是按切割工艺要求，控制坯体的切割塑性强度。按目前的切割工艺讲，带模翻转式地搬运坯体，要求坯体塑性强度最低；负压吸坯搬运坯体较高；裸体夹坯搬运坯体要求坯体塑性强度最高。各种切割工艺要求的切割塑性强度值是可以计算的。裸体夹坯的切割塑性强度，据计算为：$6 \times 10^4 \sim 8 \times 10^4 Pa$。且考虑了坯体塑性强度不均匀系数为 2.5 倍左右。

本切割工艺塑性强度是难以掌握的。难就难在裸体夹坯的切割塑性强度值控制范围比其他工艺要窄一些，切割塑性强度值范围越窄，在实际人工操作中越难以控制。切割塑性强度控制稍过，坯体是夹起来了，然而切割时钢丝要断，若要考虑钢丝不断，切割塑性强度稍偏低些，则夹坯时，坯体要夹坏，成为废品，需要回料，废料增多，工艺线上用不完，造成二次污染。

在实际控制中，由于目前还没有精确方便的仪器测试，坯体塑性强度现在还凭人工判断操作。那么，应采用以下四种措施来加以控制：

首先，用时间来控制，在 1.5h 后对坯体开始检查，因为坯体塑性强度达到切割要求的时间最快得 1.5h。时间控制，可避免检查次数过多、避免破坏坯体内部结构和坯体的表面。

其次，是采用手感，用手指按坯体表面，但要轻、没有黏感、而稍有软感，轻按时，手指感觉不是全硬感，也不是全软感，软中带硬感。

其三，用钢钎通，探测内部中心部位的塑性强度。通时稍有阻力，有点硬感，而不是软黏感。此检查法是表面和内部相结合，较可靠。

其四，在开模后未进行裸体夹坯前，最后一次检查，用手指按坯体侧面，有点硬感，而不是稀软感。这种检查方法，主要是把坯体各部分检查到了。这样可保证能夹起来，不会夹坏，且切割时钢丝不断。

人工操作凭经验控制应注意以下二点：其一要固定岗位工，不能经常换人；其二，掌握需要一个过程，一般在试生产过程中能掌握。

第五节　提高灰砂砖质量的途径

灰砂砖是钙质原料（石灰）和硅质原料（砂）用蒸压处理的方法，直接合成的硅酸盐混凝土制品。灰砂砖是节能、节土的新型墙体材料。灰砂砖的质量与原材料的性能和制造工艺有关，本节简述提高灰砂砖质量的几个途径。

一、把好原材料及原材料处理的质量关

1. 控制原材料的质量

一般要求砂子中二氧化硅的含量要高。这是因为二氧化硅的含量越高，化学反应越充分，水化产物就越高。最好砂子中二氧化硅含量不少于80%。不但砂子要求质地纯而杂质少、颗粒多棱角，而且要求砂子颗粒级配要好。级配良好的砂子，可以保证获得较密实的制品，对制品的机械强度和耐久性都有很大益处。如砂子的级配满足下列要求较为理想：0.063~0.25mm颗粒占30%，0.25~0.5mm颗粒占65%，0.5~1.0mm颗粒占5%，并且最大颗粒不超过7mm，空心砖不超过5mm。黏土含量多少与制造工艺有关，在磨细情况下或分散均匀细腻黏土掺量可以达20%~30%。对砂子中含有较大颗粒或成团的黏土，若不进行粉磨处理时，应进行筛分，除去黏土团，避免在蒸压后不具备强度又不稳定的黏土成夹馅，影响砖的耐水、抗冻性。

一般要求石灰中的活性氧化钙含量高，最好不小于80%。采用中速石灰，过火石灰含量小于5%，欠火石灰含量小于7%。为了不至于在制品成型后，氧化镁仍继续消化，使制品体积膨胀而开裂，氧化镁的含量最好小于2%。

2. 控制原材料处理的质量

生产灰砂砖，生石灰是主要原料之一。为了制得强度高的灰砂砖，生石灰要磨细。这是因为生石灰越细，则反应生成物越多，制品强度越高。但如果磨得太细，不但强度增加不多，而且磨机产量降低，能耗增加，成本增加，是不划算的。所以对生石灰有一定磨细度的要求，一般通过4900孔筛，筛余小于15%~25%。可以采用电耳控制喂料量多少来控制细度。

二、精确控制配合比及外加剂掺量

1. 精确控制配合比

生石灰有效氧化钙含量，应满足其与含硅原料中二氧化硅和三氧化二铝生成水化产物的需要，有效氧化钙含量不足或过多时，都对制品质量有影响。所以坯体有效氧化钙的含量应控制在 6% ~ 8%。

要精确控制配合比，在生产中采用重量计量，不采用体积计量。因为体积计量误差大，无法保证配合比精度及灰砂砖的质量。配料系统可以采用中子测水仪及微机进行自动配料。一般称量精度不大于 1%。

成型水分适量，过少砖中的水化产物少，砖的强度偏低。成型水分过多或过少都会导致成型时产生过压现象而易损坏砖机。同时砖坯易产生层裂或超厚。一般成型水分控制在 7% ~ 9%。加水量要控制准确，要测出砂子的含水率和消化后混合物含水量，才能准确控制搅拌加水量。

2. 外加剂掺量

灰砂砖的外加剂是一种复合型的外加剂。它能克服灰砂混合物中的二氧化硅的惰性，加速二氧化硅在液相中的溶解，促进生成水化硅酸钙的化合反应，能提高砖的强度。一般按石灰用量的 0.001% ~ 0.003% 掺加外加剂较好。

在磨细石灰时掺加 3% ~ 5% 的碎砖，不但能克服糊磨，而且还能使灰砂砖强度提高。在无废砖的情况下，加一定量的砂子作外加剂与石灰一起粉磨，也能提高砖的强度。

三、石灰均化和混合料消化要好

1. 确保有效氧化钙在混合物中的含量均匀

我国大部分厂采用立窑煅烧石灰，立窑煅烧石灰质量是不够稳定的。为了提高生石灰质量稳定性，可以将石灰磨细后进行均化处理。均化处理方法有充气搅拌、充气加机械搅拌以及机械倒库等方法。就其均化效果而言，充气加机械搅拌最好，机械倒库最差。间隙式比连续式充气搅拌好。匀质性差的石灰宜采用均化效果较好的均化方法。经均化处理的石灰，其活性绝对偏差值不超过 0.5%，比不均化石灰的活性绝对偏差值可降低 10 ~ 12 倍。因此经均化后制成灰砂砖的质量可以大大提高。

2. 采用消化好的工艺方案

从实践经验知，混合消化比单独消化好。单独消化时，加水后生石灰易结成料球，在混合料中也不均匀，因而在蒸压时料球易发生爆裂，且化学反应也不完全，影响砖的强度。混合消化可以利用石灰消化热来提高料温，加速消化速度。同时石灰与含硅原料事先混合，可以加强其接触面，混合料均匀，且还起着陈化作用，成品砖强度就好。

连续消化比间隙消化好。连续消化可以避免进料时混合料产生颗粒离析，以及出料时造成"漏斗"状出料，使后进仓的料先出，而先进仓的料后出，混合料的消化质量不好，从而灰砂砖易产生裂纹，影响砖的质量。

因此在设计时应采用混合消化法以及连续式消化仓进行消化。消化时间可以控制在 2 ~ 3h 左右。

四、合理采用搅拌设备及控制最佳成型压力

1. 合理选用混合料搅拌设备

连续式双轴搅拌机在搅拌时，物料被抛起不断地渗入空气，影响灰砂砖质量；并且搅

拌时间也受限制，砂中泥团不易被打散，故混合不均匀。劣质砂是不能用的。

强制式搅拌机工作情况是间歇式的，强制式搅拌机具有高效能强制搅拌，有效地搅散和打碎料团，因而适应劣质砂的搅拌，且混合料搅拌均匀。故应选用适用于劣质砂和制备均匀混合料的强制搅拌机。搅拌时间 8~10min。

搅拌用水量应控制在 11%~14%，它包括了物料含水、石灰消化用水和成型时的用水。

2. 控制最佳成型压力

在二次搅拌水分控制准确的情况下，原料配比一定时，都存在一个最佳成型压力。随着最佳压力减小，强度会逐步降低；大于最佳压力时，由于压力过大，砖坯内未排除的残留空气压缩，除去压力后空气恢复原状，当膨胀大于粒子间、水分间的吸引力时，砖坯产生层裂。一般灰砂砖成型压力在 200kg/cm² 左右，即选用 60t 压砖机即可。可以采用自动控制，它可以成排自动剔除压力不够或者过压超高的不合格砖坯，并立即对模箱中的喂料量作自动调整。

成型砖坯质量控制指标是：砖坯密度在 1.84~2.10t/m³ 之间，成型水分控制在 7%~9%。

五、严格控制蒸压制度和搬运中的破损率

1. 严格控制蒸压养护制度

灰砂砖是由惰性材料砂和石灰组成的。在高温湿热条件下，它们才产生水热合成反应，生成具有强度的托贝莫莱石等各种水化产物。根据实践经验证实：在 1.2MPa、187℃湿热条件下，恒温 7h 是最佳蒸压制度。在此制度下蒸压灰砂砖质量最优，且蒸压时间短，蒸压周转快，还节能。

采用抽真空可以节能，且提高制品的强度。这是因为抽真空后提高蒸压釜内蒸汽纯度，纯饱和蒸汽传热效果好，且节能。建议采用抽真空，只设置一台真空泵就行了。

2. 降低搬运过程中的破损率

新的灰砂砖质量的衡量标准，是按砖的强度和外观一起考虑来定砖的等级的。因而要防止砖坯在搬运过程中受振，产生裂纹和缺棱掉角。

首先，运输轨道在安装时，要安装水平，并与转盘轨道衔接水平，且留轨道间的间隙要小，一般为 2~3mm。人工取坯时，应轻拿轻放，注意不要损坏棱角。人工推车时要平稳，不能突快突慢。人工装成品砖时也要轻拿轻放，防止摔打。

在新建厂时，应采用自动取坯堆码设施，避免人为影响因素，提高成坯率。在成品堆场应设龙门吊，采用吊具进行堆砖、装车，提高成品率。

第六节　混凝土弹性压缩对预应力影响的分析

一、概述

后张法预应力混凝土大型构件，在施工中，由于拉伸机的数量和构件截面尺寸的限制，预应力钢筋（束）要分批张拉。因此，除考虑规范规定的预应力损失外，还应考虑分批张拉钢筋（束）时的混凝土的弹性压缩损失。本节就分三批张拉钢筋（束）时混凝土弹性压缩损失进行分析。

二、弹性压缩对预应力的影响

所谓混凝土的弹性压缩，是在混凝土施加预应力而产生的压缩变形。分批张拉时，由于混凝土的压缩，引起先张拉的钢筋（束）的预应力损失。因此，在计算每批的控制应力时，应考虑先张拉的钢筋（束）中的预应力变化，并以此变化值计算预应力损失。后张拉的钢筋（束）产生的预应力损失（σ_h）按下式计算：

$$\sigma_h = n \cdot \Delta\sigma_b \tag{2-12-1}$$

式中　　n——钢筋（束）与混凝土的弹性模量比；

$\Delta\sigma_b$——先张拉的预应力钢筋（束）重心水平上，由于一根（束）后来张拉的钢筋的张拉，对混凝土引起的平均应力。

下面分析在分批张拉钢筋（束）时，后张拉的钢筋（束）因混凝土的弹性压缩，对先张拉的钢筋（束）有预应力损失（图2-12-2）。

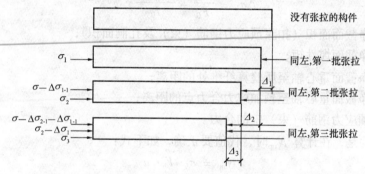

图 2-12-2　分批张拉时由于混凝土弹性压缩对预应力的影响

由图 2-12-2 可见，施加第一批预应力时，虽引起混凝土的弹性压缩损失，但不影响预应力的损失。施加第二批预应力时，既引起混凝土的弹性压缩，又引起第一批的预应力损失。施加第三批预应力时，既引起混凝土的弹性压缩，又引起第一批、第二批的预应力损失。

为了弥补混凝土的弹性压缩而引起的预应力损失，在每批预施的预应力钢筋（束）中，预先加进去这个弹性压缩而引起的预应力损失，从而抵消因分批张拉引起的预应力损失。所以，张拉第一批时，应考虑第二批、第三批对第一批的影响，即第一批张拉控制预应力值为 $\sigma_1 + \Delta\sigma_{2-1} + \Delta\sigma_{3-1}$，式中 $\Delta\sigma_{2-1}$ 为第二批对第一批的影响值，$\Delta\sigma_{3-1}$ 为第三批对第一批的影响值。张拉第二批时要考虑第三批对第二批的影响，即第二批张拉控制预应力值为 $\sigma_2 + \Delta\sigma_{3-2}$，式中 $\Delta\sigma_{3-2}$ 为第三批对第二批的影响值。反之，张拉第三批时，由于产生混凝土弹性压缩，引起预应力损失，对于第一批来说，被 $\Delta\sigma_{3-1}$ 抵消了，对于第二批来说，被 $\Delta\sigma_{3-2}$ 抵消

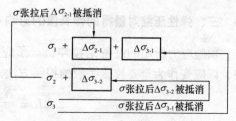

图 2-12-3　三批张拉后 $\Delta\sigma_{2-1}$、$\Delta\sigma_{3-1}$、$\Delta\sigma_{3-2}$ 被抵消

了。张拉第二批时，由于产生混凝土弹性压缩而引起预应力损失被 $\Delta\sigma_{2\text{-}1}$ 抵消了（图 2-12-3、图 2-12-4）。

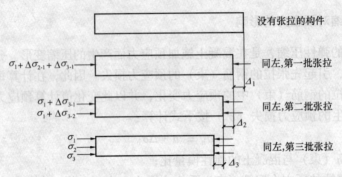

图 2-12-4　考虑预应力影响后控制预应力及混凝土变形情况

因而在计算 $\Delta\sigma_b$ 公式中：

$$\Delta\sigma_b = \frac{N_{np}}{F_0} + \frac{N_{np}\cdot e}{I_0}y \qquad (2\text{-}12\text{-}2)$$

式中　F_0——净截面面积（扣除预应力钢筋（束）及孔洞面积）；

　　　I_0——净截面惯性矩；

　　　y——净截面重心轴至所验算纤维处的距离；

　　　e——净截面重心轴至预加应力合力点的距离；

　　　N_{np}——预应力钢筋（束）中的合力。

必须注意的是，在计算 N_{np} 时，代值要正确，如下式：

$$N_{np} = \sigma \cdot F \cdot a \qquad (2\text{-}12\text{-}3)$$

式中　F——每根（束）钢筋的截面积；

　　　a——在要决定应力损失的钢筋张拉以后，进行张拉的预应力钢筋的数量；

　　　σ——钢筋张拉预应力，不考虑抵消其损失的部分。

在计算第二批钢筋张拉控制预应力值对第一批的影响时，第二批张拉控制预应力值采用 σ_2，而不是采用 $\sigma_2 + \Delta\sigma_{3\text{-}2}$ 来计算对第一批的影响。

由以上分析可得出以下结论：张拉第一批时，只有弹性压缩存在，不会引起预应力损失。张拉第二批时，对第一批有预应力损失。张拉第三批时，对第一批、第二批有预应力损失。因此，后张拉的钢筋（束）对先张拉的钢筋（束）有预应力损失。在计算其预应力损失时，与预先加进去的预应力值（抵消其损失的 $\Delta\sigma_{2\text{-}1}$、$\Delta\sigma_{3\text{-}1}$、$\Delta\sigma_{3\text{-}2}$ 部分）无关。

三、弹性压缩对量得的伸长值的影响

预施应力所用的设备是拉伸机。预应力的控制按规范规定：一般采用以应力控制为主，以应变作为重要校核手段的控制方法。钢筋伸长值的计算是根据虎克定律，即：

$$\Delta L = \frac{N_{np}\cdot L}{E_g F} = \frac{\sigma}{E_g}\cdot L \qquad (2\text{-}12\text{-}4)$$

式中　ΔL——钢筋伸长值；

　　　L——钢筋的工作长度；

N——张拉控制力；

F——钢筋截面积；

E_g——钢筋弹性模量。

在计算第一批的张拉伸长值时，式中 σ 用控制应力为 $\sigma_1 + \Delta\sigma_{2\text{-}1} + \Delta\sigma_{3\text{-}1}$ 代之；在计算第二批张拉的伸长值时，式中 σ 用控制应力为 $\sigma_2 + \Delta\sigma_{3\text{-}2}$ 代之。很显然，第三批张拉的控制应力为 σ_3。

由图 2-12-4 可知，第一批张拉时，有弹性压缩存在，同批张拉几根（束）钢筋，互不影响预应力损失，但使量得伸长值增加 Δ'_1。同理，第二批张拉时，同批张拉几根（束）钢筋，互不影响预应力损失，也使得同批张拉几根（束）钢筋量得伸长值增加 Δ'_2。张拉第三批时，同批张拉几根（束）钢筋，互不影响预应力损失，也使得同批张拉几根（束）钢筋量得伸长值增加 Δ_3。根据虎克定律，Δ'_1、Δ'_2、Δ_3 是可以计算的，如下式：

$$\Delta L = \frac{\Delta\sigma_b}{E_c}L \tag{2-12-5}$$

式中　ΔL——混凝土的弹性压缩值；

$\Delta\sigma_b$——先张拉的预应力钢筋（束）重心水平上，由于一根（束）后来张拉的钢筋的张拉，对混凝土引起的平均应力；

E_c——混凝土的弹性模量；

L——构件受力的工作长度。

以上算出的钢筋的伸长值加上同批几根（束）张拉引起的混凝土的弹性压缩值，才是我们张拉作业时校核控制预应力值的伸长值。

从以上分析，得出同批张拉的钢筋（束），互不影响预应力的损失，但是混凝土的变形是存在的，而使量得的伸长值增加。

混凝土的弹性压缩值，在后张法预应力混凝土大型构件和后张法预应力混凝土桥梁中是不可忽视的，因为它使控制的伸长值误差相差好几个毫米。因此，在计算上述分批张拉预应力混凝土大型构件的混凝土弹性压缩值时，应该把因分批张拉引起混凝土弹性压缩而量得伸长值的增加值（Δ'_1、Δ'_2、Δ_3）分别加进去，使后张法预应力混凝土构件的预施应力更为准确。

第七节　预应力混凝土电杆设计中几个预应力损失的计算

一、概述

进行预应力钢筋混凝土电杆结构计算时，首先要进行预应力的损失计算。预应力损失计算是不可忽视的，它关系着电杆使用的安全性。一般来讲，计算电杆的预应力损失包括锚具变形及螺帽压实的钢筋内缩损失、混凝土的徐变和收缩损失、温度差应力损失、混凝土压缩损失、钢筋的应力松弛损失等。本节着重讲述锚具变形及螺帽压实的钢筋内缩损失、温度差应力损失以及混凝土弹性压缩而引起的钢筋预应力损失的计算方法。

关于锚具变形及螺帽压实的钢筋内缩损失计算，提出了首先根据锚固形式和张拉方式确定损失点，然后进行计算的问题。以往计算只考虑一个损失点是不妥的。而温度差应力损失的计算应根据不同的养护方式来考虑，不能一概而论。至于混凝土弹性压缩损失，对于先张法来讲是客观存在的，应予以考虑。目前规范和实际计算中都未考虑。对于后张法，弹性压缩损失是不存在的。若后张法分批张拉，也存在因弹性压缩损失而引起的后张拉钢筋对先张拉钢筋有弹性压缩损失。

三种预应力损失的计算方法如下。

二、锚具变形及螺帽压实的钢筋内缩损失

由于预应力钢筋混凝土构件所采用的预应力钢筋的不同，则锚固形式和采用张拉方式也不同，因而所考虑的钢筋内缩值及损失点也不同。所以锚具变形及螺帽压实损失值计算取决于所采用的锚固形式和张拉方式。

按照目前的预应力钢筋混凝土电杆的张拉工艺，预应力钢筋所采用的是镦头锚固形式。即将钢丝两头做成镦头，两端用不同锚固盘锚固，即中间开槽的钢丝套筒锚固，然后进行张拉。当达到张拉控制应力时，将丝杆顶住杆模的端顶板，拧紧螺母，再放松张拉机具。根据这种张拉锚固形式，我们就可以确定其锚具变形的个数和钢筋的内缩值。其中张拉端有螺帽固定张拉锚具，这是一个损失点；在预应力钢筋两端各有一个镦头锚固，算两个损失点。这样一共有三个损失点，每个损失点的内缩值 $a = 1mm$，所以按公式计算时，要乘以 3。锚具变形及螺帽压实的钢筋内缩损失计算公式如下：

$$\sigma_{l1} = n \frac{E_s}{L} a \quad (N/mm^2) \tag{2-12-6}$$

式中　L——张拉端至锚固端之间的距离（mm）；

　　　E_s——预应力钢筋的弹性模量（N/mm²）；

　　　a——锚具变形和钢筋的内缩值（mm）；

　　　n——损失点数。

锚具变形及螺帽压实损失，在张拉完后，就已经损失。因而在计算混凝土弹性压缩损失时，不计此损失。即在张拉控制应力中减去锚具变形及螺帽压实损失值后，再代入计算弹性压缩损失值。

三、温度差应力损失

先张法制品带模蒸养加热时，钢筋与张拉钢筋支承物之间出现的温度差而产生的应力损失称为温度差应力损失。产生的温度差取决于采用施工工艺和施工设施。我们知道，在相同加热条件下，由于材质不一样，其变形也不一样。即使是同一材质，加热温度不一样，则变形也不一样。所以预应力钢筋与其支承物之间出现温度差有两种可能：

若模板与制品一同加热（蒸养）时，模板不是钢材制作，它与预应力钢筋变形不一样，从而产生温度差应力损失；

若张拉钢筋支承物是钢材制作，但不一同加热（蒸养）时，由于温度差使之变形不一样，即产生温度差应力损失。

若模板采用钢材制作，作为张拉钢筋支承物与制品一同加热（蒸养）时，不产生温度差应力损失。

在实际生产中，绝大多数都采用钢模进行电杆生产。若采用钢模生产电杆，蒸养工艺

为养护室或养护坑（密封性能好）时，则不考虑温度差应力损失；若采用模内养护，应考虑温度差应力损失。温度差应力损失的公式按下式计算：

$$\sigma_{l2} = 2(t_2 - t_1) \quad (\text{N/mm}^2) \tag{2-12-7}$$

式中　t_1——蒸养时预应力钢筋支承物温度（℃）；

　　　t_2——蒸养时预应力钢筋的温度（℃）。

一般 $t_2 - t_1$ 的值应不大于 30℃。

四、混凝土弹性压缩引起钢筋预应力损失

由于混凝土受到钢筋预应力产生弹性压缩所致的钢筋预应力损失，称之为混凝土的弹性压缩损失。对于先张法，混凝土的弹性压缩损失是存在的。因为钢筋先进行张拉，然后浇灌混凝土，待混凝土达到一定强度时切断钢筋，钢筋内拉力就会传递到粘着的混凝土上，使混凝土受着压应力而被压缩，构件就缩短，则钢筋伸长值减少，从而产生了钢筋的预应力损失。所以在计算构件预应力损失中，应计算混凝土因弹性压缩而引起的钢筋预应力损失。计算混凝土弹性压缩引起的钢筋预应力损失的公式如下：

$$\sigma_{l3} = \left(\frac{\sigma_{pe}A_p}{A_o} + \frac{\sigma_{pe}A_p e_{po}}{F_o} \right) a_E \quad (\text{N/mm}^2) \tag{2-12-8}$$

因电杆呈圆形截面且预应力筋环向均匀对称布置，预应力钢筋合力对于截面重心无偏心，则 $e_{po} = 0$，故式（2-12-8）可简化为：

$$\sigma_{l3} = \frac{\sigma_{pe}A_p}{A_o} a_E \quad (\text{N/mm}^2) \tag{2-12-9}$$

式中　A_p——预应力钢筋截面积（mm²）；

　　　A_o——全部换算截面积（mm²）；

　　　a_E——钢筋与混凝土的弹性模量之比；

　　　σ_{pe}——扣除相应阶段预应力损失的钢筋应力（N/mm²）。

其中

$$\sigma_{pe} = \sigma_{loh} - \sigma_{l1} - \sigma_{l2} - 0.5\sigma_{l4} \quad (\text{N/mm}^2) \tag{2-12-10}$$

式中　σ_{loh}——预应力钢筋张拉控制应力（N/mm²）；

　　　σ_{l1}——锚具变形及螺帽压实的钢筋内应力损失（N/mm²）；

　　　σ_{l2}——温度差应力损失（N/mm²）；

　　　$0.5\sigma_{l4}$——考虑钢筋的应力松弛损失之半（N/mm²）。

应该注意的是，先张法预应力钢筋混凝土电杆的预应力钢筋是被混凝土粘着的，任何时候截面都不会像后张拉那样被穿束孔道削弱。相反，先张法的钢筋对截面是有力的加强。因而，在计算截面时，必须以 n 倍的混凝土截面来换算钢筋截面，而不是用净截面。其中 n 是钢筋与混凝土的弹性模量之比。

第八节　地面砖试生产期间的误区及防治

一、成型时产品高度控制的误区

由于地面砖采用时间控制成型制品的高度，比较难以控制，在试生产时，为了简便就

采用高度来控制，这是一个误区；当采用时间控制成型产品的高度时，又调整主振成型时的时间参数来控制成型制品的高度，这又是一个误区。这两种做法都是改变主振参数，是不对的。都会影响成型产品的强度。

正确的防治方法是：

（1）如成型砌块，当采用高度来控制时，若达到一定高度时，主振动时间过短，可以通过增加预振时间或增加铺料时间来弥补；若达到一定高度时，主振动时间过长，可以通过减少铺料时间或减少预振时间来弥补。

（2）如成型地面砖，当采用时间来控制时，若成型制品的高度不够，可以通过增加预振时间或增加铺料时间来弥补；若成型制品的高度过高，可以通过减少预振时间或减少铺料时间，使成型制品的高度降低。一般来说，成型的制品太硬，设定的主振时间短一些；成型的制品太软，设定的主振时间长一些。

通过达到设定高度值或者设定的操作时间过后，主振动器开关关闭。

二、配合比设计误区

在工厂实施配合比时，有以下两个方面的误区：其一是在生产时，任意加大水灰比和砂率，甚至底料水灰比有时高达 0.540，砂率高达 55%，甚至 60%。用制品的强度作为代价来达到制品表面光滑、好看。其二是随意加大水泥用量和采用水泥的强度。习惯采用某些厂的做法，高强度的制品用低强度的水泥，为了达到一定的强度，每锅水泥的用量增加到 466kg，甚至增加到每锅 540kg 水泥。

正确的防治方法是：

（1）由于各地原材料来源不同，原材料的密度、空隙率等物理性能也不同，因而其砂率也是不同的。应先进行配合比设计计算，然后在试验室作配比优选，才能用到生产线上去生产。砂率随意加大，会影响制品强度。砂的用量增加，且水泥用量不变，会使胶砂的强度降低，填满空隙后还剩余许多胶砂，这样会使制品的强度也降低。

（2）在水泥用量不变的情况下，加大水灰比，无疑是增加用水量。一般来讲，水泥水化所需水占水泥重量的 10% ~ 20%，多余的水在混凝土中形成许多的毛细孔洞。根据经验得知，每增加孔隙率 1%，混凝土强度就降低 2% ~ 3%，反之，若混凝土的孔隙率减少 1%，则混凝土强度就增加 2% ~ 3%。因此，多余的水有多少体积就形成多少孔隙率，混凝土强度就降低多少。

为了论证水灰比、砂率与强度的关系，做了如下试验。水灰比变化情况如表 2-12-1 所示。

表 2-12-1

层　别	水泥用量（kg）	水　灰　比　变　化　次　序			
		1	2	3	4
面　层	150	0.336	0.362	0.366	0.366
底　层	466	0.463	0.467	0.467	0.485

从表 2-12-1 中可以看出，水灰比在生产过程中是逐渐加大的。砂率在最后一锅料采用的是 60%，其余为 55%。

抗压强度对比（一）：水灰比为序号2，其2d平均抗压强度为：22.028MPa。水灰比为序号4，其2d平均抗压强度为17.458MPa。抗压强度对比（二）：水灰比采用序号4，砂率为55%的2d平均抗压强度为17.458MPa；砂率为60%的2d平均抗压强度为17.262MPa。

分析：2d平均抗压强度，其水灰比小的，抗压强度高出4.567MPa；同样水灰比，其砂率较小的，抗压强度高出0.196MPa。

结论：水灰比小的，其抗压强度高；砂率较小的，其抗压强度高。所以为了表面光滑、好看，加大水灰比和砂率的做法不妥。

地面砖侧面出现小孔洞、麻面，多数情况是石子中含较大的片状石子超标。从生产制品中可以看到，凡是有麻面、孔洞的地方，都有较大片状石子支撑着，阻碍砂浆、细石的流动密实。因此较大的片状石子超标，易架立构成小孔洞、麻面。应严格控制石子的质量。

根据对砂、石物理性能测试和计算，砂率应取为40%～45%为好。

（3）水泥强度的采用。一般来讲，水泥强度应与制品的强度相当或者高一级，但不能低于制品的强度。这样既可保证制品的强度，又可降低产品成本。并不是改换较高强度水泥后，产品成本上升，因水泥用量少了，生产成本反而降低。现按每锅料消耗水泥量来进行比较。

原来每锅料消耗水泥（水泥强度为32.5且含碱为0.7%）量：底料每锅料消耗水泥量0.466t，面料每锅料消耗水泥量0.150t，每吨水泥价为288元；现在每锅料消耗水泥（水泥强度等级为42.5且含碱为0.4%）量：底料每锅料消耗水泥量0.420t，面料每锅消耗水泥量0.120t，每吨水泥价为305元。

原来每锅料消耗水泥折价：（0.466t/锅＋0.150t/锅）×280元/t＝172.48元/锅；现在每锅料消耗水泥折价：（0.420t/锅＋0.120t/锅）×305元/t＝164.70元/锅。现在每锅料消耗水泥折价比原来每锅料消耗水泥折价低了7.78元（172.48元/锅－164.70元/锅），也就是说现在所用高强度低碱水泥是节约成本的，且还保证了质量。这里砂与石变化的差价可忽略不计。

（4）水泥用量应参考表2-12-2实行。

表2-12-2

水泥用量（kg/m³）	345	335	325	315	295	265	245	215
制品强度（MPa）	60、50	50、40	40、35	40、30	30、25	25、20	20	10

水泥最高用量为400kg/m³，最低用量为200kg/m³。若成型性能很好，且采用干硬性混凝土混合物，这时若制品强度超高的话，在生产稳定一段时间后，再减少水泥用量。

三、带色制品表面斑点和耐磨性的误区

1. 带色制品表面斑点的误区

彩色地面砖表面出现灰色和红色结团斑点，造成表面颜色不一样，影响了表面光洁、好看。是什么原因呢？认为搅拌时间不够，这是一个认识误区。其实搅拌时间不够，只是表现混凝土混合物搅拌不均匀，没有结团表现。延长搅拌时间，解决不了问题，反而结团更多、更大些。分析其原因是：其一，部分面砂含水量超标。砂子露天堆放，下雨或进场

后潮湿砂子堆积，堆积里面或靠底部的砂保持着较大的含水量，高达8%以上。其二，颜料受潮结团。使用时有很多大大小小的结团，可能厂家在发货前存放许久，颜料受潮，或者在运输途中颜料受潮，或者在厂内存放颜料受潮。

正确的防治方法是：

（1）颜料在厂内存放，应存放在干燥通风的地方，下垫木板离地约20cm；

（2）砂子在晴天要铺开晾晒，减少其含水量，晾晒干后，放在原料堆棚内贮存。雨天时，露天未晾晒干的砂子，要用帆布进行遮盖；

（3）加强实验室对进厂原材料认真把关的责任心，检验不合格的，应及时通知采购部门退货，并及时采购合格的原材料，以免贻误生产；

（4）加强采购部门的责任心，发现颜料受潮或者品质有问题的，应及时与供货商联系退货，要保证采购的颜料合格。

2. 带色制品面层耐磨性的误区

彩色地面砖面层的耐磨强度不够，认为是水泥加少了，应该多加水泥。采用强度等级32.5的灰水泥生产棕色矩形地面砖，甚至每锅料加到160kg，还未达到目的，这是一个认识误区。带色制品面层耐磨强度不够，则耐磨性也较差，其原因是多方面的，不能忽视任一方面的问题。如砂的级配、砂的坚固性、配比、水泥强度等级、成型制度、养护方式都有关系。主要矛盾在于砂的级配、砂的坚固性。现在举例来说明，若细砂筛分如表2-12-3所示。

表2-12-3

2.36mm（筛余）	1.18mm（筛余）	0.60mm（筛余）	0.30mm（筛余）	0.15mm（筛余）	筛底
2.20%	3.60%	16.10%	47.60%	26.10%	4.40%

从上表看出0.3mm居多，其次是0.15mm的，较粗颗粒偏少，基本上是粉砂。

又如：若中砂筛分如表2-12-4所示。

表2-12-4

9.5mm（筛余）	4.75mm（筛余）	2.36mm（筛余）	1.18mm（筛余）	0.60mm（筛余）	0.30mm（筛余）	0.15mm（筛余）	筛底
4.0%	7.0%	12%	7.4%	13%	32.8%	18.6%	4.8%

从上表看出中砂9.5mm超标，其中砂、细砂的质量都不好，含石英成分极少，砂的坚固性也不够好。彩色地面砖设计强度为50MPa，采用水泥强度为32.5MPa。

正确的防治方法是：

（1）就上述现状来看，细砂过于偏细必需加一部分筛砂，其筛砂取其中砂的2.36mm～0.6mm的三个级别掺加到细砂中，使细砂级配趋于合理。于是面砂的组成为细砂50%，筛砂50%，配成面砂用，级配也较好些。有条件的，最好用石英含量多的砂作为面砂。

（2）提高水泥强度，面砂采用不过期的42.5MPa的灰水泥、白水泥或52.5MPa的灰水泥、白水泥。

（3）水泥掺量：面砂为400kg，水泥为130kg。

（4）面层的水灰比一定要控制在 0.30 之内。

（5）生产彩色地面砖一定要以时间控制制品高度。调整制品高度时，在主振参数不变的情况下，控制压缩比，采用调整预振时间和铺料时间来调节制品的厚度。

（6）养护方式：采用 25℃低温养护，实际上养护窑中的温度低、湿度小，应加强养护窑中的温、湿度。带色制品在成品堆场堆放时，用帆布遮盖，不能日晒雨淋。

四、控制返碱的误区

人们认为只要原材料控制了碱量，就可以控制返碱。如采用低碱水泥，其含碱量≤0.4%就不会返碱，这是一个认识误区。殊不知采用低碱水泥后照样返碱。原材料中的碱含量只是控制在最低限度，并没有彻底消除。所以控制返碱是综合的系统工程，只有在生产过程中的各个工艺环节加以控制，才能控制返碱。

正确的防治方法是：

（1）制品中存在碱是来源于原材料，首先从原材料着手进行控制。进厂的原材料必须按批次进行检验，检验水泥、砂子、石子、颜料及水中的含碱量是否超标。采用低碱水泥，水泥中的碱含量最好控制在 0.7%以下，并控制其游离氧化钙的含量。骨料中含碱多的，可用软水冲洗骨料，或购买合格的骨料。使用海砂的，一定要用水冲洗，合格后才能用。这样控制才能减少泛霜。

（2）制造密实的混凝土制品，首先要控制原材料的配比，其砂、石级配要好，应符合质量标准的要求，超标颗粒应剔除，还可以减小水灰比；在成型时还需要最佳成型参数，这样就可以制造密实的混凝土制品，其吸水率就低，可以减少泛霜。

（3）可以使用外加剂来减少泛霜：可以使用减水剂，减少混凝土混合物的用水量，使混凝土密实，孔隙率就少，其吸水率就低，就可以减少泛霜；使用引气剂或引气水泥，可以降低混凝土混合物的需水量，来减少混凝土的孔隙率，降低其吸水率，就可以减少泛霜；使用憎水剂、抗水剂，如加硬脂酸钙之类的抗水剂，来减少水进入混凝土制品的可能，从而减少了泛霜。

（4）控制好混凝土制品的养护：带色制品不能用饱和蒸汽直接养护，应采用 25℃低温进行制品的养护，在养护窑中要盖上塑料罩，以防制品中水分蒸发而返碱或蒸汽冷凝水滴在制品上而被污染；在成品堆场养护时，带色制品不能用水浇、雨淋以及日晒，因而制品放于有棚的场地贮存或在露天盖上帆布贮存，适当的贮存可以减少以后的泛霜。

第十三章 成型参数的选择和养护
工段的工艺控制及节能

在生产过程中，最重要的工艺控制是成型参数和蒸压养护制度的控制。只有控制了成型参数和蒸压养护制度，制品的质量才能得到保证。所以本章讲述成型参数的选择和计算，蒸压、养护工段的蒸压、养护制度及过热蒸汽的蒸压养护制度，并以加气混凝土砌块为例，讲述多种节能的措施。

第一节 砌块和地面砖成型参数的选择与计算

模压振动成型工艺适用于制备干硬性的高强混凝土，干硬度在 $100\sim200s$ 或更高。在一定的振动台设备上，就有一定范围的模压振动成型工艺参数。成型墙用砌块和路面砖等制品时，根据成型制品不同，其选择的模压振动成型工艺参数也不同。要获得良好的振实效果，使混凝土具有较高的强度和密实度，必须合理选择上加压压力和底振的振动力、振动频率、振动时间等。

一、加压压力的控制参数的选择与计算

对于一定组成的混凝土混合物存在着最佳的加压压力，低于此值时，随着压力值的增长，密实度不断增长，强度不断提高；但超过此值时，由于加压压力过大，混合物粒子产生"楔合"作用，粒子间互相夹持很紧，在一定振动制度下，粒子不能产生相对振动，混合物不能充分捣实，特别是制造尺寸小而厚度大的制品时，更不易捣实。当振动加速度增大时，最佳加压值要大一些。干硬性及特干硬性混凝土的振实不是靠增大振幅，而是靠上部加压振动密实。小型空心砌块生产线的成型工艺是底振加上模加压振动成型工艺，其加压压力计算是根据加压强度乘以制品的受压面积而得出的加压压力。加压压力指的是上振动器的自重、上压头自重、阳模自重以及由电控阳模压力阀控制的上加压压力组成。电控阳模压力阀控制的上加压压力按下式计算：

$$F = gF_1 - g_1 - (g_2 + g_3) \tag{2-13-1}$$

式中　F——电控阳模压力阀控制的上加压压力；

　　　g——混凝土路面砖的加压强度，一般为 1.2kg/cm^2 左右，也可通过试验确定；

　　　F_1——一次成型的所有路面砖的实受压面积；

　　　g_1——阳模自重；

　　　g_2——上振动器的自重；

　　　g_3——上压头自重。

二、振动加速度或振动烈度参数的选择

选择振动成型制度首先必须选择振动加速度或振动烈度和振动延续时间。一般的做法是将振动加速度或振动烈度选在最佳值左右，然后再相应地确定振动延续时间。不同的混凝土混合物，存在着不同的最佳振动加速度或最佳振动烈度。大于此值时，增加振动加速度或振动烈度，混合物技术黏度降低不多。超过最大极限振动加速度或振动烈度时，不但能量浪费许多，混合物的匀质性也可能被破坏，机械设备也易于磨损，产生的噪声对人影响也很大。干硬性混凝土的最大极限振动加速度或最大极限振动烈度比塑性混凝土的高得多。干硬性混凝土的干硬度越高，其需要的振动加速度或振动烈度越大。振动加速度或振动烈度大者，混合物技术黏度值就小，捣实混合物所需最佳振动延续时间就缩短。因此，总希望将最佳振动加速度或最佳振动烈度选得较高些，振动延续时间选得小一些。一般最佳振动加速度（a/g 值）应选在 $10 \sim 20$；最佳振动烈度应选在 $1300 \sim 3300 \text{cm}^2/\text{s}^3$。

三、振幅控制参数的选择与计算

1. 根据计算的激振力选定其振幅

在一定的振动台，具有一定的激振力范围，即具有一定的振幅范围。由于每次激振而出现激振力，产生了振动台的振幅。因而选定了激振力，也就选定了振幅。激振力越大，则其振幅也越大。由于成型的制品不同，其受压面积、制品的自重、模具自重、被振的振动器自重、混合物自重、混合物性质、单位时间振动次数不同，其激振力也不同。激振力选得过大，则呈跳跃式振动，振动效果就不好。根据计算的激振力，可查相关的对应关系表，选定其振幅及其偏心块的角度。激振力的计算公式如下：

$$Q = k_2 \left(G_z + k_1 \frac{F}{160} \right) \tag{2-13-2}$$

式中　　Q——激振力（kg）；

G_z——振动器振动部分重量（kg）；

k_1——系数，当混凝土水灰比小于等于 0.45 时，取 $k_1 = 15$；

k_2——系数，当混凝土水灰比小于等于 0.45，振动频率为 $3000 \sim 5000$ 次/min 时，取 $k_2 = 1.2 \sim 1.6$；

F——振动器与混合物表面接触面积（cm^2）。

2. 验算选定的振幅

按上述方法确定的振幅要进行验算，一般要大于按下式计算的振幅，否则重新选定。下式计算的振幅考虑了波在介质中传布、衰减的程度：

$$A_1 = A_2 e^{\beta h/2} \tag{2-13-3}$$

式中　　A_1——振动机械的工作振幅（cm）；

A_2——振实范围内 h 处颗粒开始流动的最小振幅（cm），一般塑性混凝土的频率为 3000 次/min 时，取 0.014cm，干硬性混凝土通过试验确定或采用上述数据；

β——振动衰减系数（cm^{-1}）。一般塑性混凝土的频率为 3000 次/min 时，取 0.13cm^{-1}，干硬性混凝土通过试验确定或采用上述数据；

h——制品振实厚度（cm）；

e——自然对数的底，$e = 2.718$。

从式中可看出，成型制品厚度不同，其振幅也不同。一般来讲制品厚度越厚，其振幅越大。在振动加速或振动烈度一定时，降低振幅可增加频率，反之亦然。

四、振动频率的控制参数的选择与计算

不同的原材料和不同的成型阶段（铺料、预振、中间振及主振）有不同的频率值。

1. 根据被振混凝土混合物中的颗粒大小来选择振动频率

振动频率可根据被振混凝土混合物中颗粒的大小来选择。一般来讲，振动频率应在 $3000 \sim 6000$ 次/min 之间选用。频率选得过大会使设备磨损很大，制造维修都较困难。颗粒粒径 $5 \sim 10$mm 的为 $6000 \sim 7500$ 次/min；颗粒粒径 $15 \sim 20$mm 的为 $3000 \sim 4500$ 次/min。振动频率与混凝土不同颗粒粒径之间的关系，还应满足下列条件：

$$f < 14 \times 10^6/D \tag{2-13-4}$$

式中　D——骨料的平均粒径或含有最多的一种粒径（cm）；

　　　　f——振动频率（次/min）。

一般来说，铺料、预振、中间振的频率比主振频率选得要小些。

2. 核算振动加速度或振动烈度

根据计算的振幅和振动频率计算振动加速度或振动烈度。按下式计算：

$$a/g = A/g \times (\pi f/30)^2 \tag{2-13-5}$$

或

$$U = f^3 A^2 \tag{2-13-6}$$

式中　U——振动烈度（cm²/s³）；

　　　　A——振幅（cm）；

　　　a/g——振动加速度；

　　　　f——振动频率（次/s）。

若计算的加速度或振动烈度，在最佳加速度或振动烈度范围之内就可以了。

五、振动时间控制参数的选择与计算

在最佳的振动条件下，主振时间可由下式计算：

$$t = c/f + t_1 \tag{2-13-7}$$

式中　t——主振时间（s）；

　　　　c——某颗粒受振动的频率，一般取 $75 \sim 100$Hz；

　　　　f——振动器的强迫振动频率，一般取 $50 \sim 60$Hz；

　　　　t_1——延时时间，一般取 $1 \sim 1.5$s。

在最佳振动条件下，振动烈度越高，振动时间越短。加压振动可以缩短振动时间。若受振动颗粒粒径一定时，计算振动时间过长，影响成型总周期，则调整振动器的强迫振动频率，把它选得稍高一些。成型路面砖面料时，主振时间为 $2.5 \sim 4.0$s。空心砌块主振时间是靠砌块成型高度控制的。成型总周期一般控制在 $12 \sim 15$s。

六、计算例子

例如计算德国玛莎超级砌块成型机成型标准地面砖的模压振动成型工艺参数。

1. 计算上加压压力

该成型机的上压头自重为 1.8t，阳模自重为 0.8t，上振动器自重为 1.0t，受压面积为 0.9026m²。一般混凝土地面砖的加压强度为 1.0kg/cm² 左右。则电控阳模压力阀控制的上加压压力按式（2-13-1）计算：

$$F = 10t/m^2 \times 0.9026 - 1.8t - 0.8t - 1.0t = 5.426t$$

2. 计算激振力、振幅

振动器振动部分重量包括下振动器自重、振动台自重、阴模自重、成型制品的自重、托板的重量、上振动器重量以及上加压压力等。于是将数据代入公式（2-13-2）得：

$$Q = 1.3 \times (0.5 + 0.8 + 0.7 + 0.133 + 5.426 + 0.8 + 1.8 + 1.0 + 0.04) = 14.5587t$$

查对应关系表得：偏心块角度为 120°，振幅应为 1.07mm。一般主振 2 为延时振动，激振力取得大一些。

验算振幅：A_2 取 0.014cm，β 取 0.13，h 取 6cm。代入式（2-13-3）得：

$$A_1 = 0.014 \times e^{0.13 \times 6/2} = 0.021cm < 0.107cm(可)$$

3. 计算主振频率

按粒径选：石子粒径为 10mm 左右，振动频率取 4500 次/min。按式（2-13-4）验算：

$$f < 14 \times 10^6/1.0 = 14 \times 10^6 次/min，即 4500 次/min < 14 \times 10^6 次/min(可)$$

按式（2-13-6）验算振动烈度：其中 $f = 55Hz$，$A = 0.107cm$，代入得：

$$U = 55^3 \times 0.107^2 = 1905cm^2/s^3，即在最佳振动烈度范围之内。铺料、预振、中间振的$$

频率取得稍低些。

4. 计算主振时间

颗粒为 10mm 的振动频率为 75Hz，振动器的振动频率为 50Hz。

则：
$$t = 75/50 + 1 = 2.5s$$

七、用试验调整振动成型制度

在计算及选择振动成型制度时，所采用的系数或选用参数，不完全是干硬性混凝土试验中的数据，所以不能完全符合实际情况，混凝土强度不一定是最高的，必须在成型机上进行试验，才能得出最佳的模压振动成型工艺参数来。试验步骤为：

首先取上述选定及计算的上加压压力、激振力（振幅、偏心块调整角度通过查对应关系表得到）、振动频率、振动时间上下相差 10% 的值，组成三组基本试验数，按每次改变其中一个参数，一个参数改变三次，共进行 12 次制品的成型试验（砌块进行 9 次试验）。

在成型时，要用测振仪对振动台的振幅、频率进行测定并记录在案。试件应放在标准养护室里养护，28d 后将 12 组（或 9 组）试件进行试压并记录其试压数据。

最后选 12 组（或 9 组）试件中强度较高的一组试件的振动模压成型工艺参数，作为该制品生产时的工艺控制参数。其中振幅按测振仪测定的数据为准。

第二节　小型空心砌块生产线养护制度的控制

一、概述

引进国外的全自动化砌块及路面砖生产线，一般是设备制造质量好，自动化程度高，生产运行可靠，生产制品质量好。但这并不意味着在生产过程中不需要对制品质量进行一系列的把关。恰恰相反，还是应在生产过程中对制品质量进行一系列的把关。首先要把好原材料进厂的质量关，再则应优选生产配合比，配料计量要准确，搅拌成型参数要优化，最后是养护制度的合理。以上都对产品质量有直接影响，搞好上述环节，就能保证生产产品的质量好、成本低。本节就制定合理的养护制度进行论述。

二、确定养护方式和养护制度的因素

混凝土小型空心砌块的养护方式有自然养护、干热养护和蒸汽养护等。养护制度是由预养时间、升温时间、恒温时间和恒温温度、静置时间组成的。其预养时间、升温时间、恒温时间和恒温温度与制品所使用的原材料及配合比有关，与砌块的品种、规格、强度有关，与气温及养护制度各组成有关。

1. 养护方式、养护制度与制品使用原材料、配合比的关系

养护方式与采用的水泥矿物成分和水泥品种有关：水泥中的矿物 C_4AF 和 C_3S 多时，有利于蒸汽养护，其水泥强度发展快。一般水泥中的矿物 C_3S 含量为 C_2S 的 3 倍以上为好。高铝水泥不适用蒸汽养护。

养护制度与采用水泥品种有关：矿渣水泥和火山灰质水泥更适用蒸汽养护，其恒温温度可达 95℃ 以上，其相对强度也高；而普通硅酸盐水泥蒸汽养护时，其相对强度较低些，恒温温度不宜超过 75℃，且每立方米水泥用量不宜超过 400kg。采用普通硅酸盐水泥时，其制品预养时间可以短一些，预养温度最高不应超过 40℃，预养时间小于等于 3h；而矿渣水泥的预养时间稍长一些，预养温度最高不宜超过 45℃，预养时间大于等于 3h。

养护制度与采用的粗细骨料有关：若采用轻骨料或多孔骨料，则其制品预养时间可以比普通混凝土制品的预养时间缩短；若采用粉煤灰、煤渣、煤矸石等材料，其制品预养时间较长，因它的凝固及硬化过程缓慢，初始强度较低。

养护制度与水灰比的关系：采用水灰比小，且呈干硬性的混凝土制品，其相对强度发展快一些，且强度要高一些，则升温速度可以快一些；干硬性混凝土制品一般升温速度小于等于 30℃/h；塑性混凝土制品小于等于 20℃/h。

2. 养护制度、养护方式与砌块品种、规格、强度的关系

产品的品种不同所采用的养护方式也不同，一般带色制品采用自然养护，不带色制品可以采用蒸汽养护，也可以采用自然养护。

产品规格不同则升降温速度也不同，对于薄壁制品其升降温时间短些，升降温速度一般为 25℃/h；对于壁厚、大体积的制品，升降温时间稍长，升降温速度一般为 20℃/h。

养护制度与制品强度的关系：一般来讲，恒温温度高，初期强度发展较快，所获得的强度也高。恒温时间长则获得的混凝土强度也高。但是混凝土养护初期的强度也不宜过高，水泥水化也不宜太快，以便水泥浆中的水分有充分的扩散时间，混凝土内水泥石分布均匀，这对蒸汽养护终止时的后期强度上升十分重要。其混凝土初始养护温度过高的最终强度比初始养护温度低的最终强度要低。因此在蒸汽养护时，无论从节能角度和制品后期强度发展来看，恒温温度不应取得过高，应取得适当，只要满足脱模强度或抗冻强度就可以了。

在要求强度相同的情况下，恒温温度越高，恒温时间就越短。对普通水泥制品来讲，

相同的温度、时间条件下，其强度发展要比矿渣水泥混凝土的强度低些。故矿渣水泥更适用蒸汽养护。

3. 养护制度、养护方式与气温、养护制度各组成的关系

养护方式与气温的关系：气温达到 0℃ 及以下时，应采用蒸汽养护，并要求混凝土蒸汽养护后达到抗冻强度。气温在 0℃ 以上时，可以采用自然养护，混凝土达到脱模强度。

养护制度与气温的关系：一般冬季升温时间要长一些，夏季升温时间可以短一些，且升温速度夏季为 30℃/h，冬季为 20℃/h。

养护制度与养护制度各组成之间的关系：在一定温度下，静停时间长的话，升温时间可以稍短一些，反之亦然。

三、养护制度的选择原则

1. 养护方式的选择原则

在南方大多气温在 0℃ 以上、极少数天气在 0℃ 以下的地方，一般采用自然养护。采用自然养护时，要关好窑门，充分利用水泥水化热进行养护，养护周期为 1d，即可达到脱模强度，到成品堆场后应浇水一星期。为了防止返碱，对带色制品不应浇水，应盖上塑料布，养护一个星期。在较冷的天气一般在春节前后安排一年的大修工作。

在北方则根据气候和产品品种来选择养护方式，环境温度是选用养护方式的重要依据。一般平均气温在 15℃ 及以上时，采用自然养护。带色制品也应安排在这个时间生产，也应关上窑门进行养护，养护周期为 1d，即可达到脱模强度，28d 时即可达到设计强度。

2. 环境平均温度的高低是要求制品出窑强度高低的依据

环境平均温度在 0℃ 以上时，混凝土制品的一天强度要求达到脱模强度；在环境温度低于 0℃ 时，不但要求制品达到脱模强度，而且要达到抗冻强度。这样制品到成品堆场后，才能承受零下温度的考验，混凝土制品不至于被冻坏。

3. 养护制度的选择原则

在环境平均温度低于 15℃、最低温度在 0℃ 以上时，只要求达到脱模强度，可以采用自然养护，也可以采用低温蒸汽养护，以利于节约能源，降低成本。若养护窑建在室内，保温性能好，水泥水化热能使窑内温度达到 15℃ 以上，可采用自然养护，养护周期为 1d；若养护窑在室外，保温性能不好，用水泥水化热养护，温度达不到 15℃ 以上时，则采用低温蒸汽养护，恒温温度 15℃ 以上，养护周期为 1d。

环境最低温度在 0℃ 以下时，混凝土制品出窑强度要达到抗冻强度，一般采用蒸汽养护，恒温温度在 65~75℃，恒温时间为 4~6h，养护周期为 8~10h，能达到 28d 设计强度的 50% 以上。若在标准养护下，28d 龄期能达到设计强度。

4. 特殊情况下的选择

一般混凝土制品厂设计是二班制生产，根据市场需求，在特殊情况下有两种可能情况出现：

其一，由于市场需求在冬季生产带色制品，这时可以采用低温养护，但是只能在使用钢托板的情况下才能采用，木托板就不能采用蒸汽养护，因为木托板用油浸渍，蒸汽养护后，制品表面会被严重污染。用低温养护时恒温温度不超过 25℃，养护周期为 1d，到成品堆场后，用塑料布盖严，并使棚内温度达 1℃ 以上。覆盖一星期后混凝土制品具有抗冻

强度，其混凝土强度达到设计强度的50%以上。再在标准条件养护下，28d龄期达到设计强度。然而在冬季，应尽量不安排带色制品生产，尽管是低温养护，其颜色比自然养护还是变浅了一点。

其二，由于市场需求，需要产品多，迫使开三班生产，但由于生产线设计是按自然养护二班制设计的，养护窑容量受到限制，故采用蒸汽养护，加快窑的周转，以满足开三班之需要。若环境平均气温为0℃以上、15℃以下时，采用低温养护，恒温温度为45℃以上，恒温时间为3h，使之在短时间内达到脱模强度；环境气温在0℃以下、-10℃以上时，按冬季生产制度执行。

在-10℃以下时，一般不考虑生产，这个季节在春节前后，可安排一年中的大修时间。根据上述情况，一般成品堆场面积应考虑三个月生产量的储存地。

四、建议的养护制度

为了节约能源，降低成本，在保证质量的条件下，不同品种采用不同的养护方式，不同的环境温度采用不同的养护制度，为此，制定如下养护制度，供参考。

1. 自然养护

室外平均温度在15℃以上，最低温度在0℃以上时，采用自然养护，窑门关闭，养护周期为1d，成品堆场洒水一星期。带色制品不浇水，上部加盖塑料布一星期，以防雨淋。一般彩色制品采用自然养护。

2. 蒸汽养护

一般分以下四种情况：

（1）室外平均气温在15℃以下，最低温度在0℃以下时，采用蒸汽养护。生产不带色制品时，恒温温度65~75℃，恒温时间4~6h，养护周期为8~10h。

（2）室外平均气温在15℃以下，最低温度在0℃以下时，生产带色制品，采用低温养护。恒温温度不超过25℃，恒温时间为14h，养护周期为1d，到成品堆场后用帆布或塑料布遮盖一星期，棚内温度保持1℃以上。

（3）若三班生产，只能生产不带色制品，可采用蒸汽养护，以利于窑的周转，恒温温度和养护周期参照下面制度：

若室外温度在0℃以下、-10℃以上时，按（1）的养护制度养护。

若室外温度在0℃以上、15℃以下时采用低温养护，恒温温度为45℃，恒温时间为3h，养护周期为8~10h。

（4）开二班时，为了加快窑的周转，采用蒸汽养护。蒸汽养护制度为：入窑时间为80min，静养时间为100min，升温时间为3.5h，恒温时间为3h，恒温温度为65℃，降温时间为2.5h，静置时间为1h，之后出窑，养护周期为13h，但不能生产彩色地面砖和彩色砌块。

3. 采用干热养护

冬季生产时，为了生产彩色地面砖和彩色砌块，采用散热器供热养护，窑门关闭保温，地坑放满水，由于养护温度越高，晶体越小，混凝土的颜色也就越浅，所以采用低温养护。还要注意窑与窑之间的养护温度和恒温时间一致，保证每批产品的颜色一致。养护制度为：静养时间为2h，升温时间为3h，恒温时间为14h，恒温温度不超过30℃，降温时间为 3h，静置时间为 2h，养护周期为 24h。采用干热养护应注意窑体要做好保温，同时要保证窑体的温湿度。

4. 轻质混凝土制品的养护

粉煤灰煤渣空心砌块，采用矿渣水泥，其蒸汽养护制度为：预养时间为 4h，升温时间为 3h，恒温时间为 8h，且恒温温度为 95℃以上，降温时间为 3h，静置时间为 3h，养护周期为 21h。

轻骨料混凝土制品的养护，采用膨胀珍珠岩作骨料，其蒸汽养护制度为：静停时间为 0.6h，升温速度不大于 1℃/min，升温阶段分为两个阶段的折线升温，中间温度为 45℃，且保温一段时间再升温，升温时间为 1.5h，恒温时间为 1.5h，恒温温度为 70℃，降温时间为 0.4h，养护周期为 4h。

第三节　蒸压养护工段的蒸压养护制度

一、概述

对于惰性材料，不但要进行磨细，而且要进行蒸压养护。但决定养护效果的不是蒸汽的压力，而是蒸汽的温度，即坯体在何种湿热处理条件下加速其硬化过程。但水化产物主要是在恒温阶段形成的，其含量与恒温阶段的最高温度和恒温时间有关。在养护过程中，初期形成的多为无定形水化产物，到后期养护时，特别是降温阶段，无定形水化产物和未反应的氢氧化钙逐渐转为晶体而使制品具有强度。采用蒸压养护，可以加速水化和水热合成反应，促进制品中水化产物含量增多，晶体增加，无定形水化产物减少，使制品的强度增高。其蒸压养护一般分为四个步骤：蒸压前的静停，升温阶段，恒温阶段，降温阶段。

二、蒸压养护四个阶段的作用

1. 蒸压养护前的静停

制成的坯体，在蒸压养护前，需要静停一段时间。这是因为，使坯体在蒸压养护前具有一定的强度，防止温湿度的变化或残留水分的蒸发而使坯体开裂。所以，在蒸压养护前需要静停时间，使坯体具有一定的强度，抵抗温湿度变化的应力和水分蒸发的膨胀应力。当采用生石灰配料时，可防止蒸压养护时石灰消化引起坯体膨胀开裂。

缩短蒸压养护前的静停时间，就可缩短蒸压养护周期。缩短蒸压养护前的静停时间的方法是，利用蒸压釜的蒸压养护的余热，把静停地的周围温度提高，这样可以提高坯体蒸压养护前的强度和温度，不但缩短了蒸压养护前的静停时间，而且也缩短了升温时间。

2. 升温阶段

因坯体是在湿热条件下的恒温阶段形成晶体而具有强度的，因而必须经过升温才能达到恒温温度。但升温速度不能过快，升温速度过快会使坯体表面及内部的温差过大或水分蒸发过快而产生热应力或膨胀应力，使坯体开裂。升温时间决定升温速率，升温速率与升温前的坯体强度和温度、坯体的含水率、制品的规格等因素有关。

3. 恒温阶段

恒温阶段的作用：坯体在最高温度下进行蒸压养护，在恒温初期，发生水化和水热合成反应，使制品强度增长很快，但到后期制品的强度增长很慢。

恒温温度的高低：所用原材料和制品的物理力学性能的不同，其恒温温度也不大相同。

恒温时间的长短：不同的制品、不同的原材料和不同的养护方式，各有其最佳的恒温时间。

4. 降温阶段

蒸压养护后，制品需要降温到环境温度，才能出釜。降温不能过快和过慢，降温过快，则制品中的水分过快蒸发，使制品产生裂纹，影响制品的强度。降温过慢，将减少无定形水化产物和氢氧化钙的结晶度，也影响制品的强度。制品出釜的温度也不能与室外温度相差过大。

降温速率、降温时间和出釜温差与制品的品种、规格和大小有关。

三、硅钙板的蒸压养护制度

蒸压小车装制品的总高度约为1100mm，其中100～150mm垛高，都用一带孔的隔板隔开，且最上面再压一块带孔的隔板，以防翘曲。蒸压制度为：先抽真空0.5h，预养温度为40℃左右，预养时间为2～4h，升温时间为2～2.5h，恒温时间为10～12h，降温时间为1.5～2h，蒸压周期为14～17h，蒸压的压力为1.0～1.2MPa。产品的物理力学性能，密度在1.0g/cm^{3}左右，抗折强度为10N/mm^2，厚度为5～10mm。

四、加气混凝土砌块的蒸压养护制度

抽真空为0.5h，压力为0.06MPa；升温2.0～2.5h，升温到90～100℃时，恒温0.5h；到恒温时，恒温压力为1.0～1.3MPa，恒温时间为7～10h；降温时间为1.5～20h，待压力降到零时，釜内温度为100℃时，可以打开釜门出釜。进出釜的时间为3h，蒸压周期为13.5～17.5h。

五、利用过热蒸汽的蒸压养护制度

为避免人为的干扰，应采用自动控制。采用与过热蒸汽相同压力下的饱和蒸汽的温度，来控制蒸压养护的恒温温度。其蒸压养护制度和饱和蒸汽的蒸压养护制度一样。

灰砂砖蒸压制度：静停时间为3～4h，升温时间为2～3h，升温速度为前1～1.5h制品温度不超过100℃，恒温时间为5～7h，降温时间为2h，养护周期为9～13h。

第四节　粉煤灰加气混凝土砌块的节能分析

一、概述

开发和节约能源是我国的一项基本国策，近期国家把节能工作放在首位，已出台的《节能法》就是有关节能的国家法规。建材工业的节能应首当其冲，因为建材工业的能耗居全国第二位，是能耗大户，而硅酸盐制品生产中周期较长、能耗量大的工序是蒸压养护，其能耗占生产产品总能耗的80%～95%，而电耗仅占产品总能耗10%左右，所以蒸

压养护节能对节能降耗具有重要意义。

硅酸盐制品节约能源，应包括间接节能和生产过程中的直接节能两部分，直接节能是蒸压养护降低蒸汽消耗，电机的节电措施等；间接节能是利用废料，节能管理等。在生产线中对各个方面的节能都应重视，成为综合节能的系统工程。节约能源是通过技术进步、合理利用、科学管理和经济结构合理化等途径以最小的能源消耗取得最大的经济效益。

二、节能指标

按照《建材工业节能技术政策大纲》规定：2000 年节能目标，万元产值能耗由 14.11t 标煤/万元（90 年不变价）降到 10.5t 标煤/万元（90 年不变价）。

根据国内同行业先进指标：加气混凝土砌块每立方米耗标准煤 38kg，耗电每立方米为 14.5 度，折合标准煤耗为 6.12kg/m³。粉煤灰加气混凝土砌块生产线采用节能措施后，节能效果显著，要比同行业的先进指标低 5% ~ 10%，按较保守的指标 5% 计，每立方米耗标准煤 36.1kg，每立方米耗电为 13.8 度，折合标煤为 5.8kg/m³。所以粉煤灰加气混凝土砌块生产线单位产品总能耗定为每立方米 40kg 标煤。通过计算，本生产线万元产值能耗不超过标准值，为 4.65kg 标煤/万元。在实际生产中，只要管理好，节能效果可以达到在第十一个五年社会经济发展规划中提出的单位国内生产总值能源消耗降低 20% 左右，具有显著的经济效益和社会效益。

三、强化节能管理工作

1. 强化节能管理工作的重要性

任何节能措施的制定、实施都要人去做，特别是经常性的工作都要人去管理，有了健全的管理组织和机构，以及规章制度，那么节能工作就落到实处，就可见到实效。所以节能管理工作本身也是一种节能。

2. 建立、健全节能管理机构

加气混凝土砌块生产线要建立节能领导小组，隶属于总公司相应节能管理机构。由组长和若干组员组成，负责日常管理工作和教育工作，并配备具有专业知识、有业务能力和热心节能工作的专职计量员。

3. 节能管理工作的立法和执法

使节能管理工作达到预定目标必须进行立法和执法，节能工作目标明确，工作有方向，奖惩分明，定期考核，搞好统计计量工作，这样节能工作才能搞好。

4. 计量和承包

要强化计量工作必须将计量仪表、器具配备齐，组织管理好，经常进行检查维修，并完整记录各项原始数据，开展企业能量平衡和优化，做好统计和计量工作。

经常进行节能改造工作，做好经常性的管理工作，堵住"跑、冒、滴、漏"的现象，进行能源承包，定期对能源消耗进行考核。

四、节能措施综述及效益

1. 技术进步是节能降耗的主要措施

粉煤灰加气混凝土砌块生产线采用固定式热模浇注和热室初凝先进工艺，它不但使坯体发气舒畅和稳定，而且可节约建筑面积和热耗。固定式浇注比移动式浇注可节约建筑面积约50%，这是一种间接节能。采用热模浇注、热室初凝可节约热耗约60%，且可加快模具周转，相应减少投资。

本生产线采用后热室静停工艺，它与传统蒸压时间相比，可缩短三分之一的时间，提高了蒸压釜的周转率，产量提高约三分之一，耗煤率降低20%，节能效果显著。

在总图设计中，考虑了成品减少二次倒运，这样可提高成品率近1%~2%，这也是一种间接节能措施。

蒸压养护对温度、压力的热工制度采用先进的控制系统，保证系统控制准确和稳定，从而保证达到节能的目的。

采用抽真空，减少蒸压釜中对空气的加热损失；按制品尺寸选用填充系统高的蒸压釜的规格，降低热耗。

加气混凝土原料在配比范围内尽量采用石灰多些，适当降低水泥用量，这样充分发挥石灰的消化热以减少静停和蒸压的能耗。其本身也是一种节能措施。

2. 能源与非能源的利用和节约

加气混凝土原料中采用干排粉煤灰，不采用湿排粉煤灰，可以节能。这是因为，减少处理湿排粉煤灰的场地和设备，从而减少这部分建筑耗能和设备耗能。对于年产10万 m^3 加气混凝土砌块的工厂，可减少建厂装机容量230~240kW，减少设备费用48~54万元，可减少工厂占地面积10%~15%，节约30%的运输费用。同时采用干排粉煤灰可以充分利用粉煤灰活性，提高制品强度。火力发电厂按干排粉煤灰设计，可以节能，按年产10万 m^3 加气混凝土砌块所需粉煤灰计，每年节水60.28万t，年减少建灰场费用75.77万元，年减少占地12.85亩，每年减少排灰费用13.23万元。

采用新能源"过热蒸汽"，利用热电联产、联网供热的过热蒸汽蒸压建筑材料制品，是一种节能降耗的有效途径。

在工艺过程中，粉磨混合胶结料时，掺加5%的石灰用量的废加气混凝土砌块，不但利用废料，而且可以提高磨机产量和制品强度，每年利用废料达到445t。充分利用废料同样是一项有效的节能措施。

采用釜与釜余汽的转汽操作，可以利用蒸压釜降温时排出的余汽，通入另一升温的蒸压釜中，直到两釜压力平衡为止。这样在此釜升温时，可以节约部分蒸汽，达到节能目的。

蒸压釜的冷却水的余热利用，冷却水经过过滤后，打入热水箱，供搅拌物料所需的热水。

清洗搅拌机、打浆机的废水，经沉淀池，打入废水贮罐贮存，供搅拌切割机切下的废料及打浆用水。

3. 设备选型和技改规模节能

选用机械工业第1~10批节能推广产品，不选用第1~10批的淘汰产品。在设备中积极采用其他行业的节能、节电措施，如电机调速、无功补偿、集中型监控系统、功率因数就地补偿和集中补偿，采用电力电子技术，交流改直流电机，尽量空载起动等节电措施。

加气混凝土砌块的经济规模为10万~15万 m^3，本工程设计能力为10万 m^3，且留有余地。它比5万 m^3 和20万 m^3 的规模都经济，单位产品投资少，获得经济效益最好。

4. 窑体及热力管道的节能

本生产线养护设备及构筑物为蒸压釜和静停室。蒸压釜选用与模具规格相配套，且填充系数高的规格，从而节能。对蒸压釜体保温材料及保温层施工应严格按《蒸压釜使用说明书》安装及维护。

静停窑采用新型节能窑的结构和保温方式，节能率10%~25%。

对于蒸压釜和热力管道保温要加强，要求每年对保温层进行维修，堵住冒汽现象，减少散热损失。

五、加气混凝土砌块是节能墙体材料

加气混凝土砌块与烧结黏土砖相比，用在墙体中所起节能效果要好。加气混凝土砌块总热阻为1.14，而烧结黏土砖墙为0.63。采暖用水，用加气混凝土砌块做墙体比用烧结黏土砖做的墙体节约水近一半，节煤为三分之一强，且加气混凝土砌块自重轻，施工方便。加气混凝土砌块能提高建筑使用面积，单位面积造价低，故有显著的综合节能经济效益。

第十四章 生产线工艺设备的改进

设备的改进关系到生产线生产制品的质量和数量。应进行不断的技术革新和技术改造，使生产线不断提高产品质量和数量。本章讲述了混凝土小型空心砌块的设备改进，纤维增强硅酸钙芯板的设备改进，加气混凝土砌块的主机设备及附属设备的设计要求和改进，振动器的振动原理及缺陷的改进等。

第一节 混凝土小型空心砌块生产线设计及改进

一、概述

混凝土小型空心砌块，不仅具有节能节土的优点，而且在应用上居新型墙体材料之首。为了使混凝土小型空心砌块应用于高层建筑，要求采用先进技术，提高混凝土小型空心砌块的强度、抗渗性、抗冻性；要求走自动化的生产道路，保证生产时不受人为因素的影响，稳定质量，降低成本。

国内目前生产混凝土小型空心砌块的全自动化生产线，是引进意大利罗莎柯梅达公司的制造技术，经过消化吸收的国产化生产线。本节就该生产线搅拌系统的称量技术研究、改进某些设备以利于工艺布置等问题进行论述。

二、搅拌系统的称量技术研究

1. 称量系统的选择

称量计量有两种方法：一是体积计量，一是重量计量。选用哪种称量方法，应根据各种原材料配合比的精度要求和对制成品的质量要求确定。对于混凝土制品来说，混凝土配合比的各种原材料称量的精度要求高，因为混凝土的强度主要是靠准确的原材料配合比来保证的。

HQC_5 型全自动生产线的搅拌系统，称量采用体积计量。体积计量的特点在于它是由时间来控制的，以一定时间内流经物料的体积计。由于仓压随仓内物料多少而变化，从而影响松散材料的密度变化，而松散材料的含水量变化也影响其密度变化。再者，出料口的流速也随仓压的变化而变化，而皮带有时打滑也影响物料流量。以上两种误差相差相当大，达不到称量精度的要求。因而从工艺角度讲，要保证混凝土制品的强度，应选用重量计量法。重量计量的精度高，体积计量达不到骨料称量精度 1.5% 的要求。称量系统要保证精确的混凝土配合比，否则就达不到混凝土规定的强度。根据经验，称量精度超过上述规定，则混凝土强度变化较大。

2. 混凝土混合料加水量的控制问题

加水量是否精确，直接影响混凝土的强度、抗渗性和抗冻性。一般来讲，砂子含水率每增加 1%，混凝土水灰比约增加 0.021，混凝土强度平均下降约 1.5MPa。因此，如果对加水量不进行调整，则水灰比增大，使配制的混凝土强度下降，甚至造成混凝土的强度不合格。

HQC₅ 型全自动生产线的搅拌系统，没有测定砂子的含水量和调整混合料加水量的措施，这就不易保证混凝土的强度、抗冻性和抗渗性。

混合料的加水量控制，有两种设计方法：一是放在搅拌机中控制，二是放在砂仓下控制。放在搅拌机中控制，主要是保证水灰比和混凝土干硬度；放在砂仓下料口控制，不仅可以保证水灰比和混凝土干硬度，而且还可以保证准确的原材料配合比和砂率。由此可见，在自动化生产线中，采用后者的混合料加水控制系统为好。

放在砂仓下的混合料加水控制系统，是通过在砂仓下测定砂子的含水量，进而将信号迅速传递给砂子称量装置和混凝土搅拌机的加水装置，调整砂子的称量和混凝土混合物加水量，从而达到原材料配合比和加水量准确的目的，保证混凝土制品的质量。

三、改进某些设备利于工艺布置的建议

1. 对窑车和横移车的改进

HQC₅ 型全自动生产线，是由中央控制室的微机控制的，自动化程度高。然而由于某些部位设计不当，给自动化带来了困难。

据我们了解，上海住宅砌块厂是从意大利引进的全自动化生产线，国产化的 HQC₅ 型全自动化生产线与引进生产线是一致的。但是，由于窑车进养护窑的撞击块设计不当，经常引起窑车卡住不动，从而不得不使窑车的自动控制从中央控制室拆除，单独进行控制，并放一人操作。这样，就破坏了整条生产线全自动化的水平。

究其原因，是由于生产过程中有许多小颗粒混凝土碎块，掉到窑车行走的轨道上及附近，卡住小车轮子所致。另外，感应块预埋在养护窑内地平面上，也容易被混凝土小碎块掩埋和遮挡，从而使窑车动作不灵。

建议窑车撞击块预埋在养护窑侧壁上，这样可以避免感应不灵。另外，小车前部应安装清扫轨道的挡板，并定期对窑内进行清除。这样，小车轮子就不会被混凝土碎块卡住不动或感应块能感应上。

子母车通过子车摆渡进出窑，如母车上能安装转 180° 的转盘，工艺布置就灵活多了。这样，养护窑可成两排并列布置，子母车轨道地坑在两排窑中间，只在进出成型车间处开一个门，有利于水泥水化热的利用和蒸汽养护的节能。因而，子母车结构应进行适应子车两边进出养护窑的改进，自动控制程序也应作相应的修改调整。

2. 对某些输送设备的改进意见

HQC₅ 型全自动生产线与引进生产线一样，其工艺布置较固定，缺乏灵活性。这样，就带来不利的一面，特别是扩建工程，往往生产线的工艺布置受到场地的限制，使工艺流程不顺畅，有交叉作业。

工艺布置较固定、不灵活的原因，是有些输送设备的设计比较单一固定，没有考虑适宜左右方向的可能性。所谓左右方向，即左右侧给料（混凝土）和卸料（成品）的可互换性，有了这种可互换性，不同厂家的工艺布置就不受场地的约束了，工艺布置也就灵活了。

同理，叠板机和托板供给机以及其他一些输送设备的传动部分，也应有左右侧之分，以利工艺布置灵活和设备的选择。

四、设备设计制造及选型问题

1. 关于设备设计系列化和种类化问题

5 型和 3 型砌块生产线的设备，机械厂在设计时都进行了定型化。然而在进行工艺布置时，往往要根据场地和工艺流程要求对一些设备布置要有所变通。这就要求设备不但进行定型化，而且要有系列化和种类化。现举几个例子加以说明：

其一，混凝土皮带输送机本身起着连接两设备，且起着运输混合料的作用。其连接的皮带机长度，只要满足工艺布置要求的前提下，越短越好。同时还应根据厂地和地形来进行工艺布置和设备布置。因而，把皮带输送机的长度定死是不合理的。根据工艺布置的要求，可能要长一点，或者再短一点。所以这台设备应该进行系列化设计。建议其长度为 7 ~ 11m，以 1m 为进制。水泥螺旋输送机也同样是这个道理。

其二，混凝土搅拌机从目前建设的几条生产线来看，搅拌机和成型机布置都是成一直线。有时因场地限制，要求搅拌机转 90° 方向布置，这就要求混凝土搅拌机出料，应有正面和侧面两个方向，即出料斗应有两个方向安装的可能，因而在设备产品样本上应说明有两个方向制造安装，供设计者选择。

其三，叠板机和托板供给机同样应有左右两个方向的供板功能。在场地受到限制的情况下，为使工艺流程不交叉作业，需要把成型机、升板机系统一条工艺线与降板机、堆垛机系统一条工艺线互相调换位置布置，这就要求托板供给机和叠板机有左右两个方向供板和接板功能，供设计者选用。

2. 主机设备设计及检修问题

3 型和 5 型砌块成型机设计的最大缺点是漏料问题没有得到解决。漏料处主要是成型机前面部位，由于加料而漏出来，混凝土漏到成型机旁的地面上，这就需要 1 ~ 2 人及时进行清除，不然就凝固，混凝土凝固后，需要人工进行钻打清除，同时也费时费料。

漏料问题可以用两种方法来解决：其一，可以在设备本身设计上想办法，使之不漏料；其二，可以设置漏料收集系统，使漏下的料收集起来，再回到成型机上面的混凝土料斗中去。两种办法应权衡一下，采用哪种办法可行。

主机设备的检修问题：一般来讲暴露部分的机件是容易检修的，如果在机器最下面部位的机件或组合件就难以维修了。该成型机是采用底振工艺，振动装置在机器的最下面，空隙较小，现场反映难以维修。就是换简单的振动器固定螺栓也费劲，需要拆下模具、底板和振动台等，往往需要很长时间，耽误了生产。因而在设计时，应在成型机下面设计检修地坑，考虑振动装置的检修方便。

3. 部分机件和组合件的设计问题

3 型和 5 型生产线存在皮带机皮带打滑松掉的现象。其部位有：5 型是回转皮带输送机及成型机底振皮带传动；3 型是成型机前后的转送台。

皮带打滑松掉的原因不外乎有以下几种情况：其一是螺旋张紧装置距离不够或张紧轮距离不够，或电机顶紧螺栓移动距离不够；其二是皮带太长；其三是皮带轮槽浅了。除此之外，在设计时要考虑皮带张紧力的最大限度，不要超过皮带的弹性。皮带与皮带轮的摩擦力要足够，这就关系到根据皮带运输荷重取皮带的根数的问题。

部分机件的设计计算问题。如轴承坏了，振动器安装螺丝和搅拌叶片固定螺丝断了等。一方面是部件的质量及安装精度问题；另一方面是计算受力时，考虑受力因素欠佳的问题。另外，成型机油缸漏油和堆垛夹钳液压阀漏油问题属于选型问题，液压部件的产品质量不过关。

4. 有些设备设计考虑不周的问题

主要表现在3型生产线的设备。如木托板在成型机前后、左右位置定得不太准，留有余地太大，使左右错动有10mm以上，前后错动更大，成型时砌块有时不全放在木托板上；又由于木托板载着砌块，经过成型机前皮带输送，也有左右窜动，到升板机时也存在左右位置定得不准。当通过窑车放在养护窑牛腿上时，搁不到牛腿上，木托板和砌块掉了下来。解决的办法是：在成型机上应设置机内木托板定位机，并在成型机左右焊上钢板，固定其木托板前后左右的位置；在升板机两边焊一挡板，避免木托板左右偏差。

3型生产线的子母车对位不准确。到位的撞击块是断电信号。子母车到位时很难对准养护窑轨道和升降板机的轨道。应先断电或减速后，再抱闸，可采用5型生产线的方式来控制。

最后关于设备总图表示方式的问题：设备总图表示内容，除机械设计规定外，还应在总图上写明设备主要技术性能，供工艺编写设备表之用；应表示基础的安装尺寸，以及设备主要外形尺寸，设备的总重，供工艺设计和对其他工种提供资料用。

五、结语

3型和5型砌块生产线的研究设计成功，改变了我国大、中型砌块生产线设备，并且对我国砌块建筑的发展，起到了很大的推动作用。然而在设备设计制造上，一方面要考虑降低产品成本，而另一方面要保证设计制造质量，两者是既统一又矛盾的。过去往往由于一些机件制造选型不当，造成整个生产线不正常运行，很长时间难以达到设计产量。这对于投资的回收、贷款的偿还、创造利润是极为不利的。在目前市场经济情况下，要认真做到精心设计、精心施工，为加速新型墙体材料推广发展而努力。

第二节　粉煤灰加气混凝土砌块切割机设计及改进

一、加气混凝土砌块切割机设计的工艺要求

1. 要求切割尺寸灵活

该切割机可以完成最大和最小的切割尺寸范围，其间可变动的最小尺寸间隔，在特殊情况下，可能采取临时的变通措施。

砌块的规格尺寸为：长度为600mm；宽度为：100mm、125mm、150mm、200mm、250mm、300mm或120mm、180mm、240mm；高度为：200mm、250mm、300mm。

切割尺寸范围按下列要求：坯体长度方向最大为：模具容积长度；最小为：250mm（可变尺寸间距10mm）；坯体宽度方向最大为：模具容积宽度；最小为：100mm（可变尺寸间距10mm）；坯体高度方向最大为：坯体切去面包头的高度；最小为：应满足水平生产

板材时单块板材的厚度要求。

2. 切割尺寸的精确度要求

切割砌块的精度要求：长度方向：优等品为±3mm；一等品为±4mm；合格品为±5mm；宽度方向：优等品为±2mm；一等品为±3mm；合格品为+3mm、-4mm；高度方向：优等品为±2mm；一等品为±3mm；合格品为+3mm、-4mm。

3. 改变切割尺寸时操作简单方便

要求切割机具有钢丝的装卡机构，操作尽可能简便易行而又牢固可靠。而且具有张紧钢丝的功能，还具有分组水平切割，防止裂纹。

4. 摆放坯体的平台必须平整

平台要成水平面和平面，平台不应有凸、凹点和倾斜。平台面平整性要求，应在机械设计中，必须通过计算和验证后确定。

对平台平整性的要求不单指平台，也包括与之配合的机具，如当平台上有专用支承点，坯体下有专用托板等。这些部件的平整性、相互之间的支承和接触点的平整性，其要求是一样的，目的是使坯体水平不发生裂纹。

5. 保证坯体的平稳升降

在起吊、脱模上升、下降坯体时，应平稳进行。必须杜绝对坯体一切过大的冲击、弯曲和振动。为此，应对减振、缓冲和慢速运行的机构和设施进行设计及力学计算。

6. 切割坯体时不损坏坯体

在切割坯体时，特别是切割钢丝在切到坯体末端时，会把坯体棱角损坏。一般来说，切割钢丝进行坯体末端切割时，必须防止钢丝突然崩出坯体而造成坯体边角、棱角损坏。为此，除了要求钢丝最好与坯体成一定角度外，还应该考虑用专门支撑机构对坯体外表面作必要的保护。

切割机具不得对坯体棱角有粘连损坏。坯体在切割时尽量不用翻转，整体模框应做成上小下大，便于脱模，桥吊在负压吊运脱模时，不能晃动，要有支柱稳定。用特殊钢丝切割，防止切割后又粘连在一起。模框要求涂油，且涂油要均匀。

7. 具备加工各种外形的功能

采取压、刮、铣等不同的方式完成各种形状凸槽、凹槽、侧角、铣侧平面等。具体某一台切割机具备那些功能，采用什么方式完成这些功能，要根据坯体性能和产品的种类来定。

8. 其他要求

切割机的结构要简单紧凑，重心要低，便于维修、清扫，安全，可靠，耐用。吸面包头要先进、可靠，具有导向装置，起落位置要准确。配套吊车要求对位准确，以便缩短切割周期。并操作灵活方便，便于维修。

二、翻转脱模切割机改进的几点意见

1. 工艺设计特点的要求

模具能适应定点浇注和移动浇注的多种工艺的要求以及模具车移动或不移动的热室静停工艺。并要求模具为整体模框，不带底模养护，实现六面切割。

2. 现有翻转切割机存在问题

活动侧模板经常拆装，密封性差，漏浆，还不能保证坯体矩形尺寸，造成立放不垂直，切成平行线。带底板养护，底板易变形，和侧板连接造成漏浆，使坯体尺寸误差大；翻转台两个液压油缸不同步，大滑车和小滑车行走油缸也不同步，翻转台的刚度不够，特别是直角部分的刚度不够；横切液压油缸传动改为机械传动，且加强导向杆根数，使之不会出现双眼皮；坯体侧底板带条状，致使坯体侧面带花纹，经过多余的切割后就切掉了；实现三面切割，由于模具尺寸，实际上只实现两面切割；翻转台四个支撑点可以做成针状，以免上面积料，造成翻转台不水平，有倾斜；小滑车有时不到位，引起切割精度差；定点吊车电动机有限位开关，用得好，吊具电动葫芦改为卷扬机；蒸养小车的滚动润滑采用耐高温的润滑油；在切割时，进钢丝一边有压痕，出钢丝一边有掉边现象。

3. 翻转切割机的改进点

(1) 翻转台用一个油缸作为动力进行翻转，这样解决翻转同步问题，可采用 $2\phi150 \times 1145$mm 油缸作为动力。大滑车行走和小滑车行走要求要同步，可以采用机械连动，如采用导向杆或齿轮齿条。翻转台和翻转架的刚度要加强，特别是 90° 拐角加固。

大滑车用两台 $\phi80 \times 810$mm 油缸推动行走；小滑车用两台 $\phi80 \times 360$mm 油缸推动行走，且要同步，平衡阀有迟后现象。

(2) 固定架有四个支撑点，它是翻转架长臂在水平位置时的支撑点，必须在同一水平面上，相互高差不大于 0.25mm，并与翻转架上的四根轨道在同一水平面上，轨道对接头的间距不大于 0.5mm，两条梯形轨道必须平行，其不平行度，在全长度范围内不大于 0.2mm。

固定架的作用是使翻转台的长臂在水平位置时接长，使大滑车远离小滑车，以使吊有坯体的吊具能够张开和底模换成养护底板有足够的空间进行吊运。固定架要有足够的刚度，可用型钢、钢板焊成。

(3) 翻转架：用槽钢和钢板焊成 L 形支架，拐角处用钢板焊接加固，目的是增加刚度。支架大轴要求有足够的刚性，以便支撑 L 形支架转 90°。翻转架长臂上安装大滑车，短臂上安装小滑车。长短臂上都焊有四条轨道，长臂上的轨道要求与固定架上轨道相同，短臂上的四条轨道也要求与固定架上的轨道相同，并与切割工位相对接，其精度要求同上。大小滑车有四个支撑点，要求在同一个水平面上。大小滑车都有防止滑车倾翻的 4 块卡铁钩紧。大滑车上也有钩铁钩住底模板，防止垂直时倾倒。坯体在翻转中，控制 1mm 之内的弯曲变形。

(4) 大滑车由型钢和钢板焊成，车架两侧有 8 个支撑点与模底板下面的 8 个支撑点相对应接触，8 个点的平面要在同一平面内，其高差不大于 0.2mm。车架上装有 4 对行走轮子，其中两对车轮为槽形轮与梯形轨道对应，保证导向运行平稳，4 对车轮中心线相互平行，其不平行度在全长度内不大于 0.2mm。车架两端有模具定位轮，最好固定在支墩上，起支撑作用。

(5) 小滑车由型钢和钢板焊成，由车架、车轮和 20 块支撑板组成。小滑车车轮，短臂下的四个支撑点的精度要求同前，20 块支撑板安装在车架同一平面内，全范围内高差不大于 0.2mm。台面要平直，在 1~2mm 范围内，中部不得上凸下凹。支撑板应按模数制成，不一定做成 20 块。支撑板间按模数排列，其两块之间的间隙能让钢丝通过，其间隙为 1.5~2.0mm 为好。

（6）切割工位的切割机架：切割工位下安装有四条轨道与小滑车行走轨道相同，精度也相同。使小滑车脱离翻转台到达切割工位。四条轨道与翻转架短臂上四条轨道在同一平面上，且对接，精度要求同前。机架由两根纵梁，两根主横梁，两根端梁，四个端立柱，四个主立柱，机组纵梁，四根链条托木，两根上轨道，两根下轨道组成。两根纵梁上的牵引链互相平行，不平行度在全长度范围内不大于 5mm，同一条牵引链的主动轮、导向轮、张紧轮的中心线在同一立面，不平行度不大于 4mm。安装牵引链托木时，应使托木的上表面向机架中心倾斜，倾斜度为 1:20。机架上两条轨道互相平行，其不平行度在全长范围内不大于 5mm。两条轨道同时要与翻转台、小滑车台面平行，不平行度在全长度范围内不大于 + 2mm 或 – 1mm。托木的托链表面要光滑。先水平切，后横切。

（7）水平切割车：其传动装置置于机架上，由电动机、电磁制动器、减速器、链轮、链条、传动轴、牵引链条、导向轮、张紧轮组成。用螺栓固定，便于安装调整。面包头钢丝倾斜放置，下端伸向前，且中间应有 1～2 个支撑点使钢丝绷直，这样易使面包头划刀装置将面包头划成细条，以便面包头下落。前面的钢丝架，挂上层的水平钢丝，后面的钢丝架，挂下层的水平钢丝，以免切割时坯体断裂。注意上下夹着行走的轮子应与切割阻力力矩平衡，不能有偏移，且切割架刚度要够，避免钢丝走成曲线轨迹。切面包头的钢丝直径为 0.8～1.0mm，切割坯体的钢丝直径为 0.4～0.5mm。车轮安装的误差要求：4 个上行走轮与 4 个下行走轮的踏面，各自位于同一平面内，其高差小于 1mm，上下轮距差小于 1mm，车轮装配好后，前后轮的轮距误差小于 1mm，前后轮中心线与轨道中心线误差小于 1mm，车轮轴线垂直轨道中心线，在车架宽度范围内不垂直度小于 2mm。由于切割阻力不一样，两边小，中间大，形成近似梯形，影响切割精度。因而，设计下行走轮的张紧装置，其张紧力与切割阻力力矩平衡。

（8）垂直切割装置：框架为箱形结构焊件，刚性要强，框架上挂有钢丝，框架两端装设油缸和导向杆各 4 个。油缸直径为 125mm，行程为 1950mm，油缸要同步。油缸端头用螺栓、螺母与框架连接，并可对其水平度进行调整。钢丝往返要有严格的导向，使之同一轨迹，不产生双眼皮。

（9）进出口的支撑：进出口支撑，在切割机的两端，其作用是防止水平切割时，由于水平缝所产生的水平沉降量而发生的断裂，沉降量在 1.2mm 之内才可行。出口支撑还有另一个作用，切割钢丝接近出口时，避免钢丝拉坏坯体及产生崩口。挡板间隙为 1.5～2.0mm 之间为好，要求水平切割钢丝与挡板的缝平行且在缝中间，支撑推力为 10kN，平面翘曲不大于 2mm，支撑板平面与制品端头平面平行。

4. 配套设备的改进

（1）模具车的改进：改进得要适应定点浇注和移动浇注。模具四框做成整体与底模相连接。若采用定点浇注时，模具可固定在小车框架上。下部四周用密封橡胶条，要求底板下面的 8 个踏面，在同一水平面内，高差不大于 1mm，两侧面 8 个吊钩孔踏面在同一水平面内，高差不大于 1.0mm，底板翘曲不大于 1.5mm。定点浇注时，可不做底面下的 8 个踏面，做固定在框架车上的钩子。整体模框做成上小下大，且只有一个侧面做成垂直的。内侧四周做成弧形，便于脱模。上留 30mm 加工余量，下留 40mm（宽度）、80mm（长度）的加工余量。模具和底板要有互换性。

（2）吊具的改进：是一个 8 钩爪的起吊工具，由主梁和四条横梁焊制成的骨架，其上装有两组滑轮，以钢丝绳与吊车相接。8 个吊钩爪踏面要求在同一平面内，高差不大于 1mm，为了调整方便，钩踏面上设置调整块。当离心摆工作时，通过转轴和锥杆使钩臂张开，当电机停止工作时，因弹簧作用使推杆收缩，吊钩闭合，这是起吊工作状态。

(3) 蒸压车及支杆的改进：车体由型钢焊接制成，车架上安装有两对车轮，车轮踏面要在同一水平面内，不平度不超过 1mm，车轮轴承内装有耐高温的润滑脂，车架上安放 8 个支撑点，制造时保证在同一水平面内，不平度不超过1mm，并与养护底板相对，蒸养车架上设有与养护底板定位用的锥销，保证底板在蒸养小车上的正确位置。由 8 根支杆支撑着第二层、第三层制品。支杆由钢管和销柱焊成，每根支杆有效工作长度误差不大于 0.25mm。要求轨道不平整度小于 1mm。

第三节　振动器振动原理及缺陷改进

成型工段是生产线的重要工段，成型机是成型工段的主机设备，振动器是成型机的心脏。本节就振动器的振动原理、振动的来源、现有振动器的振动效果、有利的振动和有害的振动进行分析，并对现有的有害振动进行改进，实现无害振动。这是对振动器的工艺改进的设想，具体的设备设计细节还需进行试验研究。

一、振动来源

在目前的振动中，振动的来源都是靠偏心子的旋转而产生的方向改变的离心惯性力来振动的。一般偏心子最有利的形状是中心角接近 90° 的扇形。

根据牛顿第二定律，当物体沿圆形轨道作运动时，加速度不是改变速度的大小，而是改变其方向，这个加速度的方向指向圆形轨道的中心，其大小等于圆形轨道的半径 r 和角速度 ω 的平方的乘积：

$$a = r \omega^2 \tag{2-14-1}$$

惯性力的方向与加速度的方向相反，它的大小以下式表示：

$$F_u = m a = m r \omega^2 \tag{2-14-2}$$

根据牛顿第三定律，为了迫使物体不是沿直线，而是沿圆形轨道运动，在它上面必须从外面作用一个大小等于 F_u，而方向与它相反，即指向圆形轨道中心的力 F，其大小为：

$$F = m r \omega^2 \tag{2-14-3}$$

它与离心力不会平衡，因为它们作用于不同的物体上。

在圆形运动中，因为速度是矢量，虽然速度大小不变，但速度方向不断改变，所以一定有加速度存在。故圆形运动不是等速运动，也不是等加速运动。

做圆周运动必须有向心力，向心力是合力，所以运动轨迹是曲线，其合力来源于电动机带动转动的偏心块。

在旋转物体上各点具有相同的角速度，但有不同的线速度，故有引进线速度的必要：

$$\omega = 2\pi n \tag{2-14-4}$$

其中　n—每秒转数，通常称为频率。

于是，其离心力的表达式为：

$$F_u = m r \left(\frac{2\pi n}{60} \right)^2 \tag{2-14-5}$$

所以，振动来源于偏心块做圆周运动所产生的离心力。

二、振动效果

图 2-14-1 表示回转的单个偏心子，从偏心子的重心到它的回转轴线的距离称为偏心子的偏心距，一般用"e"表示。于是其离心力表达式为：

$$F_u = me \left(\frac{2\pi n}{60} \right)^2 \tag{2-14-6}$$

由图 2-14-1 可知，单个偏心子的转动是由合力 F_u 引起的。它必然分成水平分力 $F_u \cos x$ 和垂直分力 $F_u \sin x$。

振动方式有水平圆形振动、垂直圆形振动、水平定向振动、垂直定向振动。在诸多振动中，业已证明了垂直定向振动是效果最好的振动。

在振动时，要得到垂直定向振动，必须抵消其水平分力，于是采用两个偏心子成对的同速度的反向转动，其水平分力互相抵消，得到垂直定向分力的振动。

如图 2-14-2，在振动器的外壳上仅仅作用着大小改变的垂直激动力，因为在任何位置，一对相同偏心子的水平分力大小相等，方向相反，因而平衡了。

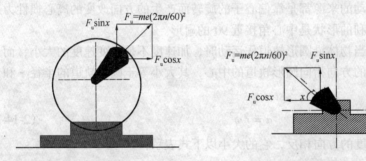

图 2-14-1　单个偏心子　　　　　　　图 2-14-2　两个成对偏心子

当 $x = 0°$时，$\sin x = 0$，$\cos x = 1$，两个偏心子的水平分力为最大，且方向相反互相抵消，其垂直分力为 0；当 $x = 90°$时，$\sin x = 1$，$\cos x = 0$，两个偏心子的垂直分力为最大，且方向相同互相叠加，其水平分力为 0；当 $x = 180°$时，$\sin x = 0$，$\cos x = -1$，两个偏心子的水平分力为最大，且方向相反互相抵消，其垂直分力为 0；当 $x = 270°$时，$\sin x = -1$，$\cos x = 0$，两个偏心子的垂直分力为最大，且方向相同互相叠加，其水平分力为 0；当 $x = 360°$（即回到 0°）时，$\sin x = 0$，$\cos x = 1$，两个偏心子的水平分力为最大，且方向相反互相抵消，其垂直分力为 0。

在 0°、180°时，水平分力为最大，且大小相等，方向相反；在 90°、270°时，垂直分力为最大，且大小相等，方向相反。见 $\sin x$ 和 $\cos x$ 的谐振图 2-14-3。

三、振动分析

一对偏心子相反方向旋转时，既产生向上的垂直振动力，又产生向下的垂直振动力。

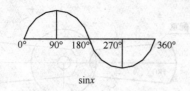

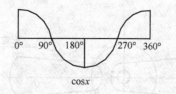

$\sin x$ 的谐振图 $\cos x$

图 2-14-3 $\sin x$ 和 $\cos x$ 的谐振图

从 0°～180°时，是有利的垂直向上振动区。在 0°时，水平分力为最大，但两个相反旋转的偏心子，产生的最大水平分力大小相等、方向相反而被平衡抵消了，其垂直分力为 0；在 90°时，垂直向上分力为最大，两个偏心子的垂直最大分力叠加，是有利的垂直向上的振动，其水平分力为 0；在 180°时，水平分力又为最大，因两块偏心子相反方向旋转，水平分力大小相等、方向相反而抵消了，其垂直分力为 0。见图 2-14-4。

所以，0°～180°之间的有利振动区，是我们需要的垂直向上的定向垂直振动。

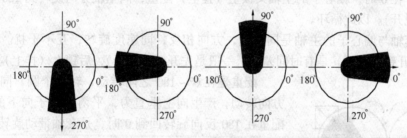

图 2-14-4   振动分析

从 180°～360°（即回到 0°）时，是有害的垂直向下振动区。在 180°时，水平分力为最大，但两个相反旋转的偏心子，产生的最大水平分力大小相等、方向相反，而被平衡抵消了，其垂直分力为 0；到 270°时，垂直向下分力为最大，两个偏心子的向下垂直最大分力叠加，是有害的垂直向下的振动，其水平分力为 0；在回到 0°时，水平分力为最大，但两个相反旋转的偏心子，产生的最大水平分力大小相等、方向相反而被平衡抵消了，其垂直分力为 0。见图 2-14-4。

垂直向下的振动力是有害的振动力。对人体、下机座架和地基是有害的振动，必须采取措施，减小有害振动的影响。对现有的振动器必须进行改进。

四、振动器改进

要消除其有害的、方向向下的垂直振动，就要在 0°～180°之间，再产生一个大小相同的、方向向上的垂直振动力，抵消其有害的、方向向下的垂直振动力。要消除其有害的、方向向下的垂直振动，就要在 0°～180°之间设配重，来抵消其垂直向下的振动力。配重的质量和偏心子的质量应相等。

配重抵消有害向下垂直振动的机理：

当偏心子转到 180°时，配重在 0°时锁上（挂上）与偏心子同步同向转动，见图 2-14-5；

当偏心子转到 360°时（回到 0°），配重转到 180°，这时配重开锁（脱开），见图 2-14-6。

配重产生了垂直向上的振动，与偏心子垂直向下振动方向相反、大小相等，于是二者互相抵消。这时配重总是迟后于偏心子 180°旋转。

229

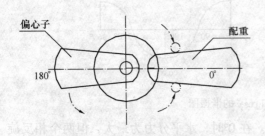

图 2-14-5　锁上配重

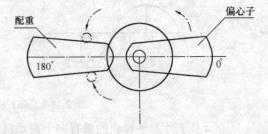

图 2-14-6　开锁配重

套轴是与偏心子反向的、同速度的、同步的转动。在 180°时，套轴锁上（挂上）配重；在 0°时，配重又开锁（脱开）。这样配重就产生了向上垂直振动，它是增加的垂直向上振动。在设计时应考虑这多余的垂直振动，从整个振动力中扣除。

同时，在 0°时，偏心子的主轴又锁上（挂上）配重，同主轴方向旋转到 180°时，配重又开锁（脱开）。以此循环。

配重套轴与偏心子的主轴是同心轴，方向相反，同速度旋转，互不干扰。配重锁上（挂上）和开锁（脱开）是有时间差的。一般是先开锁（脱开），后锁上（挂上）。

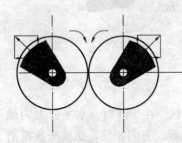

图 2-14-7　一对配重的平衡

配重是在 0°~180°之间转动，转半个圆，同偏心子同方向转动，产生向上垂直力，平衡偏心子向下的垂直力；配重在 180°反向旋转回到 0°时，是套轴带动旋转的，与主轴旋转方向相反、速度相同，产生垂直向上的力，与主轴旋转产生垂直向上的力进行叠加，它们产生的水平分力，方向相反、大小相等，互相抵消。

带动配重同主轴一起旋转时，其锁具安装在主轴系统上；配重从 180°返回到 0°时，与偏心子反向旋转，锁具安装在套轴上。

在图 2-14-7 中是一对配重的平衡。水平分力大小相等、方向相反，相互抵消；垂直分力与偏心子向下垂直分力大小相等、方向相反，相互抵消。

一对配重垂直向上分力见图 2-14-8，水平分力大小相等、方向相反，相互抵消；垂直向上分力与偏心子垂直向上分力大小相等、方向相同，互相叠加。

建议的锁具构造，其结构见图 2-14-9。

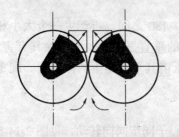

图 2-14-8　一对配重垂直向上分力

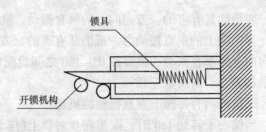

图 2-14-9　锁具构造

开锁机构的功能为：当到开锁地时，锁具撞击开锁机构，由于是斜面，锁具柱就往里压，接着锁具的柱就到斜面，继续往里压，就脱开了。在锁具处应有弹簧垫，以消除撞击声，并加强锁具与配重的强度，以防剪断。

也可以采用其他形式的锁具。其锁具要求：使用寿命长，操作灵活方便，产生的噪声也要小。

第四节　纤维增强硅酸钙板生产线工艺设备改进

一、概述

硅酸钙板的生产方法有两种：一是流浆法（含抄取法）；二是模压法。其工艺过程和生产设备，都能达到设计的生产能力。但由于国内是从20世纪七八十年代才开始研究生产的，所以在生产过程中还存在许多需要改进的地方。

当采用粉煤灰作原材料时，宜采用干排粉煤灰；并在回水系统中进行改进，使之适应回水中含粉煤灰的污水沉淀，于是在回水罐中间加中心管，使污水中的粉煤灰沉淀。或采取二次沉淀法进行沉淀。这样清水灌中的水清洁，冲洗毛布也清洁，管道也不堵塞。

二、成型制板机系统设施设备改进

1. 成型制板机的毛布选择

流浆法制板机的毛布，原来采用针刺毛布，其优点是表面毛布痕迹较浅，半成品二次加工进行砂光时，砂削量较少，可降低成本。但经过砂光机砂光时，发现产品表面出现脱皮现象，且在成型时料坯起层。后来采用编织毛布，生产板质量较好，但料坯表面毛布痕迹较深，二次加工时，砂削量较大，仍需砂掉1.2mm，才能把表面砂光。最后改用为全化纤复合毛布，使用效果较好。

2. 成型板坯厚度的控制

原测厚仪测出的厚度值不准，有误差，误差值20％左右，应不超过8％为宜。采用料坯测厚仪，该设备对有关工艺数据的采样、存储、运算及适时输出控制，实现了传统仪表、检测装置无法实现的多功能集中控制，并在检测厚度精度、可靠性、抗干扰及稳定性上都得到进一步改善。改善后本机在生产线上安装调试简便，操作简单。

3. ZBL-Ⅳ型制板机改进

该机在原有基础上经数次改进，使设备总能耗降低，结构趋于更合理，简捷，便于操作及维修，设备外形尺寸缩小，设备体积小，重量轻。经改造后，具有辅料均匀，产量稳定，物料消耗低等优点。由于真空面板采用了高分子聚乙烯材料，摩擦阻力减少，毛布使用寿命延长，设备主传动功率降低。真空系统采用风机、罗茨泵分别控制高中低压真空箱，形成了合理的真空梯度，同时调整系统压力也方便了。

三、堆垛切割工段设备改进

1. 接坯机的改进

新设计的接坯机，增加了翻板机构，使人工操作回收边角料改为自动落料集中回料，提高了机械化、自动化生产的程度。本机适应多种产品规格的接坯切割。接坯皮带由原来的橡胶夹布皮带改为尼龙基皮带，跑偏现象减少。若再把皮带设计成卷筒边，同时两头滚筒做成凹形，使皮带在凹形槽中运动，这样不致于跑偏，能彻底解决跑偏问题，保证切割边的直线度，提高产品质量。

2. 水切割机的改进

将原有单缸双作用改为新型双缸并联单作用方式，解决了换向掉压、板坯切不透的现象。原来是把横切缸放在供油站上的，现将横切缸放在堆垛机上，通过高压油管将高压油传送到堆垛机上，高压水的传送距离缩短，使工作时间延长，故障率降低。原机的动作行程由接触式行程开关控制改为由液压阀件压力继电器检出信号，供可编程控制器控制，行程准确，运作可靠，故障率降低。也可采用编码器控制距离。在新型水切割机的喷水出口处增加了滤水装置，保证供水质量，减少停机事故。

3. 堆垛机的改进

该设备改进了接触式开关，变为非接触式行程开关，并带有指示灯。液压系统采用了国内新型叠加阀，故障率低，维修方便。本机动作采用可编程控制器控制完成，可靠方便。但堆垛机行程距离不够准确，可改用编码器进行测距控制。在负压吸盘上，采用了大直径风管，减少风管阻力，使吸坯成功率提高，基本消除掉坯现象。或在吸盘周围做成软垫，能自由伸缩，且又密封。这样可彻底解决掉坯问题。

4. 无垫板的平板辊压机改进

上压辊由原来全套毛布改为第一对辊套上毛布，第二对辊上压辊不套毛布，为光辊。这样可以提高平板的表面光整度。由集中一套传动（齿辊过桥传动）改为三个独立传动，简化结构，使设备功率降低 8.4%，在运转过程中的速度差用毛布打滑自动调节。辊压前的输送机由输送毛布改为输送皮带，有利放坯，并提高使用寿命，维修方便。把下压辊轴承结构改为球面接触，有利一端提起将毛布由一端塞进，更换毛布就更方便了。

第十五章　中央控制室的操作

纤维增强硅钙板生产线和加气混凝土砌块生产线的控制，一般用联锁和局部的自动控制。只有混凝土小型空心砌块生产线是全自动化控制。现介绍小型空心砌块的中央控制室的一般操作及控制方法，并结合微机操作进行练习，才能熟练掌握基本操作。

第一节　概　述

一打开计算机，在屏幕上就出现总则图，在总则图上，有下列信息：

一、显示

自动操作时机器的生产时间；

最近一次生产制品的高度；

连续班生产周期、总次数；

上次生产周期的持续时间。

二、密码功用

F_1 是与密码相配合使用，先打开密码激活它，手摸密码钥匙，再摸 F_1 功能键，再输入密码。成型机上操作按键输入数据，与计算机上操作一样。

三、LED picture 显示位置状态

显示成型系统各机械动作运动位置状态，并有绿色箭头动态显示机械运动方向。

其中有：阳模压头锁定——开、关、放置于

面料搅拌机锁定——开、关

托板对中——开、关

刀具清洗——之前、之后

模板运输——之前、之后、放弃

面料搅拌——之前、之后、操作

阳模锁定——关闭

预控阀——1、2、3

在成型时，一般是打开 LED picture 显示位置状态，观察生产情况。

四、屏幕下方的功能键

1. 帮助：打开一个帮助窗口；

2. 故障：打开一个窗口，显示悬而未决以及已知故障、消除故障的帮助；

3. 配方：打开一个窗口，产生、拷贝、删除以及改变配方；

4. 手动：打开一个窗口，将各功能分配给手动键；

5. 统计库：打开一个窗口，将对应的某些数据文件都显示出来（如托板是否有、材料是否有、周期、班数等）；

6. 液压：打开一个窗口，显示关于工厂不同部位的某些液压设计；

7. 退出：激活此键，显示下一个窗口或某些操作程序将关闭。

F_1 键——输入密码的键；

F_2 键——选择语言的键；

F_3 键——故障显示的操作及路径。

五、机械图中的功能键

1. 换模：涉及到平台调整；

2. 送板机：改变送板机的速度、压力及控制时激活此键；

3. 材料组：配合比及各种原材料的设置；

4. 阴模：改变阴模的距离、速度、时间、压力时激活此键；

5. 压头：改变上振加压参数及控制时激活此键；

6. 底振：改变底振参数及控制时激活此键；

7. 铺料机1：改变铺料机各个铺料参数；

8. 铺料机2：改变铺料机各个铺料参数。

在机械图中，激活功能键，在屏幕上显示了各设备组件的所有参数调整的页面将打开，这时可以调节面板的所有参数（如模型、压头、底振等）。

六、打开操作的顺序

在总则图中，按底振、压头等功能键，屏幕上出现另一图形，在此图中有：

1. 位置显示：以蓝色箭头光标表示。

设定值及实际值显示，以数字及光标分别表示（速度）；

当前制法指示；运行方式指示（运行方法）；

各种设备组件的参考值指示（距离）。

2. 条指示：

条指示器上面表示编码器的实际值。

在条状下面的箭头是路径的实际值。

这些范围中一个路径的设定值，用一个蓝色 LED 将在相应箭头下出现。

七、在屏幕下面的功能键

帮助：打开现行内容的帮助窗口的一个屏幕；

故障：打开一个在当前和文件故障的指示器，同样位置为消除错误得到帮助；

配方：打开一个产量、复制、消除和改变配方的窗口；

手动：打开一个窗口，手动键显示某些功能；

输入：打开某一个窗口，设置、改变某些相应设备所有参数（时间、速度、压力、距离、调整）；

退出：使用此键，可以使之返回到主屏幕。

第二节　生产线全线自动化启动的条件

一、成型机

1. 位置

打标准运行，压头在上，阴模在下（传感器灯亮）；

铺料箱1、2都在后。

2. 启动

打开紧急停车按钮（向上拨），先按故障排除按钮，再按伺服激振器，回头再按故障排除按钮，再开泵、打调整、打自动、打标准运行，再启动。

二、干湿产品输送带

1. 位置

无论输送带在前在后，必须传感器灯亮。

2. 启动

开紧急停车按钮（向上拨），再开干产品输送带的泵和自动启动。湿产品输送带的泵和自动启动。

三、升降板机

1. 位置

升降板机在正确位置。

2. 启动

泵开，升、降板机开。

四、码垛机

1. 位置

码垛机在正常位置，在后，夹子是打开的，角度是正确的，在上，达到预定值。

2. 启动

码垛机开泵和自动启动。

五、子母车

1. 位置

子母车在降板机前，子车离开母车（或取出板），再回母车。

2. 启动

先打开紧急停车按钮（向上拨），按故障排除按钮，打调整、打自动。

六、搅拌机

1. 位置

检查上料斗是否空，是否在下。

2. 启动

把按钮打到调整，再打自动，最后开搅拌机。

第三节　各控制台操作按钮的作用

一、子母车系统的操作按钮

1. 对中按钮

就是定位器，前进为锁，后退为开。

2. 进行局部操作按钮

开就可以手动；关就可以自动。

3. 故障解除按钮

在中央控制室里排除，在这里也要排除一下。

4. 平移器按钮

在进窑时用，可以在母车上操作，人不必随子车进养护窑，也可以在子车上操作。

5. 互锁器按钮

开就是开子车；关就是把子车锁在母车上，开动母车。

二、成型机系统的操作按钮

1. 紧急停机按钮（红色）

按下紧急停机按钮，所有驱动设备均停车。启动按钮灯不亮，故障按钮灯亮（黄色）。在发生特殊故障时，马上按紧急停机按钮，使所有驱动设备均停车。

生产完后，可以按紧急停机按钮。

2. 启动按钮

按下启动按钮，控制设备开，启动按钮灯亮，故障灯不亮。

3. 解除按钮（绿色）

用在紧急按钮解锁之后，按解除按钮后就可以打开控制系统。

4. 故障排除按钮（黄色）

当设备发生故障时，故障排除按钮的黄色灯亮，可同时按下故障排除按钮和解除按钮，灯灭故障排除；灯不灭，则按显示系统上显示的地点进行排除。故障灯亮后，按故障排除按钮，可以取消操作重新来。

5. 泵（关/开）按钮

把按钮钮到关，液压泵关闭；把按钮钮到开，液压泵启动。

6. 调整按钮

把按钮钮到调整后，可以输入运行参数，如距离、时间、速度等。

可以和其他运行动作钮同时使用。调整后就不使用调整按钮了。

机器操作暂停后，把按钮钮到调整位置，故障灯亮。

当操作模式在调整状态时，留有"双层"、"对中"等指令，可能被删除。

7. 四步选择按钮

1—换模：这种操作方法用于换模。可以手动，也可以自动。这种操作方法，液压系统呈减速运行。

2—单循环：在生产过程中可以单独循环生产，按一次就生产一次，这种方法中选自动开关按钮，应在一个工作循环完成后。在这种操作方法中，所有动作都可以在终点位置调整。

3—调整：铺料箱1或铺料箱2停在后面，压头向下模具向上。打开料仓下面的喂料挡板。模具在上面，铺料机1底板抬高，以使托板向前移动。模具在底部，压头在上，铺料机才能移动。所有液压设备减速运行。操作者检查动作位置是否准确，以免造成机器的损坏。

4—标准运行：打标准运行，并且自动按钮关闭时，所有操作可以手动进行。预振和主振开和关也可以自动运行。所有的锁定起作用。启动自动操作：选择自动按钮并钮在"开"上，当两个选择开关到位时，按启动按钮；当机器不处在原始位置时，能自动调整，调整后机器信息在指示上出现，开始后按钮再次按动，自动过程开始。

三、搅拌机系统的操作按钮

1. 中断开关按钮

按中断开关，设备马上停止。为此按中断开关，可以把设备停到任意位置；也可以利用这一特性，打开出料门一点点，调节下料量大小。

2. 水泥秤按钮

水泥秤按钮钮到"开"的位置，就可手工操作称一次料了。

3. 水泥传送机1、2按钮

先把水泥传送机1或水泥传送机2的按钮钮到"开"的位置，再按另一个水泥传送机1或水泥传送机2的按钮，按一次则称一次料了。

四、码垛及产品输送系统的操作按钮

1. 调整/自动启动按钮

当把调整/自动启动按钮钮到调整，并同时选择手动操作模式，就能按调整的操作运行所有相关功能。

若把调整/自动启动按钮钮到调整（即启动了调整钮），该自动只能从开始位置开始自动。自动启动的意思是如果预选了这种操作模式就能自动启动操作。

已经从自动转换成手动后，只需设备运行正常，又能快速地再次启动自动模式。

2. 手动/自动按钮

选择操作模式，选择手动或者自动操作。手工操作可以单台设备或多台设备运作其功能。能实现所有相关锁住、限制和停止的设备。从自动钮到手动时，所有相关设备的运作将停止，操作模式由发光二极管显示。

3．运输模板仓按钮

运输模板仓的向上或向下运动及托板夹的打开或合拢可以使用运输模板仓按钮。将运输模板仓按钮钮到"是"的位置，再把另一个运输模板仓按钮左右钮到打开或合拢时，则托板夹就打开或合拢。或把另一个运输模板仓按钮上下钮到向上或向下时，则运输模板仓就向上或向下运动。

4．成品传送机按钮

调节成品传送机。双按解除按钮和故障排除按钮，再同时把调整/自动启动按钮钮到"调整"位置，再把成品传送机按钮钮到"开"的位置，就可调节成品传送机。

5．辅产品夹工作方式按钮

1—正常情况下；

0—没有辅夹夹紧；

2—不同功能的辅夹夹紧功能。

第四节　搅拌系统配合比的操作

搅拌系统的配合比输入的操作，各型号的生产线不尽相同，本节介绍两种不同输入的方法。

一、搅拌机加水设定调整操作

1．通用键的功能

">"进行下一级菜单；

"<"返回上一级菜单。

enter 输入值确认或者向下翻页。

"＋"细调加水量，每次加 0.5L；

"－"细调加水量，每次减 0.5L。

"Q"退出菜单，不保存更改值，返回到开始菜单界面；

"S"退出菜单，并保存更改值，返回到开始菜单界面。

2．操作程序

（1）在"start menu"菜单中按"＞"进入"manner"菜单，点击"program data"进入配水程序菜单。

（2）在配水程序菜单中，点击"program"，然后输入配水程序号，点击"cement weight"，然后输入水泥重量，此重量必须与搅拌机的加水泥量相同，点击"total water"，输入总加水量，点击"water/cement ratio"可改变水灰比。

（3）每项值更改完成后，按"enter"确认所有值都更改完成后，按下"S"保存更改值，并退回到开始菜单"start menu"，也可以连续按"＜"返回到开始菜单"start menu"。

注意："total water"和"water/cement ratio"更改其中之一即可，一个值改变后，另一个值随之改变。

3．加水量的调整

加水量的调整方式，有粗调和细调两种。

（1）粗调

在"start menu"中按下"＞"进入"main menu"点击"program data"，然后点击"enter"进入配水程序数据菜单，点击"water/cement ratio"，然后输入水灰比值，或者点击"water"，然后输入需要加水量，最后按"enter"，确认改动值，修改完成后，连续点击"＜"或者按"S"保存更改值并退出。

（2）细调

在"start menu"按"＋"或"－"增加或减少加水量，每按一下，变化0.5L水。

二、水灰比的设定操作

1. 按"RESET"重设定，消除原来的水灰比；

2. 加减水量：先算出加减水量后的水灰比，再按下列程序进行操作：

E、E、I、E、I、E 或 E、I、E、I、E

再输入水灰比，最后按如下程序进行操作：E、O、E、I、E 或 O、E、I、E 或 E、O、I

输入配方号　E。

3. NETE-RESET 重电重设定

⇩按 HYDROSTARV.720CHANGE? ...（变换）

E→CODE NO：（编码）

⇩按 TRY　AGAIN（再试一次）

IE→program?（程序）

⇩按　水/水泥

IE→WATER/CEMENT1　□　在方框内设定水灰比为0.262

⇩按　　　⇩按 E→PROGRAM?

OE→AUTO－START　（自动启动）

⇩按　0＝MAN　：1＝AUTO：♥　手动：自动

IE→出现设定水灰比

$$P:1 \quad W/C.0.262 \quad （水灰比）$$

三、输入配方的操作

1. 首先调出配方屏幕

在屏幕上按 EXBE，出现另一屏幕；

在屏幕上按 RECIPE（配方），出现另一屏幕；

在屏幕上按 MATERIAL（原料），出现另一屏幕；

在屏幕上按 RECIPE（配方），出现另一屏幕。

2. 在屏幕上所显示图形的意义

◀◀	◁	▷	▶▶
开始一个配方	下一个配方	上一个配方	最后一个配方
＋	－	△	✓	✕
加	减	先点	YES	确认

需要改变

或 NO

不需要改变

3. 操作程序

先点△，再点＋，然后点 material（骨料），出现骨料配方框：

K_1□　3～8mm 石子

K_2□　5～10mm 石子

K_3□　粗砂

K_4□　细砂

然后输入配方，在 K 后的方框内，点 K_1 后方框，方框内出现光标然后用键盘输入数字；点 K_2 后方框，然后用键盘输入数字，以此类推。

点 cement（水泥），出现水泥配方方框：

K_1□　硅酸盐水泥

K_2□　白水泥

然后输入配方，在 K 后的方框内，点 K_1 后方框，出现光标，然后用键盘输入数字；点 K_2 后方框，然后用键盘输入数字，以此类推。

点 water（水），出现水的配方框：

K_1□　水

然后输入配方，在 K 后的方框内，点 K_1 后方框，出现光标，然后用键盘输入数字。

配方输入完成后，再点△，再点＋，屏幕出现"OK"，点击 OK，配方就输入了。

四、搅拌机称量调整的操作

1. 在搅拌机控制平台，调出搅拌机屏幕，出现计量斗形状，用手摸激活称量。

2. 若摸左边的则称底料；若摸右边的则称面料。既摸左面的，又摸右边的，则分别称底料和面料。

第五节　成型系统成型参数调整的操作

一、换模具的操作程序

1. 把四工位按钮钮到换模工位。

2. 手摸阳模（Comp. head），调出阳模图。

3. 在手摸距离（Ways），再看下面两行：以换砌块模具为例，

"阳模下降高度 194mm"

"阴模上升高度 214mm"

4. 核对无误后，在屏幕下方手摸手动，再手摸换模（mould change），出现（Comp. headlock）阳模锁定。按图中阳模锁定按钮。

5. 调动手动开关钮，手扳手动杆到"关闭"。见（closed）灯亮，就锁上了。

6. 然后阳模上升，把钢管 190mm 插上阴模底，下降阳模，调整螺栓位置，固定。

二、自动送板的操作

1. 首先按 pallet feed
2. 再按 change（转换）
3. 最后按 Adjust（调节），使之出现 with pauefs thongh（用连续出板）
4. 再操作按钮：紧急停车按钮（向上拔）；同时按故障排除按钮和解除按钮；伺服激振机开；打标准运行；干湿产品的泵开；打自动；再按启动。

三、成型参数调整的操作

1. 底振功能键的操作
（1）底振时间的调整
首先按退回键，再在总则图上，找底振并用手激活，然后激活成型方式或激活角度、频率、时间，就可调整其成型参数。其调整方法是：利用控制台旁边的数字键来调节。在角度、频率、时间图中最下面功能键中，按"输入"键，在屏幕上出现另一图形，在此图形上，分别激活时间、角度、频率，出现下列时间、角度、频率：

预振 1—延迟时间（s）	角度在主振 1 时打开（°）	无负载频率（Hz）
预振 1—运行时间	角度在主振 2 时打开	主振 1 频率
预振 2—延迟时间	角度在预振 1 时打开	主振 2 频率
预振 2—运行时间	角度在预振 2 时打开	预振 1 频率
中间振动—延迟时间	角度在中间振动时打开	预振 2 频率
中间振动—运行时间	角度在面料振动时打开	中间振动频率
面料振动—延迟时间	角度在模具振动时打开	面料振动频率
面料振动—运行时间	角度在调整时打开	模具振动频率
模具振动—延迟时间		调整时的频率
模具振动—运行时间		
主振 2—延迟时间		
主振动控制—总时间		

以上时间、角度、频率是可以调整的。调整方法是利用屏幕旁边的数字键来调整。

预振 1 时间长时，前面的料填充得较多；预振 1 时间短时前面的料填充得较少。预振 1 时间长时，生产较高产品；预振 1 时间短时，生产较矮产品。

预振 2 时间长时，生产较高产品；预振 2 时间短时，生产较矮产品。预振 2 通常用于填充料较困难的模具、片状产品、厚度薄的墙体产品。如果主振时间关闭，制品高度调节，就调节预振时间。

中间振动适合底料混合物，在面料混合物还没有填充前，这个振动应当不大于 30Hz 或振动力小些。否则将不是压缩。

主振 2 延迟时间，若超过了总时间，那么速度将不能启动，通常调整范围为 $1 \sim 1.5s$，小于总时间。只有主振用时间调整时，总时间才有效。地面砖通常用时间来调整，调节范围为 $2.5 \sim 4s$。

（2）底振力的调整

在底振图中，激活角度，通常调整角度范围为0°～180°，可以改变振幅大小，调整0°时，无振幅；调整180°时，振幅最大。

（3）底振频率的调整

"调整"频率一般为30Hz。

（4）底振的调整

在底振图中，激活"调整"，出现：

有预振1

有预振2

无中间振动

无面料振动

无板上模具振动

振动调整的选择：主要是对不同制品，采用振动方法不一样，进行微机程序的调整。如砌块是无面料振动、空模振动、无中间振动及预振1、2被打开。也可以通过这次调整，无面料振动、空模振动、无中间振动及预振1、2被打开。

2. 上压头功能键的操作

在总则图中，在屏幕下方，按"输入"键出现另一屏幕。

（1）上压头压力的调整（激活压力）

上升	阳模解锁	在中间循环继续加压
下降	阳模脱模	向下调节
在主振上加压	阳模朝上开	绷紧挤压头
阳模锁定	向下压制	

说明：主振加压力调整范围为：20～11Pa，用比例压力阀控制。

（2）上压头的调整（激活调整）

无中间循环　无挤压头自由移动　挤压头升至模具之上　无挤压头振动器　无清扫刷清洁

使主振动关闭有两种方式，通过时间选择和高度选择就达到选择值，主振关闭。也可以选择这两种，使主振动打开。

中间循环功能是，用于底料混合物均匀加压，但预压应力不要太大，否则会分层（底料和面料之间分层）。

自由移动至中间是生产路牙石的功能。

挤压头振动器的功能是为了产品更好地脱模，挤压头的振动被传递给模具而保证产品的质量和好脱模。

四、偏心块调整零位的操作

1. 四工位按钮钮到"调整"工位；

2. 泵打开，伺服电机也打开；

3. 用架子按图2-15-1偏心块的位置固定好；

4. 用钥匙打开成型控制台下面柜子右侧的两个"按钮"中的上"按钮"锁，之后，

同时按下这两个"按钮";

 5. 把架子移走;

 6. 检查;

 7. 说明:

图 2-15-1　偏心块零位位置

 (1) 如 1、2 为一对,3、4 为另一对偏心块,则先启动 1、4,然后延时启动 2、3;

 (2) 主振 2 先振,主振 1 后振,总时间调整范围是 2.5～4s,若主振 2 超过总时间,主振 1 就不启动。

五、手摸手动按钮的操作

 1. 手动按钮的操作

 摸屏幕上的 down close,出现模具(mould)、压头(comp head)、铺料箱 1(filling box1)、铺料箱 2(filling box2)等。摸模具(mould)、摸压头(comp head)、摸铺料箱 1(filling box1)、摸铺料箱 2(filling box2)等。

 再手动其相应的功能手柄。如模具锁住、解锁,压头向上、向下,铺料箱向前、向后,振动器关、开等。

 2. 手摸按钮的操作

 手摸原料(material),就可了解成型铺料的情况;

 手摸模板(LED picture)观察生产情况,看湿产品生产线上的板缺少情况。显示成型系统各机械动作运动位置状态,并有绿色箭头动态显示机械运动方向。

第六节　养护窑和子母车的操作

一、子母车故障显示

 1. 子母车不在提升/下卸机前

 小车计数器的实际值没有达到所输入的提升机和下卸机的设定值,检查设定/实际值($F_{11.1}$)。

 提升机和下卸机的设定值不同,检查设定值(shift 转移 F_{2-3} 提升机 1,shift 转移 F_{3-3} 下卸机 1,shift 转移 F_{4-3} 提升机 2,shift 转移 F_{5-3} 下卸机 2),如果计数器重新设定,开关"with out/with data input"(无外部/用数据输入)必须置位于"with"。

 2. 子母车不在窑前

 子车计数器的实际值没有达到窑的设定值。

 检查设定/实际值($F_{11.1}$)检查子车在窑里的设定值(shift 转移 F_{1-2})。

 3. 设定值与实际值的差别太大

 窑的设定值与实际值两者相差大于 10cm。

 检查设定/实际值($F_{11.1}$);检查子车在窑里的设定值(shift 转移 F_{1-2});检查运行轨道是否固定;检查脉冲发电机和测量软连接情况。

 测量轮必须垂直于轨道,如果需要则重新设定计数器,并且用手推车到窑。

 4. 子车的实际值是错误的

检查对中位置，即升板机和降板机，都必须正确无误。

二、养护窑周转的操作

1. K_1、K_2 等的作用

K_1—输入数据，然后按确认键（ENTER），输入取、放窑号，设定（测定）升板机到窑中 1～X 号窑的距离。

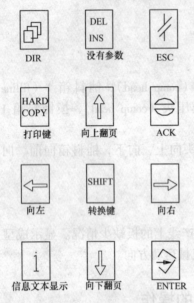

图 2-15-2 操作盘按键

K_3—检查窑中的位置，放多少架位，如固定的 13 架。

K_{10}—(再现)检查输入母车到养护窑中的窑号，如 X 号。

K_{11}—测定升板机到窑中 1～X 号窑的水平距离。

2. 操作盘按键的作用

说明（图 2-15-2）：

ESC—不正常终点键，回到起始处；

打印键—打印显示实际内容；

ACK—确认键，当 LED 灯亮时，至少有一个故障信息得不到确认，启动确认键删除现有错误信息；

ENTER—进入键，向前翻页，向后翻页，由此键打开页数目录，更进一步进入，按确认键，调出相应的页。

3. 设定养护窑周转

（1）前提：1 号窑空，2 号窑装 12 架（其余装 13 架）。

设定程序为：按 K_1：Fin 表示空或装，输入窑号：如 1 号；

　　　　　　Empty 表示满或取，输入窑号：如 2 号。

则以此连续运转：1～X 号窑周转。确认。

（2）指定放一个窑：

　　　　　按 $K_{1.01}$ 放，输入窑号 X

　　　　　$K_{10.02}$, chamber　NO　X

　　　　　$K_{10.01}$　X 位置，产品

　　　　　$K_{3.01}$　　检查 X

（3）说明：翻上下键，显示 BLD　$SF_{1,2}$，下面有测定数据，然后在操作台上扳"输入数据"键到"是"，"输入数据"键灯亮。然后再在上面重新输入此数据，最后按"确认"键，把"输入数据"键从"是"扳到"否"。

4. 几个按钮的作用

（1）同时按下 K_1 和"SHIFT"键，显示第一架板在窑中的位置。

（2）显示"仓满仓空"按钮，"(养护窑)按钮"扳到"满"，装满窑时，才显示灯亮；扳到"空"时，窑中空时，才显示灯亮。

第十六章 有关质量控制的规章制度

本章讲述实验室检验人员的岗位责任制、主车间生产人员的岗位责任制、原材料质量和成品的检验技术标准、质量检验表格和实验室的检验设备等。工厂生产的产品质量完全靠实验室检验人员把关。其检验人员必须把好原材料、半成品、成品的质量关，认真贯彻各种规章制度，认真进行质量检验，填写好各种质量检验表格，把好产品的质量关。在这里，主要介绍混凝土地面砖质量控制的规章制度（企业标准），以及建筑制品厂实验室的设备和仪器。

第一节 实验室人员岗位责任制

一、总则

1. 热爱实验室工作，刻苦钻研业务。工作认真负责、一丝不苟，不断提高业务素质。遵守和执行各项规章制度，努力完成本职工作。

2. 努力学习和掌握实验室仪器设备的工作原理与操作方法。爱护试验仪器设备，做到定期维修保养并妥善保管，确保试验仪器正常完好、量值准确。

3. 认真做好实验准备及辅助工作。做好实验室的卫生与安全工作。积极进行实验室的建设。

4. 服从实验主管的领导，在分工负责的基础上，团结协作。

5. 遵守考勤制度，按时参加实验室召开的各种会议。

二、原材料检验岗位责任制

1. 与物流部门紧密配合，每批原材料进厂后，依据"灰水泥验收规定"、"白水泥验收规定"、"砂子验收技术规定"、"碎石验收技术规定"、"颜料验收技术规定"，负责进行水泥、砂子、石子、颜料等原材料的检验及验收工作，并填写"水泥、砂石、颜料检验记录表"，提出质量检验结论。

2. 协同后仓上料岗位把各种规格的砂、石，正确进料仓，切记不要上错。

3. 监督水泥、砂石计量秤定期校正（水泥计量秤三个月、砂石计量秤根据砂子含水量的变化，一星期或一个月校正一次）。

4. 负责清理试验周围的环境卫生和维护试验仪器。

三、干湿产品检验岗位责任制

1. 根据"生产线湿产品检验标准"，监督湿产品生产线的控制，并填写"干湿产品检验记录表"，发生严重质量情况，应及时处理并报告实验室主管。

2. 根据"生产线干产品检验标准"，监督干产品生产线的控制，并填写"干湿产品检验记录表"，发生严重产品品质、返碱等质量情况，应及时处理并报告实验室主管。

3. 负责成品堆场，按不同品种、级别进行堆放，并贴好"合格证"标签，配合物流部门做好制品出厂工作，并出具"出厂合格证"。

四、试件试压、配合比试验岗位责任制

1. 每进厂一批原材料后，或生产制品品种及标号改变时，需要进行配合比试验工作。并填写"配合比试验及试件力学试验记录表"。试件标准养护时，填写"标准养护室温湿度记录表"。

2. 负责试件取样、试压及试压后试件处理工作，并填写"产品力学试验记录表"。

3. 每天生产的制品，根据"路面砖检验技术规范"等规范中的力学检验要求进行检验，并填写"产品检验记录表"。

4. 负责新产品配合比的研制工作。根据生产制品要求的颜色，进行配色工作。

5. 负责清理试验的环境卫生和试验仪器，并负责试验设备的定期校正。

五、实验室主管岗位责任制

1. 调节各岗位之间关系，每周进行各岗位工作情况布置，提出上周出现的质量问题的改进意见，提出重点把好制品品质的工序。

2. 负责"配合比（成型参数）通知单"的下达，并签发"出厂合格证"及"出厂产品检验单"。

3. 根据各岗位提出的质量报告，负责向上级编写每周质量品质情况的通报，每月质量品质情况小结，并编写年生产制品质量品质的总结报告，提出下一年的整改方案。

4. 进行实验室人员的管理、培训，实行奖惩制度，执行重大事故的报告制度及处理，建立健全质量管理体系和质量保证体系。

5. 负责试验资料分类保管和其他资料的保管，借阅要登记。

第二节 主车间人员岗位责任制

一、原材料贮存岗位责任制

1. 原材料质量控制应执行防检结合，以防为主，先检验、后使用的原则。

2. 水泥、砂、石、颜料、粉煤灰、外加剂进厂时，检验人员应检查质量是否符合要求，不合格时不予验收。

3. 冬季生产时，铲车司机应检查原材料结冻情况，及时采用铲车进行压碎结冻砂石。

4. 原材料进厂必须进行称量，称量时应进行记录，含水量较大时必须扣除含水量，并且专人负责指导汽车司机分别堆放在指定的堆棚内。

5. 有的水泥筒仓装灰水泥，有的水泥筒仓装白水泥，有时又装灰水泥，按生产技术部门下达意思装入，不要装错。

6. 水泥存放在水泥筒仓内应不超过一个月，做到有计划地进水泥，不要盲目进，超

246

过一个月储存期者，应作水泥等级检验，不合格者降低等级使用或作它用。

7. 铲车应定期维修保养，保证铲车在使用时不出现故障，及时加满砂石料仓，并且按粗石、细石、粗砂、细砂顺序加入料仓，不要装错。

二、中央控制室岗位责任制

1. 称量搅拌系统

(1) 严格执行实验室下达的混凝土配合比的生产通知，未经允许不得更改配合比。

(2) 天气变化而引起砂、石含水量波动时，应切实做好加水量的调整工作。

(3) 计量配料必须准确，其误差不应大于1%，因而必须保证皮带计量秤在三个月内校正一次。

(4) 在手动操作时，一定要精力集中，不要误操作，特别避免搅拌机内下两锅料事故发生。

(5) 生产彩色制品时，应由浅色到深色，若由深色到浅色时，色料储料斗及色料称量应进行清扫。

(6) 每天工作完后，必须将搅拌机、下料斗、模具内，彻底清扫干净，不留死角。

(7) 应调出屏幕上的工艺流程图，并时刻监视生产情况。

2. 成型铺料系统

(1) 生产什么产品采用什么成型制度，严格按技术部门下达的成型制度执行，不得任意改动。

(2) 生产产品高度发生变化时，要调整铺料机的高度。同时调整编码器的控制高度和支座螺栓的高度。

(3) 在手动操作时，应集中注意力，不得操作失误，杜绝事故的发生。

(4) 时刻注意生产产品的高度，发现或高或矮时，应查出原因及时调整。

(5) 每天下班前必须清扫成型机、铺料机、混凝土中间储料斗、模具等，并对模具内壁及压头进行刷油，不得马虎。

(6) 中央控制室不得说笑谈天，做其他事情，非操作人员不得进入，更不能上机操作。

(7) 应调出屏幕中成型生产工艺流程图，并且时刻监视生产情况。

3. 子母车和码垛传送带系统

(1) 窑的周转不得随意改变，进哪个窑，出哪个窑，一定进行复查和核实，操作者认真操作，做到准确无误。

(2) 应特别注意子母车控制柜上的模拟工艺流程图显示灯，出现故障时，及时调整因子母车进窑感应不上地面铁件而出现的停机。

(3) 在生产时应调出输送带和码垛系统控制柜上的模拟工艺流程图显示灯，及时发现输送带上各设备运行状态的不正常情况并排除。

(4) 在操作时要注意码垛情况，托板是否到位，码垛是否偏，特别注意木托板仓，运输木托板时被卡现象，应及时校正。

(5) 产品不同，其堆垛形式也不同，应事先根据生产产品调整码垛的形式。

(6) 地面砖码垛高度，厚60mm，不宜超过12层，厚80mm，不宜超过10层，厚度100mm，不宜超过8层；空心砌块的堆垛高度不宜超过5层（带木垫板），不带木垫板，不宜超过6层。路缘石的码垛高度不宜超过3层。

(7) 中央控制室的当班人员，下班后必须认真填写班生产报表，以及打扫控制室的清洁卫生。

(8) 认真完成公司下达的班生产任务，且保证产品质量和数量。

三、干湿产品岗位责任制

1. 生产地面砖时，湿产品表面有浅坑的，应采用面料进行修补。

2. 按路面砖国家标准要求，对湿产品表面有草根、深坑、裂纹、分层的坯体应捡出。干静的混凝土混合物应回料利用。

3. 要按产品外观标准要求，对于产品表面不光洁、色泽不一致的、掉角裂纹、分层的成品应捡出，同时把缺的制品及时补上。

4. 干湿产品捡出的数量，每班要分别进行统计，并填好表格，签上操作者名字。

5. 冬季采用蒸汽养护时，对带色制品，干、湿产品检验人员还要负责在每板制品上面盖上或取下防护罩。

6. 干、湿产品检验员，负责打扫车间内地面卫生，特别是清扫刷板机、翻板机及干、湿产品检验操作地区的卫生。

7. 捡下的废品要堆码整齐，碎混凝土及时倒入废渣箱中，做到文明生产。

8. 干产品输送带的钢托板上残渣及时清理干净，以免影响停机。

四、养护控制室岗位责任制

1. 为了降低能耗和产品的成本，应做到生产什么产品，在什么季节生产，应采用不同养护方式和养护制度进行制品的养护。

2. 按技术部门下达的养护方式和养护制度进行制品的养护，不得随意更改。并做好记录，签好字。

3. 窑的蒸汽养护应与中央控制室联系，准确送蒸汽养护，并按既定操作程序进行操作，不得有误。

4. 定期向养护窑内地坑灌水，保持窑内地坑始终有水。随时注意温度和湿度，并及时进行控制。

5. 养护控制室不准其他人员入内休息、闲谈，非操作员不得上机操作，操作者暂时离开控制室时应锁上门。

6. 负责操作室的清洁卫生,仪器及设备要经常检查、维修保养,保证仪器设备正常运行。

五、包装及储存岗位责任制

1. 成品可以采用人工包装，每班两人。并要求路面砖横向隔4～5层捆扎一道，砌块横向捆扎两道，纵向均捆扎三道。

2. 包装工每班应统计出产品的数量、规格品种、颜色、装饰面名称等，生产日期应标在每垛制品的侧面，以便识别生产日期，且储存在哪号堆场。

3. 成品应按规格品种、等级、颜色不同分别进行堆放，并留有叉车取放的通道。成品输送机上警示灯闪亮时，请不要插夹成品输送机上产品垛。

4. 叉车司机除了运输成品到堆场外，还要负责托板运输到托板机上。且要注意托板机上警示灯闪亮时，在木托板机上及时补上木托板。同时及时搬出废品。

5. 木托板堆放场地离车间出成品地方要近。在成品堆场堆放成品时，原则上，堆码码垛层数少的制品应在离主车间较近的成品堆场，码垛层数较多的制品，可以在离主车间较远的堆场。

6. 成品堆放高度，砌块不超过三垛，路面砖不超过四垛，路缘石不超过两垛。

7. 叉车要定期维修保养，保证在工作时间内不出现故障。

第三节 原材料及成品质量的技术规定

本节介绍以生产路面砖为例的原材料及成品质量的技术规定的格式和内容，其他建筑材料制品的技术规定可以此为参考编写。

一、颜料验收技术规定

1. 使用范围 本规定作为颜料的验收技术规定。
2. 引用标准 JC/T 539 混凝土和砂浆用颜料及试验方法
3. 颜料验收技术规定（表2-16-1）

表2-16-1

	验收项目	验收方法	验收合格	验收不合格
验收条件	颜料不能有受潮、结块	抽查颜料样品，观察有无受潮、结块现象	没有受潮、结块现象则可以验收	颜料受潮或有结块则验收不合格
	颜料颜色应一致，无色差	抽查颜料，放在白纸上与首次样品对比	颜色基本一致则验收合格	颜色区别明显，则验收不合格
	细度		是水泥细度的 $\frac{1}{10} \sim \frac{1}{20}$	

注：颜料应不褪色，耐碱性、耐候性、着色力强，不溶于水，高度分散性，纯度高，对混凝土强度和耐久性无不良影响。

每批颜料均要留样，留样不少于100g。

二、混凝土制品的养护制度

为了节约能源、降低成本，在保证制品质量的条件下，不同品种的制品采用不同的养护方式，不同的室外温度，采用不同的养护制度，为此，根据现有窑的养护条件和数量，制定如下养护制度。

1. 自然养护

室外平均温度在15℃以上，最低温度在0℃以上时，采用自然养护，窑门关闭，养护窑地坑灌满水，养护周期为24h。在堆垛包装时，采用塑料袋打包捆扎。

2. 热养护

窑内温度低于15℃以下时，采用热养护，窑门关闭，养护窑地坑灌满水，窑内恒温温度控制在30～35℃，养护周期24h。养护制度：进窑时间2h、静养1.5h、升温2.5h、恒温15h、降温1h、出窑时间2h。堆垛包装时，采用塑料袋打包捆扎。

3. 成品堆场

室外温度在0℃以下时，若出窑制品强度低于抗冻强度时，用保温帆布盖紧，保持棚内温度在0℃以上。

三、2~5mm碎石验收标准

1. 使用范围　本规定作为2~5mm碎石的验收技术规定。

2. 引用标准　GB/T 14685—2001　建筑用卵石、碎石

3. 2~5mm碎石验收技术规定

(1) 石粉含量：不大于5.0%

(2) 针、片状石子含量：不大于8%

(3) 颗粒级配：

> 4.75mm筛余百分比：0~10%
>
> 2.36mm筛余百分比：60%~100%
>
> 1.18mm筛余百分比：0~30%
>
> 筛底百分比：　　　不大于5%

4. 其他应符合GB/T 14685—2001中的要求。

四、透水砖面层用0~3mm机制砂技术标准

1. 使用范围　本规定作为0~3mm机制砂的验收技术规定。

2. 引用标准　GB/T 14684—2001　建筑用砂

3. 0~3mm机制砂验收技术规定

(1) 石粉含量：不大于5%

(2) 针片状石子含量：不大于5%

(3) 含泥量：不大于1%

(4) 颗粒级配要求：

> 4.75mm筛余百分比：0
>
> 2.36mm筛余百分比：10%~35%
>
> 1.18mm筛余百分比：15%~40%
>
> 0.6mm筛余百分比：5%~10%
>
> 0.6mm筛下百分比：不大于12%
>
> 筛底百分比：　　　不大于5%

4. 其他应符合GB/T 14684—2001中的要求。

五、生产线湿产品检验规则

1. 目的

湿产品检验目的是及时发现生产中的质量问题，减少干产品次品率，提高生产效率和产品合格率。

检验项目主要是剔除明显的外观缺陷，检验人员在检验过程中发现缺陷出现异常现象应及时反馈给中央控制室人员或质检管理人员。

2．名词解释

表面粘皮缺损	指产品表面存在明显凹坑、缺损，影响外观质量的现象。
缺棱掉角	指产品边棱、底角有明显缺损，影响外观质量的现象。
裂纹	指砖面上有明显影响外观及强度质量的裂纹。
分层	指产品的侧面有明显的混合料分布不匀的分层现象。
色差、杂色	指产品的表面发现有明显与其他产品的颜色不同或混有不同颜料的现象。
色斑	指表面有水泥、颜料成团的现象。
大颗粒	指路面砖坯表面有明显影响外观的大颗粒砂石。
厚度偏差	指制成品的厚度与规范要求的成品的厚度之差值。
犬牙边	砖的底边，如锯齿、犬牙般不齐，较严重影响外观的现象。

3．检验项目表（表 2-16-2）

表 2-16-2

检验项目	检验方法	不　合　格
1．表面粘皮、缺损尺寸（不多于一处）	目测生产线上的湿产品；当尺寸不能确定时，用钢尺测量缺陷的最大方向的投影尺寸，精确至 mm	> 5mm
2．缺棱掉角尺寸（不多于一处）		> 5mm
3．色斑		> 3mm
4．表层大颗粒（装饰面）		> 5mm
5．水泥结团		> 10mm
6．裂纹	对产品目测检验	有明显裂纹
7．分层	对砖的侧面进行目测检验	有分层
8．色差、杂色	观察托板上的产品表面	有明显的色差或有杂色
9．厚度偏差	用深度尺测量砖的高度，精确至 0.1mm	> + 3mm 或 < − 3mm
10．犬牙边	对砖的底边、底边棱角进行目测检验	严　重

六、3～8mm 碎石验收技术规定

1．使用范围　本规定作为原料 3～8mm 碎石的验收技术规定。

2．引用标准　GB/T 14685—2001　建筑用卵石、碎石

3．碎石验收技术规定（表 2-16-3）

表 2-16-3

验收项目及要求	验　收　方　法	可　以　验　收	拒绝验收
1．石粉含量小于 5%	用水洗碎石，去除小于 0.075mm 颗粒，称量水洗前后碎石的干重，计算含石粉百分比	石粉含量小于 5% 则可以验收	石粉含量达到 5%，拒绝验收
2．泥块含量小于 1%	用水浸泡、清洗碎石，称量水洗前后碎石的干重，计算含泥百分比	泥块含量小于 1%，则可以验收	泥块含量达到 1%，则拒收
3．颗粒级配合理	使用套筛筛分碎石样，称量各个孔径筛余，计算累计筛余分布。筛网孔径累计筛余（%） 9.5mm　　 0～5 4.75mm　 80～100 2.36mm　 95～100	碎石筛分在 2.36～9.5mm 筛档范围内占 90% 以上；大于 9.5mm 筛档为 5% 以内，则可以验收	筛分时 2.36～9.5mm 筛档范围内累积筛余占不到 90% 拒收
4．针片状含量不大于 8%	称 200g 样品，人工判别挑选出针片颗粒称量，计算百分含量	针片状含量小于 8% 则可以验收	针片状含量大于或等于 8% 则不能验收

验收项目及要求	验 收 方 法	可 以 验 收	拒 绝 验 收
5.不能含有树枝、煤渣、塑料等杂质	检查碎石堆	没有或偶尔发现树枝、塑料等杂物则验收	发现树枝、塑料等杂物较多则拒收

注：1.针、片状颗粒是指：石子颗粒长度大于该颗粒所属相应粒级的平均粒径 2.4 倍者为针状颗粒；石子颗粒厚度小于平均粒径 0.4 倍者为片状颗粒。

2.平均粒径是指该粒级上、下限粒径的平均值。

七、面砂验收技术规定

1.使用范围　本规定作为面层细砂的验收技术规定。

2.引用标准　GB/T 14684—2001 建筑用砂

3.面层砂验收技术规定（表 2-16-4）

表 2-16-4

验收项目及要求	验 收 方 法	可 以 验 收	拒 绝 验 收
1.含泥量小于 2%	用水洗砂，去除小于 0.075mm 颗粒，称量水洗前后砂的干重，计算含泥百分比	含泥量小于 2% 则可以验收	含泥量达到 2%，拒绝验收
2.泥块含量小于 1%	用水浸泡、碾碎、清洗 1.18mm 筛余的砂，去除小于 0.6mm 颗粒，称量水洗前后砂的干重，计算含泥百分比	泥块含量小于 1% 则可以验收	泥块含量达到 1%，则拒收
3.颗粒级配合理	使用套筛筛分砂样，称量各个孔径筛余，计算累计筛余。 筛网孔径　累计筛余（%） 4.75mm　　0 2.36mm　　3～0 1.18mm　　50～10 0.6mm　　70～41 0.3mm　　92～70 0.15mm　　100～90	砂的实际颗粒级配与表中基本相符；或除 4.75mm 筛孔径外，可以有总量不大于 5% 的超出量，符合则可以验收；2.36mm 筛余不超过 3%	实际颗粒级配与表中明显不符，超出总量大于 5% 则拒收；2.36mm 筛余大于总量 3% 时拒收
4.细度模数在 1.7～2.2 之间	根据累计筛余测试结果，计算细度模数	细度模数在 1.7～2.2 范围则验收	细度模数大于 2.2 或小于 1.7 则拒收
5.不能含有树枝、煤渣、塑料等杂质	检查砂堆	没有或偶尔发现树枝、塑料等杂物则验收	发现树枝、塑料等杂物较多则拒收

八、路面砖检验技术规定

1.范围　本规定作为混凝土路面砖的检验技术规定，包括外观质量、尺寸偏差、强度、吸水率、耐磨五个大项。也适用于互锁砖、导盲砖的验收。

2.引用规范和标准　JC/T 446—2000　混凝土路面砖

3.定义

（1）批次：每一批次为同一规格、类别、等级，每 20000 块为一批次，不足 20000 块也按一批计。

（2）贯穿性裂纹：指延伸到两个平行面的裂纹。

（3）非贯穿性裂纹：指在一个或相邻的几个面上、还未延伸到两个平行面的裂纹。

（4）厚度偏差：指砖最大厚度和最小厚度与标准厚度的差值。

（5）出窑强度：指产品养护后能承受脱模堆垛的强度。

4. 外观质量

（1）抽样：每批路面砖随机抽取 50 块作外观质量检验。

（2）样砖检验条件：如表 2-16-5 所示。

（3）总判定：在 50 块试件里，根据不合格的总数 k_1，及二次抽样检验中不合格（包括第一次检验不合格样砖）的总数 k_2 进行判定。

表 2-16-5

检验项目	检验方法	检验合格	检验不合格
1. 砖表面不能有大于 10mm 尺寸的粘皮、缺损	用钢直尺测量粘皮、缺损的投影尺寸，精确至 1mm	粘皮、缺损尺寸在 10mm 以下则验收	粘皮、缺损尺寸在 10mm 以上则验收不合格，其中在 5～10mm 划为合格品
2. 砖的缺棱掉角尺寸不能大于 20mm	用钢直尺测量砖缺棱掉角的投影尺寸，精确至 1mm	缺棱掉角尺寸在 20mm 以下则验收	缺棱掉角尺寸大于 20mm 则验收不合格，其中 10～20mm 划为合格品
3. 砖不能有贯穿性裂纹	检查砖外观	没有发现贯穿性裂纹则验收	发现有贯穿性裂纹则不能验收
4. 砖的非贯穿性裂纹不能大于 20mm	用钢直尺测量裂纹长度	裂纹长度在 20mm 以下则验收	裂纹长度大于 20mm 则验收不合格，其中 10～20mm 划为合格品
5. 砖不能有分层	对砖的侧面进行目测检验	没有发现分层则验收	发现有分层则验收不合格
6. 水泥团尺寸不能大于 10mm	用钢直尺测量水泥团投影尺寸	小于 10mm 合格	大于 10mm 不合格，但可以划为合格品
7. 砖不能有色差、杂色	把砖铺在平地上 1m² 左右，自然光下距 1.5m 处观察检验	色差不明显、没有杂色则验收	发现明显的色差、或有杂色则验收不合格

若 $k_1 \leqslant 3$，则整批砖外观质量验收合格；若 $k_1 \geqslant 7$，则该批砖拒绝验收；

若 $4 \leqslant k_1 \leqslant 6$，则按规定抽样法进行第二次抽检。

第二次验收　若 $k_2 \leqslant 8$，则整批砖的外观质量可以验收合格；

若 $k_2 \geqslant 9$，则整批砖的外观质量验收不合格。

5. 尺寸检验

（1）抽样：从外观质量检验合格的样砖里随机抽 10 块砖作尺寸检验。

（2）样砖验收条件：见表 2-16-6。

表 2-16-6

检验项目	检验方法	检验合格	检验不合格
1. 厚度偏差范围应在 ±4.0mm	用游标卡尺测量样砖的高度中间距边缘 10mm 处的厚度，计算两个厚度的算术平均值，精确至 0.1mm	测量的厚度与设计的厚度差值小于 4mm 则验收合格	测量的厚度与设计的厚度差值大于 4mm 则验收不合格，其中 3～4mm 划为合格品
2. 厚度差不得大于 3.0mm	测量砖两个厚度的差值	厚度差值小于等于 3mm 则验收合格	厚度差值大于 3mm 则验收不合格
3. 平整不得大于 2.0mm	深度尺放在砖面上，滑动测量尺，测量砖表面最大凸凹处，精确至 0.2mm	测量最大凸凹处尺寸小于等于 2.0mm 则验收合格	最大凸凹处尺寸大于 2.0mm 则验收不合格

检验项目	检验方法	检验合格	检验不合格
4. 垂直度偏差不得大于 2.0mm	深度尺尺身紧贴砖的正面，支角顶住砖底的棱边，从尺身上读出砖正面对应棱边的偏离数值即垂直度偏差，每棱边测量两次，记最大值，精确至 0.5mm	测量最大垂直度偏差小于等于 2.0mm 则验收合格	测量最大垂直度偏差大于 2.0mm 则验收不合格

(3) 总判定：在 10 块样砖中，根据不合格的总数 k_1，及二次抽样检验中不合格（包括第一次检验不合格样砖）的总数 k_2 进行尺寸判定。

若 $k_1 \leqslant 1$，整批砖可以验收尺寸合格；若 $k_1 \geqslant 3$，整批砖拒绝验收；若 $k_1 = 2$，则按 (1) 规定进行第二次抽样检验。第二次检验，$k_2 = 2$，整批砖可以验收尺寸合格；$k_2 \geqslant 3$，整批砖验收不合格。

6. 力学检验

(1) 抽样

在外观、尺寸合格的样砖中随机抽取 5 块砖作力学检验。路面砖长度与厚度的比值小于 5 则检验抗压强度；达到 5 则检验抗折强度。

(2) 出窑强度（表 2-16-7）

表 2-16-7

项　目	检验项目	检验方法	符合抗压检验	符合抗折检验
1. 长度厚度比	长度与厚度的比值是否达到 5	用钢直尺测量砖的长、厚，计算比值	长度与厚度的比值小于 5 则按检验抗压强度方法进行	长度与厚度的比值达到 5 则按检验抗折强度方法进行
2. 抗压强度或抗折强度	无论何种设计强度，出窑平均抗压强度不得小于 30MPa	样砖不经任何处理，用压力试验机测试三块砖抗压强度，并计算平均值	平均抗压强度达到 30MPa，则可以出窑	平均抗折强度小于 3.5MPa，则不能出窑，养护直至达到 3.5MPa 以上

(3) 出厂检验（表 2-16-8）

适用于养护龄期不足 28d，但又要提前出厂时的检验。

表 2-16-8

项　目	检验项目	检验方法、步骤	符合抗压检验	符合抗折检验
1. 长度厚度比	长度与厚度的比值是否达到 5	用钢直尺测量砖的长、厚，计算比值	长度与厚度的比值小于 5 则按检验抗压强度方法进行	长度与厚度的比值达到 5 则按检验抗折强度方法进行
2. 抗压强度或抗折强度	出厂平均抗压强度或抗折强度不得小于设计强度的 80%	试验前，样砖放入室温水中浸泡 24h；试验时，用拧干的湿毛巾擦去砖表面附着水；放在压力试验机上，启动机器，以 0.4～0.6MPa 加荷速度均匀加荷至破坏；打印、记录数据	计算平均强度，达到设计抗压强度的 80% 以上则可以出厂	计算平均强度，未达到设计抗折强度的 80%，则不能出厂，养护直至达到 80% 以上

（4）产品龄期 28d 强度检验（表 2-16-9）

每批产品必须留样，出窑后放在养护室内标养 28d 后试压，判断产品力学性能。

表 2-16-9

项 目	检验项目	检验方法、步骤	符合抗压检验	符合抗折检验
1. 龄期	养护龄期必须达到 28d	检查取样记录	达到 28d 进行试压	未达到 28d 的，等达到 28d 再进行试压
2. 长度厚度比	长度与厚度的比值是否达到 5	用钢直尺测量砖的长、厚，计算比值	长度与厚度的比值小于 5 则按检验抗压强度方法进行	长度与厚度的比值达到 5 则按检验抗折强度方法进行
3. 抗压强度或抗折强度	砖 28d 平均抗压强度不得小于设计强度，并且单块最小值不得少于设计强度的 85%	试验前，样砖放入室温水中浸泡 24h；试验时，用拧干的湿毛巾擦去砖表面附着水；放在压力试验机上，启动机器，以 0.4 ~ 0.6MPa 加荷速度均匀加荷至破坏；打印、记录数据	计算平均强度，达到设计强度且单块最小值不得少于设计强度的 85% 则合格，否则不合格，待达到规定强度时才出厂	计算平均强度，达到设计强度且单块最小值不得少于设计强度的 85% 则合格，否则不合格，待达到规定强度时才出厂

7. 吸水率

（1）抽样

从外观质量、尺寸检验合格的样砖里随机抽取 5 块，且龄期达到 28d 的砖作吸水率检验（表 2-16-10）。

（2）试验

表 2-16-10

项 目	检验项目	检验方法、步骤	符合检验	不合格
1. 龄期	样砖龄期不低于 28d	检查取样记录	达到 28d，可试验	未到 28d，继续养护
2. 吸水率	吸水率不大于 8%	样砖放在 105 ± 5℃ 烘箱烘至恒重	吸水率小于或等于 8%，则验收合格	吸水率大于 8%，则验收不合格
		样砖冷却至室温后，侧向直立浸入水槽中，水面高出样砖约 20cm，水温 10 ~ 30℃		
		浸水 $24^{+0}_{-0.25}$h 取出，用拧干的湿毛巾擦去表面附着水，至恒重		
		计算吸水率：砖浸水前后质量之差，占干砖质量的百分率		

8. 耐磨性能

（1）抽样

从外观质量、尺寸检验合格的样砖里随机抽取 5 块，且龄期达到 28d 的砖作磨坑检验（表 2-16-11）。

（2）试验

9. 总判定

以上 5 个项目有一项不合格，则整批产品判为不合格。

九、基层砂验收技术规定

1. 使用范围　本规定作为基层用砂的验收技术规定。

2. 引用标准 GB/T 14684—2001 建筑用砂

3. 基层用砂的验收规定（表2-16-12）

表 2-16-11

项 目	检验项目	检验方法、步骤	符合检验	不合格
1. 龄期	样砖龄期不低于28d	检查取样记录	达到28d，可试验	未到28d，继续养护
2. 耐磨性	磨坑长度小于等于35mm	样砖放在105±5℃烘箱烘至恒重	磨坑长度小于或等于35mm则验收合格	磨坑长度大于35mm则验收不合格，其中32～35mm范围划为合格品
		样砖冷却至室温，放在钢轮耐磨机上固定，砖太大（5kg以上）时切割开		
		使用符合GB 177标准用砂，筛去0.15mm以下细砂后使用		
		调整砂流量不小于1L/min后开机，钢轮以75r/min运行并与砖接触，每块砖面层垂直方向各做一次		
		用卡尺测量磨坑长度，记录平均值		

表 2-16-12

验收项目及要求	验收方法	可以验收	拒绝验收
1. 含泥量小于2%；高强度产品含泥量小于1%	用水洗砂，去除小于0.075mm颗粒，称量水洗前后砂的干重，计算含泥百分比	含泥量小于2%则可以验收；高强度产品含泥量小于1%则可以验收	含泥量达到2%拒绝验收；高强度产品含泥量达到1%拒绝验收
2. 泥块含量小于1%	用水浸泡、碾碎、清洗1.18mm筛余的砂，去除小于0.6mm颗粒，称量水洗前后砂的干重，计算含泥百分比	泥块含量小于1%，则可以验收	泥块含量达到1%，则拒收
3. 颗粒级配合理	使用套筛筛分砂样，称量各个孔径筛余，计算累计筛余。 筛网孔径　累计筛余（%） 9.5mm　　　　0 4.75mm　　10～0 2.36mm　　25～0 1.18mm　　50～10 0.6mm　　70～41 0.3mm　　92～70 0.15mm　100～90	砂的实际颗粒级配与表中基本相符；或除4.75mm档外，超出量总量不大于5%，符合则可以验收	实际颗粒级配与表中明显不符合，且超出总量大于5%则拒收
4. 细度模数在3.0～2.3之间	根据筛余测试结果，计算细度模数	细度模数在3.0～2.3范围则验收	细度模数大于3.0或小于2.3则拒收
5. 不能含有树枝、煤渣、塑料等杂质	检查砂堆	没有或偶尔发现树枝、塑料等杂物则验收	发现树枝、塑料等杂物较多则拒收

十、白水泥验收规定

1. 使用范围　本规定作为生产用白水泥（42.5级）的验收技术规定。

2. 引用规范和标准

　　　GB 2015—2005　白色硅酸盐水泥

　　　GB 1345—2005　水泥细度检验方法

　　　GB 1346—2001　水泥标准稠度用水量、凝结时间、安定性检验方法

　　　GB/T 17671—1999　水泥胶砂强度检验方法

3. 验收技术规定（表 2-16-13）

表 2-16-13

验收项目	验收方法	可以验收	拒绝验收
1. 水泥必须有出厂合格证	检查随车出厂合格证	有则可以验收	无出厂合格证拒收
2. 水泥必须有出厂检验报告，且检验报告合格	检查出厂检验报告是否合格	有合格的出厂检验报告则可以验收	无合格的检验报告则拒绝验收
3. 水泥不能有结块等现象	检查散装水泥有无结块，用 1.18mm 筛过筛	没有结块则可以验收	有结块则拒绝验收
4. 水泥 0.08mm 筛余量不能大于 10.0%	用负压筛分仪、0.08mm 筛分	筛余量小于 10.0% 则验收	筛余量大于 10.0% 则拒绝验收
5. 安定性合格	沸煮法试饼是否有裂缝或试饼弯曲	试饼无裂缝、弯曲现象则为合格，可以验收	试饼出现裂缝和弯曲现象则验收不合格
6. 初凝时间不早于 45min	试针测试水泥初凝结时间	初凝时间不早于 45min 则可以验收	初凝时间小于 45min 则验收不合格
7. 终凝时间不得大于 10h	试针测试水泥终凝结时间	终凝时间小于 10h 则可以验收	终凝时间大于 10h 则验收不合格
8. 42.5 白水泥抗折强度符合： 3d≥3.5MPa 28d≥6.5MPa	按水泥胶砂强度试验方法进行	抗折强度满足： 3d＞3.5MPa 28d＞6.5MPa 则验收合格	抗折强度： 3d＜3.5MPa 28d＜6.5MPa 则验收不合格
9. 42.5 白水泥抗压强度符合： 3d≥18.0MPa 28d≥42.5MPa	按水泥胶砂强度试验方法进行	抗压强度满足： 3d≥18.0MPa 28d≥42.5MPa 则验收合格	抗压强度： 3d＜18.0MPa 28d＜42.5MPa 则验收不合格
10. 白度≥80%	样品对比	白度无明显差异，则验收	与样品相比明显白度不够，则验收不合格

注：每次散装白水泥到场均要封存留样，留样不少于 6kg，以备复检。

十一、PO42.5 灰水泥验收规定

1. 使用范围　本规定作为生产用普通硅酸盐灰水泥（PO42.5）的验收技术规定。

2. 引用规范和标准

GB 175—1999　硅酸盐水泥、普通硅酸盐水泥

GB 1345—2005　水泥细度检验方法

GB 1346—2001　水泥标准稠度用水量、凝结时间、安定性检验方法

GB/T 17671—1999　水泥胶砂强度检验方法

3. 验收技术规定（表 2-16-14）

表 2-16-14

验收项目	验收方法	可以验收	拒绝验收
1. 水泥必须有出厂合格证或其他证明	检查随车出厂合格证	有出厂合格证可以验收	无出厂合格证拒收
2. 水泥必须有出厂检验报告，且检验报告合格	检查出厂检验报告是否合格	有合格的出厂检验报告可以验收	无合格的出厂检验报告则拒绝验收
3. 水泥不能有结块等现象	检查散装水泥有无结块	没有结块则验收	有结块则拒绝验收
4. 水泥 0.08mm 筛余量不能大于 10.0%	用负压筛分仪、0.08mm 筛分	筛余量小于 10.0% 则验收	筛余量大于 10.0% 则拒绝验收

验收项目	验收方法	可以验收	拒绝验收
5. 安定性合格	沸煮法试饼是否有裂缝或试饼弯曲	试饼无裂缝、弯曲现象则为合格，可以验收	试饼出现裂缝和弯曲现象则验收不合格
6. 初凝时间不早于45min	试针测试水泥初凝结时间	初凝时间不早于45min则可以验收	初凝时间小于45min则验收不合格
7. 终凝时间不得大于10h	试针测试水泥终凝结时间	终凝时间小于10h则可以验收	终凝时间大于10h则验收不合格
8. PO42.5水泥抗折强度符合： 3d≥3.5MPa 28d≥6.5MPa	按水泥胶砂强度试验方法进行	抗折强度满足： 3d≥3.5MPa 28d≥6.5MPa 则验收合格	抗折强度： 3d<3.5MPa 28d<6.5MPa 则验收不合格
9. PO32.5水泥抗压强度符合： 3d≥16.0MPa 28d≥42.5MPa	按水泥胶砂强度试验方法进行	抗压强度满足： 3d≥16.0MPa 28d≥32.5MPa 则验收合格	抗压强度： 3d<16.0MPa 28d<42.5MPa 则验收不合格

注：每次散装水泥到场均要封存留样，留样不少于6kg，以备复检。

十二、PO32.5灰水泥验收规定

1. 使用范围　本规定作为生产用普通硅酸盐灰水泥（PO32.5）的验收技术规定。

2. 引用规范和标准

　　GB 175—1999　硅酸盐水泥、普通硅酸盐水泥

　　GB 1345—2005　水泥细度检验方法

　　GB 1346—2001　水泥标准稠度用水量、凝结时间、安定性检验方法

　　GB/T 17671—1999　水泥胶砂强度检验方法

3. 验收技术规定（表2-16-15）

表 2-16-15

验收项目	验收方法	可以验收	拒绝验收
1. 水泥必须有出厂合格证	检查随车出厂合格证	有出厂合格证可以验收	无出厂合格证拒收
2. 水泥必须有出厂检验报告，且检验报告合格	检查出厂检验报告是否合格	有合格的出厂检验报告可以验收	无合格的检验报告则拒绝验收
3. 水泥不能有结块等现象	检查散装水泥有无结块	没有结块则验收	有结块则拒绝验收
4. 水泥0.08mm筛余量不能大于10.0%	用负压筛分仪、0.08mm筛分	筛余量小于10.0%则验收	筛余量大于10.0%则拒绝验收
5. 安定性合格	沸煮法试饼是否有裂缝或试饼弯曲	试饼无裂缝、弯曲现象则为合格，可以验收	试饼出现裂缝和弯曲现象则验收不合格
6. 初凝时间不早于45min	试针测试水泥初凝结时间	初凝时间不早于45min则可以验收	初凝时间小于45min则验收不合格
7. 终凝时间不得大于10h	试针测试水泥终凝结时间	终凝时间小于10h则可以验收	终凝时间大于10h则验收不合格
8. PO32.5水泥抗折强度符合： 3d≥2.5MPa 28d≥5.5MPa	按水泥胶砂强度试验方法进行	抗折强度满足： 3d≥2.5MPa 28d≥5.5MPa 则验收合格	抗折强度： 3d<2.5MPa 28d<5.5MPa 则验收不合格

验收项目	验收方法	可以验收	拒绝验收
9.PO32.5 水泥抗压强度符合： 3d≥12.0MPa 28d≥32.5MPa	按水泥胶砂强度试验方法进行	抗压强度满足： 3d≥12.0MPa 28d≥32.5MPa 则验收合格	抗压强度： 3d＜12.0MPa 28d＜32.5MPa 则验收不合格

注：每次散装水泥到场均要封存留样，留样不少于6kg，以备复检。

十三、5～10mm 碎石验收技术规定

1. 使用范围　本规定作为原料 5～10mm 碎石的验收技术规定。

2. 引用标准　GB/T 14685—2001 建筑用卵石、碎石。

3. 碎石验收技术规定（表 2-16-16）

表 2-16-16

验收项目及要求	验收方法	可以验收	拒绝验收
1. 石粉含量小于3%	用水洗碎石，去除小于0.075mm颗粒，称量水洗前后碎石的干重，计算含石粉百分比	石粉含量小于3%则可以验收	石粉含量达到3%，则拒绝验收
2. 泥块含量小于1%	用水浸泡、清洗碎石，称量水洗前后碎石的干重，计算含泥百分比	泥块含量小于1%，则可以验收	泥块含量达到1%，则拒收
3. 颗粒级配合理	使用套筛筛分碎石样，称量各个孔径筛余，计算累计筛余 筛网孔径　累计筛余（%） 9.5mm　　　0～15 4.75mm　　80～100 2.36mm　　95～100	碎石筛分在 4.75～9.5mm 筛档范围内占85%以上；小于4.75mm筛档为5%以内，则可以验收	筛分时 4.75～9.5mm 筛档范围内占不到85%则拒收
4. 针片状含量不大于8%	称 200g 样品，人工判别挑选出针片颗粒称量，计算百分含量	针片状含量不小于8%则可以验收	针片状含量大于或等于8%则拒绝验收
5. 不能含有树枝、煤渣、塑料等杂质	检查碎石堆	没有或偶尔发现树枝、塑料等杂物则验收	发现树枝、塑料等杂物较多则拒收

注：1. 针片状石子指：石子颗粒长度大于该颗粒所属相应粒级的平均粒径 2.4 倍者为针状颗粒；石子颗粒厚度小于平均粒径 0.4 倍者为片状颗粒。

　　2. 平均粒径：指该粒级上下限粒径的平均值。

　　3. 石粉含量：指碎石中粒径小于 0.075mm 的颗粒的质量百分比含量。

　　4. 泥块含量：碎石中原粒径大于 1.18mm，经水浸洗、手捏后小于 0.6mm 的颗粒的质量百分比含量。

十四、生产线干产品检验标准

1. 目的

剔除外观不合格的产品，提高产品合格率，提升产品品质，降低客户投诉。

2. 名词解释

(1) 表面粘皮缺损　指产品表面存在明显凹坑、缺损影响外观质量的现象。

(2) 缺棱掉角　指产品边棱、底角有明显缺损以致影响外观质量的现象。

(3) 贯穿性裂纹　指砖上有深入到砖体内部到另外一个面的严重裂纹。

（4）非贯穿性裂纹　指砖面上有明显影响外观质量的浅层裂纹。

（5）分层　指砖侧面有明显的不同混合料分两层而影响强度的现象。

（6）色差、杂色　指砖表面发现有明显与其他砖颜色不同或混有不同颜料的现象。

（7）色斑　指表面有颜料成团的现象。

（8）大颗粒　指路面砖装饰表面有明显影响外观的大颗粒砂石。

（9）厚度偏差　指实际砖厚与要求砖厚的差值。

（10）返碱　指由于产品里的水分蒸发，将砖里的盐碱带到表面，造成表面发白或颜色变浅等现象。

3．检验项目及检验方法（表 2-16-17）

表 2-16-17

检 验 项 目	检 验 方 法	不 合 格
1．表面粘皮、缺损尺寸	目测；用钢直尺测量粘皮、缺损的投影尺寸，精确至 1mm	> 10mm
2．缺棱掉角尺寸	目测；用钢直尺测量砖缺棱掉角的投影尺寸，精确至 1mm	> 20mm
3．贯穿性裂纹	检查湿砖外观	有贯穿性裂纹
4．非贯穿性裂纹	目测；用钢直尺测量裂纹长度	> 20mm
5．分层	对砖的侧面进行目测检验	有分层
6．色差、杂色	观察托板上的产品表面	有明显的色差或有杂色
7．色斑	目测；用钢尺测量，精确至 1mm	> 3mm
8．表层大颗粒（细面产品）	目测；用钢尺测量，精确至 1mm	> 5mm
9．厚度偏差	用深度尺测量砖的高度，精确至 0.1mm	> + 4mm 或 < − 4mm
10．水泥结团	目测；用钢尺测量，精确至 1mm	> 10mm
11．返碱	观察砖表面颜色有无发白变浅	很明显

第四节　原材料及成品质量的检验表格

本节介绍以路面砖生产的原材料及成品质量的检验表格的格式和内容，其他建筑材料制品的检验表格可以此为参考制定。

一、颜料检验记录表

材料名称		规格型号	
生产单位		试验编号	
进厂数量		检验方式	
进厂日期		检验日期	
检验项目	标准要求	检验结果	合格判定
1．受潮、结块	无受潮结块现象		
2．含水率	≤0.5%		
3．色差	与前批颜料颜色无明显色差		
4．细度			
5．耐碱性			
6．纯度			
综合评定：合格（　　）　　　　不合格（　　）			
不合格品处置：　　　　退回（　　）　　　报废（　　）			

审核：　　　　　　　　　　　　　　　　　　　　　　　　　试验员：

二、生产配合比（成型参数）通知单

产品名称：　　　　　　产品代码：　　　　　颜色：

配方编号：　　　　　　生产编号：　　　　　下单日期：

配料表：基层、面层（kg/锅）

序　号	1	2	3	4	5	6	7	8
原材料名称及规格	PO42.5 水泥	42.5 白水泥	0～3mm 面砂	0～5mm 中砂	5mm碎石	10mm碎石	粉煤灰 （二）	颜　料
基层配比								
基层用料（kg）								
面层配比								
面层用料（kg）								
备注								
成型工艺参数：								

水　灰　比：　　　　　　振动器主振时的角度：

振动器主振时的时间：　　振动器主振时的频率：

养护条件：　　　　　　　压头加压压力：

　　　　　　　　　　　　工程师：

　　　　　　　　　　　　审　核：

三、出厂产品检验报告

检验编号：　　　　　　　　产品名称：

生产日期：　　　　　　　　颜　色：

依据标准：　　　　　　　　检验日期：

检　验　项　目		单　位	标准值	检测结果	单项评定
抗压强度	平均值	MPa			
	单块最小值	MPa			
尺寸偏差	厚　度	mm			
外观质量	正面缺损	mm			
	缺棱掉角	mm			
	裂　纹	mm			
	色差、杂色	—			
	分　层	—			
检验结论：					

批准：　　　　　审核：　　　　　检验：

四、标准养护室温湿度记录表

序号	日期				实测		检查人	备注
	月	日	时	分	温度	湿度		

五、配合比试验及力学试验记录表

单位： kg /盘　　盘实验编号：　　强度等级：　　配比单号：

原料添加	PO32.5水泥	42.5灰水泥	中　砂	3～8mm小屑	5～10mm石屑	细　砂	颜　料
原料试验编号							
原料含水率							
基层用料量							
面层用料量							

龄期（d）	1	3	7	14	28
强度（MPa）					

试验日期：　　　　试验人：

六、碎（卵）石检验记录表

1. 筛分分析

筛孔尺寸（mm）		9.50	4.75	2.36	筛底（g）
第一次筛分	分计筛余重量（g）				
	分计筛余百分率（%）				
	累计筛余百分率（%）				
第二次筛分	分计筛余重量（g）				
	分计筛余百分率（%）				
	累计筛余百分率（%）				
平均累计筛余百分率（%）					—
标　准		0～5	80～100	95～100	—

262

2. 石粉含量

序　号	试样重量（g）	洗净烘干后重量（g）	含石粉量（g）	平均含石粉率
1				
2				
标　准				≤5.0%

3. 含水率

序　号	试样重量（g）	烘干后重量（g）	含水量（g）	平均含水率
1				
2				
标　准				≤3.0%

结论：　　　　　　　　　　审核：　　　　　　　　　　试验员：

七、干湿产品检验记录表

生产批号：　　　　　　　　　检验员：　　　　　　　　　检验日期：

湿产品控制区							干产品控制区													
窑号	车位	入窑时间	产品名称	生产班组	不合格原因		总计不合格湿品数量	窑号	车位	出窑时间	检验班组	不合格的原因								总计不合格干品数量	留样数量
					主要	次要						色斑	粘皮	水泥印	水泥团	裂纹	厚度偏差	缺棱掉角	大颗粒		

八、产品力学试验记录表

生产日期	产品名称	产品颜色	产品批次	强度等级	1d强度（MPa）	3d强度（MPa）	耐磨（mm）	7d强度（MPa）	耐磨（mm）	28d强度（MPa）	耐磨（mm）	吸水率（%）	试验员	备注

九、产品检验记录表

项目	外观质量					尺寸偏差					28d物理力学检验					
	正面粘皮及缺损	缺棱掉角	非贯穿性裂纹	色差	返碱	长、宽	厚度	厚度差	平整度	垂直度	抗压强度（MPa）	耐磨（mm）	吸水率（%）	渗透性（L/min）	防滑	抗冻性（%）
标准																
试验日期																
试验数据																
结论																

批准人：　　　　　　　　　　　　　　　　　　　　　　　试验人：

十、砂检验记录表

供应商：　　　　品种标号：　　　　代表数量：　　　　试验编号：

出厂编号：　　　送货车牌号：　　　收样日期：　　　　试验日期：

1. 筛分分析

筛孔尺寸（mm）		4.75	2.36	1.18	0.600	0.300	0.150	筛底	细度模数
第一次筛分	分计筛余重量（g）								
	分计筛余百分率（%）								
	累计筛余百分率（%）								
第二次筛分	分计筛余重量（g）								
	分计筛余百分率（%）								
	累计筛余百分率（%）								
平均累计筛余百分率（%）									
标　准									

2. 含泥量

序号	试样重量（g）	洗净烘干重量（g）	含泥量（g）	平均含泥率
1				
2				
标　准				≤2.0%

3. 泥块含量

序号	试样重量（g）	洗净烘干重量（g）	含泥量（%）	平均含泥率
1				
2				
标　准				≤1.0%

4. 含水率：

5. 松散堆积密度：

6. 紧密堆积密度：

7. 表现密度：

8. 空隙率：

结论：

备注：

审核：　　　　　　　　　　　　　　　　　　　　　　试验员：

第五节　实验室配备的仪器及设备

实验室配备的设备包括混凝土制品、硅酸盐制品和纤维水泥制品用设备，应根据建筑材料制品厂生产的产品和规模来进行选定。

一、物理力学性能测试设备（表 2-16-18）

表 2-16-18

序号	主要仪器设备名称、型号、规格	数量	重量	备注
1	胶砂搅拌机　双轴叶片式	1		
2	胶砂振动台　JZT-85A	1		
3	水泥净浆搅拌机　SJ 130 90r/min	1		
4	搅拌锅	1		
5	稠度仪	2		
6	调温调湿箱	1		
7	水泥标准稠度与凝结时间测定仪	2		
8	恒温烘箱 105～110℃	2		
9	蒸煮箱	1		
10	水泥比重瓶（测定水泥相对密度）	2		
11	水泥密度仪（测定水泥密度）	1		
12	砂、石标准筛	各1		
13	密度、相对密度测定仪	1套		
14	天平 100g　感量 0.019g　122kg　感量 0.5g	各1		
15	台秤　5kg感量1g　10kg　感量5g	各1		
16	磅秤　500kg	1		
17	强制式搅拌机 50～100L，$n=1800r/min$	1		
18	振动台　3000 次/min　1m² 0.35mm	1		
19	压力试验机　200t	1		
20	万能试验机　WE-60	1		
21	机械拉力试验机　LJ-5000	1		
22	水泥抗张抗折试验机　N_{22}-400	1		
23	水泥标准筛	1套		
24	各种规格的试模　100cm×100cm×100cm	12		
	150cm×150cm×150cm	12		
25	振动筛　φ200	1		
26	混凝土试块标准养护箱40B型电脑数显带制冷－20℃	1		
27	砂子含水率测定仪	1		
28	4900 孔/cm² 筛子	1		

序　号	主要仪器设备名称、型号、规格	数　量	重　量	备　注
29	水灰比测定仪	1		
30	混凝土回弹仪　225 型	1		
31	混凝土含气量测定仪	1		
32	混凝土维勃稠度仪　数显　测干硬度	1		
33	砂浆试模　70.7	9		
34	电热干燥箱	1		
35	导热系数测定仪	1		
36	石、砂压碎仪	各1		
37	针片状规准仪	1		
38	冰箱	1		
39	色块混合物搅拌机	1		
40	色块成型机	1		
41	混凝土切割机　切割混凝土试件用	1		
42	漏斗、搪瓷盘、白铁盘、长颈量瓶 1000mL　2000mL、温度计 50℃ 刻度 0.1℃、5mm 孔筛、铁勺、盘、锅、100mL 烧杯、秒表、干湿度计、圆头捣棒	若干		
43	薄板抗折机　硅酸钙板抗折试验	1		
44	薄板切割锯　切割硅酸钙板试件用	1		
45	石棉检验筛	1		
46	分析天平　称量 100g，感量 1mg	1		
47	冲击试验机　冲击高度 500mm，重锤 1t	1		
48	加气砌块切割锯　切割大块加气混凝土砌块用	1		

二、化学分析的仪器

1. 化学分析试剂

0.2%甲基橙指示剂溶液、1%麝香草酚酞指示溶液、0.25N 氢氧化钠标准溶液、0.50N 盐酸标准溶液、0.1%酚酞酒精溶液、0.1%甲基红溶液、0.2%硝酸铵溶液、1%硝酸银溶液、0.01MEDTA 标准溶液、5%磺基水杨酸钠溶液、20%氢氧化钠溶液、0.1N 苯甲酸标准溶液等。

蔗糖、苛性钠溶液、单宁酸粉、无水酒精、氢氧化铵、浓硫酸、固体盐酸羟胺、无水甘油、无水氯化钡、钙指示剂（NN）等。

2. 化学分析仪器

量筒、秒表、天平、玻璃量筒、铂坩埚、烧杯、玻璃滴定管、锥形玻璃瓶、玻璃试管、酒精灯、气体分析仪、U 形管、小广口瓶等。

第十七章　成品的物理力学性能及外观尺寸检验

本章讲述了纤维增强硅酸钙板、加气混凝土砌块、混凝土小型空心砌块和混凝土路面砖成品的物理力学性能及外观尺寸检验的技术要求、试验方法和检验规则。

第一节　硅酸钙板的物理力学性能及外观尺寸的检验

一、技术要求

1. 外观质量

硅酸钙板的正表面应平整，边缘整齐，不得有裂纹、缺角等缺陷；但允许有少量不影响使用的鼓泡和凹陷。

2. 尺寸允许偏差应符合表 2-17-1 的规定。

3. 形状偏差应符合表 2-17-2 的规定。

尺寸及尺寸允许偏差（mm）　　　　　　　　　　表 2-17-1

项　　目	公　称　尺　寸	允许尺寸偏差
长　度	1800，2400，2440，3000	±5
宽　度	800，900，1000，1200，1220	±4
厚　度 (e)	5，6，8	±0.3
	10，12，15	±0.5
	20，25，30，35	±0.6

注：经供需双方协商可生产其他规格尺寸的板材。

形　状　偏　差　　　　　　　　　　表 2-17-2

项　　目		允　许　范　围
平板边缘平直度（mm/m）	≤	2
平板边缘垂直度（mm/m）	≤	3
平板表面平面度（mm/m）	≤	3
厚度不均匀度（%）	≤	8

注：厚度不均匀度系指同块板厚度的极差除以公称厚度。

4. 硅酸钙板的物理力学性能应符合表 2-17-3 的规定。

物 理 力 学 性 能

表 2-17-3

项　目		类　别		
		D0.8	D1.0	D1.3
密度 D（g/cm³）		$0.75 < D \leqslant 0.90$	$0.90 < D \leqslant 1.20$	$1.20 < D \leqslant 1.40$
抗折强度 （MPa）$\geqslant$	$e = 5mm$，6mm，8mm	8	9	12
	$e = 10mm$，12mm，15mm	6	7	9
	$e \geqslant 20mm$	5	6	8
螺钉拔出力（N/mm）$\geqslant$		60	70	80
导热系数［W/（m·K）］$\leqslant$		0.25	0.29	0.30
含水率（%）$\leqslant$		10		
湿胀率（%）$\leqslant$		0.25		
不燃性		符合 GB 8624 A 级		

二、试验方法

1. 外观质量

按 GB/T 7019 规定进行。

2. 物理力学性能

（1）试件的制备

按表 2-17-4 所示的规格、数量从外观质量、规格尺寸合格的产品中抽出一张整板切取试件。

试 件 制 备

表 2-17-4

测定项目	试件数（块）	试件尺寸（mm）	备　注
密度	2	80×80	按 GB/T 7019
含水率	2	80×80	按 GB/T 7019
抗折强度 $e \leqslant 12mm$ $e > 12mm$	2 横向2，纵向2	250×250（支距 215） $(10e+40) \times 3e$（支距 10e）	在距试板边缘 200mm 内切取， 在 100~105℃下烘干至恒重
螺钉拔出力	3	100×80	100~105℃烘干至恒重
湿胀率	2	260×260	在距试板边缘 200mm 内切取
导热系数	2	$\phi200$	按 GB/T 10294
不燃性		按 GB/T 5464	

（2）密度、含水率和抗折强度的测定，按 GB/T 7019 规定进行。

（3）螺钉拔出力的测定

采用长度约 40mm 的 ϕ4mm 木螺钉旋入略小于螺纹直径的试件导入孔中，螺钉穿透板的全部厚度，并露出背面 5mm 或深达约 20mm 处，然后通过附有适当夹具的万能材料试验机，以约 50N/s 速率施加拉力，直至螺钉拔出，按公式（2-17-1）计算螺钉拔出力：

$$R = P/h \qquad (2\text{-}17\text{-}1)$$

式中　　R——螺钉拔出力（N/mm）；

　　　　P——荷载（N）；

　　　　h——板厚或螺钉旋入深度（mm）。

（4）湿胀率的测定：按 GB/T 7019 规定进行。

（5）导热系数的测定：按 GB/T 10294 规定进行。

（6）不燃性试验：按 GB/T 5464 规定进行。

三、检验规则

1. 检验项目

（1）出厂检验项目：外观、规格尺寸、含水率、密度、抗折强度和螺钉拔出力。

（2）型式检验项目：本节"一、技术要求"规定的所有项目。

2. 抽样与判定

（1）出厂检验

1）连续生产同一类别、同一规格的产品以 3000 张为一批量，如不足 3000 张，则在 200 张以上仍按一批考核，验收地点应在生产厂内进行。

2）外观质量检验：从一批产品中不同堆垛里抽取 3 张板进行外观缺陷、尺寸允许偏差和形状偏差检验，若其中 1 张板有一项指标不合格，则要对此指标重新检验。由同一批量再抽取双倍数量进行复检，若该指标仍有 1 张板不符合要求时，则该产品判为不合格品。批量不合格时可进行逐张检验处理。

3）物理力学性能检验：从上述外观质量检验合格的样品中抽取 2 张板作密度、含水率、抗折强度和螺钉拔出力检验。按"二、试验方法中 2. 物理力学性能"的规定切取试件并试验，若其中一项性能不符合标准要求，再取双倍数量的板进行不合格项目的复验，若仍不符合要求，则判该批产品为不合格。

（2）型式检验

1）当产品有下列情况之一时应进行型式检验：

①新产品或老产品转厂生产的试制定型鉴定；

②正式生产后，结构、材料、工艺有较大改变，影响产品性能时；

③正常生产时，每年进行一次检验；

④产品停产半年后恢复生产时；

⑤出厂检验结果与上次型式检验有较大差异时；

⑥国家质量监督机构提出进行型式检验的要求时。

2）外观质量与规格尺寸：从每一受检批中抽取样品，样品数量列于表 2-17-5 第 2 栏中。

抽 取 样 品 数 量 　　　　　　　　表 2-17-5

1	2	3	4	5	6	7	8	9
		品质检验——二次抽样				变量检验——单一抽样		
批量数量	样品数量 n	第一次样品		第一次+第二次样品		样品数量 n	可接收系数 k	备 注
		合格判定数 Ac_1	不合格判定数 Re_1	合格判定数 Ac_2	不合格判定数 Re_2			
≤150	3	0	1	不适用	不适用	3	0.502	$AL = L + K \cdot R$ 式中 AL—可验收极限; L—标准低限; K—可接收系数; R—样品中最大值与最小值之差
151~200	8	0	2	1	2	3	0.502	
201~500	8	0	2	1	2	4	0.450	
501~1200	8	0	2	1	2	5	0.431	
1201~3200	8	0	2	1	2	7	0.405	

外观质量与规格尺寸检验按 GB/T 7019 规定进行。验收规则按品质检验程序进行（表 2-17-5 第 3~6 栏）。即第一次样品中的不合格品数未超过表 2-17-5 中 Ac_1 时，该受检批量应予验收；若不合格品数等于或大于表 2-17-5 中 Re_1 时，则该检验批量不合格；若第一次样品中的不合格品数介于 Ac_1 和 Re_1 之间时，则应抽取并检验与第一次样品相同数量的第二次样品。两次样品中的不合格品总数等于或小于表 2-17-5 中 Re_2，则该检验批量合格；若不合格品总数等于或大于表 2-17-5 中 Re_2，则该检验批量不合格。批量不合格时可进行逐张检验处理。

3）物理力学性能检验：按变量检验程序（表 2-17-5 第 7、8、9 栏）对抗折强度、螺钉拔出力试验进行判定，若样品的平均值 X 大于或等于可验收极限，即 $X \geqslant AL$，则该批量合格；若 $X < AL$，则该批量不合格。

板的密度、含水率和湿胀率试验，应在该受检批中任意抽取 2 张板按"二、试验方法中 2. 物理力学性能"的规定试验。试验结果如有一项不合格时，再取加倍数量对该项进行复检，若仍不合格，则该批产品判定为不合格。

导热系数和不燃性试验按 GB/T 10294、GB/T 5464 检验，然后按本节表 2-17-3 物理力学性能规定验收。

第二节　加气混凝土砌块的物理力学性能及外观尺寸的检验

一、技术要求

1. 砌块的尺寸允许偏差和外观应符合表 2-17-6 的规定。

项 目			指 标		
			优等品（A）	一等品（B）	合格品（C）
尺寸允许偏差（mm）	长度	L_1	±3	±4	±5
	宽度	B_1	±2	±3	+3 -4
	高度	H_1	±2	±3	+3 -4
缺棱掉角	个数（个）	≤	0	1	2
	最大尺寸（mm）	≤	0	70	70
	最小尺寸（mm）	≤	0	30	30
平面弯曲（mm）		≤	0	3	5
裂纹	条数（条）	≤	0	1	2
	任一面上的裂纹长度不得大于裂纹方向尺寸的		0	1/3	1/2
	贯穿一棱二面的裂纹长度不得大于裂纹所在面的裂纹方向尺寸总的的		0	1/3	1/3
爆裂、粘模和损坏深度（mm）		≤	10	20	30
表面疏松、层裂			不允许		
表面油污			不允许		

2. 砌块的抗压强度应符合表 2-17-7 的规定。

砌块的抗压强度（MPa） 表 2-17-7

强 度 级 别	立方体抗压强度	
	平均值 ≥	单块最小值 ≥
A1.0	1.0	0.8
A2.0	2.0	1.6
A2.5	2.5	2.0
A3.5	3.5	2.8
A5.0	5.0	4.0
A7.5	7.5	6.0
A10.0	10.0	8.0

3. 砌块的强度级别应符合表 2-17-8 的规定。

砌块的强度级别 表 2-17-8

体积密度级别		B03	B04	B05	B06	B07	B08
强度级别	优等品（A）	A1.0	A2.0	A3.5	A5.0	A7.5	A10.0
	一等品（B）			A3.5	A5.0	A7.5	A10.0
	合格品（C）			A2.5	A3.5	A5.0	A7.5

4. 砌块的干体积密度应符合表 2-17-9 的规定。

砌块的干体积密度 （kg/m³） 表 2-17-9

体积密度级别		B03	B04	B05	B06	B07	B08
体积密度	优等品（A）≤	300	400	500	600	700	800
	一等品（B）≤	330	430	530	630	730	830
	合格品（C）≤	350	450	550	650	750	850

5. 砌块的干燥收缩、抗冻性和导热系数（干态）应符合表 2-17-10 的规定。

干燥收缩、抗冻性和导热系数 表 2-17-10

体积密度级别		B03	B04	B05	B06	B07	B08
干燥收缩值	标准法（mm/m）≤			0.50			
	快速法（mm/m）≤			0.80			
抗冻性	质量损失（%）≤			5.0			
	冻后强度（MPa）≥	0.8	1.6	2.0	2.8	4.0	6.0
导热系数（干态）［W/（m·K）］≤		0.10	0.12	0.14	0.16	—	—

注：1. 规定采用标准法、快速法测定砌块干燥收缩值，若测定结果发生矛盾不能判定时，则以标准法测定的结果为准。

2. 用于墙体的砌块，允许不测导热系数。

6. 掺用工业废渣为原料时，所含放射性物质，应符合 GB 9196 的规定。

二、检验方法

1. 尺寸、外观检测方法

（1）量具：采用钢尺、钢卷尺、最小刻度为 1mm。

（2）尺寸测量：长度、高度、宽度分别在两个对应面的端部测量，各测量两个尺寸。

（3）缺棱掉角：缺棱或掉角个数，目测；测量砌块破坏部分对砌块的长、高、宽三个方向的投影尺寸。

（4）平面弯曲：测量弯曲面的最大缝隙尺寸。

（5）裂纹：裂纹条数，目测；长度以所在面最大的投影尺寸为准。若裂纹从一面延伸至另一面，则以两个面上的投影尺寸之和为准。

（6）爆裂、粘模和损坏深度：将钢尺平放在砌块表面，用钢卷尺垂直于钢尺，测量其最大深度。

（7）砌块表面油污、表面疏松、层裂：目测。

2. 物理力学性能试验方法

（1）立方体抗压强度的试验按 GB/T 11971 的规定进行。

（2）干体积密度的试验按 GB/T 11970 的规定进行。

（3）干燥收缩值的试验按 GB/T 11972 的规定进行。

（4）抗冻性的试验按 GB/T 11973 的规定进行。

（5）导热系数的试验按 GB 10294 的规定进行。取样方法按 GB 11969 的规定进行。

三、检验规则

1. 型式检验

（1）有下列情况之一时，进行型式检验：

1）新厂生产试制定型鉴定；

2）正式生产后，原材料、工艺等有较大改变，可能影响产品性能时；

3）正常生产时，每年应进行一次检查；

4）产品停产三个月以上，恢复生产时；

5）出厂检验结果与上次型式检验有较大差异时；

6）国家质量监督机构提出进行型式检验的要求时。

（2）型式检验项目包括：标准中全部技术要求。

（3）抽样规则：

在受检验一批产品中，随机抽取 80 块砌块，进行尺寸偏差和外观检验。

从外观与尺寸偏差检验合格的砌块中，随机抽取 15 块砌块制作试件，进行如下项目检验：

1）体积密度　3 组 9 块；

2）强度级别　5 组 15 块；

3）干燥收缩　3 组 9 块；

4）抗冻性　3 组 9 块；

5）导热系数　1 组 2 块。

（4）判定规则：

1）若受检的 80 块砌块中，尺寸偏差和外观不符合表 2-17-6 规定的砌块数量不超过 7 块时，判该批砌块符合相应等级；若不符合表 2-17-6 规定的砌块数量超过 7 块时，判该批砌块不符合相应等级。

2）以 3 组干体积密度试件的测定结果平均值判定砌块的体积密度级别，符合表2-17-9 规定时则判该批砌块合格。

3）以 5 组抗压强度试件测定结果平均值判定其强度级别。当强度和体积密度级别关系符合表 2-17-8 规定，同时，5 组试件中各个单组抗压强度平均值全部大于表 2-17-7 规定的此强度级别的最小值时，判该批砌块符合相应等级；若有 1 组或 1 组以上小于此强度级别的最小值时，判该批砌块不符合相应等级。

4）干燥收缩和抗冻性测定结果，全部符合表 2-17-10 规定时，判定此两项性能合格。若有 1 组或 1 组以上不符合表 2-17-10 规定时，判该批砌块不合格。

5）导热系数符合表 2-17-10 的规定，判定此项指标合格，否则判该批砌块不合格。

6）型式检验中受检验产品的尺寸偏差、外观、立方体抗压强度、干体积密度、干燥收缩值、抗冻性、导热系数各项检验全部符合相应等级的技术要求规定时，判为相应等级。否则降等或判为不合格。

2. 出厂检验

(1) 出厂检验的项目包括：尺寸偏差、外观、立方体抗压强度、干体积密度。

(2) 同品种、同规格、同等级的砌块，以10000块为一批，不足10000块亦为一批，随机抽取50块砌块，进行尺寸偏差、外观检验。其中不符合该等级的产品不超过5块时，判该批砌块尺寸偏差、外观检验结果符合相应等级。否则，该批砌块检验结果不符合相应等级。

(3) 从尺寸偏差与外观检验合格的砌块中，随机抽取砌块，制作3组试件进行立方体抗压强度检验，以3组平均值与其中1组最小平均值，按表2-17-7规定判定强度级别。制作3组试件做干体积密度检验，以3组平均值判定其体积密度级别，当强度级别与体积密度级别关系符合表2-17-8规定时，判该批砌块符合相应的等级。否则降等或判为不合格。

(4) 每批砌块根据定期型式检验的结果以及尺寸偏差与外观、干体积密度和抗压强度三项检验结果判定等级，其中有一项不符合技术要求，则降等或判为不合格。

3. 砌块外观验收

砌块外观验收在交货地点进行。

第三节 混凝土小型空心砌块的物理力学性能及外观尺寸的检验

一、技术要求

1. 规格尺寸：

主规格尺寸为390mm×190mm×190mm，其他规格尺寸可由供需双方协商。最小外壁厚应不小于30mm，最小肋厚应不小于25mm。空心率应不小于25%。

2. 尺寸允许偏差应符合表2-17-11的规定。

尺寸允许偏差（mm）　　　　　　　　　　　　　表 2-17-11

项目名称	优等品（A）	一等品（B）	合格品（C）
长度	±2	±3	±3
宽度	±2	±3	±3
高度	±2	±3	+3 −4

3. 外观质量应符合表2-17-12的规定。

外 观 质 量　　　　　　　　　　　　　　表 2-17-12

项 目 名 称			优等品（A）	一等品（B）	合格品（C）
弯曲（mm）不大于			2	2	3
掉角缺棱	个数（个）	≤	0	2	2
	三个方向投影尺寸的最小值（mm）	≤	0	20	30
裂纹延伸的投影尺寸累计（mm）		≤	0	20	30

4. 强度等级应符合表2-17-13的规定。

274

强 度 等 级	砌块抗压强度	
	平均值 ≥	单块最小值 ≥
MU3.5	3.5	2.8
MU5.0	5.0	4.0
MU7.5	7.5	6.0
MU10.0	10.0	8.0
MU15.0	15.0	12.0
MU20.0	20.0	16.0

5. 相对含水率应符合表 2-17-14 的规定。

相对含水率（%） 表 2-17-14

使用地区	潮 湿	中 等	干 燥
相对含水率 ≥	45	40	35

注：潮湿——系指年平均相对湿度大于 75% 的地区；

中等——系指年平均相对湿度 50%～75% 的地区；

干燥——系指年平均相对湿度小于 50% 的地区。

6. 抗渗性：用于清水墙的砌块，其抗渗性应满足表 2-17-15 的规定。

抗 渗 性（mm） 表 2-17-15

项 目 名 称	指 标
水面下降高度	三块中任一块不大于 10

7. 抗冻性：应符合表 2-17-16 的规定。

抗 冻 性 表 2-17-16

使用环境条件		抗冻等级	指标
非采暖地区		不规定	—
采暖地区	一般环境	F15	强度损失不大于 25%
	干湿交替环境	F25	质量损失不大于 5%

注：非采暖地区指最冷月份平均气温高于 – 5℃的地区；

采暖地区指最冷月份平均气温低于或等于 – 5℃的地区。

二、试验方法

试验方法按 GB/T 4111 进行。

三、检验规则

1. 检验分类

（1）出厂检验：检验项目为：尺寸偏差、外观质量、强度等级、相对含水率，用于清水墙的砌块尚应检验抗渗性。

（2）型式检验：检验项目为技术要求中的全部项目。

有下列情况之一者，必须进行型式检验：

1）新产品的试制定型鉴定；

2）正常生产后，原材料、配比及生产工艺改变时；

3）正常生产经过半年时；

4）产品停产三个月以上恢复生产时；

5）出厂检验结果与上次型式检验有较大差异时；

6）国家质量监督机构提出进行型式检验要求时。

2．组批规则

砌块按外观质量等级和强度等级分批验收。它以同一种原材料配制成的相同外观质量等级、强度等级和同一工艺生产的 10000 块砌块为一批，每月生产的块数不足 10000 块者亦按一批。

3．抽样规则

（1）每批随机抽取 32 块做尺寸偏差和外观质量检验。

（2）从尺寸偏差和外观质量检验合格的砌块中抽取如下数量进行其他项目检验。

1）强度等级 　　　　　　5 块

2）相对含水率 　　　　　3 块

3）抗渗性 　　　　　　　3 块

4）抗冻性 　　　　　　 10 块

5）空心率 　　　　　　　3 块

4．判定规则

（1）若受检砌块的尺寸偏差和外观质量均符合表 2-17-11 和表 2-17-12 的相应指标时，则判该砌块符合相应等级。

（2）若受检的 32 块砌块中，尺寸偏差和外观质量的不合格数不超过 7 块时，则判该批砌块符合相应等级。

（3）当所有项目的检验结果均符合本节中"一、技术要求"的各项技术要求的等级时，则判该批砌块为相应等级。

第四节　混凝土路面砖的物理力学性能及外观尺寸的检验

一、技术要求

1．外观质量应符合表 2-17-17 的规定。

外　观　质　量（mm）　　　　　　　　　　　　　　表 2-17-17

项　　目		优等品	一等品	合格品
正面粘皮及缺损的最大投影尺寸	≤	0	5	10
缺棱掉角的最大投影尺寸	≤	0	10	20
裂纹	非贯穿裂纹长度最大投影尺寸　　≤	0	10	20
	贯穿裂纹	不允许		
	分层	不允许		
	色差、杂色	不明显		

2. 尺寸偏差应符合表 2-17-18 的规定。

尺寸允许偏差（mm）   表 2-17-18

项目	优等品	一等品	合格品
长度、宽度	±2.0	±2.0	±2.0
厚度	±2.0	±3.0	±4.0
厚度差	≤2.0	≤3.0	≤3.0
平整度	≤1.0	≤2.0	≤2.0
垂直度	≤1.0	≤2.0	≤2.0

3. 力学性能应符合表 2-17-19 的规定。

力学性能（MPa）   表 2-17-19

边长/厚度	< 5		≥5		
抗压强度等级	平均值≥	单块最小值≥	抗折强度等级	平均值≥	单块最小值≥
Cc30	30.0	25.0	$C_f3.5$	3.50	3.00
Cc35	35.0	30.0	$C_f4.0$	4.00	3.20
Cc40	40.0	35.0	$C_f5.0$	5.00	4.20
Cc50	50.0	42.0	$C_f6.0$	6.00	5.00
Cc60	60.0	50.0	—	—	—

4. 物理性能须符合表 2-17-20 的规定。

物理性能   表 2-17-20

质量等级	耐磨性		吸水率（%）≤	抗冻性
	磨坑长度（mm）≤	耐磨度≥		
优等品	28.0	1.9	5.0	冻融循环试验后，外观质量须符合表 2-17-17 的规定；强度损失不得大于 20.0%
一等品	32.0	1.5	6.5	
合格品	35.0	1.2	8.0	

注：磨坑长度与耐磨度两项试验只做一项即可。

二、试验方法

1. 外观质量

（1）量具

砖用卡尺或精度不低于 0.5mm 的其他量具。

（2）测量方法

正面粘皮及缺损：测量正面粘皮及缺损处对应路面砖棱边的长、宽两个投影尺寸，精确至 0.5mm。

缺棱掉角：测量缺棱、掉角处对应路面砖棱边的长、宽、厚三个投影尺寸，精确至 0.5mm。

裂纹：测量裂纹所在面上的最大投影长度；若裂纹由一个面延伸至其他面时，测量其延伸的投影长度之和，精确至 0.5mm。

分层：对路面砖的侧面进行目测检验。

色差、杂色：在平坦地面上，将路面砖铺成不小于 $1m^2$ 的正方形，在自然光照或功率不低于 40W 日光灯下，距 1.5m 处用肉眼观察检验。

2. 规格尺寸

(1) 量具

砖用卡尺或精度不低于 0.5mm 的其他量具。

(2) 测量方法

长度、宽度、厚度和厚度差：测量矩形路面砖长度和宽度时，分别测量路面砖正面离角部 10mm 处对应平行侧面，分别测量两个长度值和宽度值；连锁型路面砖测量由供货双方提供路面砖标识尺寸的长度、宽度。厚度分别测量路面砖宽度中间距边缘 10mm 处，两厚度测量值之差为厚度差。测量值分别精确至 0.5mm。

平整度：砖用卡尺支角任意放置在路面砖正面四周边缘部位，滑动砖用卡尺中间测量尺，测量路面砖表面上最大凸凹处。精确至 0.5mm。

垂直度：使砖用卡尺尺身紧贴路面砖的正面，一个支角顶住砖底的棱边，从尺身上读出路面砖正面对应棱边的偏离数值作为垂直度偏差，每一棱边测量两次，记录最大值，精确至 0.5mm。

3. 力学性能

抗压强度试验按标准 JC/T 446—2000 附录 A 规定进行。抗折强度试验按标准 JC/T 446—2000 附录 B 规定进行。

4. 物理性能

(1) 耐磨性

磨坑长度试验按 GB/T 12988 的规定进行。耐磨度试验按 GB/T 16925 的规定进行。

(2) 吸水率

1) 试验设备

天平：称量 10kg，感量 5g；

烘箱：能使温度控制在 $105 \pm 5℃$。

2) 试件

试件数量为 5 块，取整块路面砖。当质量大于 5kg 时，可从整块路面砖上切取 4.5 ± 0.5 kg 的部分路面砖。

3) 试验步骤

将试件置于温度为 $105 \pm 5℃$ 的烘箱内烘干，每间隔 4h 将试件取出分别称量一次，直至两次称量之差小于 0.1% 时，视为试件干燥质量（m_0）。

将试件冷却至室温后，侧向直立在水槽中，注入温度为 $20 \pm 10℃$ 的洁净水，将试件浸没水中，使水面高出试件约 20mm。

浸水 $240_{-0.25}$h，将试件从水中取出，用拧干的湿毛巾擦去表面附着水，分别称量一次，直至前后两次称量差小于 0.1% 时，为试件吸水 24h 质量（m_i）。

4) 吸水率按下式计算

$$w = \frac{m_i - m_0}{m_0} \times 100 \qquad (2\text{-}17\text{-}2)$$

式中　w——吸水率（%）；

m_i——试件吸水 24h 的质量（g）；

m_0——试件干燥的质量（g）。

结果以 5 块试件的平均值表示，计算精确至 0.1%。

（3）抗冻性

1）试验设备

冷冻箱（室）：装有试件后能使冷冻箱（室）内温度保持在 -15_{-5}^{0}℃范围以内；

水槽：装有试件后能使水温度保持在 20 ± 10℃范围以内。

2）试件

试件数量为 10 块，其中 5 块进行冻融试验；5 块用作对比试件。

3）试验步骤

试件应进行外观检查，将缺损、裂纹处作标记，并记录其缺陷情况。随后放入温度为 20 ± 10℃的水中浸泡 24h。浸泡时水面应高出试件约 20mm。

从水中取出试件，用拧干的湿毛巾擦去表面附着水，即可放入预先降温至 -15_{-5}^{0}℃的冷冻箱（室）内，试件间隔不小于 20mm。待温度重新达到 -15℃时计算冻结时间，每次从装完试件到温度达到 -15℃所需时间不应大于 2h。在 -15℃下的冻结时间按试件厚度而定：厚度小于 60mm 的试件为不少于 3h；厚度大于或等于 60mm 的试件为不少于 4h。然后，取出试件立即放入 20 ± 10℃水中融解 2h。该过程为一次冻融循环。依此法进行 25 次冻融循环。

完成 25 次冻融循环后，从水中取出试件，用拧干的湿毛巾擦去表面附着水，检查并记录试件表面剥落、分层、裂纹及裂纹延长的情况。然后按标准 JC/T 446—2000 附录 A 或附录 B 进行强度试验。

4）冻融试验后强度损失率按下式计算

$$\Delta R = \frac{R - R_D}{R} \times 100 \qquad (2\text{-}17\text{-}3)$$

式中　ΔR——冻融循环后的强度损失率（%）；

　　R——按照 3）冻融试验前，试件强度试验结果的平均值（MPa）；

　　R_D——按照 3）冻融试验后，试件强度试验结果的平均值（MPa）。

试验结果计算精确至 0.1%。

三、检验规则

1. 检验分类

（1）出厂检验项目：外观质量、尺寸偏差、强度、吸水率。

（2）型式检验项目：对本节规定的产品技术要求进行全部检验。

有下列情况之一时，应进行型式检验：

1）新产品或老产品转厂生产的试制定型鉴定；

2）生产中如品种、原材料、混凝土配合比、工艺有较大改变，设备大修时；

3）正常生产时，每半年进行一次；

4）出厂检验结果与上次型式检验结果有较大差异时；

5）产品长期停产后，恢复生产时；

6）国家质量监督机构提出进行型式检验的要求时。

2. 批量

每批路面砖应为同一类别、同一规格、同一等级，每 20000 块为一批；不足 20000 块，亦按一批计；超过 20000 块，批量由供需双方商定。

3. 抽样

（1）外观质量检验的试件，抽样前预先确定好抽样方法，按随机抽样法从每批产品中抽取 50 块路面砖，使所抽取的试件具有代表性。

（2）规格尺寸检验的试件，从外观质量检验合格的试件中按随机抽样法抽取 10 块路面砖。

（3）物理、力学性能检验的试件，按随机抽样法从外观质量及尺寸检验合格的试件中抽取 30 块路面砖（其中 5 块备用）。

物理、力学性能试验试件的龄期为不少于 28d。

4. 判定规则

（1）外观质量

在 50 块试件中，根据不合格试件的总数（K_1）及二次抽样检验中不合格试件（包括第一次检验不合格试件）的总数（K_2）进行判定。

若 $K_1 \leqslant 3$，可验收；若 $K_1 \geqslant 7$，拒绝验收；若 $4 \leqslant K_1 \leqslant 6$，则允许按"3. 抽样（1）"中规定进行第二次抽样检验。

若 $K_2 \leqslant 8$ 可验收；若 $K_2 \geqslant 9$ 拒绝验收。

（2）尺寸偏差

在 10 块试件中，根据不合格试件的总数（K_1）及二次抽样检验中不合格试件（包括第一次检验不合格试件）的总数（K_2）进行判定。

若 $K_1 \leqslant 1$，可验收；若 $K_1 \geqslant 3$，拒绝验收；$K_1 = 2$，则允许按"3. 抽样（2）"规定进行第二次抽样检验。

若 $K_2 = 2$，可验收；$K_2 \geqslant 3$，拒绝验收。

（3）物理、力学性能

经检验，各项物理、力学性能符合某一等级规定时，判该项为相应等级。

若两种耐磨性结果有争议，以 GB/T 12988 试验结果为最终结果。

（4）总判定

所有项目的检验结果都符合某一等级规定时，判为相应等级；有一项不符合合格品等级规定时，判为不合格品。

第十八章　墙体及路面砖的施工

本章讲述了路面砖、透水砖、植草砖、花盆砖、挡土砖的施工工艺，围护墙体材料——纤维增强硅酸钙隔墙、加气混凝土砌块、轻型粉煤灰小型空心砌块的施工注意事项，混凝土小型空心砌块承重墙体的施工方法以及墙体裂缝的防治。

第一节　路面砖、透水砖、植草砖、花盆砖、挡土砖施工

一、典型的路面砖施工工艺

1. 典型的路面砖结构（图 2-18-1）
2. 铺设工艺

路基的开挖：根据设计的要求，挖除旧路，清理土方，并达到要求的深度；检查纵坡、横坡及边线，是否符合设计要求；基土的填土应分层夯实，填土质量应符合国家现行标准《建筑地基基础工程施工质量验收规范》（GB 50202—2002）的有关规定，并填实找平碾压密实，注意地下埋设的管线。

垫层的铺设：铺设人行道、广场或小型汽车道 120mm 厚的 3:7 的灰土层，重载车行道 200mm 厚的 3:7 的灰土层，并找平碾压密实，密实度达 95% 以上。熟化石灰颗粒粒径不得大于 5mm，黏土（或粉质黏土、粉土）内不得含有有机物质，颗粒不得大于 15mm。

基层的铺设：小型汽车道路铺设 150mm 厚的无机结合料稳定粒料或压实的级配砂石，重载车道应铺设 350mm 厚的无机结合料稳定粒料。碎石要求有一定的级配，分层夯实，并找平碾压密实，密实度达 95% 以上。基层的标高、坡度、厚度等应符合设计要求，基层表面应平整，其允许偏差应符合《建筑地面工程施工质量验收规范》（GB 50209—2002）表 4-1-5 的规定。

找平层（缓冲层）的铺设：找平层用中砂，30mm 厚，中砂要求具有一定的级配，不得含有草根等有机杂质，并找平。

面层铺设：面层为路面砖，在铺设时，应根据设计图案铺设路面砖，铺设时应轻轻平放，用橡胶锤锤打稳定，但不得损伤砖的边角。砖缝用细砂填满。重载车道采用 80 ~ 100mm 厚的路面砖。小型车道采用 60 ~ 80mm 厚的路面砖。人行道采用 60mm 厚的路面砖。砌筑质量符合《联锁型路面砖路面施工及验收规程》（CJJ 79—98）的规定的要求，接缝用砂的质量符合 CJJ 79 的规定要求。

二、典型的透水砖施工工艺

1. 典型的透水砖结构（图 2-18-2）
2. 铺设工艺

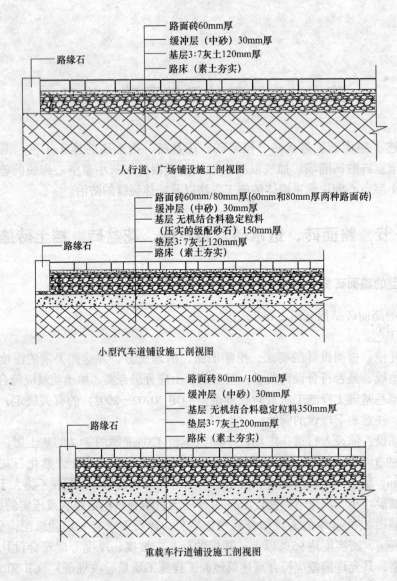

路面砖60mm厚
缓冲层（中砂）30mm厚
基层3:7灰土120mm厚
路床（素土夯实）

路缘石

人行道、广场铺设施工剖视图

路面砖60mm/80mm厚(60mm和80mm厚两种路面砖)
缓冲层（中砂）30mm厚
基层 无机结合料稳定粒料
（压实的级配砂石）150mm厚
垫层3:7灰土120mm厚
路床（素土夯实）

路缘石

小型汽车道铺设施工剖视图

路面砖80mm/100mm厚
缓冲层（中砂）30mm厚
基层 无机结合料稳定粒料350mm厚
垫层3:7灰土200mm厚
路床（素土夯实）

路缘石

重载车行道铺设施工剖视图

图 2-18-1　路面砖铺设施工剖视图

路基的开挖：根据设计的要求，挖除旧路，清理土方，并达到要求的深度；检查纵坡、横坡及边线，是否符合设计要求；基土的填土应分层夯实，填土质量应符合国家现行标准《建筑地基基础工程施工质量验收规范》（GB 50202—2002）的有关规定，并填实找平碾压密实，注意地下埋设的管线。

垫层的铺设：铺设 120mm 厚的 3:7 的灰土层，并找平碾压密实，密实度达 95％以上。熟化石灰颗粒粒径不得大于 5mm，黏土（或粉质黏土、粉土）内不得含有有机物质，颗粒不得大于 15mm。（为了有较好的透水性，无组织排水，也可不设垫层。）

基层的铺设：透水路面无组织排水，铺设 250mm 厚的压实的级配砂石基层；透水路面有组织排水，铺设 250mm 厚的无机结合料稳定粒料基层。并找平碾压密实，密实度达 95％以上。

找平层（缓冲层）的铺设：找平层用中砂，30mm 厚，中砂要求具有一定的断开级配，

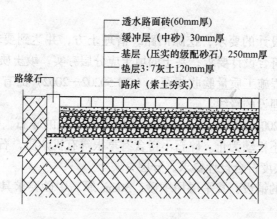

透水路面无组织排水施工剖视图

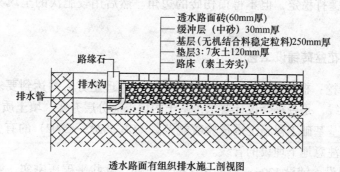

透水路面有组织排水施工剖视图

图 2-18-2　透水砖铺设施工剖视图

即 3~5mm 的级配，并找平。

面层铺设：面层为透水砖，在铺设时，应根据设计图案铺设透水砖，铺设时应轻轻平放，用橡胶锤锤打稳定，但不得损伤砖的边角。砌筑质量符合《联锁型路面砖路面施工及验收规程》（CJJ 79—98）的规定，接缝用砂的质量符合 CJJ 79—98 的规定。

三、典型的植草砖施工工艺

1. 典型的植草砖结构（图 2-18-3）

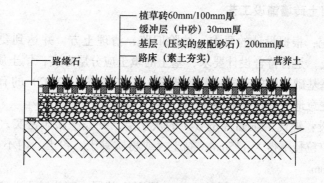

图 2-18-3　植草砖铺设施工剖视图

2. 铺设工艺

路基的开挖：根据设计的要求，挖除旧路，清理土方，并达到要求的深度；检查纵坡、横坡及边线，是否符合设计要求；基土的填土应分层夯实，填土质量应符合国家现行标准《建筑地基基础工程施工质量验收规范》（GB 50202—2002）的有关规定，并填实找平碾压密实，注意地下埋设的管线。

基层的铺设：铺设 200mm 厚的碎石基层，选用天然级配的碎石，铺设不允许有粗细颗粒分离现象，压夯至不松动为止。碎石不得含有草根等有机杂质，石子最大粒径不得大于垫层厚度的 2/3，密实度符合设计要求，分层夯实。

找平层（缓冲层）的铺设：找平层用中砂，30mm 厚，中砂要求具有一定的级配，并找平。

面层铺设：面层为植草砖，在铺设时，应根据设计图案，铺设植草砖，铺设时应轻轻平放，用橡胶锤锤打稳定，但不得损伤砖的边角。然后用较肥沃的土填充砖孔，再植上草，并浇上水。

四、典型的花盆砖铺设工艺

1. 路基的开挖：根据设计的要求，挖除旧路，清理土方，并达到要求的深度；检查纵坡、横坡及边线，是否符合设计要求；基土的填土应分层夯实，填土质量应符合国家现行标准《建筑地基基础工程施工质量验收规范》（GB 50202—2002）的有关规定，并填实找平碾压密实，注意地下埋设的管线。

2. 垫层的铺设：铺设 120mm 厚的 3:7 的灰土层，并找平碾压密实，密实度达 95% 以上。熟化石灰颗粒粒径不得大于 5mm，黏土（或粉质黏土、粉土）内不得含有有机物质，颗粒不得大于 15mm。

3. 基层的铺设：铺设 150mm 厚的 30MPa 混凝土基层，其中碎石为 5~10mm，并要求有一定的级配，并找平碾压密实，密实度达 95% 以上。其高度与地平一样高。

4. 再在基层上铺设花盆砖，在花盆之间用水泥砂浆粘结，水泥砂浆配比为 1:3，用32.5 级的水泥。7d 后，才用土回填，把空隙填满。然后用较肥沃的土填充花盆里，再植上花草，并浇上水。花盆砖砌筑质量应符合《砌体工程施工质量验收规范》（GB 50203—2002）中的规定。

五、典型的挡土砖墙铺设工艺

1. 路基的开挖：根据设计的要求，挖除旧路，清理土方，并达到要求的深度；检查纵坡、横坡及边线，是否符合设计要求；基土的填土应分层夯实，填土质量应符合国家现行标准《建筑地基基础工程施工质量验收规范》（GB 50202—2002）的有关规定，并填实找平碾压密实，注意地下埋设的管线。

2. 垫层的铺设：铺设 120mm 厚的 3:7 的灰土层，并找平碾压密实，密实度达 95% 以上。熟化石灰颗粒粒径不得大于 5mm，黏土（或粉质黏土、粉土）内不得含有有机物质，颗粒不得大于 15mm。

3. 基层的铺设：铺设 150mm 厚的 30MPa 混凝土基层，其中碎石为 5~10mm，要求有一定的级配，并找平碾压密实，密实度达 95% 以上。挡土砖墙基层强度达 75% 以上才能铺设挡土砖墙。

4. 再在基层上铺设挡土砖，挡土砖之间用配比为 1:3 的水泥砂浆砌筑，用 32.5 级的水泥。7d 后用土回填，把空隙填满。也可以采用本身凸凹连锁型挡土砖进行干砌。砌筑质量符合《砌体工程施工质量验收规范》（GB 50203—2002）的规定。

第二节　轻质硅酸钙隔墙板、加气混凝土砌块及小型空心砌块墙体的施工

一、轻质硅酸钙隔墙板的施工

1. 轻质硅酸钙板隔墙的施工质量主要通病

（1）轻质硅酸钙板与轻质硅酸钙板的拼装缝处出现垂直裂缝，轻质硅酸钙板与混凝土、砖墙体的"丁"字交接处出现裂缝；在门框的上部出现倒"八"字形的裂缝；在沿电线暗配管预埋处出现裂缝。

（2）出现电线盒固定不牢，各种明管器具固定的卡子及膨胀螺栓出现松动。

2. 轻质硅酸钙板隔墙施工质量通病的原因

（1）轻质硅酸钙板的收缩值大于国标规定 0.8mm/m 的要求。板材养护龄期又不足 28d。

（2）电线管暗埋深度不够，固定也不牢固。

（3）电线盒、各种明管器具固定的卡子及膨胀螺栓固定不牢、松动的原因是轻质硅酸钙板的密实度差、外表面硬而内部松软，固定方法不当。

（4）条板隔墙安装不当，或嵌缝的砂浆粘着力不够、收缩大、填得不饱满、易脱落。

（5）长隔墙一次安装，由于安装后的长隔墙体中各种收缩因素的影响，使得收缩应力大于板缝的抵抗力时，就会在板缝产生裂缝。

（6）由于轻质硅酸钙板与其他墙体的材质不同、收缩变形不同以及安装方法不当造成轻质硅酸钙板与其他墙体"丁"字接合处产生裂缝。

3. 轻质硅酸钙板隔墙的施工注意事项

（1）轻质硅酸钙板在施工前一定要达到 28d 的强度，一定要晾干，其含水率应小于 2%，不然会产生收缩裂纹。

（2）当隔墙长度大于 4m 时，每 3m 左右预留一条板缝不嵌填缝隙，并待墙体自由收缩变形基本稳定之后，即暂停安装 7d 后，再用粘结性强、收缩性小的聚合物水泥砂浆或聚合物增强建筑粘结粉粘结，此粘结粉粘结强度高，具有很强的粘结力，较强的韧性和硬化时不收缩，可以控制墙板的收缩应力的破坏作用，防止裂缝产生，且保证不落浆、嵌满缝槽。

（3）轻质硅酸钙隔墙板与其他墙体"丁"字交接处，应在其他墙体没有抹灰前安装轻质硅酸钙隔墙板；如其他墙体已经抹灰了，则在安装的位置上弹轻质硅酸钙隔墙板的宽度线，再将线内的抹灰层铲掉，并刷扫干净，然后安装轻质硅酸钙隔墙板，再修补好抹灰层。

（4）预埋电线管时，最好利用轻质复合硅酸钙板中间的孔洞，如不能利用时，待轻质复合硅酸钙板定好位后，在板上画线，用切割机开槽，待管线预埋后，在表面用玻璃纤维

网格布贴上，再用细石混凝土嵌补。

（5）预埋电线盒、设固定卡子、膨胀螺栓时，在预埋电线盒、设固定卡子、膨胀螺栓位置处先切割出 200mm×200mm 的方孔，待电线盒、固定卡子、膨胀螺栓固定后，套上直径为 6mm 的"井"字形钢筋网片，然后填充细石混凝土，在 7d 时间内，电线盒、固定卡子、膨胀螺栓不能受到振动。

二、加气混凝土砌块填充墙的施工

1. 加气混凝土砌块填充墙的工艺流程

基层验收──→墙体弹线──→材料取样测试──→拌制砂浆──→排砖摆底──→盘切头角──→立皮数杆拉线──→砌墙──→构造柱处理──→安放拉结钢筋──→灌筑混凝土──→养护──→对照标准检查──→整理资料──→办理分项验收。

2. 加气混凝土砌块填充墙的操作工艺

（1）清理基层底面浮浆残渣，按砌块的实际规格画好砌块皮数线以及灰缝厚度、安装窗台板的高度、立窗高度、安装门窗过梁的高度、墙顶砌斜砖的高度线等。测好水平控制点，在两侧柱面弹垂直墙外边线，用画好线的皮数杆将砌块皮数及灰缝厚度等高度线画在框架柱上，作砌筑控制水平皮数用。

（2）预排两皮主规格砌块，加气砌块砌筑应错缝搭接，搭接长度不小于加气砌块长度的 1/3，若搭接长度小于加气砌块长度的 1/3，应加钢筋网片。网片规格是：纵向长为 700mm 的 2ϕ6mm 的钢筋，横向钢筋长为比墙宽稍短的 7ϕ4mm 的钢筋均布。

（3）对纵横交接处的头角和"丁"字形交接处的搭接应采用交错搭接。灰缝的宽度和厚度应按下述方法砌筑：采用混合砂浆砌筑的垂直灰缝宽度不大于 20mm，水平灰缝厚度不大于 15mm，大于 15mm 的应确保竖缝砂浆饱满密实，水平灰缝铺设长度不大于 1.5m；采用粘结剂砌筑的垂直灰缝宽度和水平灰缝厚度应控制在 1～3mm 之间，但垂直灰缝宜采用砂浆灌缝。

（4）有抗震要求的填充墙，应按设计要求设置构造柱和转角构造柱，构造柱的宽度由设计规定，厚度与墙等厚，插筋先预埋在结构混凝土地梁中，砌块马牙槎先退 60mm，高度为一块砌块的高。加气砌块填充墙与柱、梁的接合处，应沿柱高 1m，沿梁长间距 500mm，用 3 根 ϕ4mm 钢筋与柱、梁拉结，每边伸入墙内长度不小于 700mm。

（5）墙体洞口上下部应各放 2ϕ6mm 的拉筋，两边伸过洞口不得少于 500mm。门窗框的安装应先立框后砌墙，加气砌块与门窗框之间的间隙应在 15mm 左右，并用砂浆灌满。在固定门窗或其他构件以及搁置过梁、搁板的部位和洞口两侧部位，应采用完整的主砌块砌筑。

（6）凡是穿过加气砌块砌体的管道，均应在套管周围用 C10 混凝土浇筑密实。埋入或穿过加气砌块砌体的铁件、金属管道、管线支架等，均应涂防腐漆 2 遍。加气砌块砌体上不得留有脚手眼。

3. 加气混凝土砌块填充墙的常见裂缝

（1）水平裂缝：框架梁底或板底的水平裂缝。其原因是：加气混凝土砌块的含水率高，因砌块收缩而产生裂缝；或有时顶层加气砌块与框架梁、板底接触处的灰缝没有填满砂浆；或灰缝厚度过大，灰缝干后则产生裂缝。

（2）竖向裂缝：加气砌块填充墙竖向裂缝一般是沿框架柱边或离柱边 1m 左右产生的垂直裂缝。其原因是：砌体砌块的收缩。当温度为 $50 \pm 1℃$、相对湿度为 28%～32% 条件下测定，砌块的干燥收缩变形值小于等于 0.8mm/m；当温度为 $20 \pm 2℃$、相对湿度为 41%～45% 条件下测定，砌块的干燥收缩变形值小于等于 0.5mm/m 的，若大于此数则产生收缩裂缝。

（3）斜裂缝：门窗顶部墙角易产生斜裂缝。其原因是：加气砌块的抗剪强度低，又因钢筋混凝土的过梁板偏短或过梁板安装两端搁置不平、不实造成承压力不够而裂缝。

4. 加气混凝土砌块填充墙裂缝的防治

（1）预防顶层墙体裂缝的关键是，减少屋面与墙体的温差，采用屋面上设隔热层或在墙体增设混凝土构造柱或在顶层加大圈梁的构造措施。

（2）提高顶层砌筑砂浆强度等级即砂浆强度大于等于 7.5MPa，并沿外纵墙、内横墙配以 $\phi 6mm$ 的网片筋，在竖向间距 500mm 处放一片，增强顶层楼与柱的强度。

（3）砌块用于外墙时，对墙身外露的混凝土构件，应有防止冷桥的措施，采用外贴保温材料的方法，防止温度裂缝。

（4）在现浇混凝土屋盖与墙体连接面采用铺一层卷材或橡胶，设滑动层，防止温度裂缝。

（5）在现浇整体屋面的合适部位设温度伸缩缝，间距为 4～6m 为宜。防止或减轻建筑在正常使用下因温度差和砌体干缩引起的墙体竖向裂缝，宜在墙体可能产生裂缝和应力集中地方设伸缩缝。

（6）应在内外墙的窗台以下设水平筋，窗洞口两侧采取加强措施。框架填充墙高度超过 4m 时，墙中部设置与柱相接的通长钢筋混凝土水平梁，当墙长度超过 5m 时，在墙顶部设置与梁拉结筋。为避免窗洞口下部砌体产生 45° 的斜裂缝，对大于 600mm 的洞口，在窗台下第一皮砌块缝中设置钢筋，一般为 $3\phi 8mm$，其长度伸入洞口外 600mm。

（7）严格把好砌块的质量关，堆放和运输防止雨淋，要求砌块含水率小于 18%，在砌筑时，可向加气混凝土砌块的砌筑面适当浇水。砌筑砂浆的稠度为 60mm 左右，搅拌好的砂浆应在 3h 内用完。在砌筑外墙时，砌筑高度在 1.8m，在梁底部待 24h 后再砌筑，砂浆要饱满，竖向、水平缝要达到 15mm，砌筑速度要快，防止砂浆失去塑性。

（8）在填充墙和框架之间应设置拉结筋，沿柱或剪力墙高度每 500mm 预埋 2 根 $\phi 6mm$ 钢筋，以减少垂直方向的收缩和水平方向的裂缝。

（9）加强施工整体性的控制，砌块与混凝土构造柱必须采用马牙槎连接，并放置拉结筋，纵横墙要整体槎并同时砌筑，如不能同时砌筑时，可留置斜槎。在窗台下的砌体中增加配筋或砌筑反拱，抵抗基础的反作用力。墙体与抹灰层之间可设置防裂钢丝网片，顶层内粉刷应待屋面保温做完后再进行，以减少温差的影响。外墙粉刷在结构封顶半个月后再进行，使墙体有一干缩稳定的过程。

（10）造成加气混凝土砌块墙体开裂的因素，主要是制品的质量差，墙体结构构造不合理，抹灰工艺与墙体材料不匹配等。要对材料设计、施工和管理各个环节认真把关。

三、小型空心砌块填充墙的质量通病防治

1. 小型空心砌块填充墙的质量通病

（1）砌体的裂缝：水平裂缝一般发生在填充墙顶部与框架梁底、板底及门洞口上角。门洞口上角产生"八"字形裂缝较多。内纵墙两端头多为斜裂缝。在建筑物的两端第一和第二开间的墙体裂缝较严重，墙体裂缝有两端重、中间轻、南面向阳重、北面背阳轻、顶层重的特点。这是室内外温度差引起温度变形和砌块干缩变形的结果。

（2）抹灰层的脱落与裂缝：在寒冷和严寒地区，冬季出现抹灰层脱落和裂缝，有的裂缝处理后又出现了，裂缝处于不稳定状态。

2. 小型空心砌块填充墙裂缝处理及防治

（1）裂缝处理方法

对已有的裂缝应铲除上下各 100mm 的抹灰层，扫刷冲洗干净。凡是砌筑砖松动或砂浆不饱满的，必须拆除后重砌，并要求挤紧四周，且灰缝要饱满。如砌筑梁、板底的斜砖宜采用混合砂浆，其配合比为水泥：纸筋灰：砂 = 1：0.3：3，砌筑完后隔天浇水，养护 7d。再用聚合物水泥砂浆，其配合比为 108 胶：水：水泥：砂 = 1：4：10：30，作为修补抹灰层的头道灰，沿着裂缝处铺贴玻璃纤维网格布一层，再用砂浆抹平。然后用原有抹灰层或装饰层相同颜色及相同的配合比，配制好砂浆进行修补。

阶梯形的裂缝和砌体的斜裂缝及竖向裂缝，应采用压力灌浆法将水泥砂浆压入裂缝中，进行封闭。靠框架柱边的竖向缝，因材料及收缩变形不同，最好留有竖直线条缝，其缝中嵌填与抹灰或装饰层颜色相同的防水柔性密封材料，以适应温度差变形。

（2）裂缝防治措施

小型空心砌块应达到 28d 的设计强度，进场后不能放在露天雨淋，要用苫布盖好。砌筑填充墙时必须把预埋在框架柱中的拉结筋调平直才砌入小型空心砌块的灰缝中间去。拉结筋的规格、数量、间距、长度应符合设计要求，填充墙与框架柱之间的缝隙应用砂浆嵌填密实。

填充墙砌至接近梁底或板底时，应留有不大于 500mm 的空隙待 7d 后，采用侧砖、立砖或砌块斜砌挤紧，其倾斜度为 60°左右，砌筑的砂浆要饱满。

第三节　混凝土小型空心砌块承重墙体的施工

一、混凝土小型空心砌块砌筑工艺流程

检查墙面基础防潮层的施工质量——测量防潮层面的水平标高——弹轴线和砌块墙外边线——立皮数杆——预排砌块——搅拌砂浆——砌筑砌块——对照标准检查——监理检查质量。

二、混凝土小型空心砌块操作工艺

1. 在基础两侧同时填土并分层夯实，若两侧不同时填土，应保证基础不被破坏或变形。

2. 弹轴线和砌块外墙边线，测量水平标高，应在房屋四角或楼梯间转角处设立皮数杆，皮数杆间距不应超过 15m。

3. 砌块在热天或气候干燥时，应先浇水湿润，并制备好砂浆且随拌随用。

4．按砌块排列图的要求排列砌块

根据绘制的砌体砌块排列图和砌块的尺寸、垂直缝的宽度和水平缝的厚度计算砌块砌筑皮数和排数，排列砌块。砌块的排列应按主规格优先排列。

砌块排列应对孔错缝搭砌，搭砌长度不小于 90mm。若满足不了要求，又无设计规定时，应采取压砌 ϕ4mm 钢筋网片，长度不小于 600mm，或设墙体拉结筋 2ϕ6mm，长度不小于 600mm。

外墙转角及纵横墙交接处应分皮咬槎交错搭砌，如不能咬槎时，按设计要求采取构造措施。砌体的垂直缝应与门窗口的侧边线相互错开，错开间距大于 150mm，不得采用砖镶砌。砌体水平缝厚度和垂直竖缝的宽度一般为 10mm，但不得大于 12mm，也不得小于 8mm。

5．小型空心砌块砌筑

采用将砌块的底面向上的反砌法。用双手搬砌块挤浆砌筑，如头缝中的砂浆不足时，随即加砂浆嵌缝，补密实。砌筑第一皮砌块时，要先从转角或定位处开始，在墙基面上铺灰，铺灰长度不大于 800mm。若使用一端有凹槽的砌块时，应将凹槽的一端接在平头的一端砌筑。在皮数杆上画的砌块层先砌头角，每次砌筑高度不超过 3 块砌块的高度。内外墙应同时砌筑，砌体的临时间断处应砌成斜槎，斜槎的长度不小于砌体高度的 2/3。也可以做成凸（阳）槎，但必须设置拉结筋，外墙的转角处严禁留直槎。砌筑高度的控制：正常施工条件下砌块砌体每天砌筑高度不大于 1.4m 或一步脚手架高度内。砌体随砌随查随纠正垂直度，做到"上跟线，下跟棱，左右相邻要对平"。

灰缝的砌法和要求：水平缝采用坐浆满铺法，垂直缝可采用满挤法，确保全部灰缝填满砂浆，并保证砌块的灰缝横平竖直，不得有通缝。

6．砌块砌体的下部应按要求填实混凝土

±0.00 以下砌体、砌块的孔洞中全部用大于或等于 C20 的混凝土灌实；楼板下的支撑处如无圈梁时，楼板下的第一皮砌块应用 C20 混凝土灌实；当无设计要求时，次梁支撑处一般可用 C20 混凝土灌实砌块的孔洞，其宽度不小于 600mm，高度不小于 1 皮砌块；当无设计要求时，悬臂梁的悬挑长度大于或等于 12m 时，其支撑处的内外墙交接处应用 C20 混凝土灌实砌块的孔洞，灌实的高度不少于 3 皮砌块。

7．门窗洞口预埋件处理

砌体的门窗洞两侧的预埋木砖或工程用铁件应在砌筑前按砌块规格模数预制混凝土实心砌块，然后砌入砌体的规定位置中。严禁在砌好的墙体上开凿洞口。若在墙中布置水平管线，采用配套砌块砌筑或用切割方法处理，严禁乱打乱凿。若砌块需要破肋穿行的，其长度不得大于 1m，否则应采用加固方法处理。

8．砌筑混凝土芯柱

芯柱的砌筑：芯柱所用砌块，必须先将孔洞底的毛刺凿除，使砌筑芯柱的砌块能上下对孔，达到上下贯通，确保芯柱截面不小于 120mm × 120mm，有利于混凝土的灌注。在楼、地面砌筑第一皮砌块时，芯柱位置侧面应预留孔或特制开口砌块，清除芯柱孔洞内杂物，并用水冲洗干净。然后绑扎钢筋，芯柱钢筋应与地圈梁的插筋搭接，上下楼层的钢筋可分段搭接。芯柱沿墙高每隔 600mm 应设置 ϕ4mm 的钢筋网片与墙体拉结，并伸入墙内长度不小于 1m。

芯柱的浇注：芯柱混凝土的浇注应在砌完一个砌筑高度及砌块砌筑砂浆强度大于1MPa时，先在底部注入与混凝土强度相同的厚50mm的水泥砂浆，然后连续分层浇灌、捣实，每浇灌400~500mm高度捣实一次，浇灌后芯柱应低于最上一皮砌块表面50mm。

9. 砌筑建筑构造柱

构造柱的砌筑：构造柱与墙连接处应砌成马牙槎，每皮设置马牙槎，马牙槎应先退后进。构造柱沿墙高每隔400mm应按设计要求设置拉结钢筋网片或拉结筋，每边伸入墙内不小于1m。检查纵向主钢筋（4φ14mm）的位置和箍筋的间距（≤200mm），并绑扎好。

构造柱的浇注：浇灌前应清除构造柱模板内的残留物并用水冲洗干净，在底部先注入50mm厚的与混凝土同强度的水泥砂浆。采用细石混凝土浇注，混凝土强度为C20，每层浇注400~500mm高度时应捣实一次或边浇灌边捣实。

三．混凝土小型空心砌块墙体裂缝的防治

1. 混凝土小型空心砌块墙体的施工必须严格执行国家现行的《砌体结构设计规范》（GB 50003—2001）和《砌体工程施工质量验收规范》（GB 50203—2002）标准。

2. 为了防止或减轻温差或干缩引起竖向裂缝，在可能引起应力集中、砌体产生裂缝可能性最大地方，设置伸缩缝，伸缩缝的间距可参照《砌体结构设计规范》（GB 50003—2001）中的规定。

3. 砌块砌体应分皮错缝搭砌，上下皮搭砌长度不小于90mm，当搭砌长度不满足上述要求时，应在水平灰缝内设置不少于2φ4mm的焊接钢筋网片（横向钢筋的间距不大于200mm），网片每端均应超过该垂直缝，其长度不小于300mm；砌块墙与后砌隔墙交接处，应沿墙高每400mm在水平灰缝内设置不少于2φ4mm、横筋间距不大于200mm的焊接钢筋网片；对混凝土砌块建筑，宜将纵横墙交接处，距墙中心线每边不小于300mm范围内的孔洞，采用不低于C20灌孔混凝土灌实，灌实高度应为墙身全高。

4. 在砌体中留槽洞及埋设管道时，对受力较小或未灌孔的砌块砌体，允许在墙体的竖向孔洞中设置管线，其他则不允许。

5. 屋面板与刚性防水层，均应采用柔性缝适应变形，刚性防水层沿屋脊分水线处及按开间方向设置纵横双向分隔缝，缝内填满柔性防水材料，以减少或释放屋盖累积的温度变形和水平推力。

6. 宜增设基础和上部结构层的钢筋混凝土圈梁和设置配筋芯柱。

7. 为防止或减轻混凝土砌块房屋顶层两端和底层第一、第二开间门窗处的裂缝，可采取下列措施：在门窗洞口两侧不少于一个孔洞中设置不小于1φ12mm钢筋，钢筋应在楼层圈梁或基础锚固，并采用C20灌孔混凝土灌实；在门窗洞口两边的墙体的水平灰缝中，设置长度不小于900mm、竖向间距为400mm的2φ4mm焊接钢筋网片；在顶层和底层设置通长钢筋混凝土窗台梁，窗台梁的高度为砌块的模数，纵筋不少于4φ10mm，箍筋φ6mm，间距为200mm，用C20混凝土。

8. 裂缝的处理：待裂缝基本稳定后，再不发展时，方可进行修补裂缝。修补时间应选在冬季气温比较低的时候。修补时应先铲除裂缝每边不少于100mm范围内的酥松、剥落和脱壳的抹灰层和装饰层，清除裂缝中的浮渣、灰土等。再参照《砌体工程施工质量验收规范》（GB 50203—2002）第7.6条中的处理方法进行处理。

9. 严格按照《砌体工程施工质量验收规范》（GB 50203—2002）的规定施工：产品龄期不应小于 28d；承重墙体严禁使用断裂砌块；小砌块应面朝上砌于墙上；小砌块和砂浆的强度等级必须符合设计要求；墙体转角处和纵横墙交接处应同时砌筑；临时间断处，应砌成斜槎，斜槎水平投影长度不应小于高度的 2/3。

10. 砌筑时的质量要求：砌块进场后堆放和砌筑时要防止雨淋，减少湿胀干缩作用，减少裂缝。空心砌块的壁厚不足 30mm，水平灰缝的接触面小，应配制塑性较好的砌筑砂浆，砂浆的分层度不应大于 30mm，砂浆稠度应控制在 50mm 左右，拌好的砂浆必需在 3h 内用完。

附　录

附录一　机械设备动荷载系数

序号	设备名称	动荷系数	序号	设备名称	动荷系数
1	球磨机	2	38	空气过滤器	1.2
2	颚式破碎机	4	39	水泥计量秤	1.2
3	锤式破碎机	3	40	料浆计量秤	1.5
4	反击式破碎机	3	41	石棉电子秤	1.2
5	板式喂料机	1.5	42	水计量装置	1.2
6	电磁振动给料机	1.2	43	料浆搅拌机	1.5
7	圆盘喂料机	1.2	44	砂浆搅拌机	1.3
8	叶轮喂料机	1.2	45	双轴搅拌机	1.5
9	螺旋喂料机	1.2	46	强制式搅拌机	2
10	胶带喂料机	1.2	47	仓式气力输送泵	1.2
11	倒袋喂棉机	1.5	48	螺旋式气力输送泵	2
12	胶带输送机　垂直荷载	1.2	49	离心泵	2.5
	传动轴水平拉力	3	50	水环式真空泵	1.6
	拉紧装置及尾轮水平拉力	1.2	51	高压水泵	1.6
13	拉链输送机　垂直荷载	1.2	52	砂浆泵	2
	水平拉力	2	53	污水泵	2
14	螺旋输送机	1.2	54	振动台、砌块成型机	3
15	斗式提升机	1.3	55	离心制管机	3
16	气力输送斜槽	1.2	56	挤压成型机	1.5
17	刮板输送机	1.2	57	转盘式压砖机	2
18	骨架焊接机	1.2	58	制瓦机	2
19	轮碾机	1.5~2	59	流浆制板机	2
20	振动筛（滚动筛）	1.5~2	60	旋风除尘器	1.2
21	座式振动筛	4	61	布袋除尘器	1.2
22	悬挂筛	2	62	排风机	2
23	洗石机	1.5	63	空气压缩机	3
24	洗砂机	1.4	64	通风机	1.5~2.2
25	水力松解机	2	65	卷扬机	1.3
26	化灰机	1.5	66	电动铰车	1.1
27	开棉机	1.5	67	电动葫芦	2
28	回转下料器	1.5	68	手动起重机	1.1
29	回水罐	1.2	69	电动起重机　轻型	1.2
30	斗式储浆池	1.5		重型	1.3
31	沉棉筒	1.5	70	减速机　≥75kW	2
32	料浆储罐	1.5		<75kW	1.2
33	石棉仓	1.5		电动机 $n=300\sim400$	1.2
34	储气罐	1.2		$n=500$	1.25
35	混凝土输送车	1.2	71	$n=750$	1.6
36	混凝土喂料机	1.2		$n=1000$	2
37	混凝土浇灌机	1.2		$n=1250\sim1500$	2.5~3

附录二 液压系统及润滑油

一、加油点

机 器 和 润 滑 油 点	润滑油类型	使 用 润 滑 油 方 法
液压、常温、热带气温		第一次运行300h换油，然后每年清渣、系统换油
搅拌机齿轮箱、齿条、蜗轮、平板推动机和传送机齿轮箱	注油	第一次运行300h换油，然后每年清渣、系统换油
胶带传送机齿轮箱、电机减速机	注油	第一次运行300h换油，然后每年清渣、系统换油
皮带传送机、齿轮箱、电机减速机	润滑脂	每运行8000h换脂
"Voith"蜗轮连接器 T$_{1206}$	注油	每运行8000h换脂
振动器 见操作指南		RZK 型每 1000h；RSK 型每 2000h；RVR 型每 6000h；RAK 型每 12000h
电机轴承、销轴、联轴器、各种传动机轴承、所有设备的油杯注油嘴	润滑脂、中心注脂、单个注脂点	每年清洁轴承一次，注润滑油脂占三分之一空间。平轴承和油嘴每天加油，油杯每天旋转油杯盖一次
钢丝绳、传送带轨道、链轮、开放式齿轮	用手抹油	在停车情况下进行

说明：1. 底料搅拌机 加18L 润滑油；

　　　　　面料搅拌机 加16L 润滑油。

　　　2. 升降机顶部齿轮传动 加6.5L/个，齿轮油"BP"SAE140 等（国内有销售代理商），一共加15L润滑油，三年换一次。

　　　3. 液压站 加68号液压油。

　　　4. 传动部分 加液力传动油。

　　　5. 各设备加油点 加润滑油。

　　　6. 叉车 加汽车制动液 881 型。

　　　7. DW$_{40}$油润滑成型机导向杆、油缸杆件。

　　　8. 涂模油 采用柴油或30号机油 加10%～20%的水 即1L油加10%～20%升的水。

二、液压站

1. 总液压站

2. 供木托板机液压站

3. 码垛机液压站

4. 子母车液压站

三、液压油缸

总液压站：

1. 阴模提升、下降油缸两个

2. 阳模提升油缸一个

3. 上阳模锁紧油缸两个

4. 夹紧阳模头导杆油缸两个

5. 卡住上压头一个油弹簧垫

6. 成型机固定对中托板一个油缸

7. 面料铺料箱移动靠两个油缸

8. 面料铺料平台上抬两个油缸

9. 基料铺料箱移动靠两个油缸

10. 格栅移动靠一个油缸

11. 面料中间仓下料一个油缸

12. 基料中间仓下料一个油缸

13. 干产品输送线平移一个油缸

14. 湿产品输送线平移一个油缸

15. 横向输送线平移一个油缸

16. 送板成型输送线一个油缸

17. 上底座移动量靠一个油缸（是大连线的）

18. 下底座移动量靠两个油缸（是大连线的）

供木托板机液压站：

19. 木托板机上提一个油缸

20. 夹紧一个油缸

码垛机液压站：

21. 两对夹具两个油缸

22. 夹具上升一个油缸

子母车液压站：

23. 叉架上升一个油缸

附录三 物料的溜角和安息角

一、皮带机的最大倾斜角度

物料名称	最大倾斜角度	物料名称	最大倾斜角度	物料名称	最大倾斜角度
碎石	18°	筛后卵石	17°	小粒矿渣	20°
干砂	15°	未筛石块	18°	湿粒矿渣	22°
湿砂	23°	石灰石	16°	粉状石灰	23°
采石场砂	20°～22°	膨胀珍珠岩	8°～12°	粉状石膏	22°

二、物料的自然安息角和堆高

1. 物料的自然安息角

物料名称	运动安息角	静止安息角	物料名称	运动安息角	静止安息角
干细砂	30°	35°	湿碎石	35°～40°	40°
湿细砂	30°～35°	35°～40°	干卵石	35°～40°	40°～45°
干中砂	23°	23°～30°	湿卵石	30°～35°	35°～40°
湿中砂	35°	35°～40°	生石灰	25°	45°～50°
干粗砂	35°～40°	45°	石膏	40°	45°～50°
湿粗砂	40°～45°	50°	炉渣	35°	50°
干碎石	35°～40°	45°			

2. 贮运设备的堆高

设备名称	堆料高度（m）	设备名称	堆料高度（m）	设备名称	堆料高度（m）
自卸汽车	0.8~1.2	链斗卸车机	4.5~5	抓斗桥式起重机	4~6
装载机	2~2.2	移动式胶带输送机	5~6	高栈桥胶带输送机	8~9
推土机	<5	抓斗门式起重机	2~3	拉铲	3~4

根据以上数据可以计算堆场面积。

三、物料最小溜角

1. 物料最小溜角

物料名称	金属仓壁	混凝土仓壁	物料名称	金属仓壁	混凝土仓壁
干砂	40°	50°~55°	筛分碎石	45°	50°~55°
湿砂	50°	60°	混凝土混合物	50°	—
特湿砂	65°	—	水泥	55°	60°
洗过砾石	45°	50°~55°			

2. 空间角度计算

$$\cos\alpha = \sqrt{\cos^2\alpha_1 + \cos^2\alpha_2}$$

式中 　α——仓壁或管溜的实际空间角（°）。

　　α_1、α_2——仓壁或管溜在两个面的图面上的投影角（°）。

3. 体积的计算

（1）方仓锥体体积的计算：

$$V = \frac{h}{6}\left[ab + (a + a_1)(b + b_1) + a_1 b_1\right]$$

式中 　a——上底边长；

　　　b——上底边宽；

　　　a_1——下底边长；

　　　b_1——下底边宽；

　　　h——方锥体高度。

（2）圆仓锥体体积的计算：

$$V = \frac{\pi h}{3}(r^2 + r_1^2 + r r_1)$$

式中 　h——圆锥体高度；

　　　r——下底半径；

　　　r_1——上底半径。

4. 贮料仓放料口最小尺寸

物料名称	方形口每边尺寸（mm）	物料名称	方形口每边尺寸（mm）
中等卵石	300	水泥	250
碎石 < 50mm	300	炉渣 < 20	300
< 100mm	450	< 40	350
< 150mm	500	< 80	400
		< 150	500
一般砂	300	粒状矿渣	300
干砂	150	干粉煤灰	250
湿砂	450	湿粉煤灰	500
陶粒	300	磨细生石灰	250
珍珠岩	200	石膏	250

5. 方形料仓的容积

$$V = \frac{h}{6}\left[ab + AB + (A + a)(b + B)\right]K$$

式中　V——料仓的有效容积（m^3）；

A、B——料仓上口尺寸（m^3）；

a、b——料仓下口尺寸（m^3）；

h——料仓高度（m^3）；

K——料仓有效利用系数，其值一般取：加横向热管的取 0.65 ~ 0.70；加纵向热管的取 0.7 ~ 0.75；不加热管的取 0.85 。

注：要注意空间角度的计算，使之符合物料的溜角的要求。

附录四　常用法定计量单位

一、长度：米（m）

1 米（m）= 10 分米（dm）= 100 厘米（cm）= 1000 毫米（mm）= 1000000 微米（μm）；

1 公里（km）= 1 千米（km）= 1000 米（m）。

二、面积：平方米（m^2）

1 平方米（m^2）= 100 平方分米（dm^2）= 10000 平方厘米（cm^2）= 1000000 平方毫米（mm^2）；

1 平方公里（km^2）= 1 平方千米（km^2）= 1000000 平方米（m^2）。

三、体积（容积）：立方米（m^3）

1 立方米（m^3）= 1000 立方分米（dm^3）= 1000000 立方厘米（cm^3）；

1 立方分米（dm^3）= 1 升（L）= 1000 毫升（mL）= 1000 立方毫米（mm^3）。

四、质量：千克（kg）

1 千克（kg）= 1000 克（g）= 1000000 毫克（mg）；

1 吨（t）= 1 千克（kg）= 1000 克（g）。

五、压力（压强）、应力：帕（Pa 或 N/m^2）

1 兆帕（MPa 或 N/mm^2）= 1000 千帕（kPa）= 1000000 帕（Pa）；

1 帕（Pa 或 N/mm²）= 10^{-5} 千克力/厘米²（kgf/cm²）= 7.501×10^{-3} 毫米汞柱（mm Hg）= 0.101972 毫米水柱（mmH₂O）= 10^{-5}标准大气压（atm）。

六、温度：摄氏度（℃）

热力学温度单位：开尔文（K）；

摄氏温度单位：摄氏度（℃）；

两者换算关系：$t = T - 273.15K$。t 为摄氏温度；T 为热力学温度。

七、时间：秒（s）

1 天（d）= 24 小时（h）= 1440 分（min）= 86400 秒（s）；

1 小时（h）= 60 分（min）= 3600 秒（s）。

八、平面角：弧度（rad）

1 弧度（rad）= 57.2958 度（°）= 3437.75 分（′）= 206265 秒（″）；

1 度（°）= 60 分（′）= 3600 秒（″）；

1 直角（∟）= 0.25 周（转，r）= 1.57080 弧度（rad）；

1 秒（″）= 3.08642×10^{-6} 直角（∟）。

九、能量、功、热：焦或牛·米（J 或 N·m）

热化学千克卡路里 = 4184 焦耳 = 4.184 千焦耳；

煤发热量 1 大卡 = 4.184 兆焦耳；

1 焦耳（J）= 0.101972 千克力·米（kgf·m）= 2.77778×10^{-7}千瓦·小时（kW·h）= 1×10^7 尔格（erg）= 3.77929×10^{-7}马力·小时。

十、功率：瓦（W 或 J/s）

1 马力 = 735 瓦；1 千瓦（kW）= 1000 瓦（W）；

1 瓦（W）= 0.101972（千克力·米）/秒［（kgf·m）/s］= 0.859845 千卡/小时（kcal/h）= 10^7 尔格/秒（erg/s）= 1.36054×10^{-3}马力。

十一、力、重力：牛顿（N）

1 牛顿（N）= 0.102 千克力（kgf）= 10^5 达因（dyn）= 0.2248 磅力（lbf）。

十二、光照度：勒克斯（lx 或 lm/m²）

1 勒克斯（lx）= 10^{-4}辐透（ph）= 0.1 毫辐透（mph）。

发光强度：坎德拉/米²（cd/m²）

1 坎/米²（cd/m²）= 10^{-4}坎/厘米²（cd/cm²）。

十三、热阻率：（米·开）/瓦［（m·K）/W］

1（米·开）/瓦［(m·K)/W］= 418.68（厘米·秒·开）/卡［(cm·s·K)/cal］= 1.163（米·小时·开）/千卡［(m·h·K)/kcal］。

十四、其他

1．物质的量：摩尔（mol）

2．频率：赫兹（Hz 或 s^{-1}）

3．旋转速度：转 1 分（r/min）

1 转 1 分（r/min）= 1/60 转 1 秒（r/s）。

4．级差：分贝（dB）

附录五　各车间设门的常用尺寸

车间名称	设门用处	门的尺寸（宽×高）(mm)	车间名称	设门用处	门的尺寸（宽×高）(mm)
砂石堆场	设备出入	1000×2100		电修出口	1500×2100
斜廊	设备出入	1000×2100		锻工出口	2400×2400
搅拌楼	设备出入	大于搅拌机的宽度	机修车间		1500×2100
				设备出入	3000×3000
水泥筒仓	仓底门	2000×2500		工具间	900×2500
	仓顶门	760×1950		乙炔室	1000×2500
		1000×2100			
			模修车间	模板修理	5000×5000
钢筋车间	一般输送	2100×2400			
		2400×2400	实验室	材料搬运	1500×2100
	墙板输送	4500×3600			1800×2100
	管骨架	3000×3000			
			卷扬机房	出入口	1000×2500
成型车间	主机设备	4500×3600	空压站	出入口	2100×2400
		2100×2400	生活间	出入口	900×2100
	电杆出入	2000×2400	其他通行		900×2500
		2500×2400	设备	手推车	1500×2100
	管出入	3300×3000		电瓶车	2100×2400
	叉管叉车	5600×3000		汽车	3000×3000
	墙板出入	4500×5000			3300×3000
		5000×5000			3900×4200
	大平楼板	4500×3600		火车	4200×5100

附录六　关于设备小、中、大修后的质量标准和验收方法

为了保证设备完好无损，连续运转，除了日常的保养维护外，需要进行小、中、大修。为了使设备检修有序进行，特制定设备检修程序、检修设备验收质量标准、验收步骤，希遵照执行。

一、设备报修程序

1. 设备的小修

紧急检修，随时由维修班修理；一般简单修理由操作人员自行修理，在班组备案。

2. 设备中修

凡设备报修前，由设备操作人员填写设备修理申请单，申请修理的设备部位，零部件数量，需要修理时间和所用资金数量。报分管设备人员和技术部检查，同意后再报公司批

准，方能安排检修。一般放在节假日进行修理。

3. 设备大修

需要大修时，由设备分管人员报告修理的设备部位，申请零部件数量和需要修理时间等。并作较详细的大修计划和所用资金数量。报技术部审批，报公司批准，方能进行修理。一般放在春节前后进行修理。

二、检修设备质量验收标准

1. 搅拌成型堆垛系统设备

（1）设备性能及原有作用应满足生产工艺要求，各传送系统运转正常，其变速系统作用齐全。

（2）各编码器指示的距离准确，动作灵活，调速正确。

（3）各控制台按钮操作系统动作灵活，准确、可靠。

（4）润滑情况良好。

（5）相对运动部位工作正常，各零部件相互无严重拉、磨、碰伤。

（6）设备内外清洁，润滑油符合要求，机体无积垢。

（7）无漏油、漏气、漏水现象。

（8）设备零部件安装完整，随机附件齐全。

（9）安全、防护装置完全、可靠，警示装置正常。

（10）各种阀启动灵活，动作可靠、准确。

（11）各传动部位、运动部位无异声，运行平稳、可靠、准确。

（12）各种管道、运输设备通畅，计量准确无误。

（13）制动装置运行安全，平稳可靠。主要零部件无严重异声。

2. 传送运输设备

（1）各种运输设备，如传送带、升降机、子母车、成品输送带、皮带机、提升装置等，各种传动部分运转正常，钢丝绳、链条符合安全技术规程。

（2）制动装置运行可靠，主要零部件无严重磨损。

（3）操作系统灵敏可靠，调速正常。

（4）各种部件的受力变形均不应超过有关技术规定。

（5）接近开关装置位置正确，灵敏可靠。

（6）车轮无严重啃轨现象，与导轨有良好接触，不能悬空。

（7）编码器控制正常，测距准确无误。

（8）润滑装置良好，无漏油现象，润滑剂质量符合要求，加量符合规定。

（9）运送设备传送装置内外清洁，标牌醒目，警示装置正常，零部件齐全。

（10）传动部件良好，无异声，运行平稳。

（11）各设备、部件运行良好，无碰撞现象。

3. 油锅炉或蒸汽锅炉

（1）锅炉各部位无严重腐蚀、裂纹。

（2）电路安装装置齐全完好，管路畅通，水位计、压力表、安全阀灵活可靠。

（3）主要附件、计量仪器、仪表齐全完整，运转良好，指示灵敏准确。

（4）各控制阀门装置齐全，动作灵敏可靠。

（5）供水系统操作灵敏可靠。

（6）主附机外观整洁，润滑良好。

（7）基本无漏水、漏油、漏汽现象。

（8）各供汽管道、保温防护设施完整。窑体保温性能良好。

（9）窑的测温装置灵敏。

（10）窑门装置完整，灵活可靠，密封，不漏汽。

（11）窑内地坑放水管路通畅无阻。

4. 各种泵、空压机、贮罐等

（1）各传动系统运行正常、齐全，滑动面无严重锈蚀、磨损。

（2）电气、操作控制系统、安全阀、压力表、水流量计等装置齐全，灵敏可靠。

（3）试运行时，无超温、超压现象，基本无漏水、漏气、漏油现象。

（4）润滑系统装置齐全，管道完整，油路、水路、气路畅通，油标醒目，油质符合要求。

（5）零部件齐全，内外整洁，无油垢，机体无严重锈蚀。

（6）电机无异常声响，运行平稳。

5. 运输车辆

（1）修理后，各种主要性能达到原出厂标准。

（2）操纵和控制系统的操作灵敏可靠。

（3）发动机行走、传动系统、底盘等装置符合有关标准。

（4）制动器操作灵活，工作可靠，喇叭工作正常。

（5）散热冷却、供油系统齐全完好，效能正常。

（6）各照明指示灯等齐全完好，功能正常。

（7）液压系统操作灵敏可靠，工作正常，各部位无漏油现象。

（8）各部位仪表完整，指示功能准确。

（9）轮胎无严重破坏，充气要达到标准要求。

（10）车辆清洁，无污垢。

6. 电气设备

（1）修理后，各主要性能达到原有设计要求。

（2）电气设施、管线齐全完整、安全、运行可靠。

（3）操作和控制系统装置齐全、灵敏、可靠。

（4）设备运行良好，绝缘强度及安全防护装置符合电气安全规程。

（5）设备的通风、散热和冷却系统齐全完整，效能良好。

（6）电气设备内外整洁，无污垢。

（7）电机、电线无漏电等现象发生。

（8）各控制柜标志清楚无误，整洁，无污垢。

（9）各接线点无松动现象。

三、验收步骤

1. 小修由班组自行验收。

2. 大、中修由技术部会同设备主管，根据设备修理质量要求，共同检查，各方认可后签字，并报公司批准后，再交付考查使用。

3.空车运转考查：在空运转时，针对上述验收标准进行设备运转考查，看是否达到设备质量验收标准。

4.试生产运转考查：空运转后，需作试生产运转，试生产运转考查期，一般为15d，若发现修理质量问题时，申请返修单进行修理，修好后，由使用人、修理人签字，并将修理单和返修单一并提交给设备主管，认定后交财务部门结算费用。

5.试运转期间，加强维护保养，待考查期满后，再作满载生产。

6.凡是修理中拆换的旧零部件，应交物流部门的设备仓库集中保管。

附录七　常　用　数　据

一、部分元素的原子量

元素名称	原子量	元素名称	原子量	元素名称	原子量	元素名称	原子量
Al	26.98	S	32.066	Na	22.9898	Mg	24.305
Ca	40.08	K	39.098	Si	28.086	O	15.9994
F	18.9984	Cl	35.453	C	12.011	P	30.9738
N	14.0067	H	1.0079	Fe	55.847	Ti	47.90

二、常用建筑材料的比热和导热系数表

物料名称	密度 (kg/m³)	比热 [kcal/ (kg·℃)]	导热系数 [kcal/ (m·℃·h)]	物料名称	密度 (kg/m³)	比热 [kcal/ (kg·℃)]	导热系数 [kcal/ (m·℃·h)]
干砂	1500	0.19	0.28	泡沫混凝土	300	0.18	0.10
湿砂	1650	0.50	0.97		500	0.18	0.14
煤渣	800~1000	0.18	0.19~0.25		800	0.18	0.22
高炉矿渣	550	0.18	0.14	矿渣混凝土	1000~1500	0.18	0.35~0.60
粉煤灰	550~700	0.18	—	煤渣混凝土	1400~1600	0.18	0.40~0.50
消石灰	500~700	0.27	—	加气混凝土	300	0.20	0.11
石灰	800~1100	0.19	—		400	0.20	0.13
石膏	1650	0.18	0.25		600	0.20	0.18
干土	1500	0.21	0.119		800	0.20	0.25
湿土	1700	0.48	0.595		1000	0.20	0.34
水泥	1600	0.27	0.26	浮石	400	0.30	0.12
硅酸盐砖	1500~2000	0.20	0.5~0.7	膨胀珍珠岩	80	0.16	0.016~0.025
黏土砖	1800	0.21	0.73		80~120	0.16	0.025~0.029
水泥砂浆	1800	0.20	0.80		121~160	0.16	0.029~0.033
石灰砂浆	1600	0.20	0.70		161~300	0.16	0.033~0.053
钢筋混凝土	2400~2500	0.20	1.33	石棉水泥板	250	0.20	0.06
普通混凝土	2200~2400	0.20	1.10		350	0.20	0.08
无砂混凝土	1600	0.20	0.60	矿物棉	200	0.22	0.04
	1900	0.20	0.85	蛭石	380	0.32	0.08

附录八　竹托板作为成型底板的改造资料

一、几种成型底板的优缺点比较

1. 钢托板的优缺点

钢托板虽然是锰钢做的，但是在生产中会变形，在运输过程中也会变形，需要进行平整，很麻烦，既费时，又费钱。成型时噪声大，对设备磨损大。采购周期长，需要 1~2 个月供货，并先付 80% 的定金。且价格又贵，每块价格为 1100 元。重量重，人工搬运费劲。钢托板翘曲，要外协作单位进行校平整。

但钢托板耐磨，使用寿命长。

2. 木托板的优缺点

使用次数少，不如钢托板，使用 7 年后表面十分粗糙，已影响了制品的质量，修复也不易。木托板制造时是浸饱油的，蒸汽养护时会污染制品表面。采购周期很长，到德国购买。价格比较贵，每块价格为 370~500 元。木托板不耐磨，且保养维护复杂。

重量比较轻，人工搬运比较省力。成型时噪声小，抗冲击性好。生产中不变形，对设备磨损也小。

3. 竹托板的优缺点

使用时间比较短，5 年左右，与木托板使用时间差不多，损坏了就报废。在蒸汽养护时，使用时间长了可能会分层，应加强分层处理的加工。竹托板也不耐磨，且维护比较复杂。

采购周期较短，一年保修。重量轻，人工搬运省力。承重好，成型时噪声小，抗冲击性好，对设备磨损也小。价格便宜，每块价格为 193 元左右。

二、竹托板的使用问题及加工要求

1. 分层及裂纹问题

在长时间的干湿循环及振动后会膨胀开裂。应要求粘结剂耐热、耐干湿、耐碱、耐压，弯而不松，振而不裂，湿而不膨胀开裂，干而不收缩开裂。每片竹片都要浸渍防渗、耐碱、耐温、抗振、粘结强度高的保护剂。

表面涂料应要求耐压、耐腐、耐碱、耐温、耐磨、抗振，且对制品不污染。在与轨道接触处的正、反面应镶一层耐磨材料，不与其他物质起化学反应而变质。

2. 刚度问题

在生产过程中不变形，平整度要好，平整度误差不大于 1mm，在承载时不应有弯曲现象。板的厚度误差不大于 1~2mm。在推杆接触处，用万能胶粘贴小方块薄铁皮，以防周边磨毛。为了加强刚度，建议采用铝钉进行横断面铆。10cm 见方距离铆一个。这要采用特制打孔模具先打孔，后铆，然后表面涂涂料。

3. 注意此板不能进行空振，空振后会出现细裂纹。此板也不能用水浸泡，也不能在太阳底下进行曝晒。为了防止板在输送带上磨损，建议把滑动输送带改为滚动输送带。

三、生产线的改造方案

第一、叠板处改造方案：为什么要改呢？因为竹托板比钢托板厚，第二块推进去时会碰撞第一块板而推不进去。钢托板厚为 14mm 而竹托板厚为 50mm，而现在的高差为 20mm。故改造后要求高差为 50 + 6 = 56mm。则叠板处要求降低 56 - 20 = 36mm。

第二、翻板机处改造方案：翻板机装两块板的槽钢要加大 1 倍，要求翻板机安装带倾斜使靠模板仓一端抬高 180mm，靠横向输送带一端降低 36mm。翻板机抬高 110mm。

第三、模板仓改造方案：原来模板仓装 5 块钢托板现改为 5 块竹胶板，其高差相差为 $50 \times 5 - 14 \times 5 = 250 - 70 = 180mm$，则板出口抬高 $50 - 14 = 46mm$。

第四、横向输送机改造方案：横向输送机随叠板处降低 36mm。横向输送机的推杆要加高，推杆抬高 166mm，因为推二块板的厚度增加了 $50 \times 2 - 14 \times 2 = 72mm$，所以推杆增高 70mm。

第五、升板机的改造。

第六、接近开关改造，以前感应铁件，现在感应木质。

第七、成型机的调零。

第八、对中机的抬高。

第九、推杆头的加高。

附图 1 为改造前后的示意图。图（a）为改造后的，图（b）为改造前的。从左到右为传送带、推杆、翻板机、模板仓等。图中尺寸单位为 mm。

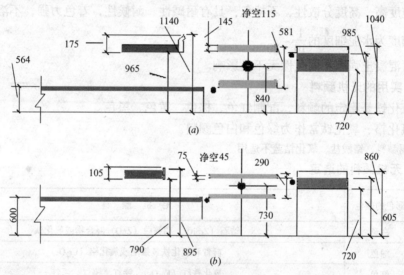

附图 1　生产线改造前后示意图

（a）改造后；（b）改造前

附录九　无机颜料及着色方法

一、色彩的三大要素

1. 色相：是指色彩的相貌。

2. 明度：是指色彩的明暗程度。

3. 纯度：是指色彩的纯净程度。

二、色彩的混合

1. 加色法：三原色为红、绿、蓝

红加绿等于黄；红加蓝等于品红；绿加蓝等于青；红加青等于白；绿加品红等于红；红加绿加蓝等于白。

2．减色法：三原色为品红、黄、青

品红加黄等于红；品红加青等于紫；黄加青等于绿；品红加绿等于黑；黄加紫等于黑；红加青等于黑；黄加品红加青等于黑。

三、调色方法

1．定量混合法；

2．偏色判定图法；

3．分光光度计的调整作业标准及其制图法。

四、颜料的分类

颜料分为有机颜料和无机颜料。无机颜料又分为天然颜料和合成颜料。

五、氧化铁颜料的分类

氧化铁颜料分为天然颜料氧化铁（$10\mu m$ 颗粒）、微粉氧化铁（$5\mu m$ 颗粒）、合成氧化铁（$1\mu m$ 颗粒，硫酸亚铁和氢氧化钠晶种或晶体扩展生成化学沉淀物）。

六、颜料的质量要求

1．纯度高，高度分散性，不褪色，具有耐碱性、耐候性，着色力强，不溶于水。

2．细度为水泥细度的 $\frac{1}{10} \sim \frac{1}{20}$。

3．对混凝土强度和耐久性无不良影响。

七、实用的无机颜料

1．氧化铁是稳定的颜料，配制红色、棕色、黄色、黑色。

2．氧化铬、氧化钛常作为绿色和白色颜料。

注：镉颜料、铬酸盐、氧化钴蓝不适用。

八、无机颜料的选定

序号	彩色的颜色	无 机 颜 料
1	白色	锆石（$ZrSiO_2$）和锌白（ZnO）混合物或氧化钛
2	绿色	群青和氧化铁黄掺配或氧化铬（Cr_2O_3）
3	红色	氧化铁红（Fe_2O_3）、锑红、镉红、铜红
4	黑色	氧化铁或二氧化锰（MnO_2）
5	紫色	群青紫、钴紫、亚铁氰化铜
6	蓝色	铁蓝、群蓝、锆蓝、钴蔚蓝
7	黄色	锑黄、铅铬黄、镉黄、锶黄（铁黄）
8	棕色	由氧化铁红和铁黑混合而成
9	茶色	氧化铁 3 份（Fe_2O_3）二氧化锰 7 份（MnO_2）
10	灰色	陶瓷用的颜料（DB6825 黏土）

九、无机颜料颜色的影响因素

1．颜料掺量对颜色的影响

着色力强的颜料掺加量少；着色力弱的颜料掺加量多。

彩色混凝土颜色不加深时的颜色，最低掺加量为颜料的饱和点。

氧化铁掺量为胶结料用量的 $5\% \sim 8\%$ 左右，浅色为 1%，鲜明为 5%，深色为 10%。

氧化铁配制红、棕、黑色的掺加量为 5% ~ 7%。

氧化铁配制黄色的掺加量为 8% ~ 9%。

2. 胶结料本身对颜色的影响

胶结料本身对红色、棕色、黑色无影响。

胶结料本身对黄色、绿色和蓝色有影响，颜色变淡了，要加大颜色用量。防止胶结料本色对制品颜色的影响，可加入一种耐光的白色二氧化钛。

3. 水灰比对颜色的影响

水灰比越大，对颜色的影响越大。

防止水灰比对制品颜色的影响，可以加入一种耐光的白色二氧化钛颜料。

4. 蒸汽养护对颜色的影响

氧化铁黑在 180℃ 会氧化为氧化铁红，200℃ 蒸压养护时，颜色可能变红，所以不能进行蒸压养护。

由氧化铁黑和铁红混合的氧化铁棕也有上述变化。

氧化铁红、氧化铁黄经得住高压养护条件，颜色不变。

5. 颜料对泛白的影响

氧化铁、氧化铝颜料对泛白基本无影响，泛白对深色影响显著。

混凝土致密，可以防止泛白。

十、颜料的掺量对混凝土强度的影响

1. 一般氧化铁颜料，只要保持水灰比不变，提高掺量，混凝土强度还有提高；氧化铁黄例外，掺量大于 6% 时，混凝土强度开始降低。

2. 氧化铁黑、红、棕色颜料着色，强度缓慢地提高。其中氧化铁黑，如掺加量为 5% ~ 10% 时，强度增加最多。铁棕色掺量稍大于 10%，强度也提高。

十一、氧化铁颜料掺加方法

1. 干法和湿法两种颜料。

2. 投料顺序：集料──→干粉颜料或悬浮液颜料──→胶结料──→水。

3. 最佳掺量：胶结料的 3% ~ 4%。

十二、颜料的检验方法

特 性	结 果	试 验 方 法
耐碱性	无变化	在碱性水溶液中 pH = 12 浸渍 20d
耐酸性	几乎无变化	浸渍在各 10% 的硫酸、硝酸、盐酸
耐水性	无变化	溶液中 pH = 1.1 在水中浸渍 20d
耐煮沸水性	无变化	煮沸 10h
蒸发至干	无变化	煮沸蒸发至干，重复 10 次
耐热性	无变化	用电炉加热至 800℃

十三、着色方法及装饰表面做法

1. 彩色水泥法

水泥本身有四种基本彩色：

（1）标准灰色（硅酸盐水泥）；

（2）浅灰色（标准硅酸盐水泥）带轻微棕黄色；

（3）特种彩色水泥（调各种黄色调，相当明亮，但日久天长会失去光泽）；

（4）白色水泥（白色的，使氧化铁和氧化镁含量达到最小而产生白色）。

以上四种彩色水泥，优点是颜色均匀，但成本决定原料可得性和到现场位置，颜色范围有限。

2. 特种彩色水泥法

一般是用颜料和水泥混合而成的，颜料水泥得到较多的颜色，只限于特别供货，较贵，但经过一段时间后，颜料水泥的颜色出现变化，难以纠正。

3. 彩色调节外加剂法

络混合物外加剂各组分相互磨细混合，具有减水、调凝、增强、改善和易性的作用，成本高。

4. 矿物氧化物颜料

天然经开采后磨细、合成的明亮颜料，价高（超海蓝色，不适用混凝土，碱作用下颜色会消失）。是目前用得最多的。

5. 干抹硬化剂法

是彩色硬化剂，拿来就用的产品，表面着色硬化。

6. 化学着色剂法

养护一个月后，使用化学着色剂涂色而成，水溶性金属盐的化学着色剂，只渗到混凝土中一定深度，要采用彩色腊或混凝土密封膏保护已着色的混凝土，会产生调绿效应。

7. 装饰表面做法

整体着色：有浪费，但节约工时。如装饰砌块。

表面着色：喷涂法，节省材料，费工时。

制作面层：有 5mm 厚度的装饰表层。如地面砖。

镶装饰面：装饰面需另制作。如装饰砌块。

附录十 模具及底托板设计制造维修

一、模具设计制造要求

1. 模具的设计应考虑单个加压制品摆放形式及一次成型制品的数量，单个加压制品间的间距应考虑不小于 10mm。设计砌块时，其压缩比应为 21%，即砌块高度为 19cm 时，阴模设计高度为 24cm，压缩 5cm；而设计地面砖时，其压缩比应为 14.3%，即地面砖高度为 60cm 时，阴模设计高度为 70cm，压缩 10cm。

2. 注意阴、阳模配合尺寸，阴、阳模之间的间隙不宜过大，每边间隙小于 0.35mm 为宜，不然间隙过大会造成一边成型毛糙。

3. 要标明安装方向，一般用"＞"来表示。

4. 阴阳模要方正，对角线误差不大于 0.15mm；长宽高尺寸误差也不大于 0.15mm。

5. 夹阴模的两耳朵的宽度中心线应对称，不能有误差。

6. 两耳朵的宽度和长度应与成型机上气囊槽尺寸相对应，其间隙不能大于 0.15mm。

7. 焊接前应进行退火处理。

8. 连接阳模头底板的杆用方钢，不能采用槽钢，应满焊，且方钢截面与压头底板截面间只留一个焊缝的间隙。

9. 阳模头的压头底板上的压板用螺栓连接，以便压板磨损后好更换。

10. 采用耐磨、不变形、强度高的合金钢材制作。

二、木托板制作和维修

1. 木托板制作要求

(1) 外形尺寸公差：不大于1mm；平整度要求：高差不大于1mm。

(2) 不使用桦木、白杨木、乔木等强度差、木质脆，又易腐烂的材质制作。

(3) 不使用带有死节、节叉、树芯等容易变形、收缩大的木材制作。

(4) 两块板拼接时，要求收缩率一致，保证在使用中不变形、不开裂。

(5) 浸油要透，并用塑料包装。

(6) 使用年限为5年以上，5年内表面不变形、不开裂，不撕裂，出现凹坑不大于1mm。

2. 生产线上的使用和保养

(1) 木托板在生产线上停留时间不超过24h，超过24h应及时进养护窑保养。进入养护窑中，应保持窑内湿度不低于80%。

(2) 木托板在生产过程中不得有碰撞卡板现象，不得用锤击，不得在木托板上进行浇水、喷水，以免木托板变形。发现变形、翘曲、开裂或损伤，不得继续使用，应下线，立即维护和保养。

(3) 木托板须在干成品输送线上进行喷油处理，喷油要均匀，以不滴油为准。然后再进成型机。

(4) 木托板在生产线上进行清扫时，要调整清扫装置的高度，以清扫干净又不伤木托板的表面为准。

3. 木托板的维护和保养

(1) 木托板使用2个月以上时，应下线，从生产线上下来时，不得在无养护条件下存放2h以上，或在阳光下曝晒，应及时进行保养存放。

(2) 首先把木托板表面混凝土残渣、灰渣清扫干净，然后用专用工具将表面刨平、打磨光，并在凹坑处进行填补平。

(3) 用0号柴油:机油 = 7:3比例配制成混合油，用辊刷对木托板两面进行均匀上油，待两天后，油干了，再刷一遍。

(4) 将刷好油的木托板整齐堆放，用塑料布盖好，以防油蒸发。

(5) 一周后，刷第三遍油，将木托板置于铺平的垫板上，每垛10～20块，用塑料布包扎好，再一垛一垛地堆垛，堆高不超过3m。一周后就可开封使用。

(6) 养护的木托板垛，堆放时应留有一定的通道，便于叉车提取。原则上应先养护的先用，后养护的后用，以此循环。

主要参考文献

1. 辽宁工业建筑设计院. 硅酸盐建筑制品厂工艺设计. 北京: 中国建筑工业出版社, 1975
2. 东北建筑设计院. 混凝土制品厂工艺设计. 北京: 中国建筑工业出版社, 1982
3. 纤维增强硅酸钙板 (JC/T 564—2000)
4. 蒸压加气混凝土砌块 (GB/T 11968—1997)
5. 普通混凝土小型空心砌块 (GB 8239—1997)
6. 混凝土路面砖 (JC/T 446—2000)